# スペシャル電源の設計と高性能化技術

【原題】ANALOG Circuit Design Volume 2
—Immersion in the Black Art of Analog Design—
Part 1 Power Management

## 高速応答, 高電圧, 大電流, 低消費, 低雑音を目指して

LINEAR TECHNOLOGY  Bob Dobkin/Jim Williams 編著
リニアテクノロジー 監訳
細田 梨恵/堀 敏夫 訳

CQ出版社

Newnes is an imprint of Elsevier
The Boulevard, Langford Lane, Kidlington, Oxford OX5 1GB, UK
225 Wyman Street, Waltham, MA 02451, USA

First edition 2013

Copyright © 2013, Linear Technology Corporation. Published by Elsevier Inc.
All rights reserved.

The right of Linear Technology Corporation to be identified as the author of this work
has been asserted in accordance with the Copyright, Designs and Patents Act 1988.

No part of this publication may be reproduced, stored in a retrieval system or
transmitted in any form or by any means electronic, mechanical, photocopying,
recording or otherwise without the prior written permission of the publisher.

Permissions may be sought directly from Elsevier's Science & Technology Rights
Department in Oxford, UK: phone (+44) (0) 1865 843830; fax (+44) (0) 1865 853333;
email: permissions@elsevier.com. Alternatively you can submit your request online by
visiting the Elsevier web site at http://elsevier.com/locate/permissions, and selecting
Obtaining permission to use Elsevier material.

Notice
No responsibility is assumed by the publisher or authors/contributors for any injury
and/or damage to persons or property as a matter of products liability, negligence or
otherwise, or from any use or operation of any methods, products, instructions or ideas
contained in the material herein. Because of rapid advances in the medical sciences, in
particular, independent verification of diagnoses and drug dosages should be made.

**British Library Cataloguing in Publication Data**
A catalogue record for this book is available from the British Library

**Library of Congress Cataloging-in-Publication Data**
A catalog record for this book is availabe from the Library of Congress

This edition of Analog Circuit Design, Volume 2 : Immersion in the Black Art of Analog Design.
Part1 (pp.1-pp.336) by Bob Dobkin and Jim Williams
is published by arrangement with Elsevier Inc., a Delaware corporation having its principal
place of business at 360 Park Avenue South, New York, NY 10010, USA
through Japan UNI Agency, Inc., Tokyo

太陽，月，そして星々を与えてくれたJerrold R. Zachariasにささげる．
太陽，月，そして星々であるSiuにささげる．

エレクトロニクスの詩人，Jim Williamsを偲んで

## 謝　辞

　1年前に出版した第1巻に続いて，担当チームの努力により，ここにAnalog Circuit Design第2巻をご覧いただけるようになりました．弊社の，今は亡きJim Williamsと多くの同僚が手がけた不朽のアプリケーション・ノート群に，新たな命を吹き込んだと言うべきこの仕事には，我々の多くが大きな愛着を感じてきました．何にも増して，膨大な実験と，また洞察に満ちた執筆を通して，困難な大仕事を成し遂げた執筆陣に感謝するしだいです．また，これらアプリケーション・ノートが持っている明瞭さと一貫性は，図版および編集チームのGary AlexanderとSusan Daleの努力の賜物です．Elsevier/Newnes社，出版人のJonathan Simpsonと同社の方々，それにPauline WilkinsonとFiona Geraghtyの尽力にも感謝いたします．最後になりますが，このプロジェクト推進の原動力となった，Bob Dobkinの慧眼と献身，信念にも改めて敬意を表したいと思います．

John Hamburger<br>
Linear Technology Corporation

## 日本語版発行に向けて

　Analog Circuit Designは，リニアテクノロジー社の創設者の一人で，現在同社のCTOを務め，アメリカを代表するアナログ・グルとして活躍しているロバート・ドブキン氏と，30年以上にわたるリニアテクノロジー社在籍中において多くの寄稿を発表し，伝説のアナログ・グルと呼ばれた故ジム・ウィリアムズ氏が執筆した，アナログ・デザインのアプリケーション・ノート集です．

　2011年9月に第一弾，"Analog Circuit Design : A Tutorial Guide to Applications and Solutions"が出版され，出版の最初の6ヵ月で5,000部以上を販売し，世界中のアナログ・エンジニアから多大な支持をもって迎えられました．そして，2013年1月にはその第二弾として"Analog Circuit Design, Volume 2 : Immersion in the Black Art of Analog Design"が出版されました．第二弾は3つのパートに分かれており，パート1は電源マネージメント，パート2はシグナル・チェーン，そしてパート3は回路集です．本書はパート1の完全日本語版です．パート2，パート3の完全日本語版も出版が計画されています．

　近年のデジタル技術の高度化にともない，アナログ技術も高度化しておりますが，世界的な傾向として，デジタル・エンジニアの数が増加し，相対的にアナログ・エンジニアの数が減少しております．デジタル技術だけでは，システムの差別化が難しくなっており，優れたアナログ技術を使うことによってシステムを差別化することができます．

　日本のアナログ・エンジニアにとって，日本語で最高レベルのアナログ回路関連情報を入手するのはたやすいことではないと思います．一人でも多くの皆さまに本書がお役に立てれば幸いです．

　最後に，本書の日本語版出版をご決断くださったCQ出版社にお礼申し上げます．

2015年10月<br>
リニアテクノロジー株式会社<br>
代表取締役　望月靖志

## 私が書く理由

　1980年代始めの頃，我々は，新たな挑戦に挑んでいる顧客の皆さんに我が社の名前と，その目指すものを知っていただくことを願っていました．そこに現実の問題として立ちはだかっていたのは，どのようにすれば，新製品が入手できるまでにかかる時間を有効に活用していただけるかという難問でした．読者が求めていたものは，実際に動作する回路図を適切な言葉で解説した，信頼できる，省略や簡略化されていない技術文献シリーズなのでした．

　この問題への回答を見つけるまでの間，私は数週間にわたり思い煩いました．つまり，製品が登場するのをただ待つのではなく，実験室に赴いて，そのアプリケーション回路を開発して解説を書き上げればよかったのです．この取り組みの鍵となるのは，入手できるICと個別部品を使用して，待ち望まれている新製品をほぼ体現した小型プラグイン基板を開発することだったのです．我々は，アプリケーション回路を開発しながら，参考となる文献をほぼ書き上げることができるのです．そして，その原稿とブレッドボードは暫しの間，手元に置いておきます．ひとたび製品が登場すれば，それをブレッドボードに落とし込み，最終的な手直しを加えます．これをやってしまえば，出番を待っていた原稿に，オシロスコープでの観測波形の写真と仕様項目を追加し，文章に手を加えて，出版に回せます．このやりかたにより，出版までの期間はざっと1年は短縮できて，製品の市場投入タイミングと同時に文献を公開することが可能になりました．

　しかし初めの頃，出来た回路図は箸にも棒にもかからない，動くはずもない代物で，技術的にも著作的にも問題だらけでした．いざ実際に手がけてみると，その作業は想像していたよりずっと困難だったのです．まだ生まれていないICのためにハードウェアを作り出すことは，通常とは違う，一風変わった試みになることがわかりました．私のやりかたは手際が悪く，途方にくれるばかりでした．登場するICの性能をどれだけ正確に模擬できているのか，確信が持てないことが大きな理由となり，ブレッドボードの組み立ては困難で時間がかかりました．

　執筆も同様に大変でした．実際の製品が登場するまでに時間があり，間が空くせいで文章の流れが損なわれ，ちぐはぐになってしまいました．それに，実際の製品のICをブレッドボードに取り付けた時点で，まだ未完成の記述がどの部分なのか見つかるように，自分のためにメモ書きを別途，残しておく必要もありました．

　最初の記事を脱稿するまでには，ほとんど2ヵ月かかったのですが，だんだんと手際が良くなっていきました．実験室での作業を進めるためのいろいろなコツが掴めるようなると，予定している追加や変更に柔軟に対応できるように原稿を用意しておき，効率的に執筆する方法がつかめていきました．まもなく，一人でうなり声をあげながら，アドレナリンと半田ごて，紙とペン，それとピザからエネルギーを補給しつつ，およそ2週間に1本の割合で，記事をほぼ完成できるようになっていたのでした．

　その後の1年間といえば，ひたすら職場と自宅の実験室のあいだを往復して，土日もなくブレッドボード開発と記事の執筆に明け暮れた，目が回るような日々のぼんやりとした記憶だけです．その間の私の食生活は，医者が目を剥くような状態になりました．どうも家で食

事をとった記憶がないのです．冷蔵庫に食べ物はなくとも，オシロの波形を記録するポラロイド・カメラのフィルムはたっぷり冷やしてありました．このような大車輪の日々の前に，まっとうな社会生活の彩りは吹き飛んでしまいました．サンフランシスコでの女友達との食事のおりも，彼女の仕事上でのこまごまとした話をおざなりに聞きながら，私は相槌を打つのも忘れて，複合アンプのチョッパ段のゲインの最適交差周波数を計算していたのでした．このような狂気じみた生活が1年余り続いたのち，1983年6月から1987年11月の間に発表した35本もの，細部まで網羅した画期的なアプリケーション・ノート群として実を結んだのです．

以前よりだいぶペースは下がりましたが，執筆は今でも続けています．実験室で技術文書を書いていると若いエンジニアが煙たがるので，（なりかけているのは事実にしても）頑固者みたいに思われないように行儀良くしているわけです．私が他人への気配りに欠けているのは，25年ほど前に経験した煩忙が原因なのでしょうか．出来あいのさまざまな製品に取り囲まれている彼らは，自分達が何を手に入れたかを理解していないのです．

Jim Williams  
Staff Scientist  
Linear Technology Corporation

注：このエッセイはEDNマガジンのために書かれたものである．

# 前書き

　先に上梓いたしました"Analog Circuit Design : A Tutorial Guide to Applications and Solutions"について，読者の皆様から多くの反響をお寄せいただき，深く感謝を申し上げる次第です．このように受け入れていただけたということは，良質な回路設計アプリケーションを自由に参照できる形で提供する必要性がある，という考えを裏付けるものに他なりません．一般的なアプリケーション・ノートや雑誌記事の多くは，アナログ設計について十分に伝えられるほどには奥深くまで説明していなかったわけですが，ここでご覧いただける一連のアプリケーション回路情報こそ，手付かずであったその空白地帯を埋めるものだと言えます．

　私がアナログ設計を学んだ時代は，まだアナログICは世に現れていませんでした．回路はどれもトランジスタを使って組み立てられ（おそらく，真空管も多少使われていたでしょうが），雑誌や書籍での回路の説明は，今日見られる多くのものよりずっと各部を網羅して説明を尽くしたものでした．当時の電気製品のマニュアルと言えば，修理が行えるように回路図が添付されていたものです．幸運なことに，私は規模の大きな会社で働いていた時期があり，そこは社内の計測器を校正するための大きな実験室を備えていました．ですので，昼休み時間の多くを使って，それらアナログ装置の校正や修理マニュアルをむさぼるように読んでいました．測定校正室で見つけたアナログ回路設計についてのチュートリアルの数々に関しては，ヒューレット・パッカード社，テクトロニクス社，その他多くの会社に感謝するばかりです．面白いことに，ジム・ウィリアムズもまた若い頃に，MITで動作しない試験装置の修理に明け暮れていたのです．現代のマニュアルはとても簡素化されてしまいました．

　今日，勉強しようと思っても，申し分なく完成されたアナログ回路設計例を見つけるのはかなり困難になっています．無論，アナログ回路設計の書籍はありますが，そこにある回路は必ずしも完全なものではなく，実際の動作結果が一緒に提供されているわけでもありません．同様に，アプリケーション・ノートの多くは，宣伝したいデバイスに非常に特化した内容となっていて，アナログ回路世界で役立つ一般的な情報の広がりが得られるものではありません．

　本書のシリーズが，アプリケーション回路設計について学ぶためのハンドブックとして受け入れられようとしていることを，私はとても喜ばしく思っています．アプリケーションというものは有用であり，長い寿命を持ち，そして派生して広がっていけるものであるべきなのです．良いアプリケーション・ノートなら，アプリケーションの説明と，それがどこで使われるべきかについての議論を含むべきです．また，動作温度範囲や，電源系，寿命やその他の重要データといった付随的な情報は，教科書では原理に注目するあまりに通常は省かれてしまうところなので，アプリケーション・ノートではそれもカバーするべきなのです．アプリケーションのブロック図は，問題解決への取り組み方を十分に理解できるように解説されている必要があります．行き先がわからなくては，そこへたどり着く方法を理解することも困難なはずですから．

　特定のアプリケーションに即した回路は，十分に開発されていて，その使用部品の情報と組み立てのための情報も示される必要があります．問題の解決のためには，読者が機能と特別な特性を理解する必要があるような，特殊部品を用いるかもしれません．詳細な回路を公開して，その各部の特性や機能は，読者が情報を抽出して再利用できるように，十分な細部まで説明する必要があります．

　ブレッドボードの名前の起源は，実際にパンを切る板の上にテスト回路を組み立てていた時代にさかのぼります．当時，板にネジ止めされた部品を，図にあるようなファーンスタック・クリップでつないでいたのです．

アナログ回路の多くは部品配置による影響を受けやすく，配置に問題があると回路がうまく動作しない可能性があります．私の経験でも，この問題により回路が制約を受けた例を何度も見てきました．

最後に付け加えると，設計者にとって回路の詳細な試験結果のデータ一式はなくてはならないものです．それにより，ある回路が正常に動作した場合にどのようにふるまうのかがわかり，また回路を自分で再利用してみる際の比較検討を行うための手引きにもなります．これが欠けていては，技術教育の一環として，そのアプリケーションは失格であると言えます．

アナログ設計は，手強い相手です．入力信号から出力を得るには多くの手法があり，間に入る回路によって違う結果を導き出してしまうかもしれません．アナログ設計は，外国語の学習に似た側面があると思います．初めて学ぶときは，まず単語集を手にして，それから目に止まる一語一語を辞書にあたりながら，文章を解きほぐすことから始めるでしょう．同様に，アナログ設計では，回路の基礎理論およびさまざまな素子の機能について学びます．節点方程式を書いて回路の部分部分について調べて，その回路がどのように動作するのかを決定できます．

アナログ回路の設計とは，それまで学んできた回路，たとえば差動アンプ，トランジスタ，FET，抵抗器，その他といった基本的な回路構成を使いこなして最終目標となる回路を作り上げることに帰着します．新しく言語を習う場合，詩を書けるようになるまでには多くの年月が必要ですが，それはアナログ回路設計でも同じなのです．

現代の装置のマニュアルに，回路設計情報が含まれていることはめったにありません．そこにあるのは，ブロック・ダイアグラムとブロック間の非常に複雑な結線図だけです．どこにアナログ回路設計を見出す余地があるでしょうか？アナログ回路設計を学び始めたばかりだったり，過去の経験が助けにならないような難問に突き当たったりしたときに，適切な参考情報を見つけることは容易ではありません．

お手に取っていただいている本シリーズが，回路を設計して自分で使いこなすうえでの回答の一端となり，またその設計と試験，実験のテクニックなどを読者にお伝えできることを念願いたします．

今日，アナログ設計に対する要求は以前に増して大きくなっています．現代のアナログ設計は，アナログ信号処理において高い機能を実現するために，トランジスタとICを組み合わせた構成になっています．この巻では，回路設計，レイアウト，そして試験の基本的な側面にスポットを当てています．収録したアプリケーション・ノートを書き上げた我が社の有能な執筆者達が，黒魔術のようにも見えるアナログ設計の世界に多少なりとも光を当てることに成功していることを願うものです．

Bob Dobkin
Co-Founder, Vice President, Engineering,
and Chief Technical Officer
Linear Technology Corporation

# 目次

## 第1部 パワー・マネージメント・チュートリアル

### 第1章 3端子レギュレータの性能向上技術　19

### 第2章 電圧レギュレータの負荷トランジェント応答試験　27
試験方法と評価結果の実用的な考察

- 概要 ･･････ 27
- 基本的な負荷トランジェント発生器 ･･････ 27
- 閉ループ負荷トランジェント発生器 ･･････ 28
- FET主体の回路 ･･････ 29
- バイポーラ・トランジスタ主体の回路 ･･････ 30
- 閉ループ回路の性能 ･･････ 33
- 負荷トランジェント試験 ･･････ 33
- レギュレータの応答におけるコンデンサの役割 ･･････ 34
- 負荷トランジェントの立ち上がりとレギュレータの応答 ･･････ 36
- 実例…インテルP30の組み込みメモリの電圧レギュレータ ･･････ 36
- Appendix A　コンデンサの寄生素子が負荷トランジェント応答に与える影響 ･･････ 38
- Appendix B　出力コンデンサとループ安定性 ･･････ 39
    - タンタルとポリタンタル・コンデンサ ･･････ 41
    - アルミ電解コンデンサ ･･････ 41
    - セラミック・コンデンサ ･･････ 41
    - 基板配線による"無料の"抵抗 ･･････ 42
- Appendix C　負荷トランジェント応答を測定時のプロービングの注意点 ･･････ 43
- Appendix D　調整不要の閉ループ負荷トランジェント・テスタ ･･････ 44

### 第3章 閉ループで広帯域の100Aアクティブ負荷　47
膨大な電力と制御された速度の融和

- 概要 ･･････ 47
- 基本的な負荷トランジェント発生器 ･･････ 47
- 閉ループ負荷トランジェント発生器 ･･････ 48
- 詳細回路の検討 ･･････ 50
- 回路の試験 ･･････ 50
- レイアウトの影響 ･･････ 51
- レギュレータの試験 ･･････ 52
- Appendix A　電流測定の検証 ･･････ 54
- Appendix B　調整の手順 ･･････ 55
- Appendix C　計測の考察 ･･････ 56

# 第2部 スイッチング・レギュレータ・デザイン

## 第4章 DC/DCコンバータに関するいくつかの考察　61

- はじめに　61
- 5Vから±15Vへのコンバータ回路　61
  - ●5Vから±15Vへの低ノイズコンバータ　●5Vから±15Vへの超低ノイズコンバータ　●単一インダクタの5Vから±15Vへのコンバータ　●静止電流の少ない5Vから±15Vへのコンバータ
- マイクロパワーの静止電流コンバータ　69
  - ●静止電流の低い1.5Vから5Vへのマイクロパワー・コンバータ　●200mA出力1.5Vから5Vへのコンバータ
- 高効率コンバータ　78
  - ●高効率12V入力5V出力コンバータ　●高効率の磁束検出絶縁型コンバータ
- 入力範囲の広いコンバータ　81
  - ●入力範囲の広い−48Vから5Vへのコンバータ　●3.5V〜35V入力から−5Vへのコンバータ　●広い入力範囲の正の降圧コンバータ　●バックブースト・コンバータ　●広い入力範囲のスイッチング式前置安定化リニア・レギュレータ
- 高電圧コンバータ　87
  - ●1000V出力非絶縁の高電圧コンバータ　●完全フローティングの1000V出力コンバータ　●コモンモード電圧20,000Vのブレークダウン・コンバータ
- スイッチト・キャパシタによるコンバータ　90
  - ●ハイパワーのスイッチト・キャパシタ・コンバータ
- Appendix A　5Vから±15Vへのコンバータ … 特殊な場合　94
- Appendix B　スイッチト・キャパシタ電圧コンバータ…それはどのように働くか　97
- Appendix C　LT1070の生理学　98
- Appendix D　フライバック・コンバータのためのインダクタの選択　100
- Appendix E　コンバータの効率を最適化する　101
- Appendix F　コンバータ設計のための装置　102
  - プローブ　103
  - オシロスコープとプラグイン　105
  - 電圧計　106
- Appendix G　磁気部品の問題　106
- Appendix H　高電圧または大電流用途のための超低ノイズ・スイッチング・レギュレータLT1533　107
  - 高電圧入力レギュレータ　108
  - 電流ブースト　108

## 第5章 バック・モードのスイッチング・レギュレータに関する理論的考察　111

- はじめに　111
- 絶対最大定格　113
- パッケージ/発注情報　113
- 電気的特性　113
- ブロック図　115
- ブロック図の説明　116
- 標準的性能特性　117

ピンの説明 ･･････････････････････････････････････････････････････････････ 120
　●$V_{IN}$ピン　●グラウンド・ピン　●フィードバック・ピン　●フィードバック・ピンでの周波数シフト　●シャットダウン・ピン　●低電圧ロックアウト　●ステータス・ピン（LT1176のみ）　●$I_{LIM}$ピン　●誤差アンプ

用語の定義 ･･･････････････････････････････････････････････････････････ 126
正降圧（バック）コンバータ ･･････････････････････････････････････････ 127
　●インダクタ　●出力キャッチ・ダイオード　●LT1074の消費電力　●入力コンデンサ（降圧コンバータ）　●出力コンデンサ　●効率　●出力分圧器　●出力オーバーシュート　●無効なオーバーシュート対策

タップ付きインダクタ降圧コンバータ ･･････････････････････････････ 133
　●スナバ　●出力リプル電圧　●入力コンデンサ

正-負コンバータ ････････････････････････････････････････････････････ 136
　●入力コンデンサ　●出力コンデンサ　●効率

負昇圧コンバータ ･･･････････････････････････････････････････････････ 140
　●出力ダイオード　●出力コンデンサ　●出力リプル　●入力コンデンサ

インダクタの選択 ･･･････････････････････････････････････････････････ 142
　●所要出力電力を達成するための最小インダクタンス　●所要コア損失の達成に必要な最小インダクタンス

マイクロパワー・シャットダウン ････････････････････････････････････ 147
　●始動時間遅延

5ピン電流制限 ･･･････････････････････････････････････････････････････ 147
ソフト・スタート ･･････････････････････････････････････････････････････ 148
出力フィルタ ･･･････････････････････････････････････････････････････････ 149
入力フィルタ ･･･････････････････････････････････････････････････････････ 151
オシロスコープ・テクニック ･････････････････････････････････････････ 152
　●グラウンド・ループ　●補償不良のスコープ・プローブ　●グラウンド・リードの誘導　●ワイヤは短くはない

EMIの抑制 ･････････････････････････････････････････････････････････････ 154
トラブルシューティングのヒント ･･････････････････････････････････････ 155
　●低効率　●スイッチ・タイミングの変動　●入力電源が立ち上がらない　●電流制限時にスイッチング周波数が低い　●ICが破損する！　●ICの過熱　●高出力リプルまたはノイズ・スパイク　●ロードまたはライン・レギュレーションの不良　●特に軽負荷時に500kHz～5MHzで発振する

# 第3部　リニア・レギュレータの設計

## 第6章　高効率リニア・レギュレータ　159

はじめに ････････････････････････････････････････････････････････････････ 159
安定な入力でのレギュレーション ･･･････････････････････････････････ 159
不安定な入力でのレギュレーション…ACラインからの場合 ･････････ 160
SCRプリレギュレータ ･･････････････････････････････････････････････････ 161
DC入力プリレギュレータ ･･････････････････････････････････････････････ 162
400mVドロップアウトの10Aレギュレータ ････････････････････････ 164
超高効率リニア・レギュレータ ････････････････････････････････････････ 166
マイクロパワー・プリレギュレーテッド・リニア・レギュレータ ･･･････ 166

Appendix A 低ドロップアウトの実現 ･････････････････････････････････････････････････････ 168
Appendix B 低ドロップアウト・レギュレータ・ファミリ ･･････････････････････････････ 169
Appendix C 電力消費の測定 ･･････････････････････････････････････････････････････････ 170

# 第4部 高電圧，高電流アプリケーション

## 第7章 高電圧，低ノイズのDC/DCコンバータ
キロボルト中の100μVノイズ　　　　　　　　　　　　　　　　　　**175**

はじめに ･･････････････････････････････････････････････････････････････････････････････ 175
共振型ロイヤー方式コンバータ ･････････････････････････････････････････････････････････ 175
スイッチングされた電流源ベースの共振型ロイヤー・コンバータ ･････････････････････････ 177
低ノイズなスイッチング・レギュレータ駆動の共振型ロイヤー・コンバータ ･･･････････････ 178
スルーレート制御のプッシュプル・コンバータ ･･･････････････････････････････････････････ 181
フライバック・コンバータ ･････････････････････････････････････････････････････････････ 181
回路特性のまとめ ･･････････････････････････････････････････････････････････････････････ 186
Appendix A 高電圧DC/DCコンバータのフィードバックについての考察 ･･････････････ 187
Appendix B いわゆるノイズを規定し，測定する ･････････････････････････････････････ 189
　●ノイズを測定する　●低周波数ノイズ　●プリアンプとオシロスコープの選定　●補助測定回路
Appendix C 低レベル広帯域信号を正確に測定するための
　　　　　　プロービングと接続のテクニック ･･････････････････････････････････････ 194
　●グラウンド・ループ　●ピックアップ　●貧弱なプロービング技術　●同軸線路の誤った取り扱い—「重罪」のケース　●同軸線路の誤った取り扱い—「いま一歩」のケース　●適切な同軸接続　●直接接続　●テスト・リードの接続　●絶縁されたトリガ・プローブ　●トリガ・プローブ用のアンプ
Appendix D ブレッドボード製作，ノイズの最小化，レイアウトについての考察 ････････ 205
　●ノイズの最小化　●雑音性能の追い込み　●コンデンサ　●ダンピング回路　●測定テクニック
Appendix E アプリケーション・ノートE101：EMI Snifferプローブ ･･････････････････ 206
　EMIの発生源 ･････････････････････････････････････････････････････････････････････ 208
　プローブ応答の特性確認 ･･･････････････････････････････････････････････････････････ 208
　プローブを使ううえでの原則 ･･･････････････････････････････････････････････････････ 209
　一般的なdi/dtに起因するEMIの問題 ･･････････････････････････････････････････････ 210
　　●整流器の逆回復電流　●クランプ用ツェナー・ダイオードによるリンギング　●並列接続した整流器　●並列接続されたスナバあるいはダンパ用コンデンサ　●トランスのシールド引き出し線のリンギング　●漏れインダクタンスによる磁界　●開放エア・ギャップからの磁界　●十分にバイパスされていない高速ロジック回路　●LISNと一緒にSnifferプローブを使う
　EMI Snifferプローブをテストする ･････････････････････････････････････････････････ 217
　結論 ･･･････････････････････････････････････････････････････････････････････････････ 217
　まとめ ････････････････････････････････････････････････････････････････････････････ 221
　Snifferプローブ用アンプ ･･････････････････････････････････････････････････････････ 221
Appendix F フェライト・ビーズについて ････････････････････････････････････････････ 221
Appendix G インダクタの寄生素子 ･･････････････････････････････････････････････････ 222

# 第5部 照明用デバイスの駆動

## 第8章 第四世代のLCDバックライト技術
部品と測定の改善により性能を向上する　　　**227**

- 概要 ............................................................................. 227
- 序章 ............................................................................. 230
- **ディスプレイの効率の考え方** ............................................ 231
- 冷陰極蛍光ランプ（CCFL） ............................................... 231
- CCFLの負荷特性 ............................................................ 233
- ディスプレイとレイアウトによる損失 ................................. 234
- 多灯ランプ設計の考察 ..................................................... 257
- CCFL電源回路 ............................................................... 259
- 低出力CCFL電源 ............................................................ 264
- 高出力CCFL電源 ............................................................ 268
- "フローティング"ランプ回路 ............................................ 269
- IC主体のフローティング駆動回路 ...................................... 271
- 高出力フローティング・ランプ回路 ................................... 271
- CCFL回路の選定基準 ...................................................... 276
  - ●ディスプレイの特性　●動作電圧範囲　●補助動作電圧　●入力レギュレーション　●電力要件　●電源電流の特性　●ランプ電流の精度　●効率　●シャットダウン　●過渡応答　●調光制御　●ランプ断線保護　●サイズ　●コントラスト電源能力　●輻射
- 回路のまとめ ................................................................. 279
- 一般的な最適化と測定の考察 ............................................ 279
- 電気的効率の最適化と測定 ............................................... 281
- 電気的効率の測定 ........................................................... 282
- 帰還ループの安定性の問題 ............................................... 283
- Appendix A　熱陰極蛍光ランプ ........................................ 287
- Appendix B　液晶ディスプレイの機構設計の考察 ................ 287
  - 序章 ......................................................................... 287
  - 額縁の平坦性と剛性 .................................................... 287
  - ディスプレイ内の熱籠りの回避 .................................... 288
  - ディスプレイの部品配置 .............................................. 288
  - ディスプレイ画面の保護 .............................................. 289
- Appendix C　有意な電気的測定の実現 ............................... 290
  - 電流プローブ回路 ....................................................... 290
  - 電流キャリブレータ .................................................... 292
  - 接地型ランプ回路用の電圧プローブ .............................. 293
  - フローティング型ランプ回路用の電圧プローブ ............... 299
  - 差動プローブ・キャリブレータ .................................... 303
  - RMS電圧計 ............................................................... 305
  - 電気的効率の測定と熱量測定の相関 .............................. 311
- Appendix D　光学的測定 ................................................. 313
- Appendix E　断線/過負荷の保護 ....................................... 318
  - 過負荷保護 ................................................................ 319

Appendix F　輝度調整とシャットダウンの手法 ･････････････････････････････････････････････････ 320
　　　　可変抵抗について ･････････････････････････････････････････････････････････････････････ 322
　　　　高精度PWM発生器 ････････････････････････････････････････････････････････････････････ 323
　Appendix G　レイアウト，部品，および輻射の考察 ･･･････････････････････････････････････････ 325
　　　　回路の分割 ･･･････････････････････････････････････････････････････････････････････････ 325
　　　　高電圧のレイアウト ･･･････････････････････････････････････････････････････････････････ 325
　　　　個別部品の選定 ･･･････････････････････････････････････････････････････････････････････ 332
　　　　コンバータの基本動作 ･････････････････････････････････････････････････････････････････ 333
　　　　必要なトランジスタ特性 ･･･････････････････････････････････････････････････････････････ 333
　　　　その他の個別部品の考察 ･･･････････････････････････････････････････････････････････････ 336
　　　　輻射 ･････････････････････････････････････････････････････････････････････････････････ 336
　Appendix H　高電圧入力によるLT1172の動作 ･･････････････････････････････････････････････ 336
　Appendix I　その他の回路 ･････････････････････････････････････････････････････････････････ 337
　　　　デスクトップ・コンピュータCCFL電源 ･･････････････････････････････････････････････････ 337
　　　　デュアル・トランスCCFL電源 ･･････････････････････････････････････････････････････････ 337
　　　　HeNeレーザ電源 ･･････････････････････････････････････････････････････････････････････ 339
　Appendix J　LCDのコントラスト回路 ･････････････････････････････････････････････････････ 340
　　　　デュアル出力LCDバイアス電圧発生器 ･･･････････････････････････････････････････････････ 340
　　　　LT118xシリーズのコントラスト電源 ････････････････････････････････････････････････････ 342
　Appendix K　ロイヤーとは誰で，何を設計したのか？ ･････････････････････････････････････････ 346
　Appendix L　切れた耳ばかりがゴッホではない─いくつかのあまりよくない発想 ･････････････････ 347
　　　　あまり良くないバックライト回路 ･･･････････････････････････････････････････････････････ 347
　　　　あまり良くない1次側検出の発想 ･･･････････････････････････････････････････････････････ 349

## 第9章　携帯電話／カメラのフラッシュ照射用のシンプルな回路
### フラッシュ・ランプ実装の実用的ガイド　　353

はじめに ････････････････････････････････････････････････････････････････････････････････････ 353
フラッシュ照射の選択肢 ････････････････････････････････････････････････････････････････････ 353
フラッシュ・ランプの基本 ･･････････････････････････････････････････････････････････････････ 353
サポート回路 ････････････････････････････････････････････････････････････････････････････････ 354
フラッシュ・コンデンサの充電回路に関する検討事項 ･･･････････････････････････････････････････ 356
回路の詳細の検討 ････････････････････････････････････････････････････････････････････････････ 357
ランプ，レイアウト，RFI，および関連事項 ････････････････････････････････････････････････････ 358
　　●ランプに関する検討事項　　●レイアウト　　●無線周波数干渉
　Appendix A　モノリシック・フラッシュ・コンデンサ・チャージャ ･････････････････････････････ 360

## 第6部　自動車および産業用のパワー・デザイン

## 第10章　車載／産業用途に向けてPowerPath回路の入力電圧範囲を拡張　　367

概要 ････････････････････････････････････････････････････････････････････････････････････････ 367
電圧範囲の拡張 ･･････････････････････････････････････････････････････････････････････････････ 367
過大な負入力電圧に対する回路 ････････････････････････････････････････････････････････････････ 367
高い正入力電圧に対する回路 ･･････････････････････････････････････････････････････････････････ 368
まとめ ･･････････････････････････････････････････････････････････････････････････････････････ 369

# 第1部

# パワー・マネージメント・チュートリアル

## 第1章　3端子レギュレータの性能向上技術

　この章では，電流容量を増強し，電力消費を制限し，高い電圧出力を提供し，トランスの巻き線を切り替えずに$110V_{AC}$または$220V_{AC}$で動作し，他の多くの有用なアプリケーションなどのアイデアに，既存の3端子レギュレータを用いて回路を強化する技術のいくつかを解説しています．

## 第2章　電圧レギュレータの負荷トランジェント応答試験

　半導体メモリ，カード・リーダ，マイクロプロセッサ，ディスク・ドライブ，圧電装置，およびデジタル機器システムでは，電圧レギュレータで処理する必要がある負荷トランジェントを伴います．理想では，負荷トランジェントでレギュレータの出力は変動しません．実際には，ある程度の変動が生じ，動作電圧の許容範囲を超えた場合に問題になります．そこで，トランジェント負荷条件のもとで必要な性能を検証するために，レギュレータとその関連部品を試験する必要があります．いろいろな方法を使ってトランジェント負荷を発生でき，レギュレータ応答の観察ができます．このアプリケーション・ノートでは，さまざまな条件下で取得された測定性能を示しながら，オープンおよびクローズド・ループのトランジェント負荷テスト回路を提示します．メモリ電源の電圧レギュレータに対する実践的考察が検討されます．四つのAppendixでは，コンデンサの寄生成分と負荷トランジェント応答，出力コンデンサの選択，プロービング技術，安定したトランジェント負荷テスタを取り上げています．

## 第3章　閉ループで広帯域の100Aアクティブ負荷

　デジタル・システム，特にマイクロプロセッサは100Aの範囲でトランジェント負荷を生じ，電圧レギュレータで供給する必要があります．理想的には，レギュレータの出力は負荷トランジェント間も不変です．実際には，幾分かの変化に遭遇し，許容可能な動作電圧の変動を超えた場合に問題になります．マイクロプロセッサの特性である100Aの負荷ステップがこの問題を悪化させ，そのようなトランジェント負荷の条件下でレギュレータと周辺部品を試験する必要が生じます．この要求を満たすために，閉ループ500kHz帯域で線形応答する100A能力のアクティブ負荷について解説します．この方法の検討は，従来タイプのテスト負荷を簡単に振り返り，その欠点について言及することから始めます．

# 第1章
# 3端子レギュレータの性能向上技術

Jim Williams, 訳：堀 敏夫

　3端子レギュレータは，電圧安定化の要求に対して簡単かつ効果的なソリューションを提供します．多くの場合，レギュレータは特別な配慮をせずに使用できます．しかし，一部のアプリケーションでは，デバイスの性能を向上させるために特別な技術が必要になります．

　おそらく，最も一般的な改善は，レギュレータの出力電流を増やすことでしょう．それを行う最も簡単な方法は，概念的にデバイスを並列に接続することです．実際には，レギュレータの電圧出力の誤差が問題を引き起こす可能性があります．図1.1は，2個のレギュレータを使用して，その合計の電流出力を実現する方法を示しています．この回路は，簡単な並列接続を実現するために，そのレギュレータの1%という出力誤差を利用しています．両方のレギュレータが同じ分圧器で検出を行い，低抵抗がわずかに異なる出力電圧を調整して安定にします．追加したこのインピーダンスにより，回路全体の安定度は1%ほど劣化します．

　図1.2は，レギュレータの電流能力を上げる他の方法を示しています．この回路は図1.1よりも複雑ですが，バラスト抵抗の影響を排除し，ロジック制御による高速なシャットダウン機能を備えています．また，電流制限は所望の値に設定することができます．この回路は，LT1005のイネーブル機能と予備の5V出力を維持しながら，その多機能レギュレータの1A能力を12Aに増加します．0.05Ωのシャント抵抗を流れる電流に依存する電圧を$Q_2$が検出し，LT1005が$Q_1$のブースト・トランジスタをサーボ制御します．シャント電圧が十分に大きいと，$Q_2$がオンし，$Q_3$をバイアスしてLT1005のイネーブル・ピンを介してレギュレータをシャットダウンします．シャント抵抗値によって所望の電流制限値を設定することができます．100℃のサーモスイッチは，LT1005をディセーブルすることで，長引く短絡の間，$Q_1$の損失を制限します．これは$Q_1$のヒートシンク上にマウントする必要があります．

　多くの場合，この種のブースト・レギュレータ方式は動的な緩衝が良くありません．そのような不適切なループ補償は，負荷変動に対して大きな出力トランジェ

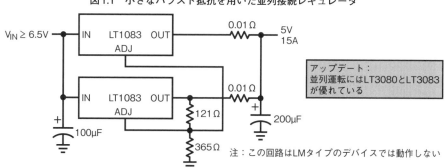

図1.1　小さなバラスト抵抗を用いた並列接続レギュレータ

アップデート：
並列運転にはLT3080とLT3083が優れている

注：この回路はLMタイプのデバイスでは動作しない

ントをもたらします．特に，$Q_1$の共通エミッタ構成が電圧利得をもつため，負荷が減少する際に入力電圧に近づくトランジェントを生じる可能性があります．ここで，20Ωの抵抗がオフ・バイアスを供給し，100μFのコンデンサによって$Q_1$がオーバーシュートする傾向を緩衝します．250μFのコンデンサは，$Q_1$のエミッタをDCに維持します．図1.3は，この"強引な"補償が非常にうまく機能することを示しています．通常，レギュレータには負荷は見えません．波形AがHighになると，12Aの負荷（レギュレータの出力電流は波形C）が出力端子間に現れます．レギュレータの出力電圧は，最小限の変動で直ぐに回復します．

100μFの出力コンデンサは安定性を補助し，イネーブル信号が与えられたときにレギュレータの出力が急激に降下しないようにします．$Q_1$は電流をシンクできないので，100μFのコンデンサの放電時間は負荷で制限されます．負荷がない場合でも，$Q_4$がこの問題を解決します．イネーブル信号が与えられたとき（図1.4の波形A），$Q_3$がオンしてLT1005を切り離し，$Q_1$をオフします．同時に，$Q_4$がオンしてレギュレータ出力（波形B）をプルダウンし，100μFのコンデンサの放電電流（波形C）をシンクします．高速なオフが不要な場合は，$Q_4$を省略できます．

電力消費の制御は，追加回路がレギュレータを補助する別の領域です．ヒートシンク領域を増やすことで放熱問題の相殺に使用できますが，不経済で非効率的

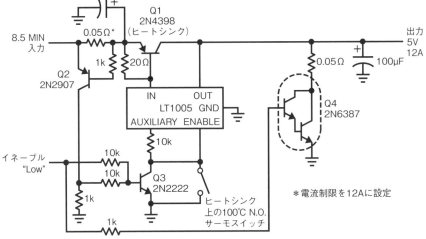

図1.2 速いターンオフを行うスイッチト大電流レギュレータ

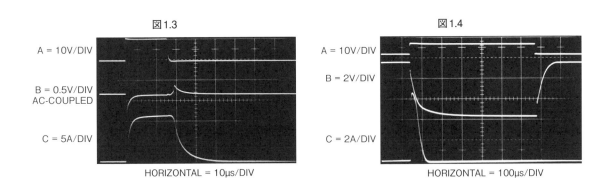

図1.3

図1.4

な方法です．代わりに，レギュレータ両端の電圧をサーボ制御するスイッチ・モードのループ内にレギュレータを配置することができます．この構成では，電源変動または負荷変動に関係なく，スイッチ・モードの制御ループがレギュレータ両端の電圧を最小値に維持してくれるので，レギュレータは正常に機能します．この方法は，典型的なスイッチング・レギュレータほど効率的ではありませんが，リニア・レギュレータの低ノイズと高速トランジェント応答を提供してくれます．

図1.5は，直流駆動型の回路について詳述しています．LT350Aは従来の方法で機能し，3Aの安定化出力を供給します．残りの部品は，スイッチ・モードの損失制限制御を形成します．このループは，LT350A間の電位を$V_Z$値の3.7Vに等しくなるようにします．レギュレータの入力（図1.6の波形A）が十分に減衰すると，LT1018の出力（波形B）はLowに切り替わり，$Q_1$をオンします（$Q_1$のコレクタは波形D）．これにより，回路の入力から4500μFのコンデンサに電流が流れ（波形C），レギュレータの入力電圧を上げます．レギュレータの入力が十分に上昇すると，コンパレータがHighになり，$Q_1$を切り離してコンデンサの充電を終了します．

1N4003は，電流制限インダクタのフライバック・スパイクを緩衝します．10kΩ抵抗が回路の起動を保証し，68pF-1MΩの組み合わせが80$mV_{P-P}$付近にループのヒステリシスを設定します．この自走発振の制御モードは，性能を維持しながら，実質的にレギュレータの損

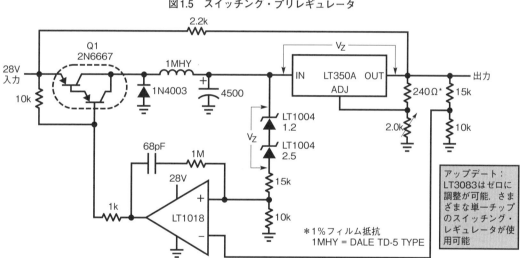

図1.5　スイッチング・プリレギュレータ

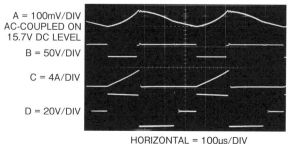

図1.6　スイッチング波形

失を抑えます．入力電圧の変化，異なる安定化出力，または負荷変動に依らず，ループは常にレギュレータにおける可能なかぎりの低損失を保証します．

図1.7は，より洗練された回路に適用される損失制限技術を示します．そのAC電源バージョンは，低電圧〜高電圧（$90V_{AC} \sim 140V_{AC}$）の条件下で効率よく$0V \sim 35V/10A$の安定化を提供します．このバージョンでは，2個のSCRとセンタタップ・トランスが，インダクタとコンデンサの組み合わせに電力を供給します．また，トランスの出力はダイオード整流され（図1.8の波形A），分圧されて，$C_1$を介して0.1μFコンデンサ（波形B）をリセットするために使用されます．$C_1$の出力に得られるACラインに同期したランプ信号は，$C_2$によって$A_1$のオフセット出力と比較されます．$A_1$の出力は，ループがLT1038間に制御しようとしている$V_Z$値からの偏差を表します．ランプ出力が$C_2$の"+"入力値を越えた場合，$C_2$はLowを出力し，$T_1$の1次側（波形C）を通る電流を緩衝します．これは，適切なSCRを駆動し，主トランスからLCペアへの経路（波形D）を形成します．得られた電流の流れ（波形E）はインダクタによって制限され，コンデンサを充電します．AC電源の周期が十分に下がると，SCRは転流し，充電が終了します．次の半周期は，他方のSCRが動作することを除けば，同じ手順を繰り返します．この方式では，LT1038間の電圧を$V_Z$（3.7V）に維持するため，ループは各SCRが動作する位相角を制御します．その結果，回路はすべての入力電圧，負荷，および出力電圧の条件で効率よく機能します．LT1038後の1.2VのLT1004により，出力電圧を0.00Vまで設定することができ，$A_1$の2N3904クランプでループの"ハングアップ"

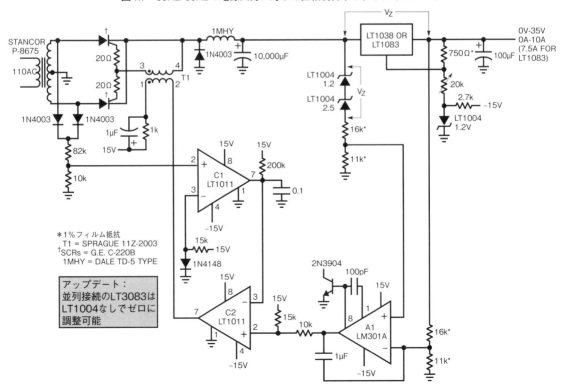

図1.7　50Hz/60Hzの電源入力に対して位相制御するプリレギュレータ

を防ぎます．図1.7Aは，トランスを使用せずにSCRをトリガする方法を示しています．

$A_1$の出力はアナログ電圧ですが，AC駆動される回路の性質は，平滑化されたサンプリングのループ応答に近似することができます．逆に，レギュレータは真の線形システムを構成しています．この二つの帰還システムは連動しているため，周波数補償は困難になります．

実際には，LT1038のトランジェント応答特性に影響を与えずに特性を安定にするために，$A_1$の1μFのコンデンサが損失ループ利得を十分に低い周波数に維持します．図1.9の波形A（上側）は，回路が35V/10Aの負荷（350W）で動作している間の出力ノイズを示しています．高速スイッチングによるトランジェントと高調波が存在しないことに注目してください．出力ノイズは，120Hzリプルの残りとレギュレータ・ノイズで構成されます．また，インダクタが電流の立ち上がり時間を通常のスイッチング電源よりも遥かに遅い約1msに制限するので，AC電源ラインへの反射ノイズは無視できます（波形B：下側）．図1.10は，10A負荷に対する効率-出力電圧のプロットです．レギュレータとSCR間の静的損失が大きな低い出力電圧では効率が影響を受けますが，高い出力電圧では85％が達成されます．

高い電圧出力は，レギュレータの堅牢さでは別の議論が必要となります．理論的に，レギュレータがグラウンド・ピンをもっていないため，高い電圧を安定化することができます．通常の動作では，レギュレータは供給電源の上側に浮いていて，$V_{IN} - V_{OUT}$の最大値を越えない限り，問題ありません．しかし，出力が短

図1.7A　トランスなしでSCRをトリガする回路

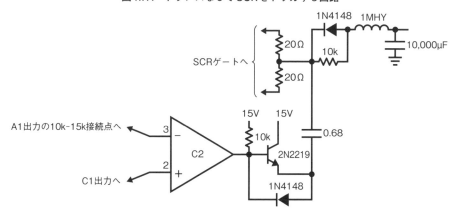

図1.8　トリガ波形（図1.7の回路動作）

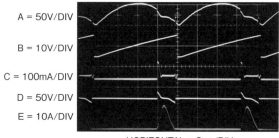

絡した場合，$V_{IN} - V_{OUT}$の最大値を越えてしまい，デバイスの破壊が発生します．図1.11の回路は完全な高電圧レギュレータを示しており，100V/100mAを供給し，グラウンドへの短絡にも耐えます．100V出力であってもLT317Aは通常モードで機能し，出力と調整ピンの間を1.2Vに維持します．

これらの条件下で30Vのツェナーはオフで，$Q_1$は導通しています．出力が短絡した場合，ツェナーが導通し，$Q_1$のベースを強制的に30Vにします．これは，$Q_1$のエミッタを$V_Z$より$2V_{BE}$だけ低くクランプし，レギュレータの$V_{IN} - V_{OUT}$定格内に収めます．これらの条件下では，高電圧デバイスの$Q_1$は，トランスとレギュレータの電流制限がサポートするどのような電流でも90V

の$V_{CE}$に耐えます．トランスは130mAで飽和する仕様で，$Q_1$が12Wを損失する場合に十分にその安全領域内に維持します．$Q_1$とLT317Aが熱結合されていれば，レギュレータは即座にサーマル・シャットダウンになり，発振が開始します．この動作は継続し，出力が短絡しているかぎり，負荷とレギュレータを保護します．500pFのコンデンサと10Ω‐0.02μFのダンパがトランジェント応答を支援し，ダイオードはコンデンサに対して安全な放電路を提供します．

高電圧レギュレーションに対するこのアプローチは主に，レギュレータと直列のデバイスの電力消費能力によって制限されます．図1.11Aは，非常に高い短絡損失能力を実現するために，真空管（覚えています

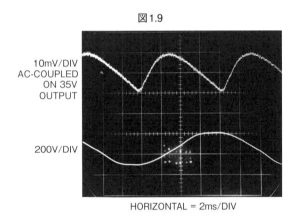

図1.9

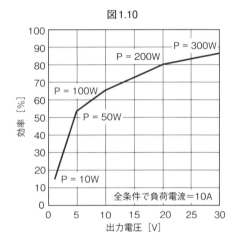

図1.10

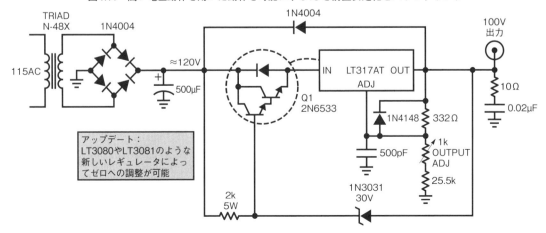

図1.11 高い電圧動作を用いた動作を可能にするICを前置安定化とバッファリング

か？）を使用しています．真空管によって高電圧動作を可能にし，過負荷に対して極めて耐性があります．この回路により，LT317Aは完全な出力短絡保護付きで2000V/600W（$V_1$のプレート電流の制限は300mA）を制御できます．

レギュレータの性能を増強できる領域は電力だけではありません．図1.12は，時間と温度にわたってレギュレータの出力の安定性を強化する方法を示しています．これは特に，歪みゲージを使ったトランスデューサに電力を供給する際に有用です．この回路では，出力電圧は分圧され，高精度アンプ$A_1$で2.5V基準電圧源と比較されます．$A_1$の出力は，10V出力を維持するために必要な電圧にLT317Aの調整ピンを設定します．$A_1$の誤差は無視できます．抵抗器の仕様は5ppm/℃以内で，基準電圧源は約20ppm/℃です．レギュレータの内部回路が短絡と過熱から保護します．

図1.13の回路により，レギュレータは帰還電圧をリモート・センスして，電源ラインの電圧降下の影響を排除できます．これは，比較的に長い電源線や基板配線を通して大電流を伝送しなければならない場合に問題となります．図1.13の回路では，負荷点の電圧を検出するために$A_1$を使用しています．$A_1$の出力をレギュレータの出力と加算し，$R_{DROP}$間で降下した電圧を補償するように調整ピンの電圧を修正します．負荷とは別の配線を通して帰還抵抗分割器を戻し，リモート・センス方式を仕上げています．5μFのコンデンサはノ

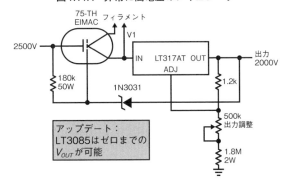

図1.11A 非常に高電圧のレギュレータ

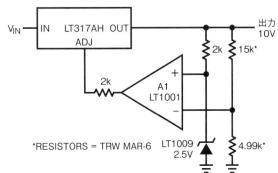

図1.12 基準源に対して保護されたパワー段としてレギュレータを使用

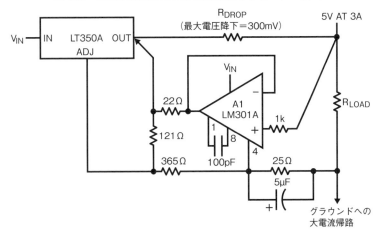

図1.13 優れた安定度のために帰還電圧をリモート・センス

イズをフィルタリングし，1kΩは電源をオフにしたときのバイパス・コンデンサの放電を制限します．

最後に示す回路により，トランス巻き線を切り替えることなく，電圧レギュレータ駆動回路は$110V_{AC}$または$220V_{AC}$で動作できます．レギュレータの損失は，$220V_{AC}$入力に対しても増加しません．図1.14では，$T_1$が$110V_{AC}$で駆動されるとLT1011の出力がHighになり，SCRは1.2kΩの抵抗を介してゲート・バイアスを得ることができます．1N4002はオフです．$T_1$の出力はSCRによって整流され，レギュレータの入力には約8.5Vが現れます．$T_1$が$220V_{AC}$電源に接続されると，LT1011の負入力は2.5V以上に駆動され，デバイスの出力はLowにクランプされます．これにより，LT1011の出力トランジスタを介してSCRのゲート・バイアスをグラウンドに制御します．LT1011出力ラインのダイオードは，逆電圧がSCRまたはLT1011の出力に達することを防ぎます．次に，SCRがオフし，1N4002が$T_1$のセンタ・タップからレギュレータに電流を供給します．$T_1$の入力電圧は2倍になっていますが，その出力電位は半減しており，レギュレータの電力消費は同じままです．図1.15は，AC電源入力-レギュレータ入力電圧の伝達関数を示しています．センタ・タップ駆動への切り替わりは，$110V_{AC}$と$220V_{AC}$の中間で生じます．$T_1$の出力電圧は負荷のステップ変動でシフトするので，必要な特性であるヒステリシスが得られています．

図1.14 広い入力電圧の動作に対応する回路

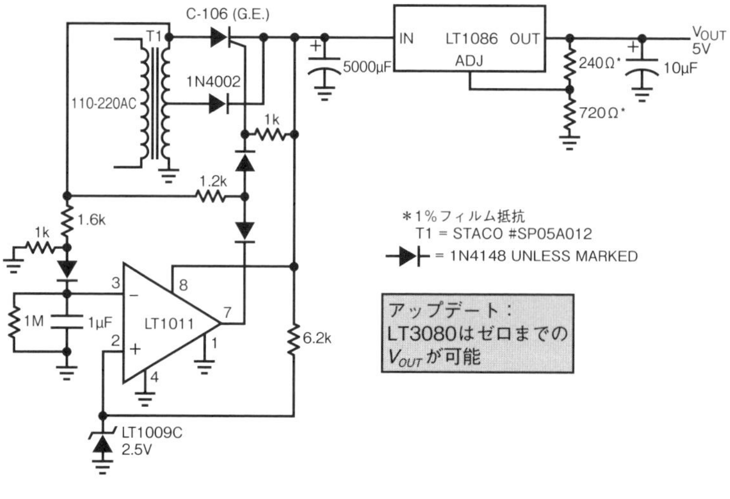

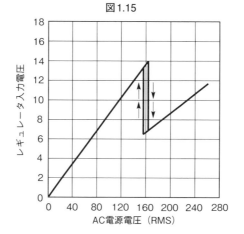

図1.15

# 第2章
# 電圧レギュレータの負荷トランジェント応答試験
## 試験方法と評価結果の実用的な考察

Jim Williams, 訳：堀 敏夫

## 概要

半導体メモリ，カード・リーダ，マイクロプロセッサ，ディスク・ドライブ，圧電装置，およびデジタル機器システムでは，電圧レギュレータで処理する必要がある負荷トランジェントを伴います．理想では，負荷トランジェントでレギュレータの出力は変動しません．実際には，ある程度の変動が生じ，動作電圧の許容範囲を超えた場合に問題になります．そこで，トランジェント負荷条件のもとで必要な性能を検証するために，レギュレータとその関連部品を試験する必要があります．いろいろな方法を使ってトランジェント負荷を発生でき，レギュレータ応答の観察ができます．

## 基本的な負荷トランジェント発生器

図2.1は，負荷トランジェント発生器の概念図です．試験下のレギュレータは，DC負荷と切り変え式の可変抵抗負荷を駆動します．切り変えた電流と出力電圧を観測し，静的・動的条件下で，名目上の安定出力電圧と負荷電流の比較ができます．切り変える電流はオンまたはオフであり，線形領域での制御はありません．

図2.2は，負荷トランジェント発生器の実用的な実現例です．試験下の電圧レギュレータは，機械的フライホイールと同じように，トランジェント応答を補助するためにエネルギーを蓄積したコンデンサによって増強されます．これらのコンデンサのサイズ，組成，および配置は，特に$C_{OUT}$において，トランジェント応答とレギュレータ全体の安定性に顕著な影響があります[注1]．回路動作は単純です．入力パルスが$Q_1$を切り変えるためにFETドライバLT1693をトリガし，レギュレータのトランジェント負荷電流を生成します．オシロスコープは瞬間的な負荷電圧と，クリップ式の広帯域プローブを介して電流を観測します．回路の負荷トランジェント生成能力は，図2.3のように，レギュレータの代わりに非常に低インピーダンスの電源を用いて評価します．高容量の電源，低インピーダンス接続，および賢明なバイパス方法の組み合わせにより，広い

---
注1：詳細については，Appendix Aの「コンデンサの寄生素子が負荷トランジェント応答に与える影響」とAppendix Bの「出力コンデンサとループ安定性」を参照．

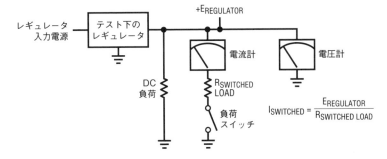

図2.1 レギュレータの概念的な負荷テスタは，切り変え式負荷とDC負荷，および電圧/電流モニタで構成される．抵抗値でDC負荷電流と切り変え負荷電流を設定する．切り変え電流はオンまたはオフで，線形領域での制御はない

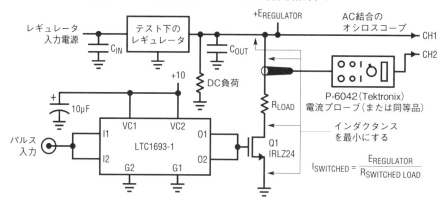

図2.2 レギュレータの実用的な負荷テスタ．FETドライバとQ₁が$R_{LOAD}$を切り変える．オシロスコープで電流プローブの出力とレギュレータの応答を観測する

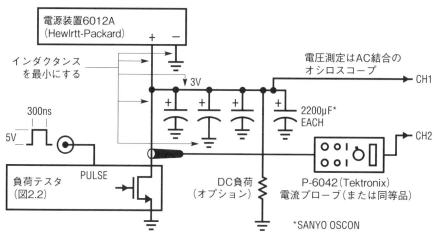

図2.3 レギュレータを十分なバイパスと低インピーダンスの電源で置き変えることで，負荷テスタの応答時間を決定できる

図2.4 図2.2の回路は，15nsで1A負荷（波形B）を切り変えることでFETドライバ出力（波形A）に応答する

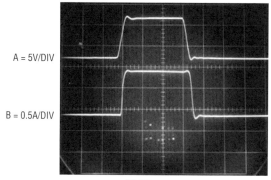

周波数にわたって低インピーダンスを維持します．図2.4は，図2.3がFETドライバLTC1693-1（波形A）に応答して15nsできれいに1Aに切り変わる（波形B）ことを示しています．このような速度は多くの負荷をシミュレーションする上で有用ですが，汎用性が制限されています．いくら速くても，回路は最小・最大電流間で負荷を模擬することはできません．

## 閉ループ負荷トランジェント発生器

図2.5の概念的な閉ループ負荷トランジェント発生器は，どの点にでも瞬間的なトランジェント電流を設定するためにQ₁のゲート電圧を線形制御し，ほぼすべての負荷プロファイルのシミュレーションが可能です．

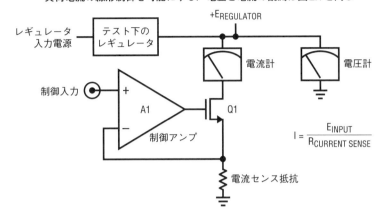

図2.5 概念的な閉ループ負荷テスタ．$A_1$が$Q_1$のソース電圧を制御し，レギュレータの出力電流を設定する．$Q_1$のドレイン電流波形は$A_1$の入力と同じで，負荷電流の線形制御を可能にする．電圧と電流の観測は図2.1と同じ

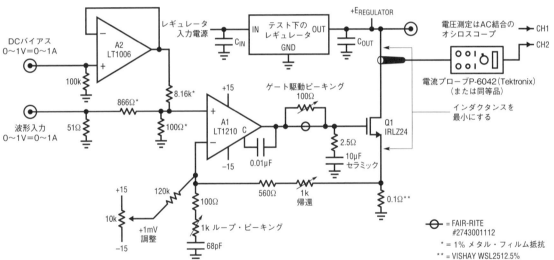

図2.6 詳細な閉ループ負荷テスタ．DCレベルとパルスの入力は，$A_1$から$Q_1$のレギュレータ電流シンク負荷に供給する．$Q_1$のゲインにより，広帯域を許容しつつ，$A_1$での小出力振幅を可能にする．ダンピング網，帰還，およびピーキング調整が応答のエッジを最適化する

$Q_1$のソースから制御アンプ$A_1$への帰還は$Q_1$周囲でループを閉じており，その動作点を安定させています．$Q_1$の電流は，非常に広帯域にわたって制御入力電圧と電流検出抵抗に依存した値です．いったん$A_1$が$Q_1$のコンダクタンス閾値をバイアスすると，$A_1$出力の小さな変化が$Q_1$のチャネルに大きな電流の変化を生じることに注意してください．このように，$A_1$から大きな出力変動は不要で，その小信号帯域幅が根本的な速度制限になります．この制限内では，$Q_1$の電流波形は$A_1$の制御入力電圧と同じ形になり，負荷電流の線形制御が可能になります．この多才な能力により，広範に多様な負荷シミュレーションが可能になります．

## FET主体の回路

図2.6のFET主体の閉ループ負荷トランジェント発生器の実用的な実現には，DCバイアスと波形入力が含まれます．$A_1$は高周波で$Q_1$の高いゲート容量を駆動する必要があり，$A_1$の大きなピーク出力電流と帰還ループの補償が必要です．60MHzの電流帰還アンプ

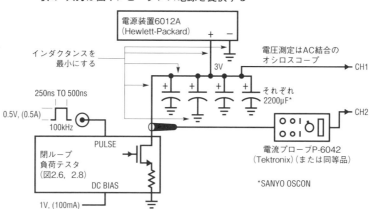

図2.7 閉ループ負荷テスタの応答時間は，図2.3のように決定される．"煉瓦壁状の"入力は低インピーダンス電源を提供する

$A_1$は，1Aを超える出力電流能力をもっています．$Q_1$のゲート容量を駆動しながら高周波での安定性と波形純度を維持するためには，設定可能なゲート駆動ピーキング部品，ダンピング網，帰還調整，およびループ・ピーキング調整が必要です．またDCトリムも必要で，最初に行われます．入力を印加せずに，$Q_1$のソースが$1mV_{DC}$になるように"＋1mV調整"を調整します．AC調整は図2.7の構成を用いて行います．図2.3と同様に，この"煉瓦壁状の"安定化電源は，負荷トランジェント発生器によってステップ負荷が加わるときにリプルと降下を最小に抑えます．図に示す入力を印加し，オシロスコープの電流プローブを装着したチャンネルで最もきれいで角が矩形の応答となるように，ゲート駆動，帰還，およびループ・ピーキングを調整します．

## バイポーラ・トランジスタ主体の回路

図2.8は，前述の回路のループ動特性をかなり簡素化し，すべてのAC調整を排除しています．主なトレードオフとして，スピードは半分になっています．$Q_1$がバイポーラ・トランジスタであることを除き，回路は図2.6と同様です．バイポーラで入力容量が大幅に低減されたことにより，$A_1$はもっと良質な負荷を駆動できます．これにより，低電流出力のアンプが可能になり，図2.6のFETのゲート容量を調節するために必要な動的調整を排除します．唯一の調整は"＋1mV調整"で，前述のように達成されます[注2]．速度が半減したこととは別に，バイポーラ・トランジスタはそのベー

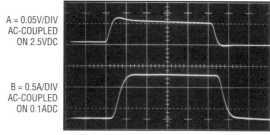

図2.9 図2.6の閉ループ負荷テスタのステップ応答（波形B：$Q_1$電流）は速くきれいで，50nsのエッジと平坦な上部を示す．$A_1$の出力（波形A）は，50mVだけの振幅で広帯域動作を可能にする．波形Bでは，電圧と電流プローブの時間のずれにより若干遅れる

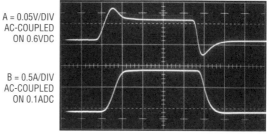

図2.10 図2.8のバイポーラ出力負荷テスタの応答は，FET主体の回路の半分の速度になるが，回路は複雑さが減り，補償調整を排除する．波形Aは$A_1$出力，波形Bは$Q_1$のコレクタ電流

---

注2：この調整は回路の複雑さをいくつか犠牲にすれば除去することができる．Appendix Dの「調整不要の閉ループ負荷トランジェント・テスタ」を参照．

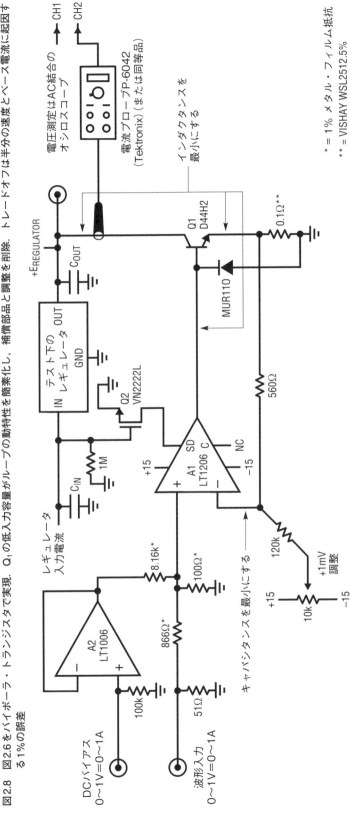

**図2.8** 図2.6をバイポーラ・トランジスタで実現．$Q_1$の低入力容量がループの動特性を簡素化し，補償部品と調整を削除．トレードオフは半分の速度とベース電流に起因する1%の誤差

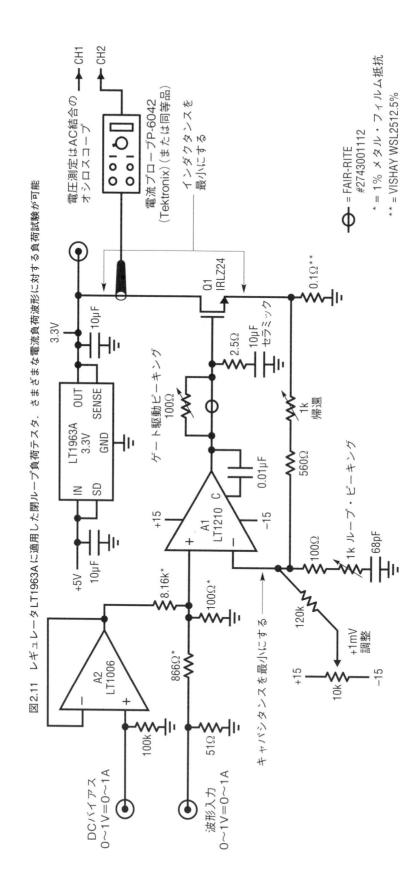

図2.11 レギュレータLT1963Aに適用した閉ループ負荷テスタ.さまざまな電流負荷波形に対する負荷試験が可能

ス電流のために1％の出力電流誤差をもたらします．$Q_2$ は，レギュレータ電源がないときに過剰な $Q_1$ のベース電流を防止するために加えられています．ダイオードは，どのような状況下でも逆ベース・バイアスを防ぎます．

## 閉ループ回路の性能

図2.9と図2.10は，二つの広帯域回路の動作を示しています．FET主体の回路（図2.9）は，$A_1$ の振幅が50mV（波形A）だけで，$Q_1$ を通して波形Bに示すエッジが50nsで上部が平坦な電流パルスを生成します．図2.10は，バイポーラ・トランジスタ主体の回路性能の詳細です．$Q_1$ のベースで取得された波形Aは，100mV未満の上昇で，$Q_1$ に波形Bのきれいな1Aの電流導通を生じています．この回路の100nsのエッジは，より複雑なFET主体の回路の約半分の速度ですが，ほとんどの実用的なトランジェント負荷テストに対しては尚も十分に速いものです．

## 負荷トランジェント試験

前述した回路は，電圧レギュレータの迅速かつ徹底した負荷トランジェント試験を可能にします．図2.11は，リニア・レギュレータLT1963Aを評価するために図2.6の回路を使用しています．図2.12は，波形Aの非対称なエッジの入力パルスに対するレギュレータの応答（波形B）を示します．LT1963A帯域内のランプ状の先頭エッジは，波形Bのなだらかな10mV$_{P-P}$の変動を生じます．LT1963Aのはるか帯域外の速い後方エッジは，波形Bの急激な乱れを引き起こします．$C_{OUT}$ は出力レベルを維持するのに十分な電流を供給できず，レギュレータが制御を再開する前に75mV$_{P-P}$ のスパイクを引き起こします．図2.13では，多くのバラ

図2.12 非対象なエッジのパルス入力（波形A）に対する図2.11の応答（波形B）．LT1963Aの帯域幅内で立ち上がる先頭エッジは，滑らかな10mV$_{P-P}$の変動を生じる（波形B）．LT1963A帯域外の速い後方エッジは，急激な75mV$_{P-P}$の乱れを引き起こす（波形B）．写真を明確にするために波形の後半部を強調している

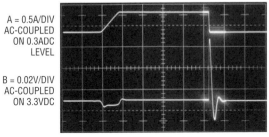

図2.13 レギュレータの帯域内の500mA$_{P-P}$，500kHzのノイズ負荷（波形A）は，波形Bのレギュレータ出力でわずか6mVのノイズを生成する

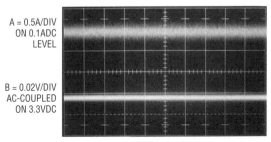

図2.14 ノイズ帯域を5MHzまで上げたことを除き，図2.13と同じ条件．レギュレータの帯域を超えると，50mV$_{P-P}$の出力誤差を引き起こす

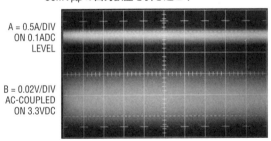

図2.15 DC〜5MHzで掃引した0.35Aの負荷（0.2A$_{DC}$に重畳）は，図のようなレギュレータ応答を生じる．レギュレータの出力インピーダンスは周波数とともに上昇し，相当する出力誤差の増加を引き起こす

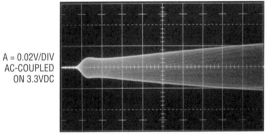

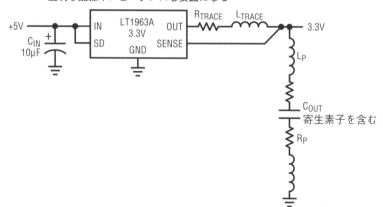

図2.16 $C_{OUT}$がレギュレータの動的応答を支配する。$C_{IN}$の重要性はずっと低い。寄生インダクタンスと抵抗は、周波数におけるコンデンサの効果を制限する。コンデンサ値と誘電材料は、負荷ステップ応答に大きく影響する。過剰な配線インピーダンスも要因になる

バラな負荷を模擬した500mA$_{P-P}$の500kHzノイズが、レギュレータに供給されます（波形A）。これはレギュレータの帯域内であり、わずか6mV$_{P-P}$の妨害が波形Bに現れます。図2.14は、ノイズ帯域を5MHzに上げたことを除き、同じ条件のままです。レギュレータの帯域を超えており、8倍も大きい50mV$_{P-P}$以上の誤差を生じています。

図2.15は、0.2AにDCバイアスし、DC〜5MHzで掃引した0.35Aの負荷をレギュレータに印加したときに何が起こるかを示しています。周波数とともに増加するレギュレータの出力インピーダンスが、周波数に伴って増加する誤差を生じます。この情報により、周波数に対するレギュレータの出力インピーダンスを決めることが可能になります。

## レギュレータの応答におけるコンデンサの役割

レギュレータは、高周波での応答を増強するために、入力（$C_{IN}$）と出力（$C_{OUT}$）にコンデンサを採用しています。コンデンサの誘電体材料、容量値、および配置は、レギュレータの特性に大きく影響を与えるので、極めて慎重に検討する必要があります[注3]。$C_{OUT}$はレギュレータの動特性に支配的で、$C_{IN}$はレギュレータのド

---

注3：本件の詳細についてはAppendix AおよびAppendix Bを参照．

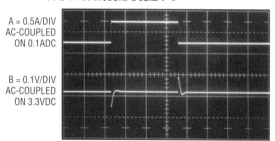

図2.17 $C_{IN}=C_{OUT}=10\mu F$を使用した図2.16の回路への0.5Aのステップ負荷（波形A）は、波形Bのレギュレータ出力を生じる。低損失コンデンサは制御された出力変動を促進する

ロップアウト点以下まで放電しない限り、それほど重要でありません。図2.16は一般的なレギュレータ回路を示しており、$C_{OUT}$とその寄生成分を強調しています。寄生インダクタンスと抵抗は、周波数におけるコンデンサの効果を制限します。コンデンサの誘電体材料と容量値は、負荷ステップ応答に大きく影響します。"隠れた"寄生成分であるレギュレータ出力の配線で構成されるインピーダンスもレギュレーション性能に影響しますが、その影響はリモート・センシング（図示）と分散型の容量性バイパスによって最小化できます。

図2.17は、$C_{IN}=C_{OUT}=10\mu F$における、0.1A$_{DC}$にバイアスした0.5Aの負荷ステップ（波形A）に対する図2.16の回路（波形B）を示しています。採用した低損失のコンデンサが、波形Bの良く制御された出力を生

図2.18 水平軸を拡大して波形Bの滑らかなレギュレータの出力応答を示している．電流と電圧プローブの不整合による遅延が若干の時間のずれを生じている

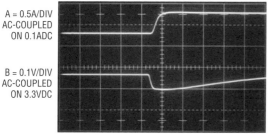

図2.19 "同等"な10μFのコンデンサ$C_{OUT}$の性能は，10μs/divでは図2.17と同じように見える

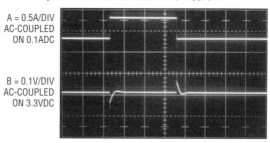

図2.20 水平軸の拡大により，"同等"なコンデンサは図2.18の2倍の振幅誤差をもつことがわかる．不整合のプローブの遅延が波形間の時間のずれを引き起こしている

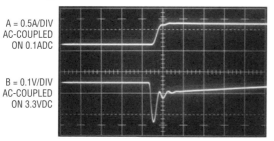

図2.21 過度の損失をもつ10μFの$C_{OUT}$は400mVの変動（図2.18の4倍の量）を示す．波形間の時間のずれはプローブの不整合で生じている

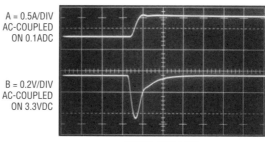

図2.22 低損失のコンデンサを用いて$C_{OUT}$を33μFに増やすと，出力応答トランジェントは図2.17の40%まで減少する

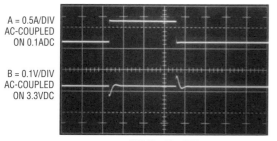

図2.23 低損失の330μFコンデンサは，出力応答トランジェントを20mV以内（図2.17の10μFより4倍低い）に維持する

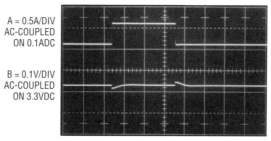

じています．図2.18は，高周波での振る舞いを調査するために水平時間軸を大幅に拡大しています．レギュレータの出力変動（波形B）は滑らかで，急激な不連続性はありません．図2.19は，図2.17に採用したコンデンサと"同等"を謳った出力コンデンサを使用して，図2.17と同じテストを実施しています．10μs/divの波形は非常に似ているように見えますが，図2.20では問題

があることを示しています．この図2.18と同じ速い掃引速度で採取した写真は，"同等"を謳うコンデンサが図2.18に対して2倍の振幅誤差，高い周波数成分，および共振を有していることを明らかにしています(注4)．

---

注4：営業マンの主張ではなく，常に観測された性能に応じて部品を決めてください．

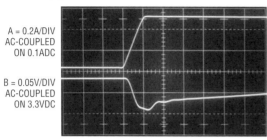

図2.24 $C_{OUT}$＝10μFで，立ち上がり時間が100nsの電流ステップ（波形A）に対するレギュレータの出力応答（波形B）．応答は75mVをピークとして減衰する

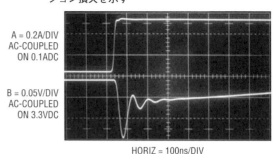

図2.25 より速い立ち上がり時間の電流ステップ（波形A）は，応答の減衰のピーク（波形B）を140mVまで増加させ，周波数とともに増加するレギュレーション損失を示す

図2.21は，$C_{OUT}$を非常に損失の多い10μFのコンデンサに置き変えています．このコンデンサは400mVの変動（波形Bの垂直軸の変更に注意）を示し，図2.18の4倍の量です．逆に，図2.22は$C_{OUT}$を低損失の33μFに増加しており，図2.18の40％まで出力応答トランジェント（波形B）が減少しています．図2.23ではさらに低損失の330μFコンデンサに増加して，図2.18の10μFの値よりも4倍低い20mV以内のトランジェントを維持しています．

前述の調査からの教訓は明らかです．コンデンサ値と誘電材料の品質は，トランジェント負荷応答に明らかな影響があります．決める前に試してください！

## 負荷トランジェントの立ち上がりとレギュレータの応答

閉ループ負荷トランジェント発生器はまた，高速で安定化するときの負荷トランジェントの立ち上がり時間を調べることもできます．図2.24は，DC負荷が0.1Aで立ち上がり時間が100nsの0.5Aステップ（波形A）に応答する図2.16の回路（$C_{IN}$＝$C_{OUT}$＝10μF）を示しています．応答の減衰（波形B）は75mVをピークとして逸脱が続きます．波形Aの負荷ステップの立ち上がり時間を短くすると（図2.25），波形Bの応答誤差は倍増し，付随して大きな逸脱が続きます．これは，高周波でレギュレータの誤差が増大することを示しています．

すべてのレギュレータは周波数とともに誤差が増加し，回路によっては他より大きいものもあります．遅い負荷トランジェントは，性能の悪いレギュレータを不当に良く見せます．レギュレータの帯域外での応答を何も示さないトランジェント負荷試験は疑わしいです．

図2.26 インテルP30組み込みメモリの電圧レギュレータの誤差仕様．1.8V電源はすべての静的／動的誤差を含み，±0.1V偏差内に維持しなければならない

| パラメータ | 制限値 |
|---|---|
| インテル社の電源仕様制限 | 1.8V±0.1V |
| LTC1844レギュレータの初期精度 | ±1.75%（±31.5mV） |
| 許容ダイナミック誤差 | ±68.5mV |

## 実例…インテルP30の組み込みメモリの電圧レギュレータ

Intel P30の組み込みメモリは，電圧レギュレータの負荷ステップ性能の重要性を示す良い例を提示しています．このメモリは1.8Vの電源を必要としていて，通常は＋3Vから安定化します．電流仕様は比較的に控えめですが，電源偏差が厳しくなっています．図2.26の誤差仕様は，すべてのDCと動的誤差を含め，1.8Vから0.1Vのみの許容変動を示しています．レギュレータLTC1844-1.8は1.75％の初期偏差（31.5mV）を有しているので，68.5mVの動的誤差の余裕が残るだけです．図2.27は試験回路です．メモリの制御ラインの動作は50mAの負荷トランジェントを生じ，コンデンサの選択に注意が必要になります(注5)．レギュレータが電源に近い場合には$C_{IN}$は任意になります．そうでない場

---

注5：LTC1844-1.8のノイズ・バイパス・ピン（"BYP"）は，極めて低い出力ノイズを実現するために任意の外付けコンデンサを付けて使用する．このアプリケーションでは不要で，未接続のままになっている．

図2.27 P30組み込みメモリの$V_{CC}$レギュレータは，±0.1Vの誤差範囲に維持しなければならない．制御ラインの動作は50mAの負荷ステップを生じ，$C_{OUT}$の選択に注意を必要とする

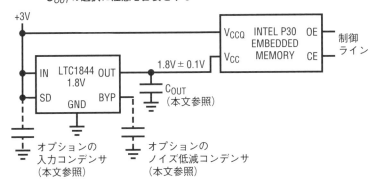

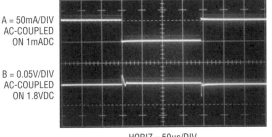

図2.28 50mAの負荷ステップ（波形A）は，誤差仕様の要求よりも2倍良い30mVのレギュレータ応答ピークとなる．$C_{OUT}$は低損失の1μF

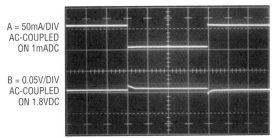

図2.29 $C_{OUT}$を10μFに増やすと，レギュレータ出力ピークは要求よりもほぼ6倍良い12mVに減少する

合，$C_{IN}$には良質の1μFコンデンサを使用してください．$C_{OUT}$は低損失の1μFタイプです．他のすべての点では，一見，回路は決まりきったもののように見えます．負荷トランジェント発生器が図2.28の出力負荷試験用ステップ（波形A）を与えます[注6]．波形Bのレギュレータ応答は，必要とされるよりも2倍以上良いちょうど30mVのピークを示します．図2.29のように10μFに$C_{OUT}$を増やすと，仕様よりほぼ6倍良い12mVにピーク出力誤差が低減します．しかし，低品質の10μF（または本件では1μF）のコンデンサは，図2.30の有難くない衝撃をもたらします．両エッジに深刻なピーク誤差が生じており（波形Bの後半部は写真を明確にするために強調している），負方向エッジでは100mVが観測できます．これは誤差制限を大きく外しており，信頼性の低いメモリ動作を引き起こします．

図2.30 低品質の10μFの$C_{OUT}$は，P30のメモリ規格に違反した100mVのレギュレータ出力ピーク（波形B）を生じる．写真を明確にするために波形の後半部を強調している

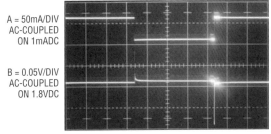

注6：このテストには図2.8の回路を使用し，$Q_1$のエミッタ電流シャントを1Ωに変更した．

### ◼ 参考文献 ◼

(1) LT1584/LT1585/LT1587 Fast Response Regulators Datasheet. Linear Technology Corporation.
(2) LT1963A Regulator Datasheet. Linear Technology Corporation.
(3) Williams, Jim, "Minimizing Switching Residue in Linear Regulator Outputs". Linear Technology Corporation, Application Note 101, July 2005.
(4) Shakespeare, William, "The Taming of the Shrew," 1593-94.

注：このアプリケーション・ノートは，元はEDN誌の発行に向けて準備した原稿から作成した．

# Appendix A　コンデンサの寄生素子が負荷トランジェント応答に与える影響

Tony Bonte

　負荷電流の大きな変化は，デジタル・システムでは一般的です．負荷電流ステップには高次の周波数成分が含まれており，レギュレータがその負荷電流レベルを抑えるまで出力デカップリング網が対応しなければなりません．コンデンサは理想的な素子ではなく，寄生抵抗と寄生インダクタンスを含んでいます．これらの寄生素子は，トランジェント負荷のステップ変化の開始時に出力電圧の変化を支配します．出力コンデンサの$ESR$（等価直列抵抗）は，出力電圧の瞬間的なステップを生成します（$\Delta V = \Delta I \cdot ESR$）．出力コンデンサの$ESL$（等価直列インダクタンス）は，出力電流の変化速度に比例した打ち込みを生成します（$V = L \cdot \Delta I/\Delta t$）．出力容量は，レギュレータが応答するまでの時間に比例した出力電圧の変化を生成します（$\Delta V = \Delta t \cdot \Delta I/C$）．これらのトランジェントの影響を**図2.A1**に示します．

　出力負荷電圧の許容範囲を満たすためには，低$ESR$，低$ESL$，および良好な高周波特性のコンデンサを使用することが重要になります．これらの要求には，高品質で表面実装のタンタル，セラミック，有機電解コンデンサが必要です．コンデンサの配置もトランジェント応答の性能には重要です．レギュレータのピンのできるだけ近くにコンデンサを配置し，電源ラインの配線とグラウンド・プレーンを低インピーダンスに維持して，必要に応じて個々の負荷をバイパスします．レギュレータがリモート・センス機能をもつ場合，最も重い負荷ポイントで検出することを検討してください．

　厳密に言えば，上記はレギュレータのセトリングに影響を与える唯一の時間関連の条件ではありません．**図2.A2**は，潜在的に安定化に影響を与える可能性がある，9桁の時間にわたって生じる，異なる7種類の条件を示しています．レギュレータICは，レギュレータのループと熱誤差の影響を最小化するように慎重に設計する必要があります．

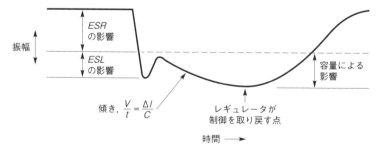

図2.A1
寄生抵抗，寄生インダクタンス，および有限の容量値は，レギュレータの利得帯域幅値と組み合わされて負荷ステップ応答を形成する．コンデンサの等価直列抵抗（*ESR*）と等価直列インダクタンス（*ESL*）が初期の応答を支配する．コンデンサの容量値とレギュレータの利得帯域幅がその後の応答特性を決定する

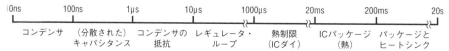

図2.A2　負荷ステップ後にレギュレータのセトリング時間に潜在的に影響する時定数は電気的および熱的なもの．影響は9桁にわたる

# Appendix B　出力コンデンサとループ安定性

Dennis O'Neill

編集注：本項はLT1963Aのデータシートからの抜粋で，トランジェント応答と出力コンデンサの関係について述べています．もともとはLT1963Aのアプリケーション向けに準備されたものですが，その内容はほとんどのレギュレータに一般化でき，読者の便宜のためにここで掲載します．

電圧レギュレータは帰還回路です．他の帰還回路と同様に，安定にするためには周波数補償が必要です．LT1963Aでは，周波数補償は内部と外部（出力コンデンサ）の両方にあります．出力コンデンサのサイズ，出力コンデンサの種類，特定の出力コンデンサのESRなどのすべてが安定性に影響します．

安定性に加えて，出力コンデンサは高周波のトランジェント応答にも影響を与えます．レギュレータ・ループは有限の帯域幅を有します．トランジェントからの高周波の負荷トランジェント回復は，出力コンデンサとレギュレータの帯域との組み合わせになります．LT1963Aは簡単に使用できるように設計されており，さまざまな広範の出力コンデンサを受け入れます．しかし，周波数補償は出力コンデンサの影響を受け，最適な周波数安定性には何らかのESRを必要とし，特にセラミック・コンデンサでは必要です．

簡単に使用するには，低ESRのポリタンタル・コンデンサ（POSCAP）が，レギュレータのトランジェント応答と安定性の両方にとって良い選択になります．これらのコンデンサは，安定性を改善する本質的なESRを有しています．セラミック・コンデンサは非常に低いESRを有し，多くの場合に良い選択になりますが，時には小さな直列抵抗を配置すると最適な安定性を達成してリンギングを最小化します．すべての場合において，最小10$\mu$Fの容量値が必要で，最大許容ESRは3$\Omega$です．

セラミックのESRが最も有用となるのは低出力電圧です．2.5V以下の低出力電圧にセラミック出力コンデンサを使用すると，そのESRが安定性に役立ちます．また，そのESRによって小さな容量値を使用することが可能になります．不適当なESRによってセラミックで小信号のリンギングが発生する場合，ESRを追加したり，コンデンサ値を増したりすると，安定性を改善してリンギングを低減します．図2.B1は，高速で厳し

図2.B1　コンデンサの最小ESR

| $V_{OUT}$ | 10pF | 22pF | 47pF | 100pF |
|---|---|---|---|---|
| 1.2V | 20m$\Omega$ | 15m$\Omega$ | 10m$\Omega$ | 5m$\Omega$ |
| 1.5V | 20m$\Omega$ | 15m$\Omega$ | 10m$\Omega$ | 5m$\Omega$ |
| 1.8V | 15m$\Omega$ | 10m$\Omega$ | 10m$\Omega$ | 5m$\Omega$ |
| 2.5V | 5m$\Omega$ | 5m$\Omega$ | 5m$\Omega$ | 5m$\Omega$ |
| 3.3V | 0m$\Omega$ | 0m$\Omega$ | 0m$\Omega$ | 5m$\Omega$ |
| $\geq$5V | 0m$\Omega$ | 0m$\Omega$ | 0m$\Omega$ | 0m$\Omega$ |

い電流遷移に起因するリンギングを最小化するためにESRの推奨値を示しています．

図2.B2～図2.B7は，レギュレータのトランジェント応答におけるESRの影響を示します．これらの写真は，いろいろなコンデンサといろいろなESRにおける3種類の出力電圧に対するLT1963Aのトランジェント応答を示しています．出力負荷条件はすべての波形に対して同じです．すべての場合において500mAのDC負荷があります．最初の遷移で負荷は1Aまで立ち上がり，次の遷移で500mAに立ち下がります．

10$\mu$Fの$C_{OUT}$を使った$V_{OUT}$ = 1.2Vの最悪の場合（図2.B2），最小量のESRが必要になります．リンギングの大部分を除去するには20m$\Omega$で十分ですが，50m$\Omega$に近い値の方がより最適な応答を提供します．10$\mu$Fの$C_{OUT}$を有する2.5V出力の場合（図2.B3），0$\Omega$のESRでは出力は遷移時にリンギングを生じますが，0.5Aの負荷ステップ後20$\mu$sでなおも10mV以内に落ち着きます．ここでも，小さなESRの値がより最適な応答を提供します．

10$\mu$Fの$C_{OUT}$を用いた$V_{OUT}$ = 5Vの場合（図2.B4），0$\Omega$のESRでも応答は良好に緩衝されています．

0$\Omega$のESRで100$\mu$Fの$C_{OUT}$を用いた1.2V出力の場合（図2.B5），振幅はたった20mV$_{P-P}$ですが，出力がリンギングします．100$\mu$Fの$C_{OUT}$を用いた1.2V出力の場合，わずか5m$\Omega$～20m$\Omega$のESRで良好な緩衝を提供します．100$\mu$Fの$C_{OUT}$を用いた2.5Vと5V出力の性能は（図2.B6と図2.B7を参照），10$\mu$Fの場合と同様の特性を示しています．$V_{OUT}$ = 2.5Vでは，5m$\Omega$～20m$\Omega$でトランジェント応答が改善できます．$V_{OUT}$ = 5Vでは，0$\Omega$のESRでも応答は良好に緩衝されています．

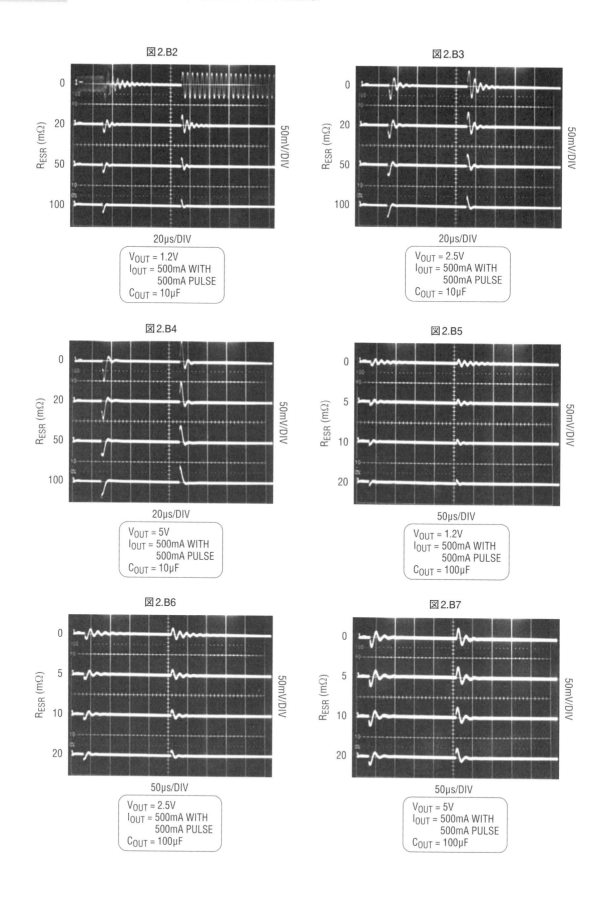

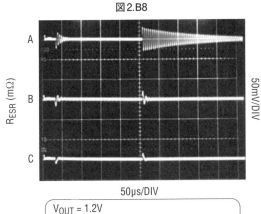

図2.B8

$V_{OUT}$ = 1.2V
$I_{OUT}$ = 500mA WITH 500mA PULSE
$C_{OUT}$ =
A = 10μF セラミック
B = 10μF セラミック // 22μF/45mΩ POLY
C = 10μF セラミック // 100μF/35mΩ POLY

本質的に高ESRを有するコンデンサは，良好な高周波でのバイパスと高速セトリング時間の両方を達成するために，ESRが0mΩのセラミック・コンデンサと組み合わせることができます．図2.B8は，セラミックとPOSCAPコンデンサを並列に組み合わせて使用したときに見られるトランジェント応答の改善を図示しています．出力電圧は最悪値の1.2Vです．10μFのセラミック出力コンデンサの波形Aは，25mVのピーク振幅をもつ大きなリンギングを示しています．波形Bは，22μF/45mΩのPOSCAPを10μFのセラミックと並列に追加しています．出力は十分に緩衝されており，20μs以下で10mV以内に落ち着いています．

波形Cは，100μF/35mΩのPOSCAPを10μFのセラミック・コンデンサと並列に接続しています．この場合，ピーク出力偏差は20mV以下であり，出力は約10μsで落ち着いています．トランジェント応答を改善するためには，大型コンデンサ(タンタルまたはアルミ電解)の値はセラミック・コンデンサ値の2倍以上は大きくしなければなりません．

## タンタルとポリタンタル・コンデンサ

さまざまな種類のタンタル・コンデンサが，広範なESR仕様で市販されています．古いタイプはESR仕様が数百mΩから数Ωです．複数の電極をもつ新しいタイプのポリタンタルのいくつかは，最大のESR仕様が5mΩです．一般に，ESR仕様が低いほど，サイズが大きくて高価です．ポリタンタル・コンデンサは古いタイプより良いサージ能力をもち，一般に低ESRです．三洋製のTPEとTPBシリーズのようなタイプは，20mΩ～50mΩの範囲のESR仕様をもち，ほぼ最適なトランジェント応答を提供します．

## アルミ電解コンデンサ

アルミ電解コンデンサもLT1963Aと使用できます．また、これらのコンデンサはセラミック・コンデンサと組み合わせて使用することもできます．これらは，最も安価で最も性能が低いタイプのコンデンサである傾向があります．いくつかのタイプは最大3Ωを容易に超えるESRを有するので，これらのコンデンサを選択する際には注意しなければなりません．

## セラミック・コンデンサ

セラミック・コンデンサの使用に際しては，さらに注意が必要です．セラミック・コンデンサはさまざまな誘電材料で製造されており，温度と印加電圧に対して異なるふるまいをします．最も一般的に使用されている誘電材料は，Z5U，Y5V，X5R，およびX7Rです．Z5UとY5Vの誘電材料は，小型パッケージで高容量を実現するのに適していますが，図2.B9と図2.B10に示すように，強い電圧および温度係数を示します．5Vの

図2.B9 セラミック・コンデンサのDCバイアス特性

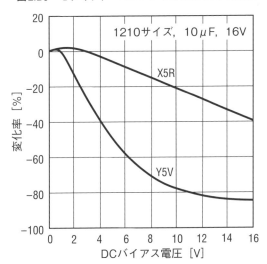

図2.B10 セラミック・コンデンサの温度特性

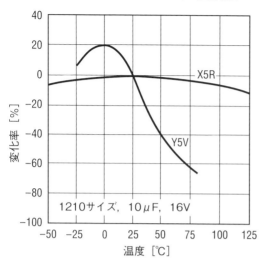

レギュレータと使用する場合，10μFのY5Vコンデンサは，動作温度範囲にわたって1μF～2μFと低い実効値を示します．X5RとX7Rの誘電材料はより安定な特性をもち，出力コンデンサとして使うのに適しています．X7Rタイプは全温度で優れた安定性を有し，X5Rは少し安価で大容量が入手できます．

電圧と温度係数だけが問題の根源ではありません．一部のセラミック・コンデンサは圧電効果をもっています．圧電デバイスは，圧電加速度計やマイクロホンの動作と同様に，機械的応力によって端子間に電圧を発生します．セラミック・コンデンサでは，応力はシステムの振動や熱トランジェントによって誘発されます．

## 基板配線による"無料の"抵抗

図2.B11に示す抵抗値は，出力コンデンサと直列の小さな区域の基板配線を使用して容易に形成できます．厳しくない広範な$ESR$は，基板配線を使用して容易にできます．配線幅は，負荷に関連したRMSリプル電流を処理する広さにする必要があります．出力コンデンサは，速い出力電流トランジェントの間，数μs間，電流をソースまたはシンクするだけです．出力コンデンサにはDC電流は存在しません．最悪のリプル電流は，出力負荷が高いピーク値と速いエッジ（1μs以下）を有する高周波（100kHz以上）の矩形波である場合に生じます．この場合に測定されるRMS値は，ピーク・ツー・ピークでの電流変化の0.5倍になります．遅いエッジまたは低い周波数は，コンデンサのRMSリプル電流を大幅に減少します．

この抵抗は，きちんと定義された基板の内層の一つを使用して作られるべきです．抵抗率は，追加のメッキ工程がない銅箔のシート抵抗によって主に決定されます．図2.B11は，さまざまな銅箔厚での0.75AのRMS電流に対するサイズを示しています．基板配線による抵抗に関する詳細情報は，アプリケーション・ノート69のAppendix Aに記載されています．

図2.B11 基板配線の抵抗値

| | | 10mΩ | 20mΩ | 30mΩ |
|---|---|---|---|---|
| 0.5oz Cu | 幅 | 0.011"(0.28mm) | 0.011"(0.28mm) | 0.011"(0.28mm) |
| | 長さ | 0.102"(2.6mm) | 0.204"(5.2mm) | 0.307"(7.8mm) |
| 1.0oz Cu | 幅 | 0.006"(0.15mm) | 0.006"(0.15mm) | 0.006"(0.15mm) |
| | 長さ | 0.110"(2.8mm) | 0.220"(5.6mm) | 0.330"(8.4mm) |
| 2.0oz Cu | 幅 | 0.006"(0.15mm) | 0.006"(0.15mm) | 0.006"(0.15mm) |
| | 長さ | 0.224"(5.7mm) | 0.450"(11.4mm) | 0.670"(17mm) |

# Appendix C　負荷トランジェント応答を測定時のプロービングの注意点

負荷トランジェント応答の研究で対象の信号は，約25MHz（$t_{RISE}$ = 14ns）の帯域内に現れます．これは控えめなスピード範囲ですが，忠実度の高い測定を行うためにはプロービング技術にいくつかの注意が必要です．負荷電流は，テクトロニクス社のP-6042またはAM503のようなDC安定化された（ホール効果に基づく）"クリップ式"の電流プローブを用いて測定されます．プローブ先端に配置された導体ループは可能な限り小さい領域を取り囲むようにして，測定品位が低下する寄生インダクタンスの介入を低減します．高速の場合，プローブ・ケースをグラウンドすることで測定の変動を若干減少できますが，この影響は小さいです．

電圧測定は通常，AC結合されて10mV～250mVレンジで行われますが，図2.C1の構成で最も良く達成されます．測定電圧はBNCコネクタの50Ω終端ケーブルに与えられ，DCブロック・コンデンサと50Ω終端を介してオシロスコープを駆動します．終端は厳密に実践し，真の50Ω信号経路を実施します．実用上，その1/2の減衰が問題を生じる場合，25MHzの測定帯域で僅かに信号が劣化するだけで，通常は削除できます．オシロスコープ端の終端は省略できません．図2.C2は，終端なしで観測された典型的な負荷トランジェントを示していますが，オシロスコープ端は50Ωです．結果はきれいで良く示されています．図2.C3で，ケーブルの50Ω終端は除去されており，歪んだ立ち上がりエッジ，不明確なピーキング，および顕著な後続のリンギングを生じています．比較的に抑えた周波数でも，ケーブルは未終端の伝送路特性を示し，信号歪みを生じています．

理論的に，プローブ先端に同軸接続を採用した1倍のスコープ・プローブで上記のものを置き変えることができますが，そのようなプローブは通常，10MHz～20MHzの帯域制限があります．逆に，10倍のプローブは広帯域ですが，オシロスコープの垂直感度は導入した減衰に対応しなければなりません．

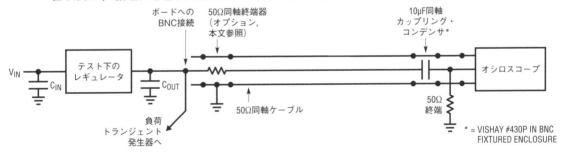

図2.C1　同軸による負荷トランジェント電圧の測定経路は，観察する信号の忠実性を促進する．25MHzの信号経路の品位であれば，最低限の影響で50Ω終端は取り除くことができる．オシロスコープの50Ω終端は削除できない

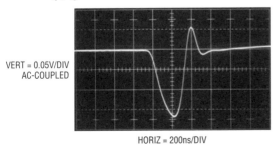

図2.C2　図2.C1の測定経路を介して観察した典型的な高速トランジェント．結果はきれいで良く示されている

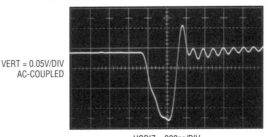

図2.C3　オシロスコープの50Ω終端を外して測定した図2.C2のトランジェント．波形歪みや後続のリンギングが見られる

# Appendix D 調整不要の閉ループ負荷トランジェント・テスタ

　本文の図2.8の回路は，FET主体の設計でのAC調整を取り除いており，魅力的です．しかし，DC調整は残っています．図2.D1は，DC調整を取り除くために回路が複雑になっています．$A_2$があることを除き，動作は本文の図2.8の回路に似ています．このアンプは，回路のDC入力を測定することでDC調整を置き換え，それを$Q_1$のエミッタのDCレベルと比較して，回路を安定化するために$A_1$の正入力を制御しています．高周波信号は$A_1$の入力でフィルタリングされ，$A_1$の安定化動作を破綻させません．回路動作を検討するための有用な方法は，$A_1$のDC入力誤差に関係なく，$A_2$がその入力をバランスし，ゆえに回路の入出力をバランスするということです．DC電流バイアスは，$A_2$の正入力に与えられる可変基準電圧源によって所望の位置に設定されます．この抵抗回路網は，最小負荷電流を10mAに調整し，ゼロ付近の電流に対するループの崩壊を回避しています．

図2.D1 $A_2$の帰還は$A_1$のDC誤差を制御し，本文の図2.8の調整を排除する．フィルタリングは$A_2$の応答をDCと低周波に制限する

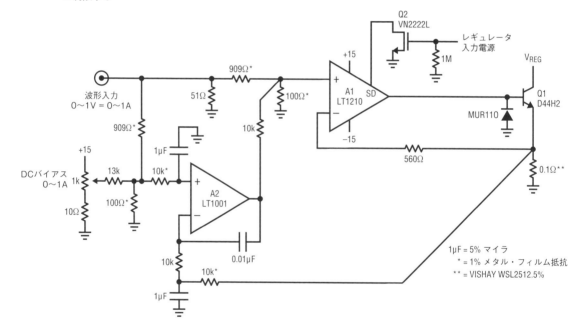

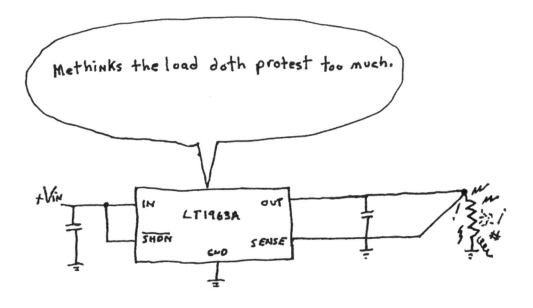

# 第3章
# 閉ループで広帯域の100Aアクティブ負荷
## 膨大な電力と制御された速度の融和

Jim Williams，訳：堀 敏夫

## 概要

デジタル・システム，特にマイクロプロセッサは100Aの範囲でトランジェント負荷を生じ，電圧レギュレータで供給する必要があります．理想的には，レギュレータの出力は負荷トランジェント間も不変です．実際には，幾分かの変化に遭遇し，許容可能な動作電圧の変動を超えた場合に問題になります．マイクロプロセッサの特性である100Aの負荷ステップがこの問題を悪化させ，そのようなトランジェント負荷の条件下でレギュレータと周辺部品を試験する必要が生じます．この要求を満たすために，閉ループ500kHz帯域で線形応答する100A能力のアクティブ負荷について以降で解説します．

この方法の検討は，従来タイプのテスト負荷を簡単に振り返り，その欠点について言及することから始めます[注1]．

---

注1：もっと低電流にもかかわらず超広帯域の負荷トランジェント発生器の詳細と解説については，部分的に次項からの元になっている参考文献(1)を参照．

## 基本的な負荷トランジェント発生器

図3.1は，負荷トランジェント発生器の概念図です．試験下のレギュレータは，DC負荷と切り変え式の可変抵抗負荷を駆動します．切り変えた電流と出力電圧を観測し，静的・動的条件下で，名目上の安定出力電圧と負荷電流の比較ができます．切り変える電流はオンまたはオフであり，線形領域での制御はありません．

図3.2は，電子的な負荷スイッチの制御を含めることで，その概念を発展しています．動作は簡単です．入力パルスが駆動段を介してFETを切り替え，レギュレータと出力コンデンサにトランジェント負荷電流を生成します．これらのコンデンサの大きさ，組成，および配置は，トランジェント応答に顕著な影響を与えるため，非常に慎重に検討しなければなりません．電子制御で高速スイッチングが容易になりますが，この方式では最小電流と最大電流の間の負荷を模擬することはできません．加えて，FETのスイッチング速度は制御されないので，測定に広帯域の高調波をもたらし，オシロスコープの表示を潜在的に乱します．

図3.1 概念的なレギュレータの負荷テスタは，切り替え式の負荷とDC負荷，および電圧/電流モニタから構成される．抵抗値でDC負荷電流と切り替え負荷電流を設定する．切り替え電流はオンまたはオフであり，線形領域での制御はない

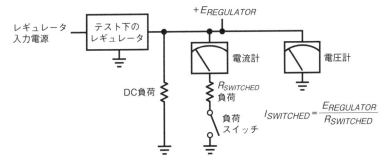

## 閉ループ負荷トランジェント発生器

$Q_1$を帰還ループ内に配置することで，真のリニア制御の負荷テスタが可能になります．図3.3の概念的な閉ループ負荷トランジェント発生器は，任意の点に瞬間的なトランジェント電流を設定できるように$Q_1$のゲート電圧を線形制御し，ほとんどの負荷プロファイルのシミュレーションも可能にしています．$Q_1$のソースから$A_1$の制御アンプへの帰還は，$Q_1$周りのループを閉じて動作点を安定させます．$Q_1$の電流が，広い帯域にわたり，瞬間的な制御入力電圧と電流検出抵抗に依存した値であるとします．いったん（"DC負荷設定"によって）$A_1$が$Q_1$の導通閾値までバイアスされると，$A_1$出力の小さな変動が$Q_1$のチャネルに大きな電流変化を引き起こすことに注意してください．このように大きな出力の可動域を$A_1$は必要としておらず，その小信号帯域幅が基本的な速度の限界になります．この制限内で，$Q_1$の電流波形は$A_1$の制御入力電圧と同一に成形され，負荷電流の線形制御が可能になります．この多様な能力は，広範な負荷シミュレーションを可能にします．

図3.4はさらに図3.3を発展させ，新しい素子を追加

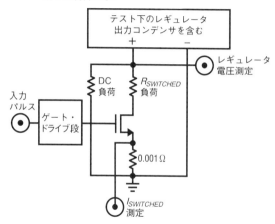

図3.2 概念的なFET主体の負荷テスタにより，入力パルスで制御するステップ負荷が可能になる．前と同様に，切り替え電流はオンまたはオフであり，線形領域での制御はない

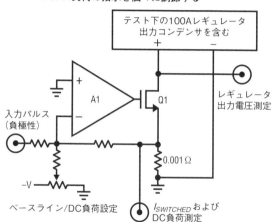

図3.3 帰還制御された負荷ステップ・テスタにより，連続的にFETの導通性を制御できる．入力がDC負荷とパルス負荷の指示を個々に調節する

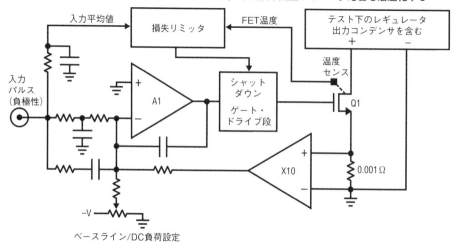

図3.4 図3.3の発展形．差動アンプはmΩのシャントで検出する高分解能を提供する．平均入力値とFETの温度で動作する損失リミッタは，ゲート駆動をシャットダウンして過剰なFETの発熱を阻止する．アンプ周りのコンデンサは，帯域幅を調整してループ応答を最適化する

閉ループ負荷トランジェント発生器　49

しています．ゲート駆動段で制御アンプを$Q_1$のゲート容量から分離することにより，アンプの位相余裕を維持し，遅延が短い線形の電流利得を提供しています．

10倍の差動アンプは，$1m\Omega$の電流シャントで検出して高分解能を提供します．平均した入力値と$Q_1$の温度で動作する損失リミッタは，過剰なFETの発熱とそれに

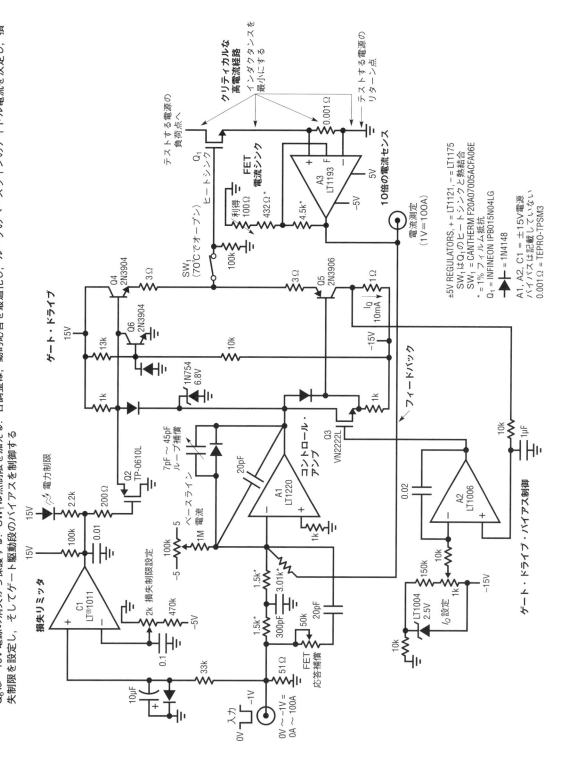

図3.5 この詳細回路は図3.4の概念に従っている．DC入力とパルス入力に応じ，アクティブにバイアスされたゲート駆動段を介して$Q_1$の導通性を設定する．$Q_1$の電流を検知する$A_3$が，$A_1$の帰還ループを閉じる．平均入力値で指示される$C_1$は，有害な条件下では$Q_1$のゲート駆動をシャットダウンする．$Q_6$は−15V電源の消失から保護する．SW$_1$は熱制限を加える．各調整は，動的応答を最適化する．損失制限を設定し，そしてゲート駆動段のバイアスを制御する

よる破壊を阻止するためにゲート駆動をシャットダウンします．アンプ周りのコンデンサは，帯域を調整してループ応答を最適化します．

## 詳細回路の検討

容量が100Aの負荷テスタの詳細回路（**図3.5**）は，図3.4の概要に従っています．DC入力とパルス入力，および電流を示す$A_3$からの帰還に応じ，アクティブにバイアスされた$Q_4$-$Q_5$によるゲート駆動段を介して$A_1$が$Q_1$の導通性を設定します．$Q_5$の平均コレクタ電圧をリファレンスと比較し，$Q_3$の導通性を制御してループを閉じることにより，すべての条件下で$A_2$がこの段のバイアスを決定します．平均入力値で指示される$C_1$は，有害な条件下では$Q_2$を経由してFETのゲート駆動をシャットダウンします[注2]．ヒートシンクの温度を検知する$SW_1$は，熱的に作動する$Q_1$のシャットダウンに貢献します．$Q_6$とツェナーは，$Q_4$のバイアスをそらすことで−15V電源が存在しない場合に$Q_1$がオンしないようにします．$A_1$の1kΩ抵抗は，15V電源の消失による$A_1$の損傷を防止します．各調整は，動的応答を最適化し，ループのDCベースラインのアイドル電流を決定し，損失制限を設定し，そしてゲート駆動段のバイアスを制御します．DC調整は一目瞭然です．$A_1$の"ループ補償"と"FET応答"のAC調整はもっと微妙です．これらは，ループの安定性，エッジ速度，およびパルス品位の間で最良の状態になるように調整します．$A_1$の"ループ補償"調整は，最大帯域幅のロールオフを設定し，$Q_1$のゲート容量と，少ないながら$A_3$によって導入される位相シフトを調節します．"FET応答"調整は，$Q_1$固有の非線形な利得特性を部分的に補償し，パルスの前後の角の品位を改善します[注3]．

## 回路の試験

**図3.6**に示すように，低損失で広帯域な多くのバイパスを備えた治具を使って，回路を最初に試験します．さらに，大電流経路には非常に低インダクタンスのレイアウトが重要であることは言い過ぎではありません．100A経路のインダクタンスを最小にするため，さまざ

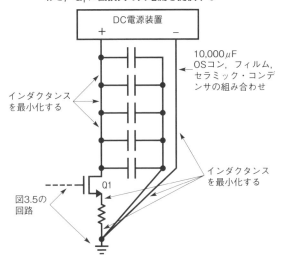

図3.6 図3.5の動的応答をテストする治具．多くの広帯域バイパスと低インダクタンスのレイアウトを組み合わせ，$Q_1$に低損失で大電流を提供する

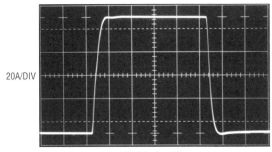

図3.7 最適化した動的応答の調整によって，非常に高品位な100Aの$Q_1$電流パルスが得られる．立ち上がった後と立ち下がった後の角に残った劣化はわずかに識別できる程度

まな試みをする必要があります．高速でのそのような電流密度では，波形品位が必要な場合には低インダクタンスが要求されます．**図3.7**は，適切に調整された回路とインダクタンスを最小化した大電流経路の結果を示しています．その100A振幅の高速波形は，ちょうど立ち上がった後と立ち下がった後の角に認識可能な劣化があるだけで非常に高品位です[注4]．観測波形へのAC調整の影響は，意図的に誤調整して調査します．**図3.8**の緩衝し過ぎた応答は，一般に$A_1$の帰還コンデンサが過剰なためです．電流パルスは十分に制御

---

注2：この保護回路は，大電力パルス発生器に利用された技術を基にしている．参考文献(2)と(3)を参照．
注3：本文の流れと焦点を重視したため，ここでは調整手順は説明しない．詳細な調整の情報については，Appendix Bの「調整の手順」を参照．

図3.8 過剰な$A_1$の帰還容量値による緩衝し過ぎた応答特性

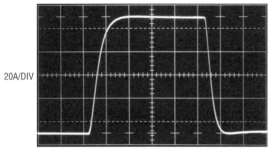

図3.10 FETの応答補償をし過ぎたための角のピーク

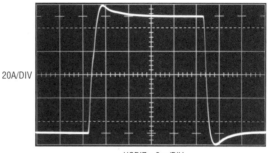

図3.9 不適当な$A_1$の帰還コンデンサは遷移時間を短くするが,不安定性を助長する.さらにコンデンサを減らすと発振を生じる

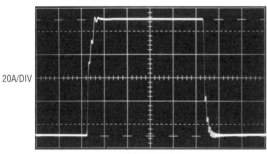

図3.11 最適化した動的調整は約540kHzの帯域幅に相当し,650nsの立ち上がり時間を可能にする

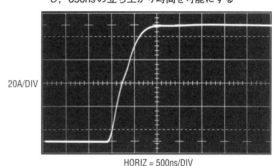

されていますが,エッジ速度が遅くなっています.図3.9の不適当な$A_1$帰還コンデンサによって遷移時間は短くなりますが,不安定性を助長しています.さらにコンデンサ容量を下げると,ループの位相シフトが大幅な帰還遅れとなるため,ループ発振の原因となります[注5].図3.10の角のピークは,FETの応答を補償し過ぎたためです.

AC調整を公称値に戻すと,図3.11の先頭エッジは650nsの立ち上がり時間を示し,約540kHz帯域幅に相当します.前図と同じ条件の下で観測した後続エッジ(図3.12)は,少し速い500nsの立ち下がり時間です.

## レイアウトの影響

大電流経路に寄生インダクタンスが存在する場合,誤補償の例でさえ,これまでの応答のどれもが遠く及びません.図3.13は,$Q_1$のドレイン経路にほんの

図3.12 図3.11と同じ条件は500nsの立ち下がり時間を示す

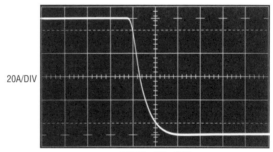

20nHの寄生インダクタンスを意図的に配置しています.図3.14aはひどい波形の劣化を示しており,そのインダクタンスとループの後続応答によるものです.パルス上側の中央で,ひどい誤差が回復する前の先頭エッジに生じています.立ち下がりエッジのオフにも,さらなる逸脱がはっきりとあります.特に,波形の水

---

注4:図3.7の性能レベルを得るためのガイダンスとして,Appendix Aの「電流測定の検証」とAppendix Cの「計測の考察」を参照.
注5:波形は掲載しない.無制御で100A振幅のループ発振は恐ろしくて掲載できない.

平軸が**図3.7**の最適化応答より5倍遅いことに注目すべきであり，比較のために**図3.14b**としてここで再掲載しておきます．教訓は明らかです．高速の100Aの遷移は，インダクタンスには耐えられません．

## レギュレータの試験

レギュレータの試験は，前述した補償とレイアウトの問題が解決した後に可能になります．**図3.15**は，LTC3829を使用した6相，120Aの降圧レギュレータの試験構成を記載しています[注6]．**図3.16**の波形Aは，100Aの負荷パルスを示しています．波形Bのレギュレータの応答は，両エッジとも良く制御されています．

アクティブ負荷の真のリニア応答と高い帯域により，広範囲な負荷波形の特性が可能になります．前述したステップ負荷パルスが一般に必要な試験ですが，本質的に任意の負荷プロファイルを容易に発生できます．

---

注6：このレギュレータは，LTCのデモボード1675Aとして便利に実現されている．

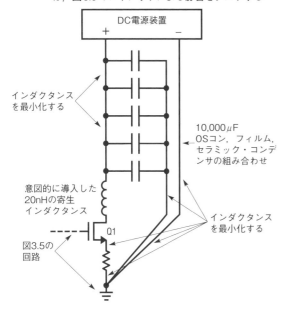

図3.13 意図的に導入した寄生の20nHのインダクタンスは，図3.5のレイアウトによる影響をテストする

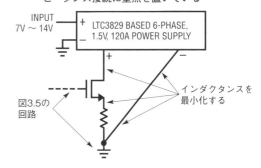

図3.15 LTC3829を使用した6位相，120A降圧レギュレータに対する試験構成は，図3.5の回路での低インピーダンス接続に重点を置いている

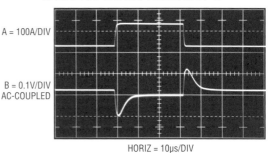

図3.16 図3.15のレギュレータは，図3.5の回路によって100Aのパルス負荷（波形A）を受ける．応答（波形B）は両エッジともに良く制御されている

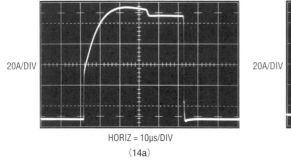
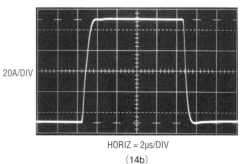

図3.14 0.075インチ×1.5インチの平らな銅編線（20nH）は，本文の図3.7の応答（ここでは図3.14bとして示す）を完全に歪ませる（図13.4a）．水平軸の5倍の変化に注意

(14a)　　　　　　　　　　　　(14b)

図3.17の100A，100kHzのバースト上の正弦波がその一例です．高速で複雑な電流にもかかわらず，不都合な動特性はなく，応答はきれいです．図3.18では，100A_{P-P}で80μsのバースト・ノイズが負荷を形成しています．図3.19は，アクティブ負荷の特性をまとめたものです．

◆ 参考文献 ◆

(1) Williams, Jim, "Load Transient Response Testing For Voltage Regulators", Linear Technology Corporation, Application Note 104, October 2006.[本書の第2章]

(2) Hewlett-Packard Company, "HP-214A Pulse Generator Operating and Service Manual", "Overload Adjust", Figure 5-13. See also "Overload Relay Adjust", pg. 5-9. Hewlett-Packard Company, 1964.

(3) Hewlett-Packard Company, "HP 2148 Pulse Generator Operating and Service Manual", "Overload Detection/Overload Switch...", pg. 8-29. Hewlett-Packard Company, March, 1980.

図3.17 図3.5が100kHz，100Aの正弦波負荷トランジェントのプロファイルを供給する．回路の広帯域幅と線形動作により，広範囲な負荷波形の特性が可能になる

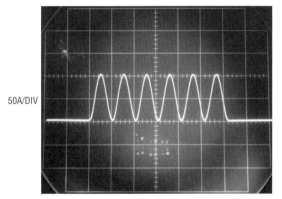

HORIZ = 10μs/DIV

図3.18 アクティブ負荷回路は，ゲート制御したランダム・ノイズ入力に応じて100A_{P-P}をシンクする

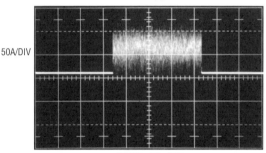

HORIZ = 20μs/DIV

図3.19 アクティブ負荷の特性一覧．電流精度/安定化誤差は小さく，帯域幅は低電流で緩やかに下がる．100Aのための準拠電圧は，先頭エッジで4%のオーバーシュートならば1V以下，オーバーシュートなしだと1.1V程度

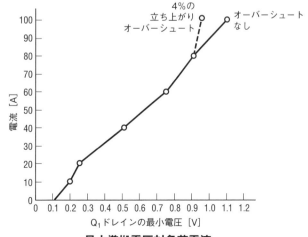

最小準拠電圧対負荷電流

## Appendix A 電流測定の検証

理論的に，図3.5のQ₁のソース電流とドレイン電流は等しくなります．実際には，残留インダクタンスの潜在的な影響と，指定した1.5mΩ FETの膨大なゲート容量（28000pF！）に問題が集中します．これらや他の条件によってドレイン-ソース間の電流の等価性が速度で影響を受ける場合，$A_3$が示す瞬時電流は誤りである可能性があります．検証が必要であり，図3.A1にその方法を示します．追加した"上側"の1mΩシャントとそれに付随する10倍の差動アンプにより，回路本来の"下側"の電流検出部を複製します．図3.A2に示す結果は，動的な$Q_1$電流の差分に対する懸念をうまく取り除いています．二つの100Aパルス出力は振幅と形状が同じで，回路動作の信頼性を示しています．

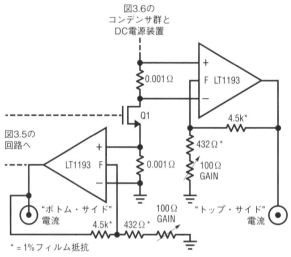

図3.A1 $Q_1$の"上側"と"下側"動的電流を観測するための構成

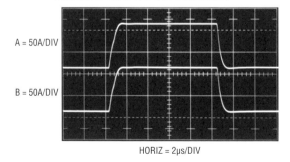

図3.A2 $Q_1$の"上側"（波形A）と"下側"（波形B）の電流は，高速動作にもかかわらず同じ特性を示す

# Appendix B　調整の手順

　図3.5の回路の調整は7段階の手順になり，以下に示す番号順で行います．損失制限回路が調整されて動作していると仮定すれば，これ以外の調整手順も可能です．

1. $A_1$の帰還コンデンサの容量を最大にすることを除いて，すべての調整箇所を中点に設定する．

2. 入力を印加せずに，1VのDC電源で$Q_1$のドレインをバイアスし，電源をオンにして，$Q_1$を0.5Aが流れるように"ベースライン電流"を調整する．$Q_1$のドレイン配線の電流計でこの電流を監視する．

3. 電源をオフする．$Q_2$のソース配線を切り離し，浮いたままにしておく．これにより損失制限回路が無効になり，不適切な入力によって$Q_1$が損傷を受けやすくする．与えられた指示に完全に従って，この手順の残りを続ける．電源をオンにし，1Vの電源で$Q_1$のドレインをバイアスし，電流計で$Q_1$のドレイン電流を監視しながら$-0.1000$VのDC入力を印加する．読み取り値が10.50Aになるように，"利得"調整を調節する[注1]．$Q_1$が10Wを消費しているので，この調節は極めて迅速に行う．電源をオフし，$Q_2$のソース配線を再接続する[注2]．

4. 入力を印加せず，また$Q_1$のドレインをバイアスせずに電源をオンする．$-15$V電源を基準にして測定した$A_2$の正入力が$+10$mVになるように"$I_Q$"調整を調節する．電源をオフする．

5. 本文の図3.6に従って$Q_1$のドレインをバイアスしてバイパスする．ドレインのDC電源を1.5V出力に設定し，電源をオンする．1kHz，$-1$V振幅，$5\mu$s幅のパルスを入力する．$C_1$が遷移して回路の出力がシャットダウンし，"電力制限"LEDが点灯するまでパルス幅をゆっくりと増加する．遷移は約$12\mu$s～$15\mu$sのパルス幅で生じる．そうでない場合，これらの制限内で遷移点が生じるように"損失制限"の電位差計を調整する．これは，許容最大振幅(100A)のデューティ比を約1.5%に設定する．

6. 手順5と同じ動作条件下で，入力パルス幅を$10\mu$sに設定し，$A_3$の出力がパルス歪みを生じずに最速の正方向エッジとなるように$A_1$のトリマ・コンデンサを調整する．パルスの鮮明度は，立ち上がり後と立ち下がり後の角にいくらかの丸みを帯びた劣化をもった，本文の図3.7に近づく．

7. 手順6に記した角の丸みを補正するため，"FET応答補償"を調整する．手順6の調整でいくらかの相互作用を生じる可能性がある．$A_3$の出力波形が本文の図3.7のように見えるまで，手順6と7を繰り返す．

---

注1：この厳しい調整目標は，わずか10％の範囲で利得を調整することで達成される．これは確実に望ましくはないが，$Q_1$とmΩシャントで膨大な（そして短い）損失を強いる100％の範囲で調整するよりも心配は少ない．

注2：利得調整を必要とする主な不確実性がmΩシャントの検出配線の機構的配置であることは記しておく価値がある．

# Appendix C　計測の考察

本文で解説したパルスのエッジ速度は特に高速でありませんが，高品位の応答にはそれなりの努力が必要です．特に，入力パルスを明瞭に定義し，回路出力のパルス形状を不当に悪く見せる寄生成分をなくす必要があります．パルス・ジェネレータの遷移前の逸脱，立ち上がり時間，およびパルス遷移時の逸脱は十分に帯域外であり，$A_1$の2.1MHz ($t_{RISE}$ = 167ns) の入力 $RC$ ネットワークでフィルタリングされます．これらの項目は心配なく，ほとんどすべての汎用パルス・ジェネレータが十分に機能します．乱す可能性があるものは，遷移後の過渡の尾引きです．有意義な動的試験では，上下の平坦部が1%～2%以内の矩形パルス形状を必要とします．回路の入力帯域整形フィルタは，前述の高速遷移関連の誤差は取り除きますが，パルス平坦部の長い尾引きは排除できません．パルス・ジェネレータは，良好に補償されたプローブを用い，回路入力でこれを確認してください．オシロスコープは，上下が平坦な望ましい波形の特性を記録する必要があります．この測定を行うとき，高速遷移に関連する事象が厄介な場合には，プローブは帯域を制限する300pFのコンデンサに変更することもできます．この点での波形が$A_1$の入力信号の帯域を決定するので，これは弱気な対策です．

いくつかのパルス・ジェネレータの出力段は，その公称出力が0Vの状態のときでも低レベルのDCオフセットを生成します．アクティブ負荷回路は，そのようなDC電位を正当な信号として処理し，DC負荷の基準電流に偏差をもたらします．1V = 100Aというアクティブ負荷の入力倍率は，"ゼロ"状態での10mVの誤差がDCの基準電流に1Aの偏差を生成することを意味します．この誤差に対してパルス・ジェネレータを検証する簡単な方法は，それを外部トリガ・モードに設定し，DVMで出力を読み取ることです．オフセットが存在する場合，回路の"基準電流"調整で調節して相殺するか，別のパルス・ジェネレータを選択します．

プローブのグラウンド接続と測定器の相互接続による寄生効果は心に留めておいてください．100Aレベルのパルスは，寄生電流を容易に"グラウンド"と相互接続に誘導し，表示波形を歪ませます．プローブは，特には$A_3$の出力電流観測ですが，なるべくは他の点でも同軸でグラウンドしてください．さらに，パルス・ジェネレータのトリガ出力からオシロスコープを外部トリガすると便利で，それは一般的な方法です．この方法には何の問題もなく，実際，プローブが観測点を移動する場合には，安定したトリガを確保するために推奨されます．しかし，この方法は，パルス・ジェネレータ，回路，およびオシロスコープ間の複数の経路によって潜在的にグラウンド・ループをもたらします．これは，誤ってはっきりとした歪みを表示波形に引き起こす可能性があります．この影響は，オシロスコープの外部トリガ入力に"トリガ・アイソレータ"を使用することで回避できます．通常，この簡単な同軸部品は絶縁グラウンドと信号経路で構成され，多くの場合，ガルバニック絶縁されたトリガ信号を提供するためにパルス・トランスに接続されます．市販品には，Deerfield Laboratory社の185とヒューレット・パッカード社の11356Aなどがあります．図3.C1に示すように，代わりに，小さなBNC付きの筐体で簡単にトリガ・アイソレータを製作もできます．

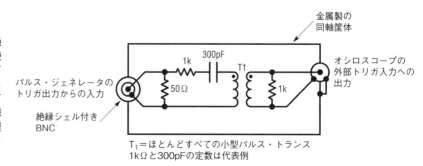

図3.C1
トリガ・アイソレータは，絶縁筐体型のBNCコネクタを使用して入力BNCのグラウンドを浮かせている．容量結合したパルス・トランスによって入力への負荷を回避し，絶縁を維持して出力にトリガを提供する．$T_1$の2次側抵抗はリンギングを終端する

$T_1$ = ほとんどすべての小型パルス・トランス
1kΩと300pFの定数は代表例

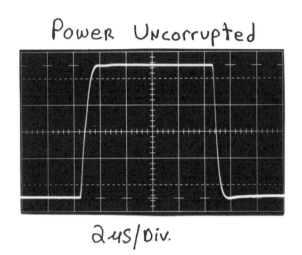

J. Williams, with apologies to
Lord Acton
(1834 – 1902)

# 第2部

# スイッチング・レギュレータ・デザイン

### 第4章 DC/DCコンバータに関するいくつかの考察

この章では，DC/DCコンバータ・アプリケーションの広い範囲を検証します．単一インダクタ，変圧器，スイッチト・キャパシタ・コンバータの設計が示されています．低ノイズ，高効率，低い静止電流，高い電圧，広い入力電圧範囲のコンバータのような特別なトピックを取り上げています．Appendixでは，異なるタイプのコンバータのいくつかの基本的な特性を解説しています．

### 第5章 バック・モードのスイッチング・レギュレータに関する理論的考察

この章では，LT1074とLT1076の高効率スイッチング・レギュレータの使用法について解説します．これらのレギュレータは，特に使いやすさに対して設計されています．このアプリケーション・ノートは，設計者がスイッチング・レギュレータを使用する際に陥りがちな過ちを排除することを目的として，スイッチング・レギュレータ設計の内部の仕組みについて詳しく解説します．直接の結果が得られる簡単な数式に基づいて，インダクタ設計のまったく新しい手法を示します．正降圧（バック）コンバータ，タップ付きインダクタ降圧コンバータ，正-負コンバータ，負昇圧コンバータに対する配慮を与える大規模なチュートリアル・セクションがあります．さらに，多くのトラブル・シューティングのヒントとしてオシロスコープ技術，ソフト・スタート・アーキテクチャ，マイクロパワー・シャットダウンとEMIの抑制手法などが含まれています．

# 第4章
# DC/DCコンバータに関するいくつかの考察

Jim Williams, Brian Huffman, 訳：堀 敏夫

## はじめに

　多くのシステムは，1次直流電源を他の電圧に変換する必要があります．電池駆動回路は明白な候補になります．ラップトップ・コンピュータ中の6Vまたは12Vセルは，メモリ，ディスク・ドライブ，ディスプレイと動作ロジックに対して必要な異なる電位に変換されなければなりません．理論的には，ACライン電源システムは，任意の電源トランスが複数の2次側を装備できるので，DC/DCコンバータを必要としません．実際には，経済性，ノイズ仕様，供給バス分配の問題，その他の制約などから多くの場合にDC/DC変換が望ましいものになります．一般的な例はロジック回路で，アナログ部品を駆動する±15Vを5V電源システムから変換しています．

　DC/DCコンバータの応用範囲は広く，多くのバリエーションがあります．コンバータへの関心もかなり高くなってきています．単電源駆動システムの使用が増加しており，要求性能の高まりとバッテリ動作がコンバータの使用を増加させています．

　歴史的に，効率とサイズに強い関心がもたれました．現実に，これらのパラメタには意味はありますが，多くの場合は二番目に重要になります．コンバータのサイズと効率への継続的で圧倒的な関心の背後にある考えられる理由は，驚くべきことです．簡単に言えば，これらのパラメタは（限界はあるものの），達成するのが比較的容易なのです！サイズと効率の利点には必然性がありますが，他のシステム指向の問題には対処が必要です．低い静止電流，広い許容入力，広帯域での出力ノイズ削減とコスト効果が重要な課題です．一つの非常に重要なコンバータとして，5Vから±15Vへのタイプを例にとると，サイズと効率よりはノイズ性能を追求しています．広帯域出力ノイズはこのタイプのコンバータでは頻繁に遭遇する問題なので，これは特に重要です．最良の場合を考えると，出力ノイズは注意深い基板レイアウトとグラウンディング方式が必要となります．最悪の場合は，そのノイズによって，アナログ回路に望まれる性能レベルが実現できません（さらなる解説については，Appendix Aの「5Vから±15Vへのコンバータ…特殊な場合」を参照）．5Vから±15Vを出力するDC/DC変換の要求はユビキタスであり，DC/DCコンバータの研究に際して良い出発点となります．

## 5Vから±15Vへのコンバータ回路

### ●5Vから±15Vへの低ノイズコンバータ

　図4.1の設計は5V入力から±15Vの出力を供給します．広帯域出力ノイズはピーク・ツー・ピークで200μVで，一般的な設計の1/100に減少しています．250mA出力における効率は60％で，従来のタイプに比べて約5％～10％低くなります．この回路は，パワー・スイッチング段における高速高調波成分を最小にすることによって，低ノイズ性能を実現します．先に述べたように，これは効率とのトレードオフとなりますが，代償は利益に比べて小さいものになります．

　74C14による30kHzのクロックは，74C74フリップフロップによって15kHzの2相クロックに分割されます．74C02ゲートと10kΩ-0.001μFによる遅延により2相クロックをノンオーバーラッピング状態にし，$Q_1$と$Q_2$のエミッタを2相駆動します（それぞれ図4.2の波形AとBを参照）．これらのトランジスタはエミッタ・フォロワ$Q_3$-$Q_4$を駆動するためのレベル・シフト用です．$Q_3$-$Q_4$のエミッタは100Ω-0.003μFでフィルタされ，$Q_5$-$Q_6$の出力MOSFETの駆動を緩やかにします．フィルタの効果は$Q_5$と$Q_6$のゲートに現れます（波形CとD

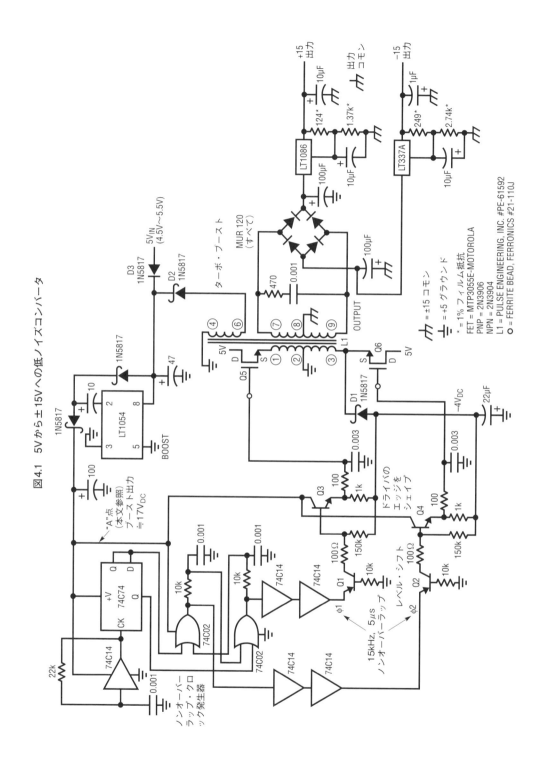

**図4.1** 5Vから±15Vへの低ノイズコンバータ

を参照).$Q_5$と$Q_6$は,従来の一般的なソース接地に代わるソース・フォロワです.トランスの立ち上がり時間をゲート端子のフィルタによるスルー・レートに制限し,$Q_5$と$Q_6$のソースにおいてよく制御された波形となるようにしています(波形EとFを参照).$L_1$はコンプリメンタリで,スルー・レート制御されて駆動され,通常このタイプのコンバータにつきものの高速高調波を排除しています.$L_1$の出力は整流され,フィル

図4.2 5Vから±15Vへの低ノイズコンバータの波形

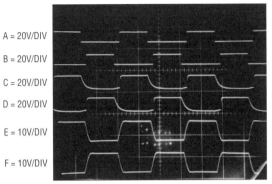

図4.3 5Vから±15Vへの低ノイズコンバータの出力ノイズ．Appendix Hで現代的なICによる低ノイズレギュレータを示している

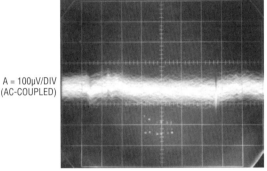

タ後に安定化されて最終的な出力を得ます．$L_1$の出力にある$470\Omega$-$0.001\mu F$ダンパはスイッチング時に負荷を維持し，低ノイズ性能を助けています．ゲート・ラインにあるフェライト・ビーズは，フォロワの構成時に見られがちな寄生RF発振を取り除きます．

ソース・フォロワ構成が$L_1$のエッジの立ち上がり時間の制御を容易にしますが，ゲート・バイアスが複雑になります．MOSFETを完全にオン/オフするために特別な準備が必要になります．ソース・フォロワ接続の$Q_5$，$Q_6$を飽和させるためにはゲート電圧のオーバードライブが必要になります．5Vの1次電源は飽和に必要な10V仕様のゲート-チャネル間バイアスを提供することができません．同様に，ゲートはMOSFETをオフにするのにグラウンド以下に引かれなければなりません．これは，デバイスがオフしたとき，$L_1$はソースを負に引っ張るためです．ターンオフ・バイアスは，$Q_6$のソース波形の負側からブートストラップされます．$D_1$と$22\mu F$コンデンサにより，プルダウンする$Q_3$と$Q_4$に対して−4Vの電位を生成します．ターンオン・バイアスは2段のブースト・ループによって生成されます．5V電源は，LT1054スイッチト・キャパシタ電圧コンバータに$D_3$を介して供給されます（スイッチト・キャパシタ電圧コンバータは，Appendix Bの「スイッチト・キャパシタ電圧コンバータ…それはどのように働くか」に解説されている）．LT1054の構成は，電圧ダブラとして設定されていて，ターンオンにおいて最初に"A"点にブーストして約9Vを供給します．コンバータが稼動を開始したとき，$L_1$は$D_2$によって整流される巻き線4-6において出力（回路図上の"ターボ・ブース

ト"）を生成し，LT1054の入力電圧を立ち上げます．これがさらに回路図に記された"A"点を17V電位に立ち上げます．

これらの内部で発生された電圧は，ソース・フォロワ接続にも関わらず，損失を最小限に抑えて$Q_5$と$Q_6$が適切にドライブされることを可能にしています．図4.3，15Vコンバータ出力のAC結合トレースは，フルパワー（250mA出力）において$200\mu V_{P-P}$のノイズを示しています．−15V出力もほぼ同じ特性を示しています．スイッチングのノイズはリニア・レギュレータのノイズ振幅に匹敵します．スイッチングによるノイズをさらに低減するには，$Q_5$と$Q_6$の立ち上がり時間を遅くすることで可能になります．しかしこれは，利用可能な出力パワーと効率を維持するために，クロック・レートの低減とノンオーバーラップ時間の増加を必要とします．示された回路構成が出力ノイズと利用可能な出力パワー，および効率との間の良好な妥協を表しています．

● 5Vから±15Vへの超低ノイズコンバータ

残留スイッチング成分とレギュレータのノイズが，図4.1の性能限界を設定します．分解能と感度において最高レベルで動作するアナログ回路は，可能な限り低いコンバータ・ノイズを必要とします．図4.4のコンバータは，無視できるレベルに高調波を低減するために，正弦波トランス駆動を使用しています．正弦波トランス駆動は，$30\mu V$以下の出力ノイズを実現するために特別な出力レギュレータと組み合わせます．このノイズは以前の回路の約1/7倍で，従来の設計の

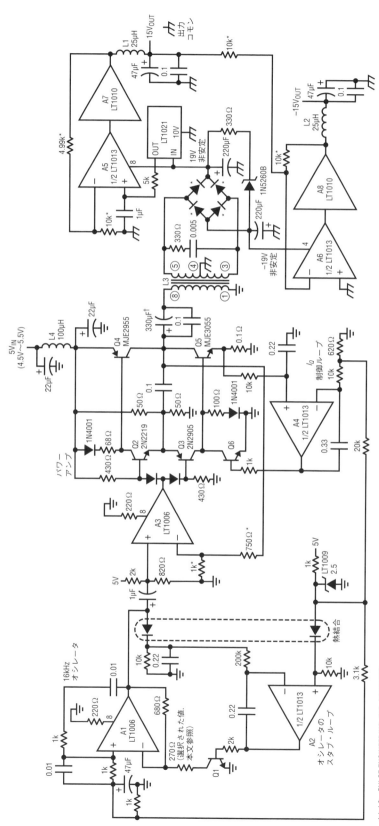

図4.4 5Vから±15Vへの超低ノイズ正弦波駆動コンバータ

図 4.5 正弦波駆動型コンバータの波形．出力ノイズ（波形D）は $30\mu V_{P-P}$

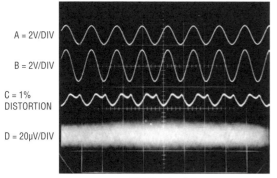

$1/1000$ 倍の改善に近づきます．トレードオフは効率と複雑さにあります．

$A_1$ は 16kHz のウイーン・ブリッジ発振器として設定されています．単一電源では，グラウンド・レールに $A_1$ の出力が飽和するのを防止するためバイアスが必要になります．このバイアスは LT1009 の電圧リファレンスから設定された DC 電位にウイーン・ブリッジの非駆動端を戻すことによって決定されます．$A_1$ の出力は純粋な正弦波で（図4.5の波形A），グラウンドからバイアスされています．$A_1$ のゲインは正弦波出力を維持するように制御されなければなりません．$A_2$ が，LT1009 電圧リファレンスと $A_1$ の出力を整流しフィルタリングした正の出力ピークを比較することで，これを行います．$Q_1$ をバイアスする $A_2$ の出力は，$A_1$ のゲインをサーボ制御します．$0.22\mu F$ のコンデンサはループを周波数補償し，熱結合されたダイオードは整流器の温度ドリフトに起因する誤差を最小にします．これらの条件が，電源と温度の変化に対して，$A_1$ 出力の AC および DC 性能を決定します．

$A_1$ の出力は $A_3$ に AC 結合されます．$2k\Omega$-$820\Omega$ の分圧器は正弦波を再バイアスして，電源シフトも用いて $A_3$ の入力コモンモード範囲の中心にします．$A_3$ はパワー段の $Q_2$-$Q_5$ を駆動します．この段のエミッタ共通出力とバイアスは，$V_{SUPPLY} = 4.5V$ において $1V_{RMS}$ ($3V_{P-P}$) のトランス駆動を可能にします．コンバータの全出力負荷において，このステージは 3A ピークを伝送しますが，波形はクリーンで（波形B），低い歪率です（波形C）．$330\mu F$ の結合コンデンサが DC をカットして $L_3$ には純粋な AC を印加します．$A_3$ へのフィードバックは $Q_4$-$Q_5$ のコレクタから取られています．この点における $0.1\mu F$ のコンデンサは局所的な発振を抑制します．さらに $L_3$ の 2 次側 RC ネットワークが高い周波数をダンピングします．

静止電流が制御されないと，パワー段は熱暴走し自分自身を破壊します．$A_4$ は $Q_5$ のエミッタ抵抗を流れる DC 出力電流を測定し，静止電流を決定するために $Q_6$ をサーボ制御します．LT1009 電圧リファレンスの分割抵抗により $A_4$ の反転入力においてサーボ点を設定します．$0.33\mu F$ のフィードバック・コンデンサはループを安定化させます．

$L_3$ の出力は，整流・フィルタ処理され，低ノイズに設計されたレギュレータに供給されます．$A_5$ と $A_7$ は LT1021 のフィルタリングされた 10V 出力を 15V まで増幅します．$A_6$ と $A_8$ により $-15V$ を出力します．この LT1021 とアンプは 3 端子レギュレータよりも優れたノイズ性能を示します．ツェナーと抵抗はスタートアップ時のトランジェントに起因する過電圧をクリップします．$L_1$ と $L_2$ は，低ノイズ特性のために，おのおのの出力コンデンサと共に使用されます．これらのインダクタはフィードバック・ループの外側にありますが，それらの低い銅抵抗は安定度をそれほど低下させません．波形Dは全負荷での 15V 出力で，$30\mu V$ (2ppm) 以下のノイズを示しています．この設計で最も重要なトレードオフは効率です．正弦波トランス駆動はかなりの電力損失を伴います．フル出力 (75mA) において，効率は 30% です．

使用前に，$L_3$ に伝送される正弦波を最も低い歪率（通常 1%）にトリミングする必要があります．この調整は $A_1$ の負入力に示した定数値を選択することで行われます．示されている $270\Omega$ という値は，±25% の代表的な誤差をもつ公称値です．正弦波の 16kHz の周波数は，オペアンプで利用可能な利得帯域幅，磁気部品のサイズ，可聴ノイズ，および広帯域高調波の最小化との間で妥協されます．

● 単一インダクタの5Vから±15Vへのコンバータ

単純さと経済性は 5V から ±15V への変換においては別の次元の話しになります．これらのコンバータ中のトランスは通常，最も高価な部品です．図4.6の特殊な駆動方式は，通常のトランスを代替する単一の 2 端子インダクタの使用を可能にし，大幅なコスト削減ができます．トレードオフは，入力と出力の間の絶縁が

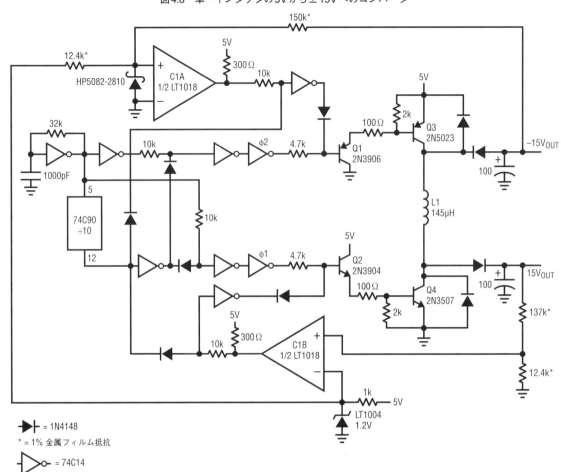

図4.6 単一インダクタの5Vから±15Vへのコンバータ

ないことと出力電力が低いことです．さらに，使用されている安定化技術は約50mVのクロック関連の出力リプルの原因となります．

回路は，周期的かつ交互にインダクタ両端をブーストすることで機能します．結果として得られた正および負のピークは整流されフィルタ処理されます．安定化は，おのおのの出力のブースト期間にその数を制御することによって得られます．

一番左のインバータにより20kHzのクロック（図4.7の波形A）が生成され，その他のインバータ，ダイオード，74C90の10進カウンタから構成されるロジック回路に与えられます．カウンタの出力（波形B）はロジック回路と結合し，$Q_1$と$Q_2$のベース抵抗に位相交互のクロック・バースト（波形C，D）を与えます．$\phi_1$（波形B）がクロックされないときHigh状態を保ち，$Q_2$と$Q_4$をオン状態にします．$Q_4$のコレクタは，$L_1$（波形H）の下側を接地します．この期間に$\phi_2$（波形A）は，$Q_1$のベース抵抗にクロック・バーストを入れます．−15Vの出力が低すぎるとサーボ・コンパレータである$C_{1A}$の出力（波形E）はHighになり，$Q_1$のベースはパルス状のバイアスを受けます．これとは逆の場合にコンパレータはLowになり，そして$Q_1$のベース・ダイオードを介してバイアスは切り離されます．$Q_1$がバイアスできるとき，$Q_3$はスイッチして，$L_1$（波形G）の上側において負に向かう現象を生じます．これらの現象は，−15Vの出力を生成するために整流されフィルタリングされます．$C_{1A}$は，$Q_1$-$Q_3$のペアをスイッチするクロック・パルスの数を制御することで安定化します．LT1004は電圧リファレンスです．波形JはAC結合された−15Vの出力で，$C_{1A}$の安定化機能の効果を示しています．出力は$C_{1A}$のスイッチ制御ループによって

**図4.7** 単一インダクタのデュアル出力安定化コンバータの波形

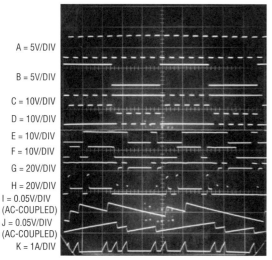

設定された小さなエラー・ウィンドウ内に留まります．入力電圧と負荷条件の変化によって，$C_{1A}$はループ制御を維持する$Q_1$-$Q_3$のバイアスを与えるクロック・パルスの数を調整します．

$\phi_1$，$\phi_2$の信号が状態を反転すると，動作シーケンスは反転します．$Q_3$のコレクタ（波形G）は，$C_{1B}$のサーボ動作によってスイッチング制御された$Q_2$-$Q_4$を用いてHighに引かれます．動作波形は前の場合と同様になります．波形Fは$C_{1B}$の出力，波形Hは$Q_4$のコレクタ（$L_1$の下側），波形IはAC結合された15V出力です．二つの安定化ループが同じインダクタを共有していますが，それらは別々に動作し，非対称の出力負荷に対して有害になりません．インダクタは，電流（波形K）の不規則な間隔ショットを見ていますが，その多重化動作には影響されません．クランプ・ダイオードは過渡状態における$Q_3$と$Q_4$の逆バイアスを防ぎます．この回路は±25mAの安定化出力を，60％の効率で提供します．

● **静止電流の少ない5Vから±15Vへのコンバータ**

5Vから±15Vへのコンバータの設計に関する最後の項目は静止電流の低減です．一般的なコンバータでは100mA〜150mAの静止電流があり，多くの低電力システムにおいては許容できません．

図4.8の設計は±15Vで100mAの出力を供給しますが，静止電流は10mAです．LT1070スイッチング・レギュレータ（このデバイスの完全な解説については，Appendix Cの「LT1070の生理学」を参照）は，フライバック・モードで$L_1$を駆動します．スナバ回路は過度のフライバック電圧をクランプします．$L_1$の2次側のフライバック波形は半波整流後にフィルタリングされ，47μFのコンデンサの両端に正と負の出力を生成します．正の16V出力は単純なループによって安定化されます．コンパレータ$C_{1A}$は，LT1020（注：図ではLT1070と表示されている）から得た2.5Vリファレンスを用いて正の出力をバランスさせます．16V出力（図4.9の波形A）が低すぎるとき，$C_{1A}$はHighにスイッチし（波形B），4N46フォトカプラをターンオフします．$Q_1$はオフになり，LT1070の制御ピン（$V_C$）はHigh（波形C）に引っ張られます．これにより，$V_{SW}$ピン（波形D）はフルデューティ・サイクルで40kHzのスイッチングを開始します．$L_1$に生じたエネルギーは直ちに16V出力を正方向に向かわせ，$C_{1A}$の出力をターンオフします．4N46の低速な応答と20MΩの組み合わせ（$C_{1A}$がHighになってから$V_C$ピンが上昇する間の遅延に注意）により約40mVのヒステリシスが生じます．LT1070のオン/オフのデューティ・サイクルは負荷に依存し，軽い負荷のときはかなりのパワーを節約します．この動作により静止電流10mAを達成しています．フォトカプラはコンバータの入力-出力間の絶縁を維持します．LT1020は，低ドロップアウトの低静止電流レギュレータで，16Vラインを安定化して15Vの出力を得ます．このリニア・レギュレータは40mVのリプルを除去し，トランジェント応答を改善します．−16V出力は安定化された−16Vラインに従おうとしますが，安定度は良くありません．LT1020内蔵の予備コンパレータは，ピン5の$RC$によってオペアンプとして機能します．このアンプで−16Vラインを安定化します．MOSFET Q2は低ドロップアウトの電流ブースト用で，−15Vを出力します．−15V出力は，2.5V基準から500kΩ-3MΩ電流加算抵抗を介した電圧と比較するオペアンプ動作によって安定化されます．1000pFのコンデンサで各出力のループ補償を行います．このコンバータはうまく動作し，10mAのみの静止電流によって100mAまでの±15V出力を提供します．図4.10は全負荷範囲にわたっての効率を従来の設計と比較しています．大きい負荷電流に対する結果は同程度ですが，低い静止回路は低電流負荷の時に優れています．

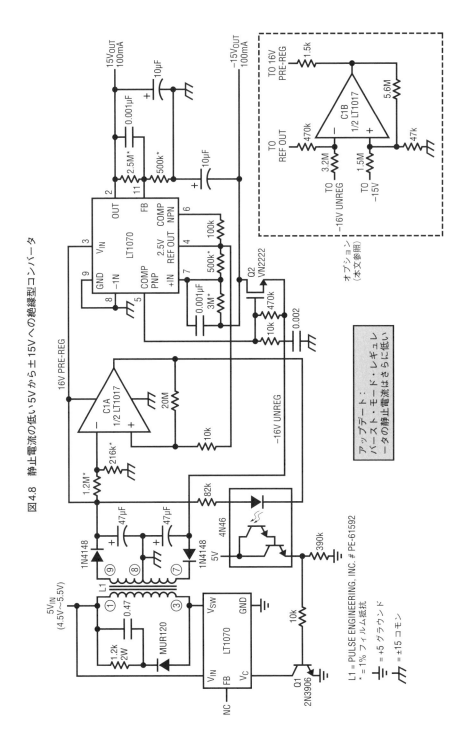

図4.8 静止電流の低い5Vから±15Vへの絶縁型コンバータ

　この回路で問題になりうることは-16Vラインの乏しい安定度に関するものです．正の出力の負荷が軽いとき$L_1$の磁束は小さくなります．この条件下で負側の出力負荷が重くなると，-16Vラインはその出力レギュレータのドロップアウト値を下回る結果となります．

具体的に，15V出力を無負荷にすると-15V出力から利用可能なのは僅か20mAです．-15Vからフル出力100mAを供給するには15V出力が8mA以上を供給している必要があります．この制限は多くの場合は許容できますが，いくつかの状況では容認できないかもし

図4.9 静止電流の低い5Vから±15Vへの絶縁型コンバータの波形

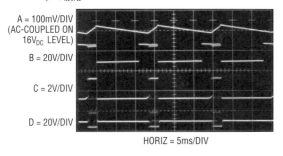

図4.10 静止電流の低いコンバータの効率対負荷

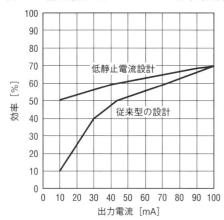

図4.11 静止電流9mAの6V入力12V/2A出力のコンバータ

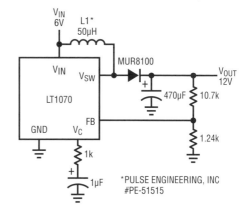

れません．図4.8中のオプション接続（破線内に示した）が，この問題に応えます．$C_{1B}$は−16Vラインの低下を検出します．それが起きたとき16Vラインをロードして問題を修正します．負のリニア・レギュレータがドロップアウトする前に修正を施します．

## マイクロパワーの静止電流コンバータ

多くのバッテリ駆動アプリケーションは非常に広い範囲の電源出力電流を必要とします．通常の状態ではアンペア・レンジの電流を必要とし，スタンバイまたは"スリープ"モードではマイクロ・アンペアを引き出すのみです．通常のラップトップ・コンピュータは稼働中に1〜2Aを使用しますが，オフされたときはメモリに対して僅か数百$\mu$Aを必要とするのみです．理論的には，どのようなDC/DCコンバータでも無負荷状態でループを安定化するように設計され，動作します．実際には，コンバータの比較的大きな静止電流は低い出力電流の間に容認できない電池の消耗を引き起こす

可能性があります．

図4.11は一般的なフライバック（昇圧）方式のコンバータを示しています．6Vのバッテリ電圧はLT1070の$V_{SW}$ピンが内部でGNDに切り替わるたびに生成されるインダクティブ・フライバック電圧によって12V出力に変換されます（フライバック・コンバータのインダクタ選択の解説についてはAppendix Dの「フライバック・コンバータのためのインダクタの選択」を参照のこと）．40kHzの内部クロックは25$\mu$sごとにフライバック動作をします．この現象中のエネルギーはIC内部のエラー・アンプによって制御され，1.23Vのリファレンス電圧にフィードバック・ピン（FB）電圧を合わせるように作用します．エラー・アンプの高インピーダンス出力（$V_C$ピン）は，安定なループ補償のために$RC$ダンパを使用しています．

この回路はうまく機能しますが9mAの静止電流をもちます．電池容量がサイズまたは重量によって制限される場合，これは多すぎるかもしれません．大電流性能を維持しながら，どのようにすればこの静止電流値を小さくすることができるでしょう？

解決策は$V_C$ピンの機能にあります．$V_C$ピンがグラウンドから150mV以内に引き下げられるとICはシャットダウンし，僅か50$\mu$Aの消費となります．図4.12の特別なループがこの機能を実現し，回路全体で僅か150$\mu$Aに静止電流を低減します．ここで示された技術はバッテリ駆動システムには特に重要です．これは多くの種類のそして多岐にわたるアプリケーションで必要とされるDC/DCコンバータに対して容易に応用できます．

図4.12の信号の流れは図4.11に似ていますが，フィー

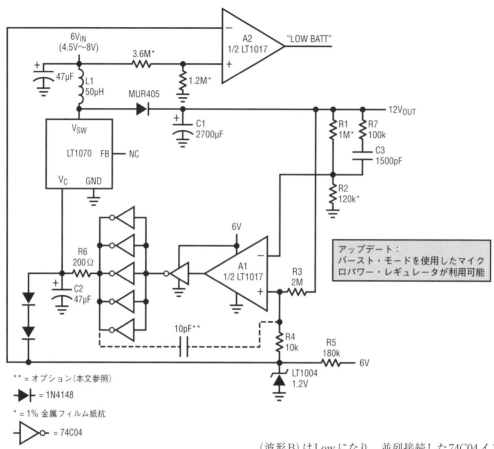

図4.12 静止電流150μAの6V入力12V/2A出力コンバータ

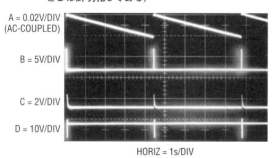

図4.13 低い静止電流コンバータの無負荷時の波形（波形BとDは鮮明化してある）

ドバック分圧器と$V_C$ピンの間に追加の回路があります．LT1070の内部フィードバック・アンプとリファレンスは使用しません．**図4.13**に無負荷状態での動作波形を示します．12V出力（波形A）は数秒の間にわたって低下していきます．この間，コンパレータ$A_1$の出力（波形B）はLowになり，並列接続した74C04インバータもLowになります．これは$V_C$ピン（波形C）をLowに引っ張り，ICを50μAのシャットダウン・モードに入れます．$V_{SW}$ピン（波形D）はHighであり，インダクタ電流は流れません．12V出力が約20mV低下したとき，$A_1$がトリガされインバータがHighを出力し，$V_C$ピンを引き上げてレギュレータをオンにします．$V_{SW}$ピンは40kHzのクロック・レートでインダクタにパルスを加えて，出力を急に上昇させます．これにより$A_1$はLowに転じ，$V_C$ピンをLowにし，シャットダウン状態にします．この"バンバン"制御ループは，$R_3$-$R_4$によって設定された20mVのランプ・ヒステリシスのウィンドウ内に12V出力を維持します．ダイオード・クランプは$V_C$ピンのオーバードライブを防ぎます．4～5秒のループ発振周期は$V_C$にある$R_6$-$C_2$の時定数とはあまり関連がないことに注意してください．なぜならLT1070はほとんどすべての時間をシャットダウンで費やしているため，非常に少ない静止電流（150μA）となっているからです．

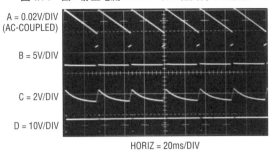

図4.14 低い静止電流コンバータの軽負荷での波形

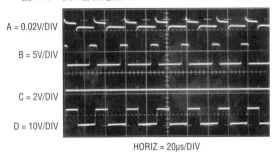

図4.15 低い静止電流コンバータの1A負荷での波形

図4.14は負荷を3mAに増やしたときの同じ波形を示しています．ループの発振周波数は負荷の電流需要をシンクするのに追い着くために高くなります．ここで，$V_C$ピンの波形（波形C）はフィルタされた様相を示し始めます．これは$R_6$-$C_2$の10msの時定数によります．もし負荷が増え続けると，ループの発振周波数も高くなります．しかし，$R_6$-$C_2$の時定数は固定されています．そしてある周波数を超えると，$R_6$-$C_2$はループ発振を平均化してDCにするでしょう．図4.15は1Aの負荷での同じ回路波形を示しています．$V_C$ピンがDCになっていて，繰り返しレートはLT1070の40kHzクロック周波数まで増加していることがわかります．図4.16は何が発生しているかをプロットしており，うれしい驚きをもたらします．出力電流が上昇すると，ループの発振周波数も約500Hzまで上昇します．この時点で$R_6$-$C_2$の時定数により$V_C$ピンをDCにフィルタリングし，LT1070はノーマル動作に移行します．$V_C$ピンにDCが印加されている状態は，$A_1$とインバータを$R_1$-$R_2$のフィードバック分圧器によって設定される閉ループ・ゲインを有するリニアエラー・アンプと考えると好都合です．実際に，$A_1$はまだデューティ・サイクルを変調中ですが，$R_6$-$C_2$で決まる周波数以上の離れたレートにおいてになります．$C_1$（低い出力電流で低いループ周波数に対して選択された）に起因する位相誤差は，$R_6$-$C_2$のロールオフと$A_1$への$R_7$-$C_3$の進相によって支配されます．ループは安定し，80mAを超えるすべての負荷に対して直線的に応答します．このような高電流領域においてLT1070は望ましく"だまされて"，図4.11の回路のようにふるまいます．

この回路に対する正式な安定解析は非常に複雑ですが，いくつかの単純化がループ動作への洞察に力を貸してくれます．$100\mu$Aの負荷（120kΩ）において，$C_1$と負荷は300秒を超える減衰時定数を形成します．こ

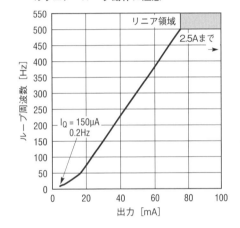

図4.16 図4.12のループ周波数対出力電流．80mA以上でのリニア・ループ動作に注意

れは，$R_7$-$C_3$，$R_6$-$C_2$，またはLT1070の40kHzより大きなオーダーになります．結果として，$C_1$がループを支配します．広帯域の$A_1$はフィードバックの位相シフトを見ており，それは図4.13に生じたものと同様な非常に低い周波数の発振になります[注1]．$C_1$による減衰時定数は長いのですが，回路が低いソース・インピーダンスを有するため充電時定数は短いです．これは発振がランプ特性をもつからです．

負荷電流が増加すると$C_1$の負荷減衰時定数は減ります．図4.16のプロットはこれを反映しています．負荷が増加すると，$C_1$の減衰時間が減じたことによってループは高い周波数で発振します．負荷インピーダンスが十分に低くなると$C_1$の減衰時間定数はループを支配することを止めます．この点はほぼ$R_6$と$C_2$によって決定

---

注1：いくつかのレイアウトでは$A_1$の入力にかなりのトレース面積が必要かもしれない．このような場合，図示されているオプションの10pFコンデンサは，$A_1$出力のクリーンな遷移を保証する．

されます．いったん$R_6$と$C_2$が支配的な時定数となれば，ループはリニア・システムのようなふるまいを開始します．このような領域（例えば図4.16で約75mA以上）において，LT1070は40kHzで連続的に稼働します．そして$R_7$-$C_3$の時定数はスムーズな出力応答に導く単純なフィードバック進み[注2]として重要になります．$R_7$-$C_3$の進相ネットワークの値の選択においては基本的なトレードオフが存在します．コンバータがリニア領域で稼働しているとき，それらは$R_3$-$R_4$によって意図的に生成された直流ヒステリシスを支配する必要があります．そのため，それらは高負荷時の出力リプルとループのトランジェント応答の間で最良の妥協点に選択されます．

複雑なダイナミクスにも関わらずトランジェント応答はかなり良いものです．図4.17は無負荷から1Aへ

注2：そこにいるテクノスノッブには"ゼロ点補償"と言っておこう．

図4.17 図4.12の低い静止電流レギュレータの負荷トランジェント応答

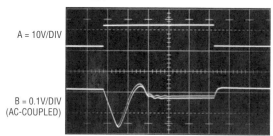

のステップ応答を示しています．波形AがHighになると1Aの負荷が出力（波形B）に流れます．最初，出力は遅いループ応答時間（$R_6$-$C_2$ペアは$V_C$ピンの応答を遅延させる）のために150mVほど低下します．LT1070がオンになると（波形Bの下部端に40kHzの"ぼやけ"として目立つ），回路ダイナミクスを考えると応答はほ

図4.19a 降圧コンバータに適用される低い静止電流ループ

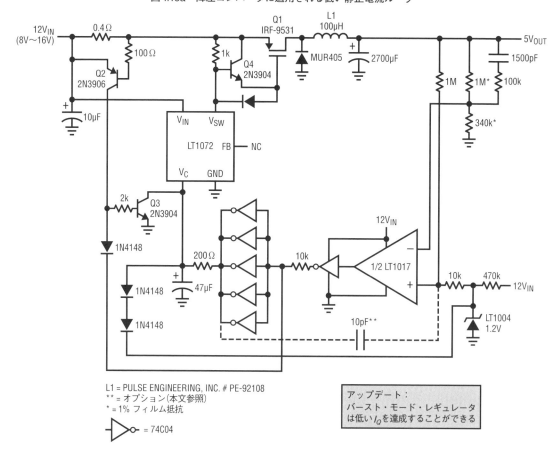

どほどに迅速かつ驚くほどに良くふるまっています．複数回の時定数の減衰(注3)("がたつき"がより適切だろう)があり，波形Bの4番目と5番目の縦目盛りの間で定常状態に近づいているのが見えます．

$A_2$は単純なロー・バッテリ検出器として機能し，$V_{IN}$が4.8V以下に低下するとLowを出力します．

図4.18は効率対出力電流をプロットしたものです．高いパワー効率は標準コンバータと似ています．低電流での効率はいくぶん良好で，最も低いレンジにおいては乏しいです．しかしこれは，パワー損失が非常に

注3：もう一度，専門用語を崇拝する人に対しては"多極セトリング"．

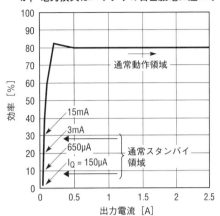

図4.18 図4.12の出力電流対効率．スタンバイ効率が悪いが，電力損失はバッテリの自己放電に近づく

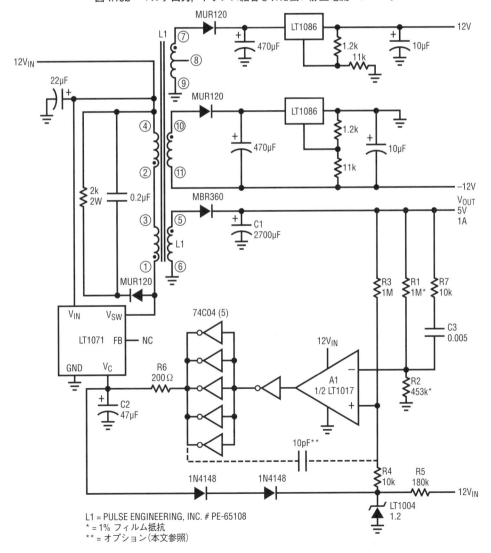

図4.19b マルチ出力，トランス結合された低い静止電流コンバータ

小さいので特に厄介ではありません．

このループには，通常なら望ましい（しばしば捉えどころのない）無条件での安定性の代わりに，条件付きの不安定さがあります．この意図的に取り込んだ特性は，高いパワー性能を犠牲にしないで，1/60に静止電流を低下させます．今回はブースト・コンバータで実証していますが，これは他の構成に容易に応用可能になります．**図4.19a**のステップダウン（降圧モード）の構成は，ほとんど部品の変更なしで同じ基本的なループを使用しています．PチャネルMOSFET $Q_1$ は，

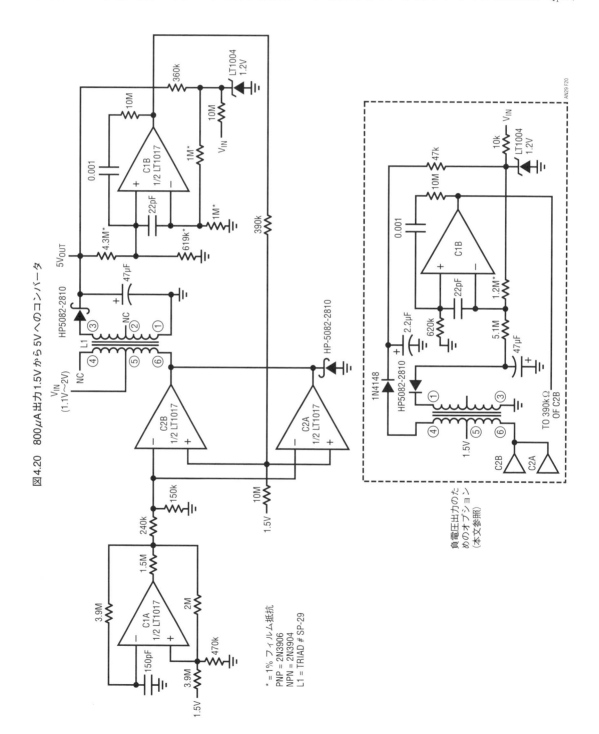

**図4.20** 800μA出力1.5Vから5Vへのコンバータ

12Vを5V出力に変換するLT1072(LT1070の低ローパワー版)から駆動されます．$Q_2$と$Q_3$により電流制限を行い，$Q_4$は$Q_1$をターンオフするためにドライブします．低い出力電圧は，コンパレータの正入力において1MΩ値に対して計算された図4.12より，わずかに異なるヒステリシス・バイアスを指定しています．その他の点では，ループと性能は同一です．図4.19bは，トランス・ベースのマルチ出力コンバータ中で同じループを使用しています．2次側がフローティングされているので，正の電圧レギュレータを用いて-12Vの出力を可能にしています．

● 静止電流の低い1.5Vから5Vへのマイクロパワー・コンバータ

図4.20はこれまで解説してきた低静止電流コンバータを，低電圧のマイクロパワー領域へ拡張するものです．スペースや信頼性への考慮に起因する状況において，単一の1.5Vセルから回路を動作させることが好ましいことがあります．これにより他のほぼすべてのICを設計候補から除外します．単一セルで直接稼働する回路を設計することは可能ではありますが(LTCアプリケーション・ノート15 "Circuitry for Single Cell Operation"を参照)，DC/DCコンバータを使えば高い電圧動作のIC使用を可能にしてくれます．図4.20の設計は単一1.5Vのセルから5V出力へ変換します．静止電流は125μAだけです．オシレータ$C_{1A}$の出力は2kHzの矩形波です(図4.21の波形D)．この構成は従来型のものですが，バイアスが1.5Vの電源によって決まる狭いコモンモード範囲で供給される点が異なります．ローパワーを維持するために，$C_{1A}$の積分コンデンサは小さく，わずか50mVのスイングとなります．$C_2$の並列接続された出力が$L_1$を駆動します．5V出力(波形A)が十分に低下すると，$C_{1B}$はLowになり(波

形B)，$C_2$の両方の正入力をグラウンド近くに引っ張ります．今，$C_{1A}$のクロックは並列にした$C_2$出力に現れ(波形C)，$L_1$にエネルギーを供給します．並列出力は飽和損失を最小化します．$L_1$のフライバック・パルスは整流されて47μFのコンデンサに保存され，回路のDC出力を形成します．$C_{1B}$のオン/オフは回路の5Vの出力を維持するのに必要なデューティ・サイクルによって$C_2$を変調します．LT1004は電圧リファレンスで，$C_{1B}$の正入力における抵抗分割器で出力電圧を設定します．$C_2$出力のショットキー・クランプは$L_1$の寄生素子のふるまいによる負のオーバドライブを防ぎます．

1.2VのLT1004リファレンスは5V出力にも接続されていますので，入力電圧1.1Vまでの回路動作を可能にします．10MΩによる電源ブリーダがスタートアップを保証します．1MΩの抵抗は1.2Vリファレンスを分圧し，$C_{1B}$のコモンモード制限を維持します．$C_{1B}$の正入力へ帰還する$RC$ペアは約100mVのヒステリシスに設定し，22pFのコンデンサは高い周波数での発振を抑制します．

マイクロパワー・コンパレータと軽負荷時の非常に低いデューティ・サイクルは静止電流を最小化します．図に示された125μAはLT1017の定常電流に非常に近いものです．負荷が増加するとデューティ・サイクルは要求を満たすために上昇し，より大きなバッテリ・パワーを必要します．バッテリ電圧の低下は同様のふるまいを生じさせます．図4.22は利用可能な出力電流とバッテリ電圧をプロットしています．予想どおり，最大パワーはフレッシュ・セル(1.5V～1.6V)で得られ，安定化は250μAの負荷に対して1.15Vまで維持

図4.21 ローパワー1.5Vから5Vへのコンバータの波形

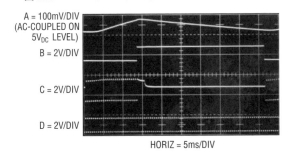

図4.22 図4.20の出力電流能力対入力電圧

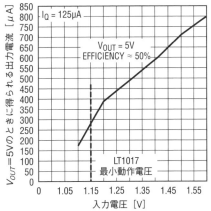

されています．プロットはこの点以下に安定化を続けているテスト回路を示していますが，これは実際に頼ることはできません(LT1017，$V_{MIN}$ = 1.15V)．供給電圧が低いと飽和が起き，この回路の他の損失の制御を困難にします．そしてこのように，効率は約50%になります．

図4.20中のオプション接続(破線内に示した)は，−5V出力を備えるためにトランスのフローティングした2次側の利便性を使っています．駆動回路は同一ですが，$C_{1B}$を電流加算コンパレータとして利用します．LT1004のブートストラップされた正のバイアスは$L_1$の1次側フライバック波形によって供給されます．

● 200mA出力1.5Vから5Vへのコンバータ

前述の回路は有用ですが，ローパワー動作に限定されています．いくつかの1.5V駆動システム(サバイバル2ウェイ・ラジオ，リモコン，トランスデューサを受けるデータ・アクイジション・システムなど)は，より大きなパワーを必要とします．図4.23の設計は5V 200mAを供給します．この回路では静止電流についてのいくつかの犠牲が払われています．この回路は大きなパワーで継続的に動作するという仮定に基づいています．もしもっと低い静止電流が必要な場合は，図4.12で詳細した技術が適用できます．

回路は本質的にブースト・レギュレータで，図4.11と似ています．LT1070の低い飽和損失と使いやすさは大きなパワー動作と設計の簡素化をもたらします．残念ながら，このデバイスは3Vの最小電源を必要とします．5Vの出力から電源ピンをブートストラップすることは可能ですが，いくつかのスタートアップ機構が必要になります．デュアル・コンパレータ$C_1$とトランジスタがスタートアップ・ループを形成しています．電

図4.23 200mA出力の1.5Vから5Vへのコンバータ

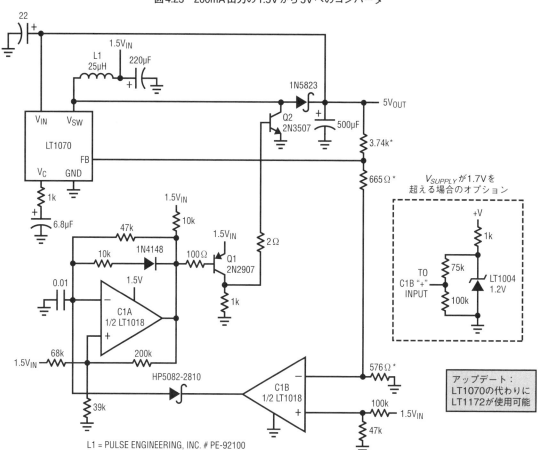

源が与えられると$C_{1A}$は5kHzにて発振します（図4.24の波形A）．$Q_1$はバイアスし，$Q_2$のベースをハード駆動します．$Q_2$のコレクタ（波形B）は$L_1$をポンプし，昇圧動作を引き起こします．これらの現象は整流されて500μFのコンデンサに保存され，回路のDC出力を生成します．$C_{1B}$は，回路出力が約4.5Vを横切ったときに出力（波形C）がLowになるように設定されます．これが生じたときに$C_1$の積分コンデンサはLowに引かれ，発振を停止します．これらの条件下で$Q_2$は$L_1$をドライブしませんが，しかしLT1070はできます．このふるまいはLT1070の$V_{SW}$ピン（$L_1$と$Q_2$のコレクタ，LT1070の接合部）で観測可能です（波形D）．スタートアップ回路がオフになったとき，LT1070の$V_{IN}$ピンは十分な電源電圧となり動作を開始します．これは写真の4番目の縦目盛りのところで生じています．スタートアップ・ループのターンオフとLT1070のターンオンの間にいくらかのオーバーラップがありますが，それは有害な影響を与えません．いったん回路が稼働すると，それは図4.11と同様に機能します．

スタートアップ・ループは負荷とバッテリ電圧の広い範囲にわたって機能するように注意深く設計しなければなりません．スタートアップ電流が1Aを超えるときは，$Q_2$の飽和と駆動特性に注意が必要になります．最悪の場合は，ほぼ消耗したバッテリと重い出力負荷になります．図4.25は，$V_{BATTERY} = 1.2V$において100mAの負荷で始まる回路出力を示します．シーケンスはクリーンで，LT1070は適切なポイントで引き継いでいます．図4.26においては，負荷が200mAに増やされています．スタートアップ・スロープが減少しますが，スタートは引き続き生じています．突然のスロープ増加（6番目の縦目盛り）は，スタートアップ・ループとLT1070のオーバーラップ動作に起因するものです．

図4.27は回路の入出力特性をプロットしたものです．回路は$V_{BATTERY} = 1.2V$においてすべての負荷に対してスタートしていることがわかります．小さい負荷で

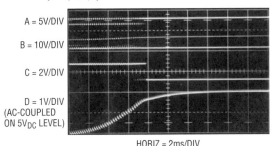

図4.24 ハイパワー 1.5V入力，5V出力コンバータのスタートアップ

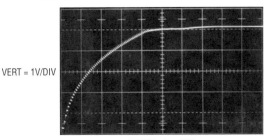

図4.25 ハイパワー 1.5V入力，5V出力コンバータが$V_{BATT}$=1.2Vの時100mA負荷時にターンオンするようす

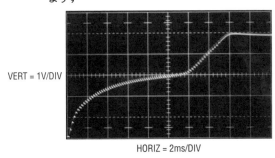

図4.26 ハイパワー 1.5V入力，5V出力コンバータが$V_{BATT}$=1.2Vの時200mA負荷時にターンオンするようす

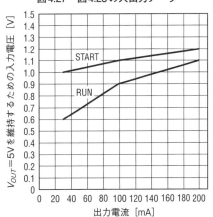

図4.27 図4.23の入出力データ

図4.28　20mA負荷時の1.5V入力5V出力コンバータの入出力XY特性

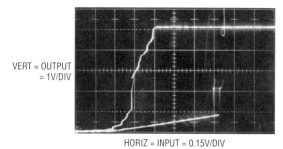

図4.29　200mA負荷時の1.5V入力5V出力コンバータの入出力XY特性

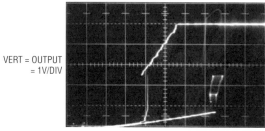

図4.30　図4.23の効率対出力電流出力XY特性

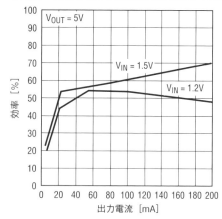

図4.31　図4.23の静止電流対電源電圧

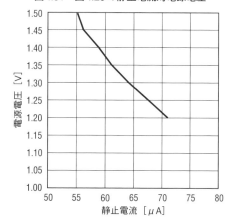

は1.0Vまでスタートアップが可能です．いったん回路がスタートしたあと，$V_{BATTERY} = 1.0V$に低下するまで200mAの負荷をフル駆動することをプロットが示しています．負荷が減少すれば$V_{BATTERY} = 0.6V$（切れたバッテリ）まで動作可能です！ 図4.28と図4.29は，図4.27を動的にXY表示させたもので，20mAと200mAで撮影されています．図4.30は出力電流の範囲にわたって二つの電源電圧において，効率をグラフ化しています．負荷電流が低い時には回路の静止電力が効率を低下させています，性能は魅力的です．ジャンクション飽和損失は固定なので，低い電源電圧においては効率が低下する原因となります．図4.31は電源電圧が低下するにつれて静止電流が増加することを示しています．インダクタ電流の充電周期が長くなるときは，減少する電源電圧を補償する必要があります．

## 高効率コンバータ

### ● 高効率12V入力5V出力コンバータ

効率はしばしばDC/DCコンバータ設計での最大の関心事になります（Appendix Eの「コンバータの効率を最適化する」を参照のこと）．特に，小型のポータブル・コンピュータは12Vの1次側電源を頻繁に使用しており，5Vにまで変換しなければなりません．トレードオフや損失の原因を考慮すれば長寿命を提供するので，12Vのバッテリは魅力的です．図4.32は90%の効率を達成していることを示しています．この回路は正の降圧コンバータです．トランジスタ$Q_1$がパス素子として機能します．キャッチ・ダイオードは，効率を改善するために$Q_2$による同期整流器に置き換えられています．入力電源は公称12Vですが，9.5Vから14.5Vまで変化します．電力損失は，0.28Ωという低いソース-ドレイン抵抗のNMOSトランジスタをキャッチ・ダイオードとパス素子に利用することによって最小化されています．インダクタはPulse Engineering社のPE-92210Kで，低損失のコア材料で作られていて回路の効率をさらに搾り出しています．また，電流センス閾値

図4.32 同期スイッチを有する90％の効率の正の降圧コンバータ

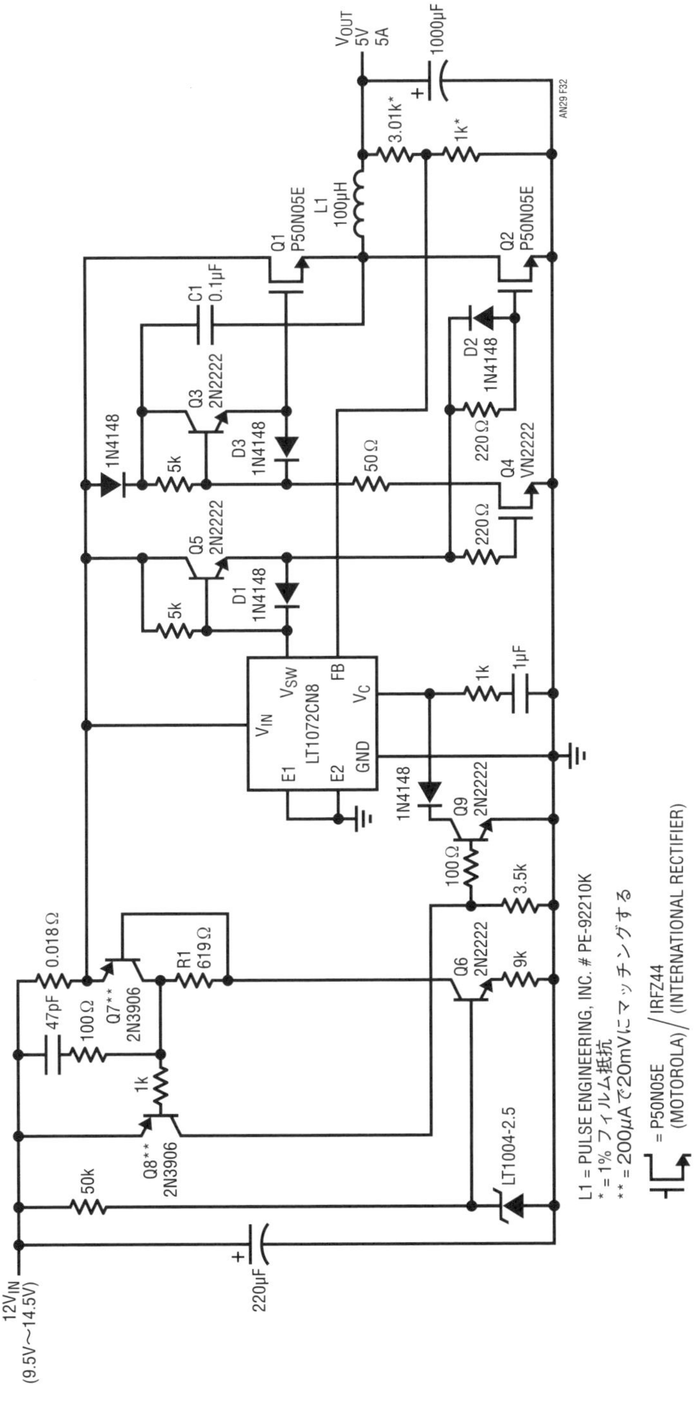


の電圧を低く維持することで電流制限回路中の電力損失を最小化しています．

**図4.33**は動作波形を示しています．$Q_5$は，$V_{SW}$ピン（波形A）がターン“オフ”されるとき，同期整流器$Q_2$を駆動します．$Q_2$は，$V_{SW}$が“オン”のとき$D_1$と$D_2$を介してオフになります．$Q_1$をオンにするために，ゲート（波形B）は入力電圧より上に駆動される必要があります．これは$Q_2$のドレイン（波形C）をオフして，コン

図4.33 効率90%の降圧コンバータの波形

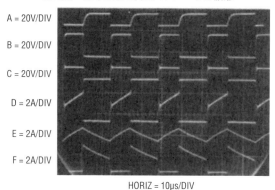

図4.34 図4.32の効率対負荷. 同期スイッチは単純なFETやバイポーラ・トランジスタ, ダイオードよりも高い効率を与える

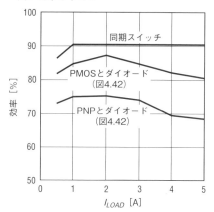

図4.35 高効率の磁束検出絶縁型コンバータ

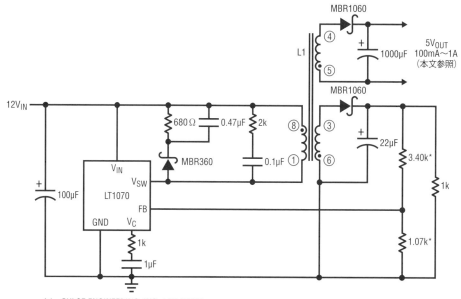

図4.36 磁束検出コンバータの波形

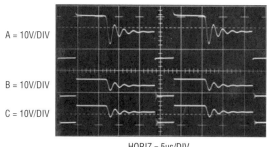

デンサ$C_1$をブートストラップすることで達成されます. $C_1$は, $Q_2$がオンのときに$D_1$を通じて充電します. $Q_2$がオフすると, $Q_3$は導通することができ, $C_1$に対して$Q_1$をオンにする経路を提供します. この期間中, 電流は$Q_1$(波形D)を通りインダクタ(波形E)を介して負荷に流れます. $Q_1$をオフにするためには, $V_{SW}$ピンを"オフ"にしなければなりません. ここで$Q_5$は$Q_4$をオンにすることができ, $Q_1$のゲートは$D_3$と50Ωの抵抗を介してLowに引き下げられています. この抵抗は, $Q_1$の

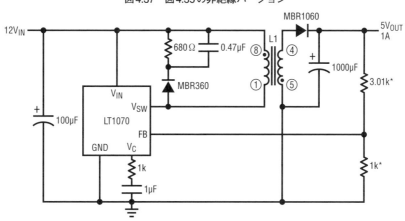

図4.37 図4.35の非絶縁バージョン

高速スイッチング特性によって発生する電圧ノイズを低減するために使用されています．$Q_2$が導通しているとき（波形F），$Q_1$はオフでなければなりません．もし両トランジスタが同時に導通していると効率は低下します．220Ωの抵抗と$D_2$は，スイッチ・サイクルのオーバーラップを最小にするために使用されています．図4.34はここで示した回路の効率対負荷の特性です．他のプロットは非同期型スイッチ式降圧レギュレータ（図に示したものを参照）での特性です．

短絡保護回路は$Q_6$から$Q_9$によって提供されます．200μAの電流ソースがLT1004と$Q_6$，9kΩの抵抗から生成されます．この電流は$R_1$を通って流れ，コンパレータ$Q_7$と$Q_8$に対して124mVの閾値電圧を発生します．0.018Ωのセンス抵抗両端の電圧降下が124mVを超えたとき，$Q_8$がオンになります．$V_C$ピンが0.9V以下に引き下げられると，LT1072の$V_{SW}$ピンがオフになります．これは$Q_8$が$Q_9$を飽和させたときに起こります．$RC$ダンパは早く$Q_8$がオンしてしまうようなライン・トランジェントを抑制します．

● 高効率の磁束検出絶縁型コンバータ

図4.35の75％の効率は，前述の回路ほど良くありませんが，しかし完全なフローティング出力になっています．この回路は絶縁された電圧フィードバックを実現するために2次側磁束を感知するバイファイラ巻きを使用しています．動作時にLT1070の$V_{SW}$ピン（図4.36の波形A）は$L_1$の1次側にパルスを発生させ，フローティング電源と磁束検出の2次側（波形B，C）において同一の波形を生成します．フィードバックはダイオードとコンデンサのフィルタを介して磁束検出巻線から生じます．1kΩの抵抗はブリード電流を提供し，3.4kΩ-1.07kΩの分圧器が出力電圧を設定します．ダイオードはパワー出力巻き線のダイオードを部分的に補償し，全体の温度係数を約100ppm/℃にします．サイズの大きいダイオードは効率を助けますが，図4.32のように同期整流を使用する場合には大幅な改善（例えば5～10％）が可能になります．1次側のダンパは目立ちませんが，2kΩ-0.1μFネットワークが低い出力電流での過剰なリンギングを抑制するのに追加されています．このリンギングは回路動作に有害ではないので，ネットワークはオプションです．およそ10％以下の負荷ではトランスのふるまいが非理想的となるため，大幅な安定度誤差をもたらします．安定度は10％から100％までの出力変化で±100mV以内に留まりますが，無負荷時には900mVを超えます．図4.37の回路は厳しい安定度のために絶縁をあきらめて，出力負荷の制約をなくしています．効率は同じです．

# 入力範囲の広いコンバータ

● 入力範囲の広い-48Vから5Vへのコンバータ

コンバータはしばしば広い入力範囲に対応しなければなりません．電話回線はかなりの範囲にわたって変化します．図4.38の回路はテレコム入力から5V出力を得るためにLT1072を使用しています．元のテレコム電源は公称-48Vですが，-40Vから-60Vまで変

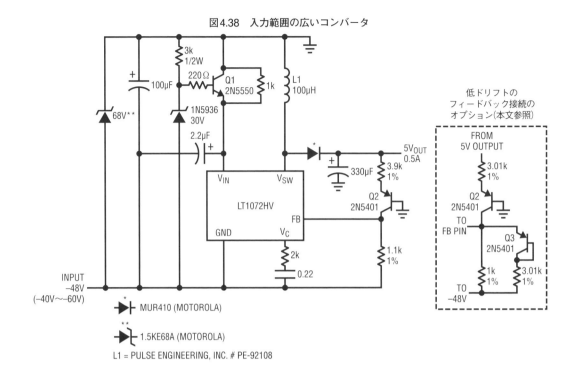

図4.38 入力範囲の広いコンバータ

化します．この電圧範囲は$V_{SW}$ピンでは許容可能ですが，$V_{IN}$ピン（$V_{MAX}$ = 60V）への保護が必要になります．$Q_1$と30Vツェナー・ダイオードはすべてのライン条件下で許容可能なレベルに$V_{IN}$電圧を落とし，この目的を果たします．

ここでは，インダクタの"トップ"はグラウンドにあり，LT1072のグラウンド・ピンは-Vにあります．フィードバック・ピンはグラウンド・ピンを基準にして検出するため，5V出力からのレベル・シフトが必要になります．$Q_2$がこの目的を果たし，-2mV/℃内のドリフトに収めます．これは通常のロジック電源では特に問題ではありません．図4.38にオプションとして示した適切にスケーリングされたダイオードと抵抗で補償することができます．

周波数補償は$V_C$ピンで$RC$ダンパを使用しています．68Vのツェナーはクランプ用に設計されたタイプで，LT1072（$V_{SW}$の最大電圧は75V）の損傷を保護するために過度のライン・トランジェントを吸収します．

図4.39は$V_{SW}$ピンでの動作波形を示したものです．波形Aは電圧，波形Bは電流です．スイッチングは，よく制御された波形で歯切れの良いものです．この回路の大電流バージョンは，LTCのアプリケーション・ノート25 "Switching Regulators For Poets" に載っています．

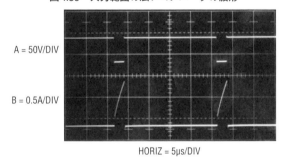

図4.39 入力範囲の広いコンバータの波形

● 3.5V～35V入力から-5Vへのコンバータ

図4.40のアプローチも広い入力範囲をもっています．この場合は-5Vまたは5V出力（破線内に示す）のいずれかを生成します．この回路は図4.11の基本的なフライバック・トポロジーを拡張したものです．結合インダクタは，降圧，昇圧，または昇降圧コンバータの選択を可能にします．この回路は35V入力まで可能で，バッテリ・アプリケーションにおける3.5V入力まで動作させることができます．

図4.41はこの回路の動作波形を示しています．$V_{SW}$（波形A）が"オン"の間に，電流は1次巻き線（波形B）

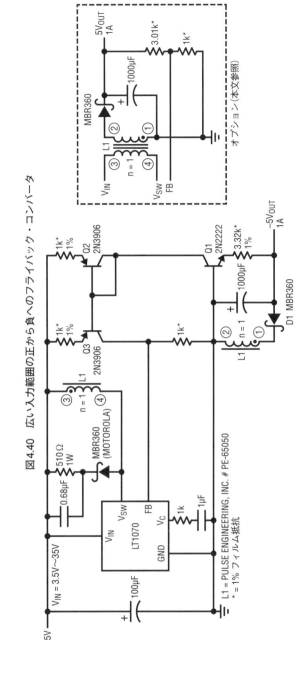

図4.40 広い入力範囲の正から負へのフライバック・コンバータ

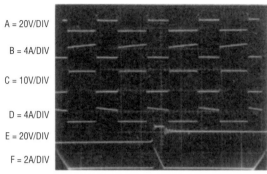

図4.41 広い入力範囲の正から-5V出力へのフライバック・コンバータの波形

を流れます．キャッチ・ダイオード$D_1$が逆バイアスされているので，電流は2次側に転送されません．エネルギーは磁場に格納されます．スイッチがターン"オフ"にされたときに$D_1$は順方向バイアスされ，エネルギーが2次巻き線に転送されます．波形Cは2次側における電圧，波形Dはそこを流れる電流です．これは理想トランスではないので，1次巻き線のエネルギーのす

べてが2次側に結合されるわけではありません．1次巻き線に残されたエネルギーは$V_{SW}$ピン（波形E）に見られる過電圧スパイクを発生させます．この現象は漏れインダクタンス項によってモデル化され，1次巻き線と直列に配置されます．スイッチがターン"オフ"されたときに電流はインダクタ中に流れ続け，スナバ・ダイオードを導通させます（波形F）．インダクタがそのエネルギーを失うとスナバ・ダイオード電流はゼロになります．スナバは電圧スパイクをクランプします．スナバ・ダイオード電流がゼロに達したとき，$V_{SW}$ピンの電圧は巻き数比，出力電圧，および入力電圧に関連した電位になります[注4]．

フィードバック・ピンはグラウンドに対して検出しますので，それゆえに$Q_1$～$Q_3$により-5V出力からレベル・シフトをします．$Q_1$が回路に-2mV/℃のドリフトをもたらします．この効果は図4.38に示したような回路によって補償することができます．ライン安定度は$Q_3$の出力インピーダンスに起因して低下します．これが問題ならば，レベル・シフトにオペアンプを使用しなければなりません（AN19，図29を参照のこと）．

● 広い入力範囲の正の降圧コンバータ

図4.42は正の降圧コンバータのもう一つの例です．これは図4.32に比べて簡単な同期スイッチ降圧バージョンです．しかし，効率は高くありません（図4.34を参照）．PMOSトランジスタがダーリントンPNPト

---

注4：アプリケーション・ノート19 "LT1070 Design Manual"，25ページ．

図4.42 正の降圧コンバータ

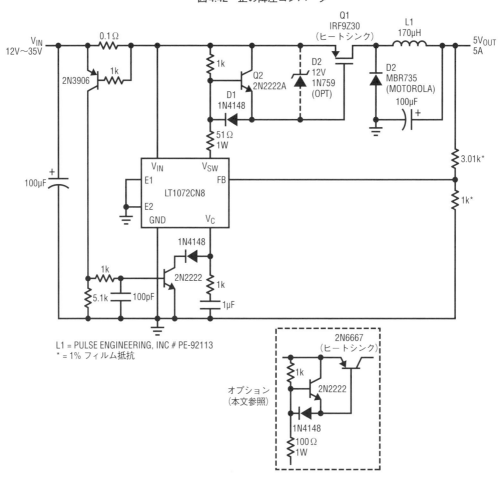

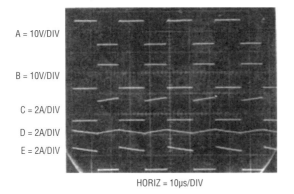

図4.43a 広い入力範囲の正の降圧コンバータの波形（連続モード）

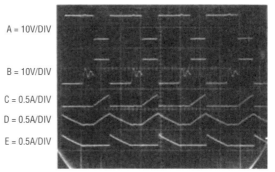

図4.43b 広い入力範囲の正の降圧コンバータの波形（不連続モード）

ランジスタに置き換えられた場合（破線内に示す），効率はさらに低下します．

図4.43aはこの回路の動作波形を示しています．パ

ス・トランジスタ（$Q_1$）の駆動方式は図4.32に示したものと同様です．$V_{SW}$（波形A）が"オン"の時間中に，パス・トランジスタのゲートは$D_1$を介してプルダウン

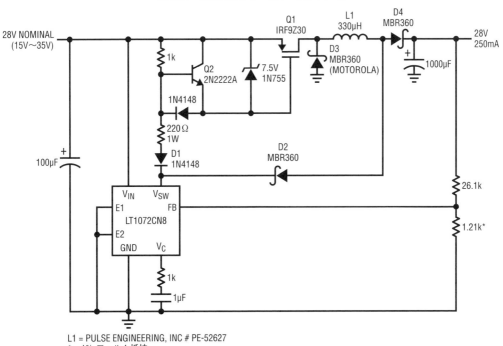

図4.44 正のバックブースト・コンバータ

されます．これはQ₁を飽和させます．波形BはQ₁のドレインに見られる電圧で，波形CはQ₁を通過する電流です．電源電流はインダクタ（波形D）を介して負荷に流れます．この間はエネルギーがインダクタに蓄積されます．電圧がインダクタに印加されたとき，電流は瞬時には上昇しません．磁界が徐々に上昇するように，電流も徐々に上昇します．これはインダクタ電流の波形（波形D）に見られます．$V_{SW}$ ピンが"オフ"のとき，Q₂は導通可能になりQ₁をオフにします．もはやQ₁を通じて電流を流すことはできず，代わりにD₂が導通（波形E）します．この期間中，インダクタに蓄えられていたエネルギーの一部が負荷に伝達されます．電流はインダクタにエネルギーが存在するかぎり，そこから発生します．これは図4.43aに見ることができます．これは，連続モード動作として知られています．もしインダクタが完全に放電されていると，電流は発生しません（図4.43b参照）．これが起きたときは，Q₁とD₂のどちらのスイッチも導通していません．インダクタはショートのようになり，D₂のカソードの電圧は出力電圧に静定するように見えます．これらの"ピョン"は図4.43bの波形Bに見ることができます．これは不連続モード動作として知られています．高い入力電圧はゲート-ソース間のツェナーD₂でクランプすることにより可能です．400mWツェナーの電流は50Ωの値で再調整しなければなりません．最大ゲート-ソース間電圧は20Vです．回路は35V入力まで機能します．35Vを超える入力に対しては，すべての半導体のブレークダウン電圧を考慮しなければなりません．

● バックブースト・コンバータ

バックブースト・トポロジーは，入力電圧が出力よりも高くなったり低くなったりするようなときに有用です．図4.44の例において，これは図4.40（オプション）のようなトランスの代わりに単一のインダクタを用いて達成しています．しかし，入力電圧範囲の下限は15Vまでで，上限は35Vまでです．もしLT1072の最大1.25Aのスイッチ定格を超えるなら，代わりにLT1071またはLT1070を使ってください．高い電力レベルでは，パッケージの熱特性を考慮してください．

回路の動作は図4.42に示した正の降圧コンバータに似ています．パス・トランジスタのゲート・ドライブは，ゲート-ソース間電圧がクランプされることを除いて同じ方法によります．ゲート-ソース間の最大電圧定格は±20Vということを思い出してください．図4.45

に動作波形を示します．$V_{SW}$ピンが"オン"のとき（波形A），パス・トランジスタ$Q_1$は飽和しています．ゲート電圧（波形B）は，ツェナー・ダイオードによってクランプされます．波形Cは$Q_1$のドレイン電圧で，波形Dは$Q_1$を流れる電流です．ここが二つの回路の類似性がなくなるところになります．インダクタが出力（図4.42を参照）に接続される代わりに，ダイオード$D_2$のドロップ電圧以内のグラウンドレベルに接続されます．この場合，インダクタには$V_{BE}$と飽和損失を除いた入力電圧が印加されます．$D_4$は逆バイアスされ，出力コンデンサから$V_{SW}$ピンに放電することを防ぎます．$V_{SW}$ピンが"オフ"したとき，$Q_1$と$D_2$は導通を終えます．インダクタの電流（波形E）は流れ続けるので，$D_3$と$D_4$は順方向バイアスされてインダクタのエネルギーが負荷に伝送されます．波形Fは$D_3$を流れる電流です．また，もし回路が降圧モードで動作していれば$D_2$は$Q_1$のオンを維持します．一方$D_1$は，ブースト・モードで動作するときに，ゲート駆動回路に流入する電流をブロックします．

● 広い入力範囲のスイッチング式前置安定化リニア・レギュレータ

ある意味において，リニア・レギュレータは非常に広い範囲のDC/DCコンバータと考えることができます．これらは，スイッチング・レギュレータが入出力の範囲変動で遭遇するダイナミックな問題に直面しません．余剰エネルギーは単純に熱で消費されます．このエレガントで単純なエネルギー管理メカニズムは，効率と温度上昇という対価を支払います．図4.46は，リニア・レギュレータで入出力条件が広く変化するハイパワーを効率的に制御する方法を示しています．

レギュレータは，レギュレータ両端の電圧をサーボ制御するスイッチモード・ループ内に配置されます．この配置においてレギュレータは，スイッチ・モード制御ループが入力電圧，負荷，出力電圧の設定変更に関係なく，レギュレータの入力電圧を最少に維持してくれるので，正常に機能します．このアプローチは古典的なスイッチング・レギュレータのように効率は良くありませんが，低いノイズとリニア・レギュレータの高速トランジェント応答を提供します．LT1083は従来の方法で機能し，7.5A容量の安定化出力を供給しま

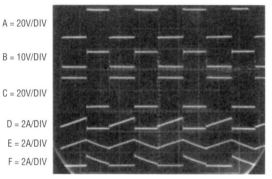

図4.45　正のバックブースト・コンバータの波形

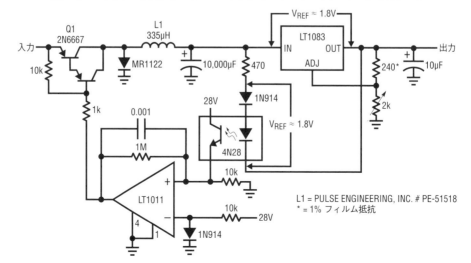

図4.46　スイッチング式プリレギュレータによるハイパワーのリニア・レギュレータ

図4.48 さまざまな動作点における図4.46の出力電流対効率

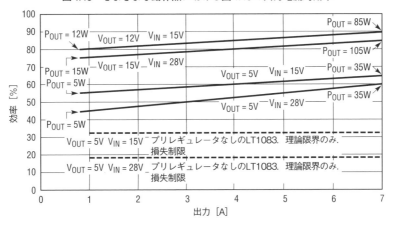

図4.47 スイッチング式プリ安定化リニア・レギュレータの波形

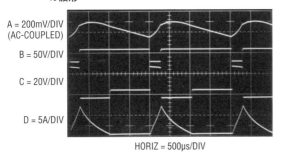

す．残りの部品はスイッチモード損失制限制御を形成しています．このループはLT1083の両端の電位を$V_{REF}$の1.8Vの値に等しくなるように制御します．フォトカプラはLT1083入出力間の差動電圧をシングルエンド化する便利な方法を与えます．レギュレータの入力電圧（図4.47の波形A）が低下すると，LT1011の出力（波形B）がLowにスイッチし，$Q_1$をオンにします（$Q_1$コレクタは波形C）．これにより回路入力からの電流を10,000μFのコンデンサに流し（波形D），レギュレータの入力電圧を上げます．

レギュレータの入力が十分に上昇したとき，コンパレータはHighになり，$Q_1$を遮断してコンデンサの充電を止めます．MR1122は電流制限インダクタのフライバック・スパイクをダンプします．0.001μF-1MΩの組み合わせでループ・ヒステリシスを100m$V_{P-P}$付近に設定します．このフリー・ラン発振制御モードは，性能を維持しながらレギュレータの損失を大幅に減少させます．入力電圧の変化や出力電圧設定，負荷変動にも関わらず，ループは常にレギュレータの最小損失を実現します．

図4.48は，さまざまな動作における効率をプロットしています．ジャンクション損失やLT1083の入出力差1.8Vは高い出力電圧のときは比較的小さいため，良い効率を示しています．低い出力電圧では良くありませんが，前置レギュレータなしのLT1083の理論的データと比較すれば遜色ありません．さらに高い理論的な損失レベルでは，LT1083は実用的な動作を止めてシャットダウンします．

# 高電圧コンバータ

## ● 1000V出力非絶縁の高電圧コンバータ

光電子増倍管，イオン発生器，ガスベースの検出器，イメージ増倍管やその他のアプリケーションは高電圧を必要とします．コンバータはこれらの電位を頻繁に供給しています．一般に，高電圧での限界はトランスの絶縁破壊です．ほとんどいつも変圧器が使用されるのは，単純なインダクタでは半導体スイッチに過度の電圧を与えるからです．図4.49の回路は，図4.11の基本的なフライバック構成を連想させますが，15Vから1000Vへのコンバータです．LT1072はフィードバック・ピン（FB）電圧が1.23V（内部リファレンス電圧）になるよう$L_1$へのフライバック・エネルギーを調整することで出力を制御します．この例において，ループ補償は$V_C$ピンのコンデンサによってかなりオーバーダンプされています．$L_1$のスナバは$V_{SW}$ピンの75V定格内にフライバック・スパイクを制限します．

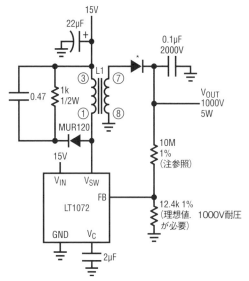

図4.49 非絶縁の15Vから1000Vへのコンバータ

L1 = PULSE ENGINEERING, INC. # PE-6197
10M = MAX-750-22 VICTOREEN, INC.
* = SEMTEC, FM-50

● 完全フローティングの1000V出力コンバータ

図4.50は図4.49に似ていますが，完全なフローティング出力を備えています．この規定はシステム・グラウンドを基準にしない出力なので，しばしばノイズまたはバイアス方法に対して望ましいものです．基本ループの作用は前述と同様で，LT1072の内部エラー・アンプとリファレンスが電気的に絶縁された等価的なものに置換されています．これらの部品に対するパワーは，ソース・フォロワ$Q_1$と2.2MΩのバラスト抵抗を介して出力からブートストラップされます．マイクロパワー部品である$A_1$とLT1004は，$Q_1$とバラストでの損失を少なくします．出力分圧器からタップされた$Q_1$のゲート・バイアスにより，ソースには約15Vの電源を生成します．$A_1$は，LT1004のリファレンスとスケーリングした分圧器の出力を比較します．$A_1$の出力は誤差信号で，フォトカプラを駆動します．その駆動電流はパワーを節約するために低く維持されています．フォトカプラ出力は$V_C$ピンをプルダウンし，ループを閉じます．$V_C$ピンの周波数補償と$A_1$がループを安定化させます．

トランス絶縁された2次側と光フィードバックにより，完全に電気的フローティングの安定化出力を生成します．2000Vのコモンモード電圧が許容されます．

● コモンモード電圧20,000Vのブレークダウン・コンバータ

図4.50のコモンモードのブレークダウン値は，トランスとフォトカプラの限界によって決まります．アイソレーション・アンプ，高いコモンモード電圧におけるトランスデューサ測定（例えば，電力会社のトランスの巻き線温度とESDに敏感なアプリケーション）では，高いブレークダウンが必要です．さらに加えて，高インピーダンス・ブリッジに対するシグナル・コンディショニングのように，非常に正確なフローティング測定では，グラウンドに対して非常に低いリーケージが必要とされます．

最小のリーケージを有しながら高いコモンモード電圧能力を実現するためには異なったアプローチが必要です．磁気部品の使用が通常，電気エネルギーの絶縁伝送に対して唯一の方法として考えられています．しかしトランスは，音響領域において使用可能です．一部のセラミック材料は電気的絶縁した状態で電気エネルギーを伝送します．従来の磁気トランスは，電気的絶縁に対して磁気領域を用いて電気-磁気-電気ベースで動作します．音響トランスは絶縁するために音響路を使用しています．セラミックスに関連する高い電圧ブレークダウンと低い電気伝導率は，磁気的なアプローチによるアイソレーション特性に勝ります．加えて，音響トランスは簡単です．セラミック材料の両端部に接着した一対のリードでデバイスを形成します．絶縁抵抗は$10^{12}$Ωを超え，1次-2次間の容量は1pF～2pFです．材料と物理的な構成が共振周波数を決定します．デバイスは水晶振動子と同様の高Q共振器として考えることができます．したがって，駆動回路は広帯域利得素子による正帰還ループでデバイスを励起します．水晶とは異なり，駆動回路はセラミックに実質的な電流を通過させ，トランスへのパワーを最大にするようにアレンジされます．

図4.51において，圧電セラミック・トランスはLT1011コンパレータの正帰還ループ中にあります．$Q_1$は，LT1011のオープン・コレクタ出力に対してのアクティブ・プルアップになっています．2kΩ-0.002μFの経路は負入力にバイアスをかけます．正帰還はトランスに共振を生じさせ，発振が開始します（図4.52の波形Aは$Q_1$のエミッタ）．水晶振動子と同様に，トランスは重要な高調波とオーバートーン・モードを有します．100Ω-470pFのダンパはスプリアス振動と"モー

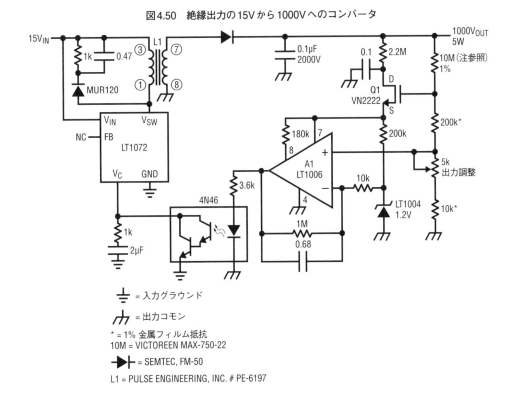

図4.50 絶縁出力の15Vから1000Vへのコンバータ

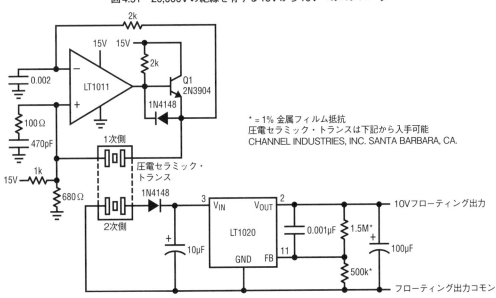

図4.51 20,000Vの絶縁を有する15Vから10Vへのコンバータ

ド・ホッピング"を抑制します．駆動電流（波形B）は正弦波に近く，遷移時にピークがあります．トランスは，そこを伝播する音響波にとって高い共振フィルタのように見えます．2次側電圧（波形C）は正弦波になります．さらに，トランスは電圧利得をもっています．ダイオードと$10\mu F$のコンデンサは2次電圧をDCに変換します．LT1020低静止電流レギュレータは安定化された10Vを出力します．回路の出力電流は数mAで

図4.52　20,000Vの絶縁コンバータの波形

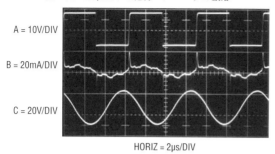

図4.53　基本的なスイッチト・キャパシタ・コンバータ

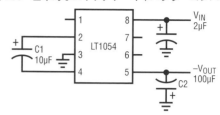

す．より大きな電流は，トランスの設計に配慮することで可能になります．

## スイッチト・キャパシタによるコンバータ

インダクタはエネルギーを蓄えることができるので，コンバータ中で使用されています．電気用語で表現すると，この蓄積された磁気エネルギーが解放されるのは，コンバータ動作の基礎です．インダクタは，電気用語で表現すれば，蓄積されたエネルギーを効率的に解放するための唯一の方法ではありません．コンデンサも上述のように電荷を蓄積し（ここですでに電荷量），DC/DC変換の基本として使用することができます．図4.53はスイッチト・キャパシタによるコンバータがどれだけ簡単かを示しています（スイッチト・キャパシタ・ベースのコンバータの基礎は，Appendix Bの「ス

イッチト・キャパシタ電圧コンバータ…それはどのように働くか」に紹介されている）．LT1054は$C_1$を充電するクロックを提供します．第2のクロック位相で$C_1$を$C_2$に向けて放電させます．内部のスイッチング動作により$C_1$が放電期間中に反転し，$C_2$に負の出力を発生させるようにアレンジされています．継続するクロックは$C_2$を$C_1$と同じ絶対値で充電します．ジャンクションと他の損失により理想的な結果にはなりませんが，性能はかなり良いものです．この回路は図4.54に示す損失をともなって$V_{IN}$を$-V_{OUT}$に変換します．外部に抵抗分圧器を追加することで，安定化出力が可能になります（Appendix Bを参照）．

いくつかのステアリング・ダイオードを追加することによって，この構成は逆向きの，すなわち負の入力を正の出力に効率的に変換します（図4.55）．図4.56の変形回路は6V入力から5Vと-5V出力の低ドロップアウトのリニア・レギュレータです．LT1020によるデュアル出力の安定化方式は図4.8から適用されています．図4.57は電圧ブーストを得るためにダイオード・ステアリングを使用し，$2V_{IN}$を得ます．図4.55の基本回路にブートストラップを用いて，5V入力から±12V出力へ変換する図4.58が得られます．予想されるように出力電流能力は電圧ゲインに関連しますが，25mAは供

図4.54　基本的なスイッチト・キャパシタ・コンバータの損失

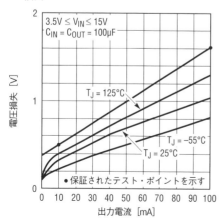

図4.55　スイッチト・キャパシタによる$-V_{IN}$から$+V_{OUT}$のコンバータ

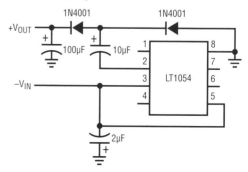

図4.56 スイッチト・キャパシタによる高電流の6Vから±5Vへのコンバータ

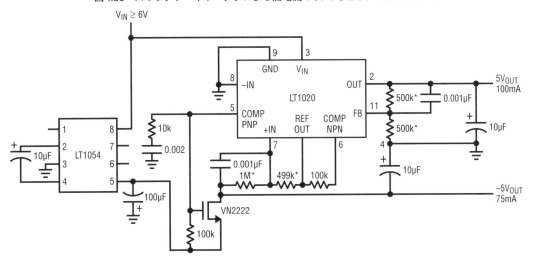

図4.57 スイッチト・キャパシタによる電圧ブースト・コンバータ

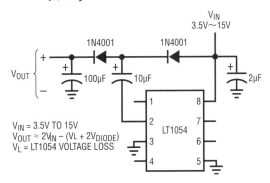

給可能です．図4.59はもう一つのブースト・コンバータで，6V入力から±7Vの安定化を得るために，図4.58（LT1026）の専用バージョンを採用しています．LT1026は6V入力から安定化されていない±11Vレールを生成し，LT1020と関連部品（再度図4.8より）が安定化を行います．電流とブースト能力は図4.58のレベルから低下しますが，安定度と簡素さは注目に値します．図4.60はLT1054のクロック駆動型スイッチ・キャパシタに古典的なダイオード倍電圧回路を組み合わせたもので，正と負の出力を生成します．無負荷時に±13Vが使用可能で，両方に10mAを供給すると±10Vに降

図4.58 スイッチト・キャパシタによる5Vから±12Vへのコンバータ

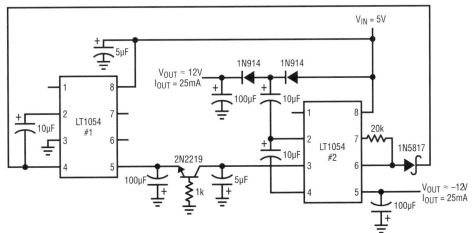

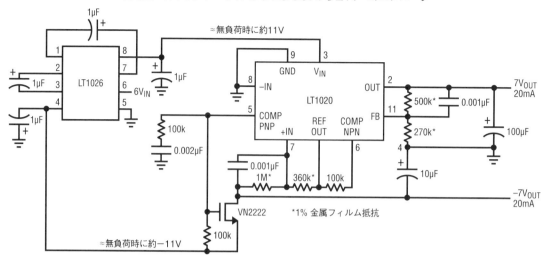

図4.59 スイッチト・キャパシタによる6Vから±7Vへのコンバータ

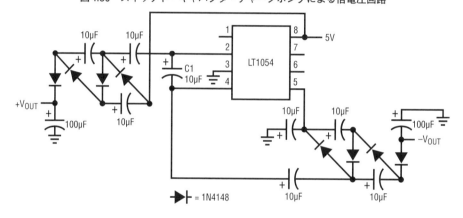

図4.60 スイッチト・キャパシタ・チャージポンプによる倍電圧回路

下します.

● **ハイパワーのスイッチト・キャパシタ・コンバータ**

図4.61は1Aの出力能力を有するハイパワー・スイッチト・キャパシタ・コンバータを示しています. ディスクリート・デバイスにより, ハイパワー動作を可能にします.

この回路では, LTC1043スイッチト・キャパシタが, $Q_1 \sim Q_4$のパワーMOSFETをノンオーバーラップ波形でコンプリメンタリ駆動します. コンデンサ$C_1$と$C_2$が交互に直列/並列につながるように, MOSFETが接続されています. 直列接続の間, 12V電源からの電流は両方のコンデンサに流れて充電し, また負荷への電流

を担います. 並列接続の間, 両方のコンデンサから負荷へ電流を流します. 図4.62の波形AとBは, それぞれLTC1043による$Q_3$と$Q_4$の駆動波形です. $Q_1$と$Q_2$はピン3とピン11によって同様に駆動されます. ノンオーバーラップ動作が確実になるようにゲート部分のダイオードと抵抗が働き, 直並列スイッチが同時に駆動されるのを防止します. 通常, 出力は電源電圧の半分になりますが, コンパレータ$C_1$とその関連の部品がフィードバック・ループを構成していて, 出力が5Vになるように制御します. 回路が直列接続の間, 出力(波形C)は急速に正側に上昇します. 出力が5Vを越えると, $C_1$がトリップしてLTC1043の発振器のピンをHighにします(波形D). これによって, LTC1043の三角波の発振サイクルが途中で終了します. 回路は並

図4.61 ハイパワーのスイッチト・キャパシタ・コンバータ

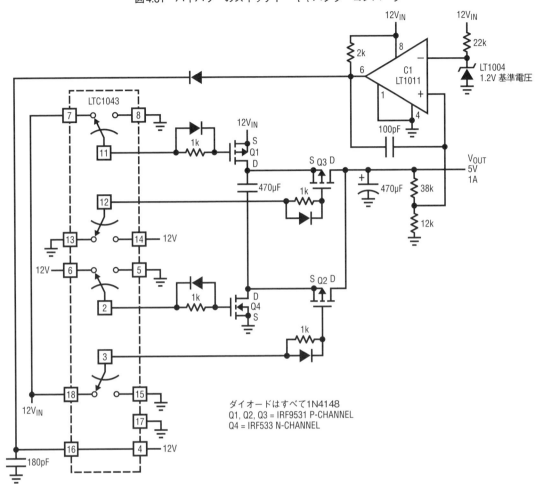

ダイオードはすべて1N4148
Q1, Q2, Q3 = IRF9531 P-CHANNEL
Q4 = IRF533 N-CHANNEL

図4.62 図4.61の波形

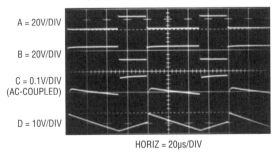

列接続に移行して，出力は次のLTC1043のクロック・サイクルが開始するまで，ゆっくりと下がっていきます．$C_1$出力のダイオードにより，三角波の下降スロープは影響を受けません．また100pFのコンデンサにより遷移を高速化しています．

このような帰還動作により，直列接続時のターンオフのタイミングを制御することで出力を5Vに安定化しています．この回路は大型のスイッチ・キャパシタ式の分圧器を構成していて，その分圧動作はコントロールされていて各サイクルは100％完了しないようになっています．パワーMOSFETは大きな過渡電流を扱うことができて，全体の効率は83％が得られています．

◆ 参考文献 ◆

(1) Williams, J., "Conversion Techniques Adopt Voltages to your Needs, " EDN, November 10, 1982, p. 155.
(2) Williams, J., "Design DC/DC Converters to Catch Noise at the Source, " Electronic Design, October 15, 1981, p. 229.
(3) Nelson, C., "LT1070 Design Manual, " Linear Technology Corporation, Application Note 19.
(4) Williams, J., "Switching Regulators for Poets, " Linear

Technology Corporation, Application Note 25.
(5) Williams, J., "Power Conditioning Techniques for Batteries, " Linear Technology Corporation, Application Note 8.
(6) Tektronix, Inc., CRT Circuit, Type 453 Operating Manual, p.316.
(7) Pressman, A. I., "Switching and Linear Power Supply, Power Converter Design, " Hayden Book Co., Hasbrouck Heights, New Jersey, 1977, ISBN 0-8104-5847-0.
(8) Chryssis, G., "High Frequency Switching Power Supplies, Theory and Design, " McGraw Hill, New York, 1984, ISBN 0-07-010949-4.
(9) Sheehan, D., "Determine Noise of DC/DC Converters, " Electronic Design, September 27, 1973.
(10) Bright, Pittman, and Royer, "Transistors as On-Off Switches in Saturable Core Circuits, " Electronic Manufacturing, October, 1954

## Appendix A　5Vから±15Vへのコンバータ … 特殊な場合

　5Vのロジック電源は20年以上前にDTLロジックが導入されて以来のスタンダードになっています．DTLの幼年期に先行および並行して，モジュール・アンプは±15Vレールで標準化していました．それにしたがって，ポピュラーな初期のモノリシック・アンプも±15Vレールで稼働していました（アンプ電源についての歴史観はAN11の付加セクション"Linear Power Supplies − Past, Present and Future"に記載されている）．5V電源はディジタルICに利点となるプロセス，スピード，密度を提供しました．±15Vレールはアナログ部品に広い信号処理範囲を提供しました．これらの異なったニーズは，アナログ/ディジタル混合システムに対して5Vと±15Vの電源仕様を規定しました．大型アナログ部品を集めたシステムにおいては，±15V電源は昔も今も通常はACラインから導かれています．そのようなラインから導かれた±15V電源は，優勢となったディジタル・システムでは明らかに望ましいものでなくなりました．大部分がディジタル・システムの中にアナログ・レールを分配する不便さ，難しさ，コストは，局所電源を魅力的にしました．5Vから±15VのDC/DCコンバータはこのニーズを満たすために開発され，5Vロジックと同じくらい長く使用されています．

　図4.A1は代表的なコンバータの概念図です．5V入力は，トランジスタ，トランス，バイアス網からなる自励発振回路を構成しています．トランジスタは逆位相で導通し（**図4.A2**の波形AとCは$Q_1$のコレクタとベース，波形BとDは$Q_2$のコレクタとベース），スイッチングのたびにトランスが飽和します(注5)．トランスの飽和は急激な電流上昇を起こします（波形E）．この電

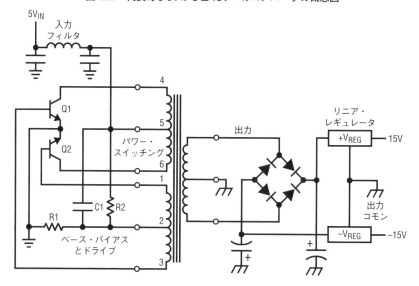

図4.A1　代表的な5Vから±15Vへのコンバータの概念図

## Appendix A　5Vから±15Vへのコンバータ … 特殊な場合

図4.A2　代表的な5Vから±15Vへの飽和型コンバータの波形

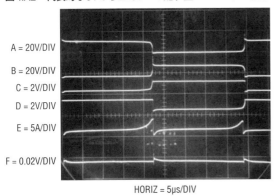

図4.A3　飽和型コンバータのスイッチングの詳細

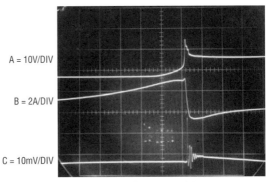

流スパイクは，ベース駆動巻き線によってピックアップされ，トランジスタをスイッチします．トランス電流が急激に降下し，再びスイッチングを強制する飽和までゆっくり上昇します．この交互動作はトランジスタのデューティ・サイクルを50％に設定します．トランスの2次側は整流され，フィルタリングされて安定化出力になります．

この構成は多くの望ましい特徴を備えています．コンプリメンタリな高い周波数（通常20kHz）の矩形波駆動は，トランスを効率的に利用するので，比較的小さなフィルタ・コンデンサが使用可能です．自励発振する1次側ドライブは過負荷で崩れる傾向があるので，望ましい短絡特性を提供します．トランジスタは飽和モードでスイッチし，効率を助けます．トランスが意図的な飽和を行うことを組み合わせたこのハード・スイッチングは，欠点ももっています．飽和期間中，非常に高い周波数の電流スパイクが発生します（再び波形E）．このスパイクはコンバータ出力に現れるノイズの原因となります（波形FはAC結合での15V出力）．加えて，5V電源からかなりの電流を引き込みます．コンバータ入力フィルタは部分的にトランジェントを滑らかにしますが，5V電源は通常ノイズが大きいので，外乱は問題ありません．出力でのスパイクは，一般的に20mVの高さで，これは深刻な問題になります．図4.A3は，図4.A2の波形B，E，Fの時間と振幅を拡大したものです．それは，トランス電流（図4.A3の波形B），トランジスタのコレクタ電圧（図4.A3の波形A），出力スパイク（図4.A3の波形C）との間の関係を明らかに示しています．トランスの電流が上昇すると，トランジスタは飽和状態からの脱出を始めます．電流が十分に高く上昇したときに回路はスイッチし，特有のノイズ・スパイクを引き起こします．この状態は別のトランジスタの同時スイッチングによって悪化し，変圧器の両端で同時にグラウンドに導通する電流を生じさせます．

トランジスタ，出力フィルタ，他の技術の選択によってスパイク振幅を小さくすることができますが，コンバータ本来の動作によって出力にノイズが出ます．

このノイズの大きい動作は高精度なアナログ・システムでの困難を引き起こします．高い高調波スパイク周波数におけるICの電源除去比は低く，アナログ・システムの誤差が頻繁に生じます．12ビットSAR型A/Dコンバータは，そのようなスパイク・ノイズが問題を引き起こす良い事例です．スイッチト・キャパシタ・フィルタとチョッパ・アンプのようなサンプリング・データICは，多くの場合でスパイク問題に起因する誤差を示します．"単純な"直流回路は，現実にスパイクがDCシフトになりすます問題を引き起こし，不可解な"不安定性"を示します．

駆動方式は，高い静止電流に影響します．ベース・バイアスは常にフルドライブを供給し，重い負荷の下でトランジスタの飽和を確実にしますが，軽い負荷においては電力を浪費します．適応バイアス方式はこの問題を軽減しますが，複雑さを増し，このタイプのコンバータにはほとんど登場しません．

しかしノイズの問題は，5Vから±15Vへの変換というアプローチのおもな欠点になります．慎重な設計，レイアウト，フィルタリング，シールディング（放射

---

注5：このタイプのコンバータは，本来ロイヤーらによって解説されたもので，参考文献を参照のこと．

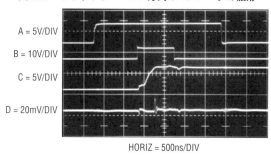

図4.A4 オーバーラップ・パルス・ジェネレータはノイズ・スパイクの周りに"ブラケット・パルス"を提供する

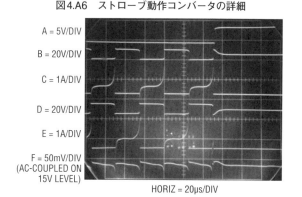

図4.A5 ブラケット・パルス方式のコンバータの波形

図4.A6 ストローブ動作コンバータの詳細

ノイズ対策)によりノイズは低減できますが,それを無くすことはできません.

いくつかの技術により,コンバータのノイズの問題を助けることができます.図4.A4は"ブラケット・パルス"を使用していて,ノイズ・パルスが生じようとするときに電源を使用するシステムに警告を与えます.表面上,ノイズに敏感な動作はブラケット・パルス期間の間には実行されません.ブラケット・パルス(図4.A5の波形A)は,フリップフロップをトリガ(波形B)する遅延パルス発生器を駆動します.フリップフロップの出力はスイッチング・トランジスタをバイアスします($Q_1$コレクタは波形C).出力ノイズ・スパイク(波形D)は,ブラケット・パルス期間内で生じます.クロックされた動作はトランスの飽和を防止することができ,いくつかの付加的なノイズ低減を提供します.この方式はうまく動作しますが,電源を使用するシステム側がクリティカルな処理ができないような周期的なインターバルを許容することを前提としています.

図4.A6では条件が変わっています.ここで,ホスト・システムは低いノイズが要求されたときにコンバータを静かにさせます.波形BとCは一つのトランジスタのベース電圧とコレクタ電流,波形DとEは別のトランジスタの波形を示しています.コレクタのピーキングは飽和コンバータ動作での特徴です.出力ノイズは波形Fに示されています.波形Aのパルスはコンバータのベース・バイアスをオフにし,スイッチングを停止します.これは,ちょうど6番目の縦目盛りをすぎたところで生じています.スイッチングしていないとき,出力のリニア・レギュレータはフィルタ・コンデンサの純粋なDCを受け取りノイズは消滅します.

このアレンジメントもまたうまく働きますが,制御パルスがシステムによって便利に発生できることを前提にしています.低ノイズ期間の間にパワーを供給する大きなフィルタ・コンデンサも必要になります.

他にもクロック同期,タイミング・スキューイングがあり,敏感な動作からノイズ・スパイクを防ぐような回路もあります.それらは有用ではありますが,本文に示したような本質的にノイズのないコンバータのもつ柔軟性を提供してはくれません.

# Appendix B スイッチト・キャパシタ電圧コンバータ…それはどのように働くか

スイッチト・キャパシタ・コンバータの動作理論を理解するためには,基本的なスイッチト・キャパシタ・ビルディングブロックの復習が役に立ちます.

図4.B1において,スイッチが左側にあるとき,コンデンサ$C_1$は電圧$V_1$により充電されます.$C_1$のトータル電荷は$Q_1 = C_1 V_1$となるでしょう.次にスイッチは右側に移動し,電圧$V_2$に$C_1$を放電します.この放電時間の後,$C_1$の電荷は$Q_2 = C_1 V_2$となります.電荷はソースの$V_1$から出力の$V_2$に転送されました.転送された電荷の量は下式のとおりです.

$$Q = Q_1 - Q_2 = C_1 (V_1 - V_2)$$

もしスイッチが毎秒$f$回循環したら,単位時間当たりの電荷転送(すなわち電流)は下式のとおりです.

$$1 = f \cdot Q = f \cdot C_1 (V_1 - V_2)$$

スイッチト・キャパシタネットワークに対する等価抵抗を得るために,電圧とインピーダンスの等価性によって,この式を書き換えることができます.

$$1 = \frac{V_1 - V_2}{\frac{1}{fC_1}} = \frac{V_1 - V_2}{R_{EQUIV}}$$

新しい変数$R_{EQUIV}$は,$R_{EQUIV} = 1/fC_1$として定義されます.したがって,スイッチト・キャパシタネットワークに対する等価回路は図4.B2に示すようになります.LT1054および他のスイッチト・キャパシタ・コンバータは基本的なスイッチト・キャパシタ・ビルディングブロックと同じスイッチング動作を行います.この単純化にはスイッチのもつ有限のオン抵抗と出力電圧リプルが含まれていませんが,それはデバイスがどのように動作するかの直感的な理解を提供します.

これらの単純化回路は電圧損失が周波数の関数として表せることを示しています.周波数が減少するにつれて,出力インピーダンスは最終的に$1/fC_1$項によって支配されるようになり電圧損失が上昇します.

損失はまた周波数が高くなるとともに上昇することに注意してください.これは,各スイッチング・サイクルで失われる有限電荷が原因で生じる内部スイッチング損失によって引き起こされます.この1サイクル当たりの電荷損失に,スイッチング周波数を掛け算すると,電流損失になります.高い周波数においてはこの損失が顕著になり,電圧損失は再び上昇します.

実用的なコンバータの発振器は電圧損失が最小になるような周波数帯域で稼働するように設計されます.図4.B3にLT1054スイッチト・キャパシタ・コンバータのブロック図を示します.

LT1054は,モノリシック,バイポーラ,スイッチト・キャパシタ電圧コンバータおよびレギュレータです.それは従来から入手可能だったコンバータより高い出力電流をかなり低い電圧損失で提供します.適応スイッチ駆動方式は,出力電流の広い範囲にわたって効率を最適化します.100mAの出力電流における全電圧損失は通常1.1Vです.これは3.5V~15Vの入力電圧範囲のすべてにわたって保証されます.静止電流は通常2.5mAです.

LT1054は安定化も提供します.外部に抵抗分圧器を追加することによって,安定化出力を得ることができます.出力は入力電圧と出力電流の変化に対して安定化されます.また,LT1054はフィードバック・ピンをグラウンドすることでシャットダウンできます.シャットダウン時の供給電流は$100\mu$A以下です.

LT1054の内部発振器は25kHzの公称周波数で動作します.オシレータ・ピンはスイッチング周波数を調整するため,またはLT1054を外部同期するために使用することができます.

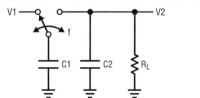

図4.B1 スイッチト・キャパシタ・ビルディングブロック

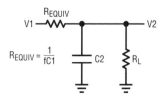

図4.B2 スイッチト・キャパシタの等価回路

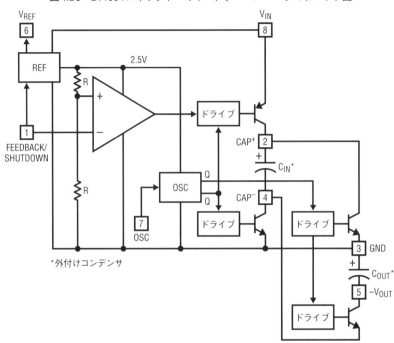

図4.B3 LT1054スイッチト・キャパシタ・コンバータのブロック図

# Appendix C　LT1070の生理学

　LT1070は電流モード・スイッチャです．これはスイッチのデューティ・サイクルが出力電圧によってよりも，スイッチ電流によって直接制御されることを意味します．図4.C1を参照すると，スイッチは各発振サイクルの開始時にオンします．スイッチ電流が所定のレベルに達するとオフします．出力電圧の制御は，電流のトリップ・レベルを設定する電圧センス誤差アンプの出力を使用することで行われます．この技術はいくつかの利点を有します．最初に，それは入力電圧の変動にすぐに応答します．非常に遅いラインのトランジェント応答を有する通常のスイッチとは異なります．第二に，それは中間的な周波数においてエネルギー蓄積インダクタ中で90°位相シフトを減少させます．これは，広く変化する入力電圧または出力負荷条件下での閉ループ周波数補償を単純化します．最後に，出力過負荷または短絡状態下で最強のスイッチ保護を提供する単純なパルス毎の電流制限を可能にします．低ドロップアウトの内部レギュレータはLT1070のすべての内部回路に対して2.3V電源を供給します．この低ドロップアウト設計は，デバイスの性能をほとんど変化させずに，3V～60Vに変化する入力電圧に対応します．40kHzの発振器はすべての内部タイミングの基本クロックです．これはロジックとドライバ回路を介して出力スイッチをターンオンします．特別な適応型アンチ飽和回路（ANTI-SAT）は，パワー・スイッチの飽和開始を検出し，スイッチの飽和を制限するために瞬時にドライバ電流を調整します．これによりドライバの損失を最小化し，スイッチの迅速なターンオフを提供します．

　1.2Vのバンドギャップリファレンスが誤差アンプの正入力にバイアスをかけます．負入力は出力電圧検出のために引き出されています．このフィードバック・ピンは第二の機能を有します．それは，外付け抵抗を用いてLowにプルダウンしたとき，メイン誤差アンプ出力を切断してコンパレータ入力にフライバック・アンプの出力を接続するようにLT1070を設定します．するとLT1070は電源電圧に対してフライバック・パルスの値を安定化するように動作します．このフライバック・パルスは，従来のトランス結合されたフライバック式レギュレータの出力電圧と直接に比例します．

フライバック・パルスの振幅を安定化することにより，入力と出力の間の接続なしで出力電圧を安定化することができます．出力はトランスの巻き線の絶縁破壊電圧まで完全フローティングになっています．巻き線を追加するだけで複数のフローティング出力を簡単に得られます．LT1070内部の特別な遅延ネットワークは，出力安定度を改善するためにフライバック・パルスの立ち上がりエッジにおける漏れインダクタンス・スパイクを無視します．

コンパレータ入力に生じた誤差信号は外部に引き出されています．このピン（$V_C$）は4つの異なった機能を備えています．周波数補償，電流制限調整，ソフト・スタート機能とレギュレータのシャットダウン用として使用されます．通常のレギュレータ動作中，このピンは0.9V（低い出力電流）と2.0V（高い出力電流）の間の電圧に留まります．誤差増幅器は電流出力（$g_m$）型なので，この電圧は電流制限値を調整するために外部でクランプすることができます．同様に，コンデンサ結合された外部クランプはソフト・スタートを提供します．スイッチのデューティ・サイクルは，$V_C$ピンをダイオードを介してグラウンドにプルダウンするとゼロになり，LT1070はアイドル・モードになります．$V_C$ピンを0.15V以下にすると，わずか50μAのシャットダウン回路のバイアス電流を残してレギュレータがシャットダウンします．詳細については，リニアテクノロジーのアプリケーション・ノート19，4～8ページを参照ください．

図4.C1　LT1070内部の詳細

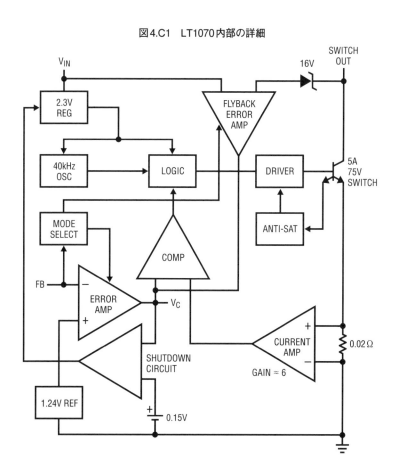

# Appendix D　フライバック・コンバータのためのインダクタの選択

DC/DCコンバータ設計で共通する問題はインダクタであり，最も一般的な難しさは飽和にあります．インダクタは大きな磁束に耐えられなくなったときに飽和します．インダクタが飽和状態に至ると，抵抗性が大きくなり誘導性は小さくなり始めます．これらの条件下において，電流はインダクタのDC抵抗と電源容量によってのみ制限されます．これが，飽和がしばしば破壊的な障害を引き起こす理由です．

飽和は最大の関心事ですが，コスト，発熱，サイズ，利用性，所望の性能もまた重要です．電磁気理論は，これらの問題に適用できますが，特に専門外の方には混乱を与えるでしょう．

実際のところ，実証的なアプローチがインダクタの選択に対処するためには良い方法になります．これは，究極のシミュレータであるブレッドボードを使用することで，実際の回路動作条件下でリアルタイム分析を可能にします．望むのであれば，実験結果の確認や拡張のためにインダクタの設計理論を使用します．

図4.D1は，LT1070スイッチング・レギュレータを利用した一般的な昇圧コンバータを示しています．単純なアプローチが適切なインダクタを決めるために使用できるかもしれません．非常に有用なツールは図4.D2に示す#845のインダクタ・キットです[注6]．このキットは，図4.D1のようなテスト回路での評価に際して広い範囲のインダクタを提供します．

図4.D3は450$\mu$Hの高いコア容量のインダクタで撮影されたものです．入力電圧と負荷といった回路の動作条件は，意図する用途にとって適切なレベルに設定されます．波形AはLT1070の$V_{SW}$ピンの電圧で，波形Bはその電流を示しています．$V_{SW}$ピンの電圧がLowのとき，インダクタ電流が流れます．高いインダクタンスは比較的ゆっくり上昇する電流を意味し，観察されているような緩やかな勾配となります．ふるまいはリニアで，飽和問題がないことを示しています．図4.D4において，同等のコア特性を用いた低い値のインダクタが試されています．電流の上昇は急峻ですが，飽和には遭遇していません．図4.D5はより低いインダクタンスを選択したものですが，コアの特性は類似しています．ここで，電流ランプは非常に目立ちますが，しかし十分に制御されています．図4.D6はいくつかの有益な驚きをもたらします．この高い値のインダクタ

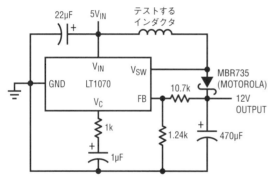

図4.D1　基本的なLT1070昇圧コンバータのテスト回路

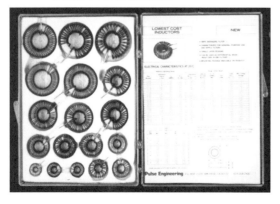

図4.D2　モデル845インダクタ選択キット．Pulse Engineering, Inc.から入手可能（18種類の仕様化されたデバイスが含まれる）

---

注6：Pulse Engineering, Inc., P.O. Box 12235, San Diego, CA 92112, 619-268-2400から入手可能．

図4.D3　450$\mu$Hの高容量のコア・ユニットの波形

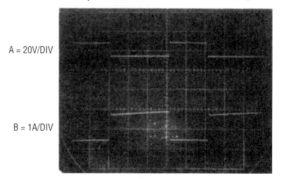

図4.D4　170μHの高容量のコア・ユニットの波形

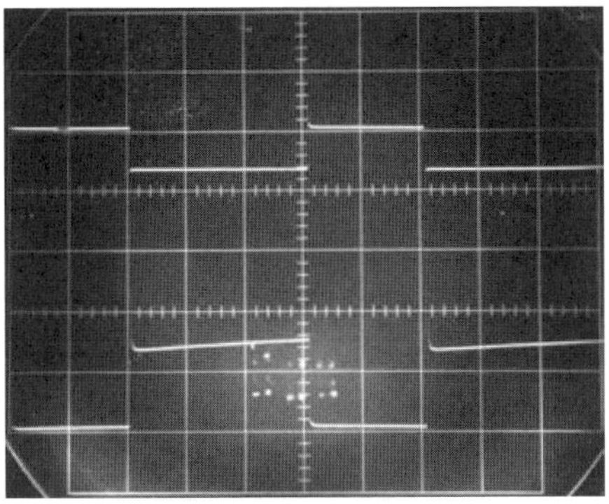


図4.D5　55μHの高容量のコア・ユニットの波形

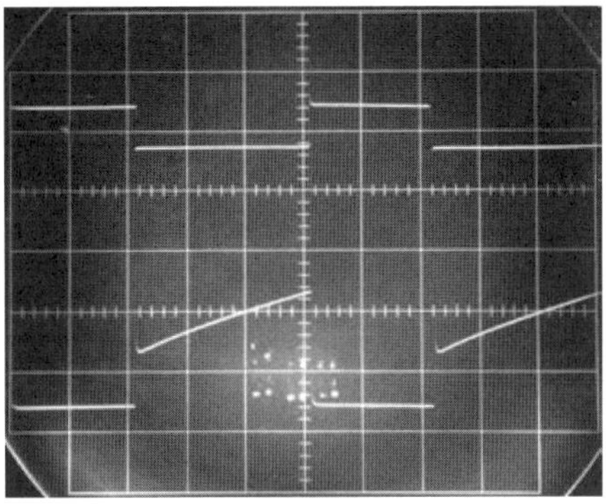


は，低容量のコアに巻かれており，うまくスタートしますが急激に飽和に向かい，明らかに不適当です．

説明した方法によりインダクタの選択肢を狭めていくことができます．いくつかは許容できる電気的結果を生じているように見られますが，“最良”のデバイスは，コスト，サイズ，加熱，その他のパラメタに基づいてさらに選択しなければなりません．キット中の標準デバイスで十分かもしれませんし，派生バージョンが製造業者によって供給されるかもしれません．

キット中の標準品を使用することは，ユーザとインダクタのベンダ間の対話を促進しながら，仕様の不確実性を最小限にしてくれます．

図4.D6　500μHの低容量のコア・インダクタの波形（飽和効果に注意）

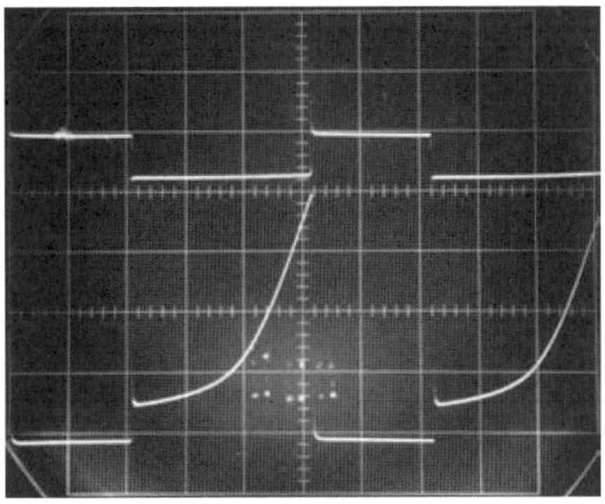


## Appendix E　コンバータの効率を最適化する

コンバータから最大限の効率を絞り出すことは，複雑で厳しい設計作業になります．80%～85%を超える効率は，技巧，魔術，単なる運などのいくつかの組み合わせが必要になります．電気および磁気の相互作用は，効率に影響を与える微妙な効果をもたらします．コンバータの最大効率を得るための一般化された詳細な手法は簡単に述べることはできませんが，いくつかのガイドラインを示すことは可能です．

損失は，ジャンクション，抵抗分，ドライブ，スイッチング，磁気などの損失を含む，いくつかの緩いカテゴリに分類されます．

半導体のジャンクションは損失を生み出します．動作電流が増えると，ダイオードの電圧降下が増え，出力電圧が低いコンバータにおいては大きな無駄になります．5V出力コンバータでの700mVの電圧降下は10%以上の損失を生じます．ショットキー・デバイスはこれを約半分にカットしますが，損失はまだかなりあります．ゲルマニウム（滅多に使用されない）ではさらに低くなりますが，高速動作ではスイッチング損失が低い電圧降下分を上回ってしまいます．非常に低出力電力のコンバータにおいては，ゲルマニウムの逆リークは同様に過酷です．同期整流はより複雑ですが，効率の良いダイオードをシミュレートできることがあります（本文の**図4.32**を参照）．そのような構成を評価するときには，効率の推定値にACとDCのドライブ損失の両方を含めることをお忘れなく．DC損失には，すべてのドライバ段の直流消費に加えて，ベースまたはゲート電流が含まれています．AC損失はゲート（またはベー

ス）容量，遷移領域損失（スイッチがリニア領域で時間を費やすため）の影響と，ドライブと実際のスイッチ動作間のタイミング・スキューによるパワー損失が含まれる場合があります．

　トランジスタの飽和損失も重要な項目になります．チャネルやコレクタ-エミッタ間の飽和損失は，動作電圧が低下するにつれてますます重要になります．これらの損失を最小化する最も明白な方法は，低飽和デバイスを選択することです．これは場合によってはうまくいきますが，全体的な損失の推定値には低飽和デバイスの駆動損失（通常は高い）を含めることをお忘れなく．飽和効果によって生じる実際の損失や，ダイオード降下を確認することが困難な場合があります．デューティ・サイクルの変化と時間変化する電流は損失の決定をトリッキィにします．相対的な損失の判断を行う一つの簡単な方法は，デバイスの温度上昇を測定することです．ここで適切なツールとしては，サーマル・プローブと，（低電圧においては）多分容易に入手可能な人間の指が含まれます．ローパワー（例えば損失率が大きくても低消費の場合）において，この技術はあまり効果的ではありません．問題のデバイスに既知の損失を時々意図的に追加して，効率変化に着目することで損失の決定が可能です．

　導体中の抵抗性損失は，通常高い電流でのみ重要になります．"隠れた"抵抗性損失としてソケットやコネクタの接触抵抗とコンデンサ中の等価直列抵抗（ESR）があります．ESRは一般的にコンデンサの容量値とともに低下し動作周波数とともに上昇するものですが，コンデンサのデータシートに仕様化されているはずです．誘導性部品の銅抵抗を考慮してください．インダクタの銅抵抗と磁気特性のトレードオフを常に評価する必要があります．

　駆動損失はよく言われるように，効率を求めるうえで重要になります．MOSFETのゲート容量はサイクルごとにかなりのAC駆動電流を引き込み，周波数が上がると高い平均電流となります．バイポーラ・デバイスはより低いキャパシタンスを有しますが，直流ベース電流がパワーを食います．大面積のデバイスは低飽和で魅力的に見えますが，ドライブ損失を慎重に評価すべきです．通常，大面積のデバイスが意味をなすのは，定格電流のかなりの割合で動作しているときだけです．ドライブ段は効率に関して慎重に考えるべきです．A級タイプのドライブ（例えば抵抗プルアップまたはプルダウン）はシンプルで高速ですが，浪費しがちです．効率的な動作は，通常，最小限のクロス導通とバイアス損失によるアクティブなソース／シンクの組み合わせを必要とします．

　スイッチング損失は，デバイスがリニア領域で動作周波数に比してかなりの時間を費やしているときに生じます．高い繰り返し率において，トランジション時間は実質的な損失の源になります．デバイスの適切な選択とドライブ技術で，これらの損失を最小化することができます．

　磁気設計も効率に影響します．誘導性部品の設計は，このセクションの範囲を超えていますが，コア材料の選択，線材の種類，巻き線の技術，サイズ，動作周波数，電流レベル，温度，その他の事柄を考慮することが必要です．

　これらのトピックのいくつかは，リニアテクノロジーのアプリケーション・ノート19で解説されていますが，熟練した磁気の専門家の指導に勝るものはありません．幸いなことに，他のカテゴリは通常の支配的な損失について述べており，標準的な磁気部品を用いて良い効率を得ることができます．通常，カスタム磁気部品は回路損失が実用的なレベルまで下げられた後でのみ使用されます．

# Appendix F　コンバータ設計のための装置

　DC/DCコンバータ設計のための装置は柔軟性に基づいて選択されるべきです．広い帯域，高い分解能，洗練された計算機能は価値のある機能ですが，コンバータの仕事では普通は必要ありません．通常，コンバータの設計は比較的遅い速度で多くの回路現象の同時観察を必要とします．シングルエンドおよび差動の電圧，電流信号が興味の対象となりますが，いくつかの測定には完全なフローティング入力を必要とします．最も低いレベルの測定はAC信号がらみで，高感度のプラグインユニットで取得します．別の状況では，DCに重畳された小さくゆっくり変化する現象（例えば0.1Hz〜10Hz）の観察を必要とします．この範囲はほとんどの

オシロスコープのAC結合のカットオフ外に落ちてしまうので，差動直流ヌルまたは"スライドバック"のプラグイン機能を要求します．その他に必要なものとして，高インピーダンス・プローブやフィルタ，多用途のトリガと複数の掃引機能を備えたオシロスコープが含まれます．コンバータの仕事において我々は，特に注目すべきいくつかの種類の装置を数多く見出してきました．

## プローブ

多くの測定に対して，標準的な1×と10×スコープ・プローブで十分です．ほとんどの場合はグラウンド・ストラップが使用できますが，しかし低レベルの測定では，特に広帯域コンバータのスイッチング・ノイズの存在下では，可能な限り最短のグラウンド・リターンにしなければなりません．プローブ先端のグラウンディング・アクセサリは多くの種類が入手可能で，普通は高品質プローブに付属します（図4.F1を参照）．場合によっては，オシロスコープとブレッドボードを直接接続することが必要になります（図4.F2）．

広帯域FETプローブは通常は必要ありませんが，中速度の高入力インピーダンス・バッファ・プローブは非常に便利です．多くのコンバータ回路，特にマイクロパワー設計では，高インピーダンス・ノードの監視を必要とします．標準の10×プローブの10MΩ負荷は通常は十分ですが，その代わり感度が落ちます．1×プローブは感度を保持しますが，重い負荷になります．図4.F3はばかばかしいほど単純なものを示していますが，有用であり，プローブの負荷問題を大きく支援する回路です．LT1022高速FETオペアンプはLT1010バッファを駆動します．LT1010の出力はケーブルとプローブを駆動し，また回路の入力シールドをバイアスします．これは入力容量をブートストラップして，その影響を低減します．この回路のDCとACの誤差は，ほぼすべてのコンバータの動作に対して十分に低く，ほとんどの回路に対して十分な帯域幅を有します．電源とともに小さな筐体に組み込みオシロスコープやDVMとともに使用すると良い結果が得られます．関連する仕様は図に示されています．

図4.F4は，帯域幅の制限を設定する簡単なプローブ・フィルタを示しています．この回路は，オシロス

**図4.F1　高周波ノイズの存在下での低レベル測定において適切なプロービング技術**

図4.F2 オシロスコープへの直接接続は最良の低レベル測定値を与えてくれる．差動プラグインの負入力にグラウンド基準を接続することに注意

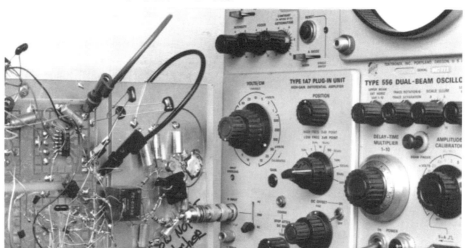

図4.F3 簡単な高インピーダンス・プローブ

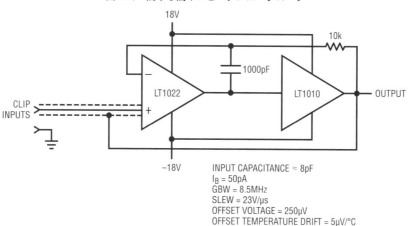

INPUT CAPACITANCE ≈ 8pF
$I_B$ = 50pA
GBW = 8.5MHz
SLEW = 23V/μs
OFFSET VOLTAGE = 250μV
OFFSET TEMPERATURE DRIFT = 5μV/℃

　コープ入力と直列に配置され，回路ノードを観察するときのスイッチング残留物を排除するために有用です．
　絶縁プローブは，高いコモンモード電圧の存在下で完全なフローティング測定を可能にします．これは回路内のフローティング・ポイントを見るときにしばしば望まれます．非接地トランジスタの飽和特性を直接測定したり，フローティングしたシャント間の波形を観測したりできる能力は，このプローブの価値あるところになります．Signal Acquisition Technologies, Inc. のModel SL-10というプローブは，10MHzの帯域幅と600Vコモンモード能力を有しています．
　電流プローブはコンバータ設計において不可欠な

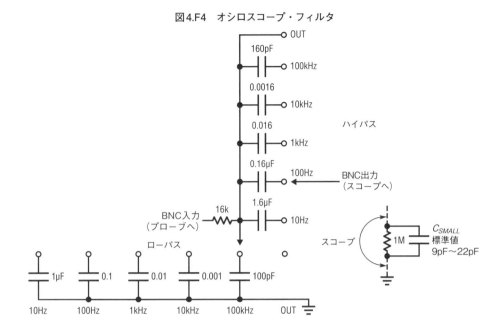

図4.F4 オシロスコープ・フィルタ

ツールです．多くの場合，電流波形は電圧測定値よりも価値ある情報を含んでいます．クリップオン・タイプは非常に便利です．ホール効果を応用したものはDCまで応答し，50MHzの帯域をもちます．トランス方式はさらに高速ですが，数百Hz以下でロールオフします（図4.F5）．両タイプともに飽和限界をもち，規格を越えたときに，CRTに奇妙な結果を表示し，不用心者を混乱させます．テクトロニクス社のP6042（より最近ではAM503型）ホール・タイプとP6022/134トランス式タイプは優れた結果を与えてくれます．ヒューレト・パッカード社の4288クリップオン電流プローブは，DCから400Hzまでの応答ですが，$100\mu A \sim 10A$の範囲にわたって3%の精度を備えています．この測定器は，シャントが原因の測定誤差を排除できるので，効率と静止電流を決定するのに有用です．

## オシロスコープとプラグイン

オシロスコープとプラグインの組み合わせは重要な選択肢です．コンバータの仕事ではほとんど複数トレース機能が求められます．2チャネルはかろうじて十分で，4チャネルがはるかに望ましいです．テクトロニクス社2445/6は4チャネルありますが，そのうちの2チャネルは垂直軸の能力が限られています．テクトロニク

図4.F5 ホール（波形A）とトランス（波形B）ベースの電流プローブは低い周波数に応答する

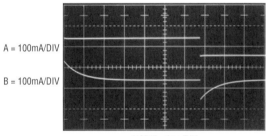

ス社の547（最近のモデルは7603）は，1A4（7603では2個の2現象7A18が必要）プラグインにより，柔軟なトリガとCRTトレースが明瞭なフル機能の4チャネルの入力チャネルを装備します．この測定機または同等品は，コンバータ回路の広い要求に対し最小限の制約で扱うことができます．テクトロニクス社の556は，コンバータの仕事に価値ある機能を非常に多く提供しています．このデュアル・ビーム測定機は，単一のCRTを共有する本質的に二つの完全に独立したオシロスコープです．独立した垂直，水平，トリガは，ほぼすべてのコンバータの動作の詳細な表示を可能にします．1A4プラグインを二つ搭載した，556は，八つのリアルタイム入力を表示します．独立したトリガとタ

イム・ベースは，非同期現象の安定した表示を可能にします．クロス・ビーム・トリガも可能で，CRTのトレースは非常に明瞭です．

以下のオシロスコープ用プラグインふたつは特筆に値します．低いレベルにおいて，高感度な差動プラグインは不可欠です．テクトロニクス社の1A7と7A22は$10\mu$V感度ですが，しかし帯域幅が1MHzに制限されています．また，ユニットは選択可能なHPF/LPFと高周波数の良好なコモンモード除去比を有します．テクトロニクス社のタイプW，1A5と7A13は差動コンパレータです．校正されたDCヌル("スライドバック")出力があるので，コモンモードDCのトップにおいて，小さな，ゆっくり動く現象の観察を可能にします．

## 電圧計

どんなDVMでもコンバータの仕事に対しては十分です．電流の測定レンジをもち，バッテリ動作の規定を有する必要があります．バッテリ動作はフローティング測定を可能にし，グラウンド・ループの誤差を可能な限り排除します．さらに，非電子式（例えばシンプソン260，トリプレット630）電圧計（VOM）は，コンバータの設計ベンチに追加する価値はあります．電子電圧計はコンバータのノイズによって折々妨害され，不安定な読み取り値を生成します．VOMにはアクティブ回路が含まれていないので，そのような影響を受けにくくなります．

## Appendix G　磁気部品の問題

磁気部品は，おそらくコンバータ設計のなかで最も手ごわい問題になります．適切な磁気部品による設計と製作は，専門家でない人にとっては特に困難な作業になります．我々の経験から言うと，コンバータ設計での問題の大部分は磁気部品の仕様に関連しているということです．これは，大抵のコンバータが専門家でない人によって使用されるという事実によって強調されています．スイッチング電源ICの提供者として，我々は磁気部品の問題に関し責任を持って対処します（確かに，我々の公に対する考え方は，資本主義的な影響を受けますが）．このように，私たちの回路には即納可能な磁気部品を使用するのがLTCの方針です．いくつかの場合においては，利用可能な磁気部品は特別な設計用です．他の状況において，磁気部品は特別に設計され，部品番号が割り当てられ，標準品として入手可能になります．私共の磁気部品供給パートナは以下のとおりです．

    Pulse Engineering, Inc.
    P.O. Box 12235
    7250 Convoy Court
    San Diego, California 92112
    619-268-2400

多くの状況において，標準製品は製造に適しています．その他の場合には，Pulse Engineering社が提供する修正または変更が必要になるかもしれません．うまくいけば，このアプローチは関連するすべての要求を満たすかもしれません．

図4.G1　LTCのアプリケーション回路用の磁気部品は，Pulse Engineering, Inc.によって設計され，標準製品として提供されている

# Appendix H 高電圧または大電流用途のための超低ノイズ・スイッチング・レギュレータLT1533

LT1533スイッチング・レギュレータ[注1, 2]は，スイッチング遷移時間を厳しく制御する閉ループ制御を使用することで，$100\mu V$の出力ノイズを実現しています．スイッチの遷移を遅くすることにより高周波高調波を除去し，伝導および放射ノイズを大きく低減します．

30V，1Aの出力トランジスタが利用可能なパワーを制限します．この限界は，適切に設計された出力段を

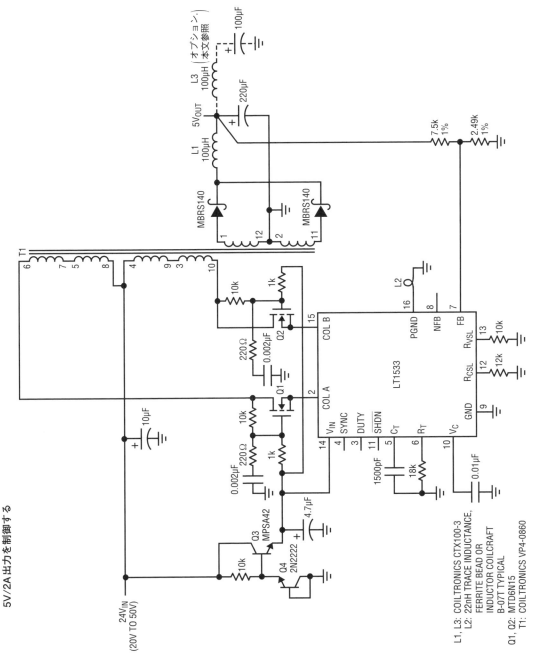

図4.H1 低ノイズの24Vから5Vへのコンバータ（$V_{IN}=20V\sim50V$）．カスコードMOSFETは100Vのトランス振幅に耐え，LT1533が5V/2A出力を制御する

使用することによって，低ノイズ性能を維持しながら超えることが可能です．

## 高電圧入力レギュレータ

LT1533のICプロセスによりコレクタ・ブレークダウンが30Vに制限されます．複雑な要因となっているのは，トランスが電源電圧の2倍にコレクタをスイングすることです．そのため，15Vが最大入力電圧となります．多くのアプリケーションは，より高い電圧入力を必要とします．図4.H1の回路は，そのような高い電圧能力を実現するためにカスコード接続(注3)された出力段を使用しています．この24Vから5Vへのコンバータ（$V_{IN}=20V〜50V$）は，$Q_1$と$Q_2$の存在を除いて，前述のLT1533の回路を連想させます(注4)．これらのFETは，ICとトランスの間に置かれ，カスコード高電圧段を構成します．大きなドレイン電圧振幅からICを絶縁しながら，電圧ゲインを提供します．

通常，高電圧カスコードは電圧分離を単純に提供するように設計されます．カスコードされたLT1533には，トランスの瞬時電圧と電流情報が低い振幅にも関わらず正確に伝送されなければならないので，特別な考慮が必要です．これが行われていない場合，レギュレータのスルー制御ループは機能せず，劇的な出力ノイズの増加を引き起こします．$Q_1$-$Q_2$のゲート-ドレイン・バイアスに関連したAC補償抵抗分圧器がそれを行い，ゲート-チャネル間容量を介して結合されたトランスのスウィングがカスコードの波形転送忠実度を破壊することを防止します．$Q_3$と関連する部品は，高電圧入力からLT1533を保護しながら，分圧器に対して安定したDC終端を提供します．

図4.H2は，結果として得られたカスコード応答が，100Vのスウィングであっても忠実であることを示しています．波形Aは$Q_1$のソースで，波形BとCはゲート

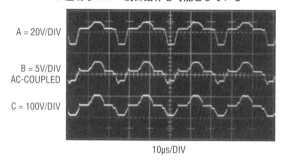

図4.H2 MOSFETベースのカスコードは，低ノイズの5V出力を維持しながら，100Vのトランス・スイングを制御するようにレギュレータを許可する．波形Aは$Q_1$のソースで，波形Bは$Q_1$のゲート，波形Cはドレイン．カスコードを介した波形の忠実度が適切なスルー制御動作を可能としている

A = 20V/DIV
B = 5V/DIV AC-COUPLED
C = 100V/DIV
10μs/DIV

とドレインです．これらの条件下において，2A出力におけるノイズはピークで400μV以内になります．

## 電流ブースト

図4.H3は，レギュレータの1A出力能力を5A以上に増加します．単純なエミッタ・フォロワ（$Q_1$-$Q_2$）で行います．理論的に，フォロワは$T_1$の電圧および電流波形情報を保持し，LT1533のスルー制御回路の機能を可能にします．実際には，トランジスタは比較的ベータが低いタイプでなければなりません．3Aのコレクタ電流において，20のベータはスルー・ループ動作に対して適切な$Q_1$-$Q_2$のベース経路を介して150mAをソースします(注5)．フォロワ損失により効率は約68％に制限されます．入力電圧を高くするとフォロワによる損失は最小になり，70％台前半の効率まで向上します．

図4.H4はノイズ性能を示しています．ひとつの$LC$だけで測定したリプルは4mV（波形A）で，識別可能な高い周波数成分をもっています．2番目の$LC$を追加

---

注1：Witt, Jeff. The LT1533 Heralds a New Class of Low Noise Switching Regulators. Linear Technology VII：3（August 1997）．

注2：Williams, Jim. LTC Application Note 70：A Monolithic Switching Regulator with 100μV Output Noise. October 1997.

注3："カスコード（cascode）"は"カソードへのカスケード"に由来する用語．直列にアクティブ素子を配置する構成に適用される．利点は，高いブレークダウン電圧，入力容量の低減，帯域幅の改善など．カスコードは，性能向上を得るためにオペアンプ，電源，オシロスコープ，他の分野で採用されている．

注4：この回路は，リニアテクノロジー社のJeff Wittによる設計から派生している．

注5：フォロワのベース電流からスルー・ループを動作させることは，リニアテクノロジー社のBob Dobkinによって推奨されている．

# Appendix H 高電圧または大電流用途のための超低ノイズ・スイッチング・レギュレータLT1533

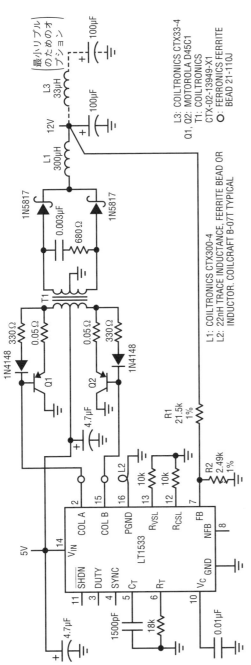

図4.H3 10W出力の低いノイズ5Vから12Vへのコンバータ．LT1533の電圧／電流のスルー制御を維持しながら，$Q_1$-$Q_2$は5Aの出力容量を提供する．効率は68%．高い入力電圧はフォロア損失を最小にし，71%以上に効率を押し上げる

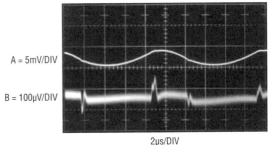

図4.H4 10W出力における図4.H3の波形．波形Aは，ちょうど認識できる高い周波数の残留を有する基本的なリプルを示す．オプションのLCセクションは，波形Bの180μV$_{P-P}$広帯域ノイズ性能を示す

すると100μV（波形B）以下にリプルが低減し，高い周波数成分は180μV（50倍の垂直スケールの変化に注意）以下になることがわかります．

# 第 5 章
# バック・モードのスイッチング・レギュレータに関する理論的考察

Carl Nelson, 訳:堀 敏夫

## はじめに

スイッチング・レギュレータの使用は1980年代に劇的に増加し，90年代に入ってもこの勢いは衰えていません．この理由は単純で，熱と効率の点で有利であるためです．今日のシステムは小型化の一途をたどると同時に，より高い電子的"能力"を提供しています．この二つを実現するために低効率のリニア電源を使用したとすれば，内部温度は許容できないほど高くなるでしょう．大部分のシステムは密閉されており，"内部"から"外部"への熱伝導が低いため，通常ヒートシンクではこの問題は解決しません．

バッテリ駆動システムには，バッテリ寿命を長くするために高効率電源が必要です．また，入出力電圧の相対関係からもスイッチング技術が必要です．たとえば，リニア電源ではバッテリ自身より高い出力電圧を発生させることはできません．低価格の充電可能なバッテリが利用できるようになり，バッテリ駆動システムが激増し，それに伴ってスイッチング・レギュレータの使用も増加しました．

LT1074およびLT1076スイッチング・レギュレータは，特に使いやすく設計されています．これらは負荷に電力を供給するのに，入力，出力，およびグラウンド接続しか必要ない，究極の"3端子ボックス"の概念に近いものになっています．残念ながらスイッチング・レギュレータは，蹄鉄ではありません．"近い"と言っても，設計の最終段階においてとんでもない間違いに遭遇する可能性が残されています．この章は，スイッチング・レギュレータ設計の内部動作を説明し，スイッチング・レギュレータで設計者が犯す最も一般的な誤りをなくすことを目的としています．

また，コア損失とピーク電流の数学的モデルに基づく，インダクタ設計への斬新なアプローチも提示しています．これによって，インダクタ値の許容範囲を素早く確認し，コストやサイズなどのニーズに基づく妥当な判断を下すことが可能です．この手順は従来の設計手法とは大きく異なるため，多くの熟練設計者は最初はうまくいかないと考えるものです．しかし，この手順によって標準的な手間のかかる試行錯誤的手法と同じ結果が導かれることをご理解いただければ，すぐに納得いただけることでしょう．

木工芸には，「2回計って1回切れ」という古い格言があります．このアドバイスはスイッチング・レギュレータにもあてはまります．要旨を理解するために本章にざっと目を通してください．次に，設計を2回，3回，4回と何回も分断するのを避けるために，関係するセクションを注意深く再読してください．コンデンサの過大なリプルなど，一部のスイッチング・レギュレータのエラーはいわば時限爆弾であり，費用のかさむ現場での故障前に解決しておくのが最善です．

この資料のオリジナルが書かれた後に，リニアテクノロジー社はLTspiceと呼ばれるスイッチング・レギュレータ用CADプログラムを供給しています．SPICEシミュレータLTspiceは，スイッチング・レギュレータのシミュレーションのために開発され，最適化されています．高速な過渡シミュレーションを伴うスイッチング・レギュレータ用のICモデルは，線形化モデルに頼ることなく，レギュレータ回路の過渡応答シミュレートを可能にします．

ひとたび基本的な設計概念が理解されれば，試験設計を迅速にチェックし，シミュレータ上で変更することができます．スタートアップ，ドロップアウト，レギュレーション，リプルおよび過渡応答がシミュレータから得られます．その出力は，うまくレイアウトされたボード上の実際の回路とよく相関がとれます．

LTspiceはwww.linear.comから無償でダウンロードできます．

# 目次

| | |
|---|---|
| はじめに … 111 | 負昇圧コンバータ … 140 |
| 絶対最大定格 … 113 | 　出力ダイオード … 141 |
| パッケージ/発注情報 … 113 | 　出力コンデンサ … 141 |
| 電気的特性 … 113 | 　出力リプル … 141 |
| ブロック図 … 115 | 　入力コンデンサ … 142 |
| ブロック図の説明 … 116 | インダクタの選択 … 142 |
| 標準的性能特性 … 117 | 　所要出力電力を達成するための |
| ピンの説明 … 120 | 　　最小インダクタンス … 143 |
| 　$V_{IN}$ ピン … 120 | 　所要コア損失の達成に必要な |
| 　グラウンド・ピン … 120 | 　　最小インダクタンス … 143 |
| 　フィードバック・ピン … 120 | マイクロパワー・シャットダウン … 147 |
| 　フィードバック・ピンでの周波数シフト … 120 | 　始動時間遅延 … 147 |
| 　シャットダウン・ピン … 121 | 5ピン電流制限 … 147 |
| 　低電圧ロックアウト … 122 | ソフト・スタート … 148 |
| 　ステータス・ピン … 123 | 出力フィルタ … 149 |
| 　$I_{LIM}$ ピン … 124 | 入力フィルタ … 151 |
| 　誤差アンプ … 124 | オシロスコープ・テクニック … 152 |
| 用語の定義 … 126 | 　グラウンド・ループ … 152 |
| 正降圧（バック）コンバータ … 127 | 　補償不良のスコープ・プローブ … 153 |
| 　インダクタ … 129 | 　グラウンド・リードの誘導 … 153 |
| 　出力キャッチ・ダイオード … 129 | 　ワイヤは短くはない … 154 |
| 　LT1074の消費電力 … 129 | EMIの抑制 … 154 |
| 　入力コンデンサ（降圧コンバータ） … 130 | トラブルシューティングのヒント … 155 |
| 　出力コンデンサ … 130 | 　低効率 … 155 |
| 　効率 … 131 | 　スイッチ・タイミングの変動 … 155 |
| 　出力分圧器 … 131 | 　入力電源が立ち上がらない … 156 |
| 　出力オーバーシュート … 132 | 　電流制限時にスイッチング周波数が低い … 156 |
| 　無効なオーバーシュート対策 … 133 | 　ICが破損する！ … 156 |
| タップ付きインダクタ降圧コンバータ … 133 | 　ICの過熱 … 156 |
| 　スナバ … 135 | 　高出力リプルまたはノイズ・スパイク … 156 |
| 　出力リプル電圧 … 135 | 　ロードまたは |
| 　入力コンデンサ … 135 | 　　ライン・レギュレーションの不良 … 156 |
| 正-負コンバータ … 136 | 　特に軽負荷時に |
| 　入力コンデンサ … 137 | 　　500kHz〜5MHzで発振する … 156 |
| 　出力コンデンサ … 138 | |
| 　効率 … 139 | |

## 絶対最大定格

入力電圧
　LT1074/LT1076 …… 45V
　LT1074HV/76HV … 64V

入力電圧を基準にしたスイッチ電圧
　LT1074/76 ………… 64V
　LT1074HV/76HV … 75V

グラウンド・ピンを基準にしたスイッチ電圧
　　　　　　　　　　($V_{SW}$が負のとき)
　LT1074/76 (注6) ………… 35V
　LT1074HV/76HV (注6) … 45V

フィードバック・ピン電圧 …… $-2V$, $+10V$

シャットダウン・ピン電圧
　　　　($V_{IN}$の電圧を超えないこと)…40V

ステータス・ピン電圧 … 30V
(ステータス・ピンを"オン"に切り替えるとき電流は5mAに制限すること)

$I_{LIM}$ ピン電圧 (強制値) …… 5.5V

最大動作周囲温度範囲
　LT1074C/76C, LT1074HVC/76HVC … 0℃～70℃
　LT1074M/76M, LT1074HVM/76HVM … $-55℃$～125℃

最大動作接合部温度範囲
　LT1074C/76C, LT1074HVC/76HVC … 0℃～125℃
　LT1074M/76M, LT1074HVM/76HVM … $-55℃$～150℃

最大保存温度 … $-65℃$～150℃

リード温度 (はんだ付け, 10秒) … 300℃

## パッケージ/発注情報

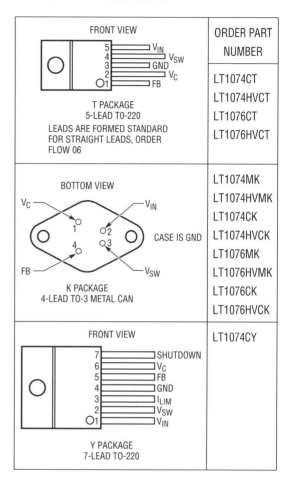

## 電気的特性　注記がない限り $T_j = 25℃$, $V_{IN} = 25V$

| パラメタ | 条件 | | MIN | TYP | MAX | 単位 |
|---|---|---|---|---|---|---|
| スイッチ・オン電圧(注1) | LT1074 $I_{SW} = 1A$, $T_J \geq 0℃$ | | | | 1.85 | V |
| | $I_{SW} = 1A$, $T_J < 0℃$ | | | | 2.1 | V |
| | $I_{SW} = 5A$, $T_J \geq 0℃$ | | | | 2.3 | V |
| | $I_{SW} = 5A$, $T_J < 0℃$ | | | | 2.5 | V |
| | LT1076 $I_{SW} = 0.5A$ | ● | | | 1.2 | V |
| | $I_{SW} = 2A$ | ● | | | 1.7 | V |
| スイッチ・オフ・リーケージ | LT1074 $V_{IN} \leq 25V$, $V_{SW} = 0$ | | | 5 | 300 | μA |
| | $V_{IN} = V_{MAX}$, $V_{SW} = 0$ (Note 7) | | | 10 | 500 | μA |
| | LT1076 $V_{IN} \leq 25V$, $V_{SW} = 0$ | | | | 150 | μA |
| | $V_{IN} = V_{MAX}$, $V_{SW} = 0$ (Note 7) | | | | 250 | μA |
| 供給電流(注2) | $V_{FB} = 2.5V$, $V_{IN} \leq 40V$ | ● | | 8.5 | 11 | mA |
| | $40V < V_{IN} < 60V$ | ● | | 9 | 12 | mA |
| | $V_{SHUT} = 0.1V$ (Device Shutdown) (Note 8) | ● | | 140 | 300 | μA |

## 電気的特性　注記がない限り $T_j = 25℃$，$V_{IN} = 25V$

| パラメタ | 条件 | | MIN | TYP | MAX | 単位 |
|---|---|---|---|---|---|---|
| 最小供給電圧 | Normal Mode | ● | | 7.3 | 8 | V |
| | Start-Up Mode (Note 3) | ● | | 3.5 | 4.8 | V |
| スイッチ電流制限(注4) | LT1074　$I_{LIM}$ Open | ● | 5.5 | 6.5 | 8.5 | A |
| | $R_{LIM}$ = 10k (Note 5) | | | 4.5 | | A |
| | $R_{LIM}$ = 7k (Note 5) | | | 3 | | A |
| | LT1076　$I_{LIM}$ Open | ● | 2 | 2.6 | 3.2 | A |
| | $R_{LIM}$ = 10k (Note 5) | | | 1.8 | | A |
| | $R_{LIM}$ = 7k (Note 5) | | | 1.2 | | A |
| 最小デューティ・サイクル | | ● | 85 | 90 | | % |
| スイッチング周波数 | | | 90 | 100 | 110 | kHz |
| | $T_J ≤ 125°C$ | ● | 85 | | 120 | kHz |
| | $T_J > 125°C$ | | 85 | | 125 | kHz |
| | $V_{FB}$ = 0V Through 2kΩ (Note 4) | | | 20 | | kHz |
| スイッチング周波数ライン・レギュレーション | $8V ≤ V_{IN} ≤ V_{MAX}$ (Note 7) | ● | | 0.03 | 0.1 | %/V |
| 誤差アンプ電圧ゲイン(注6) | $1V ≤ V_C ≤ 4V$ | | | 2000 | | V/V |
| 誤差アンプ・トランスコンダクタンス | | | 3700 | 5000 | 8000 | μmho |
| 誤差アンプ・ソース/シンク電流 | Source ($V_{FB}$ = 2V) | | 100 | 140 | 225 | μA |
| | Sink ($V_{FB}$ = 2.5V) | | 0.7 | 1 | 1.6 | mA |
| FBピン・バイアス電流 | $V_{FB} = V_{REF}$ | ● | | 0.5 | 2 | μA |
| 基準電圧 | $V_C$ = 2V | ● | 2.155 | 2.21 | 2.265 | V |
| 基準電圧誤差 | $V_{REF}$ (Nominal) = 2.21V | | | ±0.5 | ±1.5 | % |
| | All Conditions of Input Voltage, Output Voltage, Temperature and Load Current | ● | | ±1 | ±2.5 | % |
| 基準電圧ライン・レギュレーション | $8V ≤ V_{IN} ≤ V_{MAX}$ (Note 7) | ● | | 0.005 | 0.02 | %/V |
| VC電圧(@デューティ・サイクル=0%) | | | | 1.5 | | V |
| | Over Temperature | | | −4 | | mV/°C |
| マルチプライヤ参照電圧 | | | | 24 | | V |
| シャットダウン・ピン電流 | $V_{SH}$ = 5V | ● | 5 | 10 | 20 | μA |
| | $V_{SH} ≤ V_{THRESHOLD}$ (≅2.5V) | | | | 50 | μA |
| シャットダウン・スレッショルド | Switch Duty Cycle = 0 | ● | 2.2 | 2.45 | 2.7 | V |
| | Fully Shut Down | ● | 0.1 | 0.3 | 0.5 | V |
| ステータス・ウィンドウ | As a Percent of Feedback Voltage | | 4 | ±5 | 6 | % |
| ステータスHighレベル | $I_{STATUS}$ = 10μA Sourcing | ● | 3.5 | 4.5 | 5.0 | V |
| ステータスLowレベル | $I_{STATUS}$ = 1.6mA Sinking | ● | | 0.25 | 0.4 | V |
| ステータス遅延 | | | | 9 | | μs |
| ステータス最小幅 | | | | 30 | | μs |
| 熱抵抗(接合-ケース) | LT1074 | | | | 2.5 | °C/W |
| | LT1076 | | | | 4.0 | °C/W |

●は全動作温度範囲の規格値を意味する．

注1：高電流条件と低電流条件にはさまれた区間では最大スイッチ"オン"電圧を計算するために，直線補間を使用できる．

注2：2.5Vのフィードバックピン電圧 ($V_{FB}$) によって，$V_C$ピンが低クランプ・レベルに，またスイッチのデューティ・サイクルがゼロに強制される．これはデューティ・サイクルがゼロに接近するゼロ負荷状態を近似する．

注3：適切な安定化動作を行うには，$V_{IN}$ピンからグラウンド・ピンまでの電圧は始動後に，8V以上でなければならない．

注4：フィードバックピン電圧が1.3V以下のときは，スイッチ・オン時間が極端に短くならないように，スイッチ周波数内部で低下する．テスト中は$V_{FB}$を調整して1μsの最小スイッチ・オン時間が得られるようにする．

注5：$I_{LIM} ≒ \dfrac{R_{LIM} - 1k}{2k}$ (LT1074)，

$I_{LIM} ≒ \dfrac{R_{LIM} - 1k}{5.5k}$ (LT1076)

注6：スイッチ-入力電圧の制限にも配慮すること．

注7：$V_{MAX}$ = LT1074/76の場合は40V，LT1074HV/76HVの場合は60V．

注8：スイッチ・リークは含まない．

## ブロック図

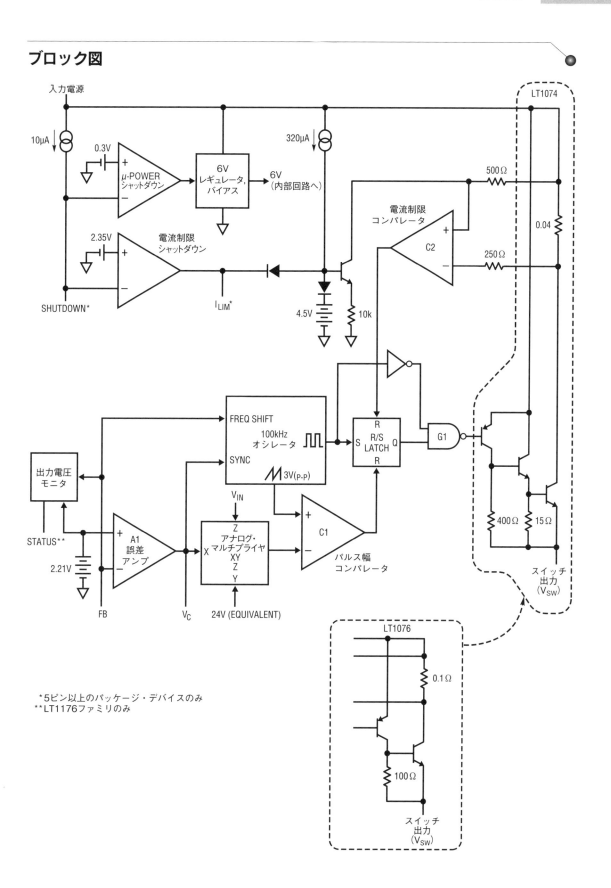

*5ピン以上のパッケージ・デバイスのみ
**LT1176ファミリのみ

## ブロック図の説明

発振器がR/Sラッチをセットすると，LT1074のスイッチ・サイクルが開始します．ラッチをセットするパルスは，ゲート$G_1$を経由してスイッチもロックアウトします．このパルスの有効幅は約700nsで，100kHzのスイッチング周波数では，最大スイッチ・デューティ・サイクルは約93%になります．スイッチはコンパレータ$C_1$がラッチをリセットすることによってオフされます．$C_1$の一方の入力にはノコギリ波が加えられ，他方の入力にはアナログ・マルチプライヤの出力が送られます．マルチプライヤ出力は，内部リファレンス電圧と誤差アンプ$A_1$の出力の積をレギュレータ入力電圧で割ったものになります．このことは標準降圧レギュレータにおいて，安定化出力を一定に維持するのに必要な$A_1$の出力電圧が，レギュレータの入力電圧には関係ないことを意味します．これによって，入力電圧の過渡応答が大幅に改善され，ループ利得が入力電圧に無関係になります．誤差アンプはヌル時の$G_M$が約5000$\mu$mhoの相互コンダクタンス・タイプのものです．正方向のスルー電流は140$\mu$Aであり，負方向のスルー電流は約1.1mAです．この非対称性が始動時のオーバーシュートを防止するために役立ちます．総合ループ周波数補償は，$V_C$からグラウンドへの直列$RC$ネットワークで行います．

スイッチ電流は$C_2$によって絶えずモニタされ，過電流状態が発生すると$C_2$がR/Sラッチをリセットしてスイッチをオフします．検出とスイッチのオフに必要な時間は約600nsです．したがって，電流制限時の最小スイッチ"オン"時間は600nsになります．完全な出力短絡状態では，出力電流の制御を維持するために，スイッチのデューティ・サイクルを2%まで下げなければならない場合があります．これは，100kHzのスイッチング周波数では，200nsのスイッチ・オン時間が必要となることになるため，非常に低い出力電圧では，FB信号が1.3V以下のときに発振器にFB信号を注入して周波数を下げます．

電流トリップ・レベルは内部320$\mu$A電流源でドライブされる$I_{LIM}$ピンの電圧で設定されます．このピンがオープンのときは，約4.5Vに自己クランプし，電流制限値をLT1074の場合には6.5A，LT1076の場合には2.6Aに設定します．7ピン・パッケージでは，$I_{LIM}$ピンからグラウンドに外付け抵抗を接続して，より低い電流制限を設定できます．この抵抗と並列にコンデンサを接続すると，電流制限をソフト・スタートさせることができます．$C_2$のわずかなオフセットは，$I_{LIM}$ピンがグラウンドから200mV以内に引き込まれたときでも，$C_2$出力を"H"に保持してスイッチのデューティ・サイクルを強制的にゼロにすることを保証しています．

"シャットダウン"ピンは，$I_{LIM}$ピンを"L"にすることによって，スイッチのデューティ・サイクルを強制的にゼロにするか，またはレギュレータを完全にシャットダウンさせるのに使用されます．前者のスレッショルドは約2.35Vで，完全にシャットダウンする場合のスレッショルドは約0.3Vです．シャットダウン時の電源電流は約150$\mu$Aです．10$\mu$Aプルアップ電流は，シャットダウン・ピンがオープンになっているときに，このピンを強制的に"H"にします．コンデンサを使用して始動を遅らせることができます．入力が希望のトリップ点にあるときに分割電圧が2.35Vになるような分圧抵抗を用いれば"低電圧ロックアウト"をプログラムできます．

LT1074で使用されているスイッチは，飽和状態のPNPでドライブされるダーリントン型NPN（LT1076の場合はシングルNPN）です．特別な特許取得済み回路を使用して，PNPを飽和状態からでも迅速にオンおよびオフにドライブします．この独特のスイッチ構成にはスイッチ出力に接続された"絶縁タブ"がないため，グラウンドから40V低い電位までスイングすることができます．

## 標準的性能特性

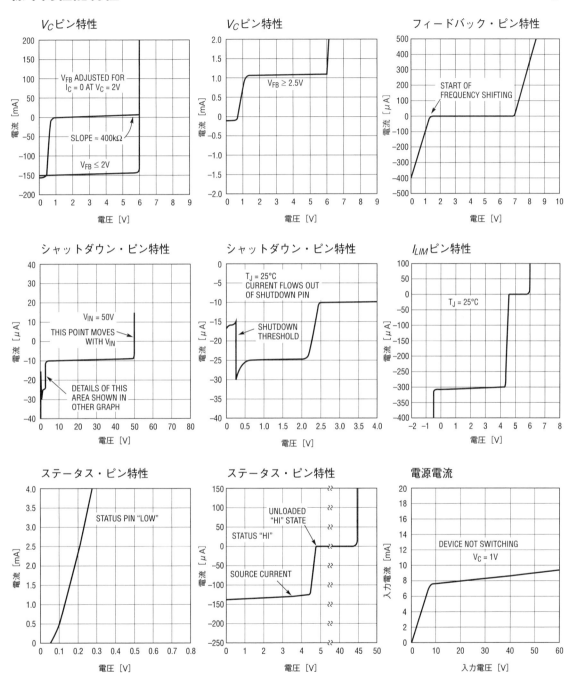

## 標準的性能特性

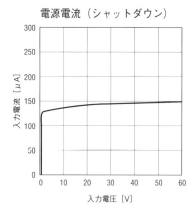

電源電流（シャットダウン）

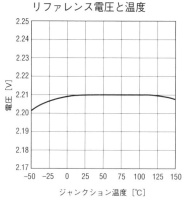

リファレンス電圧と温度

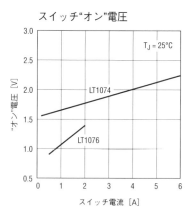

スイッチ"オン"電圧

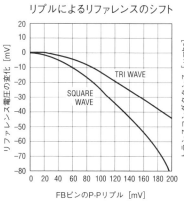

リプルによるリファレンスのシフト

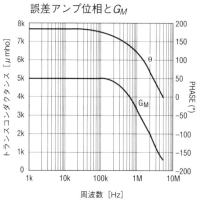

誤差アンプ位相と$G_M$

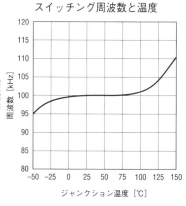

スイッチング周波数と温度

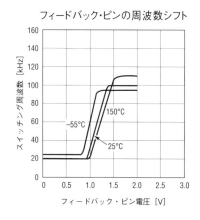

フィードバック・ピンの周波数シフト

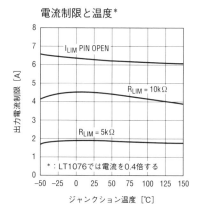

電流制限と温度*

＊：LT1076では電流を0.4倍する

## 標準的性能特性

動作入力電源電流*

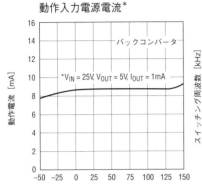

フィードバック・ピンの周波数シフト

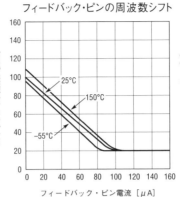

シャットダウン・スレッショルド

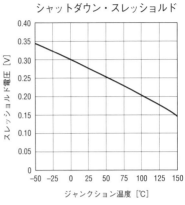

$V_C$ 電圧と入力電圧

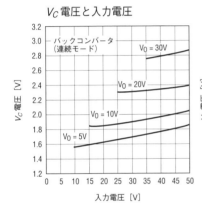

$V_C$ 電圧と出力電圧

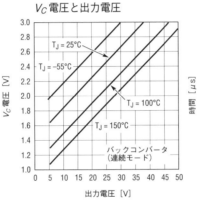

ステータス遅延および最小タイムアウト

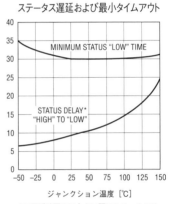

＊：遅延時間より小さい間はステータスはLowにならない

## ピンの説明

### ● $V_{IN}$ ピン

$V_{IN}$ピンは内部制御回路の電源電圧および高電流スイッチの一端です．過渡ステップまたはスパイクによる誤動作を防止するために，特に低入力電圧時にはこのピンを低ESRおよび低インダクタンスのコンデンサでバイパスすることが重要です．最大スイッチ電流5A時には，図5.1に示すようにレギュレータ入力におけるスイッチング過渡状態が非常に大きくなることがあります．入力コンデンサをできるだけレギュレータの近くに配置し，幅の広いトレースを接続してインダクタンスが大きくならないようにします．ラジアル・リードのコンデンサを使用してください．

シャットダウン・モードにおける$V_{IN}$ピンの入力電流は，実際の電源電流（約140μA, 最大300μA）とスイッチのリーク電流の総和です．シャットダウン・モードの入力電流が厳密な場合の特別試験については，弊社にお問い合わせください．

### ● グラウンド・ピン

グラウンド・ピンを説明するのは珍しいことのように思えますが，レギュレータの場合，良好なロード・レギュレーションを実現するために，グラウンド・ピンを正しく接続する必要があります．内部リファレンス電圧はグラウンド・ピンを基準にしています．つまり，グラウンド・ピン電圧の誤差が増幅されて出力に現れます．

$$\Delta V_{OUT} = \frac{\Delta V_{GND} \cdot V_{OUT}}{2.21}$$

優れたロード・レギュレーションを達成するために，この経路に高電流が流れないよう，グラウンド・ピンは適切な出力ノードに直接接続しなければなりません．出力分圧抵抗も図5.2に示すように低電流接続ラインに接続します．

### ● フィードバック・ピン

フィードバック・ピンは誤差アンプの反転入力で，デューティ・サイクルを調整してレギュレータ出力を制御します．非反転入力は内部で調整された2.21Vリファレンスに接続されます．誤差アンプが平衡している（$I_{OUT} = 0$）とき，入力バイアス電流は標準0.5μAです．誤差アンプは大入力信号に対して非対称の$G_M$を持つため，始動時のオーバーシュートを低減させます．これによって，フィードバック・ピンの大きなリプル電圧に対するアンプの感度が向上しています．フィードバック・ピンの100mV$_{P-P}$のリプルは，アンプに0.7％の出力電圧変化に相当する14mVのオフセットを生成します．出力誤差を避けるには，出力リプル(P-P)を出力分圧器が接続される点のDC出力電圧の4％以下にしなければなりません．

詳細については「誤差アンプ」のセクションを参照してください．

### ● フィードバック・ピンでの周波数シフト

レギュレータの出力電圧が低い場合は，誤差アンプ

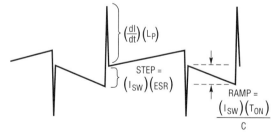

図5.1 入力コンデンサのリプル

$L_P$＝入力のバイパス接続およびコンデンサの合計インダクタンス

"スパイク"の高さは$(dI/dt) \cdot L_P$で，リード長2.54cmあたり約2V．

ESR＝0.05Ωおよび$I_{SW}$＝5Aの場合のステップは0.25V．C＝200μF, $T_{ON}$＝5μs, および$I_{SW}$＝5Aの場合のランプは125mV．

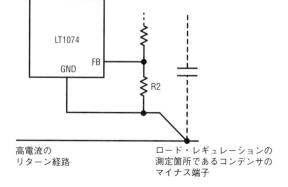

図5.2 グラウンド・ピンの適切な接続

高電流のリターン経路

ロード・レギュレーションの測定箇所であるコンデンサのマイナス端子

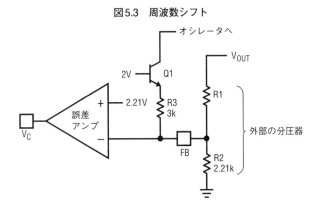

図5.3 周波数シフト

のフィードバック・ピン(FB)を使用して発振器周波数を低下させます．これはスイッチのデューティ・サイクルが極端に低いときでも，出力短絡電流をうまく制御できることを保証するために行われます．連続モードの降圧コンバータに対する理論的なスイッチ"オン"時間は，次式のとおりです．

$$t_{ON} = \frac{V_{OUT} + V_D}{V_{IN} \cdot f}$$

$V_D$：キャッチ・ダイオードの順方向電圧(約0.5V)
$f$：スイッチング周波数

$V_{IN} = 25$Vで出力が短絡した($V_{OUT} = 0$V)場合，$f = 100$kHzにおいて$t_{ON}$は0.2μsに低下します．電流制限時には，LT1074は$t_{ON}$を約0.6μsの最小値に短縮できますが，$V_{OUT} = 0$Vで電流を正確に制御するにはこれは長すぎます．この問題を解決するために，FBピンが1.3Vから0.5Vに低下すると，スイッチング周波数は100kHzから20kHzに下がります．これは図5.3に示す回路によって行われます．

出力が安定化されているとき($V_{FB} = 2.21$V)には，$Q_1$はオフです．過負荷によって出力が低下すると$V_{FB}$も低下します．$V_{FB}$電圧が1.3Vに達したとき$Q_1$をオンします．出力が低下し続けると，それに比例して$Q_1$の電流が増加し発振器の周波数が低下します．出力が通常の値の約60%になると周波数シフトが始まり，出力が約20%になると最小値である約20kHzまで低下します．周波数がシフトする速度は，内部の3kΩ抵抗$R_3$と外付け分圧抵抗で決まります．このため，LT1074で高入力電圧と出力短絡状態が同時に起こる可能性がある場合は，$R_2$を4kΩ以上にしてはなりません．

● シャットダウン・ピン

シャットダウン・ピンは，低電圧ロックアウト，マイクロパワー・シャットダウン，ソフト・スタート，遅延スタートに使用するか，またはレギュレータ出力の汎用オン/オフ制御として使用します．$I_{LIM}$ピンを"L"にしてスイッチング動作を制御すれば，スイッチが強制的に連続"オフ"状態になります．シャットダウン・ピンが0.3V以下に低下すると完全なマイクロパワー・シャットダウンになります．

シャットダウン・ピンの$V/I$特性を図5.4に示します．2.5Vから約$V_{IN}$までの電圧では，シャットダウン・ピンから10μAの電流が流れ出します．この電流はシャットダウン・ピンが2.35Vのスレッショルドより低下すると，約25μAに増加します．そして0.3Vスレッ

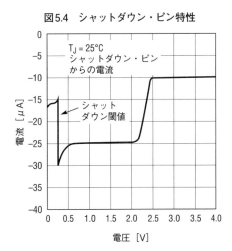

図5.4 シャットダウン・ピン特性

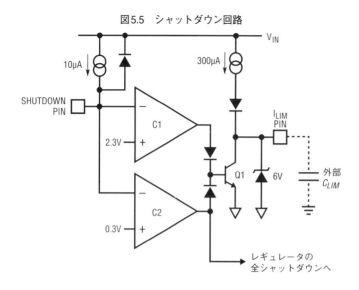

図5.5 シャットダウン回路

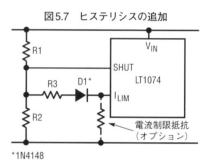

図5.6 低電圧ロックアウト

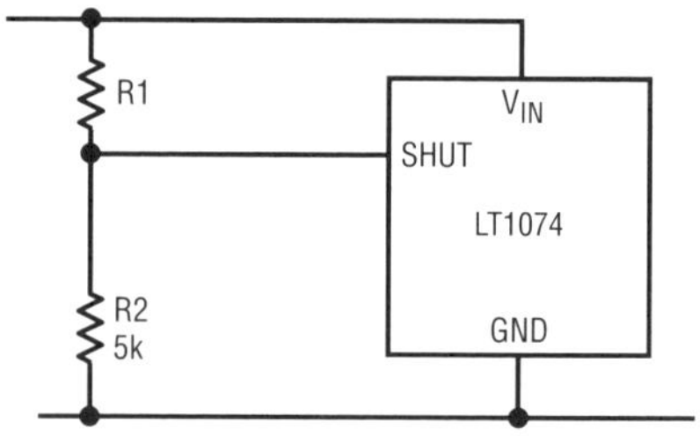

図5.7 ヒステリシスの追加

*1N4148

ショルドでさらに約30μAに増加し，シャットダウン電圧が0.3V以下に低下すると約15μAに低下します．シャットダウン・ピンがオープンのとき，ピンを"H"またはデフォルト状態にするため，10μA電流源が内蔵されています．この電流はシャットダウン・ピンにコンデンサを接続した時，便利な遅延スタート・アプリケーション用のプルアップ電流として使用できます．

$Q_1$がアクティブのとき，図5.5に示す$Q_1$の標準コレクタ電流は約2mAになります．$I_{LIM}$ピンのソフト・スタート・コンデンサは，$C_1$に応じてレギュレータ・シャットダウンを約$(5V)(C_{LIM})$/2mA遅延させます．$C_2$と$Q_1$の結合によって，完全なマイクロパワー・シャットダウン後のソフト・スタートが保証されます．

● 低電圧ロックアウト

低電圧ロックアウト点は，図5.6の$R_1$と$R_2$で設定されます．10μAのシャットダウン・ピン電流による誤差を防止するために，$R_2$は通常5kに設定し，$R_1$は次式から求めます．

$$R_1 = R_2 \frac{V_{TP} - V_{SH}}{V_{SH}}$$

$V_{TP}$：所要低電圧ロックアウト電圧
$V_{SH}$：シャットダウン・ピンのロックアウト・スレッショルド = 2.45V

消費電流が重要な場合は，$R_2$を15kΩまで増加させることができますが，式の$R_2$項における分母は，$V_{SH}$を$V_{SH} - (10\mu A)(R_2)$に置き換えてください．

低電圧ロックアウトのヒステリシスは，図5.7に示すように，$I_{LIM}$ピンからシャットダウン・ピンに抵抗（$R_3$）を接続すると実現できます．$D_1$はシャットダウン分割器の電流制限が変化するのを防止します．

$$トリップ点 = V_{TP} = 2.35V (1 + \frac{R_1}{R_2})$$

$R_3$を追加した場合，低い側のトリップ点（$V_{IN}$が低下する方向）は同じです．高い側のトリップ点（$V_{UTP}$）は次式で表されます．

$$V_{UTP} = V_{SH}(1 + \frac{R_1}{R_2} + \frac{R_1}{R_3}) - 0.8V(\frac{R_1}{R_3})$$

$R_1$と$R_2$を選択すると，$R_3$は次式から得られます．

$$R_3 = \frac{(V_{SH} - 0.8V) R_1}{V_{UTP} - V_{SH}(1 + \frac{R_1}{R_2})}$$

例：出力は$V_{IN} = 20V$になるまで立ち上がらず，$V_{IN}$が15Vに低下するまでは継続して動作することが要求される低電圧ロックアウト．$R_2 = 2.32k$とすると，

$$R_1 = 2.32k \frac{15V - 2.35V}{2.35V} = 12.5k$$

$$R_3 = \frac{(2.35 - 0.8) \times 12.5}{20 - 2.35 \times (1 + \frac{12.5}{2.32})} = 3.9k$$

## ● ステータス・ピン（LT1176のみ）

ステータス・ピンは，フィードバック・ピンを"監視する"電圧モニタの出力です．これはフィードバック電圧が公称値より5%以上高いか低い場合に"L"になります．この場合の「公称」とは，±5%ウィンドウをリファレンス電圧相当ぶんにあてはめたときの内部リファレンス電圧を意味します．約10μsの時間遅延により，短いスパイクによって"L"状態にトリップするのを防止します．これが一度"L"になると，別のタイマが約30μs以上この状態になるように強制します．

図5.8に130μAで4.5Vのクランプ・レベルにプルアップしたステータス・ピンがモデル化されています．シンク・ドライブは約100Ωの抵抗をもつ飽和NPNで，最大シンク電流は約5mAです．外部プルアップ抵抗を追加して，出力振幅を最大20Vまで増加させることができます．

ステータス・ピンを使用して"出力OK"を示すときは，不本意なステータス状態を引き起こす可能性がある条件でテストすることが重要になります．それらの条件とは，出力オーバーシュート，大きな信号過渡状態，および過大な出力リプルなどです．図5.8に示すように，ステータス・ピンの"偽"トリップは，通常パルス・ストレッチャ回路で制御することができます．始動時などに誤って"真の"信号が出力されないようにするために，"出力OK"（ステータス"H"）信号を遅延させるには，コンデンサ（$C_1$）1個で十分です．ステータス"H"の遅延時間は，ほぼ$(2.3 \times 10^4) \times C_1$，つまり23ms/μFです．ステータス"L"の遅延時間はそれよりかなり短い約600μs/μFです．

ステータス"L"の偽トリップが問題になる可能性がある場合は，$R_1$を追加します．$R_1$が10kΩ以下の場合，ステータス"H"の遅延は同じです．ステータス"L"の遅延は，$R_1$によって約$R_1 \cdot C_2$秒に延長されます．"H"の遅延には$C_2$の値，"L"の遅延には$R_1$の値をそれぞれ選択してください．

例：ステータス"H"の遅延が10ms，ステータス"L"の遅延が3msの場合

$$C_2 = \frac{10\text{ms}}{23\text{ms}/\mu\text{F}} = 0.47\mu\text{F} \ (0.47\mu\text{F を使用})$$

$$R_1 = \frac{3\text{ms}}{C_2} = \frac{3\text{ms}}{0.47\mu\text{F}} = 6.4\text{k}\Omega$$

**図5.8 ステータス出力への時間遅延の追加**

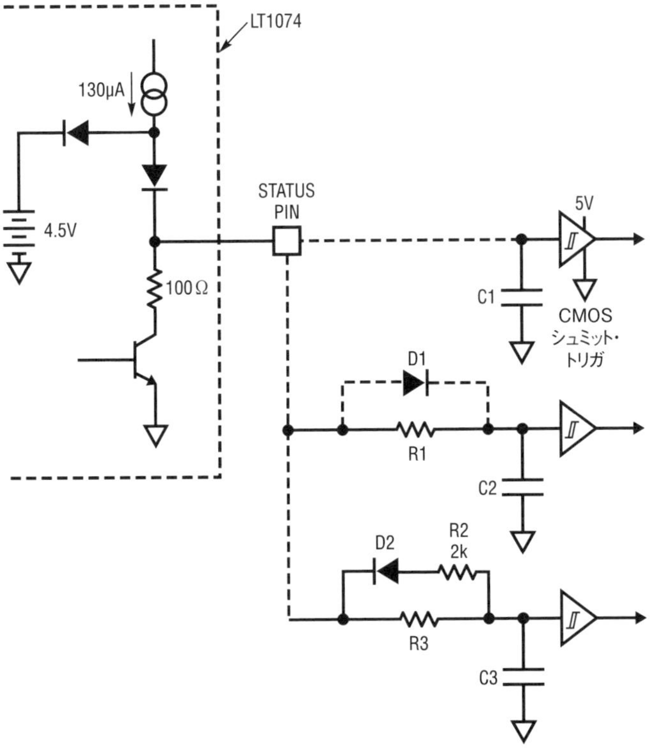

この例では$R_1$が小さく$C_2$の充電を制限しないので，$D_1$は必要ありません．

非常に高速な"L"トリップと長い"H"遅延を組み合わせたい場合は，$D_2$, $R_2$, $R_3$, $C_3$の構成を使用してください．最初に$C_3$を選択して"L"の遅延を設定します．

$$C_3 \fallingdotseq \frac{t_{LOW}}{2k\Omega}$$

次に$R_3$を選択して"H"の遅延を設定します．

$$R_3 \fallingdotseq \frac{t_{HIGH}}{C_3}$$

$t_{LOW} = 100\mu s$, $t_{HIGH} = 10ms$の場合，$C_3 = 0.05\mu F$, $R_3 = 200k\Omega$です．

● $I_{LIM}$ピン

$I_{LIM}$ピンは電流制限をプリセット値6.5Aより低くするために使用します．このピンの等価回路を図5.9に示します．

$I_{LIM}$ピンをオープンにすると，$Q_1$のベース電圧は$D_2$を通して5Vにクランプされます．内部電流制限は，$Q_1$を流れる電流によって決まります．$I_{LIM}$とグラウンド間に外付け抵抗を接続すると，$Q_1$のベース電圧を低くして，電流制限を下げることができます．この抵抗には$320\mu A \times R$の電圧がかかりますが，最大は$D_2$でクランプされる約5Vに制限されます．与えられた電流制限に必要な抵抗は，次式のとおりです．

$R_{LIM} = I_{LIM} \times 2k\Omega + 1k\Omega$（LT1074）
$R_{LIM} = I_{LIM} \times 5.5k\Omega + 1k\Omega$（LT1076）

たとえば，LT1074で3Aの電流制限には$3A \times 2k + 1k = 7k\Omega$が必要です．これらの等式の精度は，$2A \leq I_{LIM} \leq 5A$（LT1074），および$0.7A \leq I_{LIM} \leq 1.8A$（LT1076）の範囲で±25％です．したがって，$I_{LIM}$は必要なピーク・スイッチング電流より少なくとも25％高く設定しなければなりません．

フォルドバック電流制限は，図5.10に示すように，出力から$I_{LIM}$ピンに抵抗を付加すると簡単に実現できます．これにより，出力が安定化されているときには電流制限（$R_{LIM}$があるなしに関わらず設定した電流）が必要な最大値となるものの短絡状態のときは電流制限を低減することが可能です．$R_{FB}$の標準値は5kΩですが，これはフォルドバック量を設定するために増減できます．$D_2$は出力電圧により，電流が$I_{LIM}$ピンに逆流するのを防止します．$R_{FB}$の値を求めるには，最初に$R_{LIM}$を計算し，次に$R_{FB}$を計算してください．

$$R_{FB} = \frac{(I_{SC} - 0.44^*) R_{LIM}}{0.5^* \times (R_{LIM} - 1k\Omega) - I_{SC}} \quad [k\Omega]$$

＊：LT1076の場合は，0.44を0.16に，0.5を0.18に変更．

例：$I_{LIM} = 4A$, $I_{SC} = 1.5A$, $R_{LIM} = 4 \times 2k + 1k = 9k$の場合

$$R_{FB} = \frac{(1.5 - 0.44) \times 9k\Omega}{0.5 \times (9k - 1k) - 1.5} = 3.8k\Omega$$

● 誤差アンプ

図5.11の誤差アンプは，インバータが付加された単一ステージ設計で，出力を同相入力電圧より高くまたは低く変化させることができます．アンプの片側は，2.21Vにトリミングされた内部リファレンスに接続されています．他方の入力はFB（フィードバック）ピンとして出ています．このアンプは約$5000\mu mho$の$G_m$（電圧入力，電流出力）伝達関数をもっています．電圧利得は，$G_m \times$等価出力抵抗で決まり，その等価出力抵抗は外部の直列$RC$周波数補償ネットワークと，それに並列の$Q_4$および$Q_6$の出力抵抗で構成されます．DC

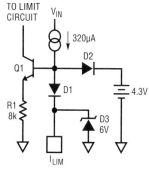

図5.9　$I_{LIM}$ピン回路

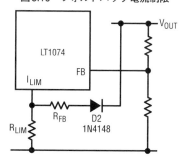

図5.10　フォルドバック電流制限

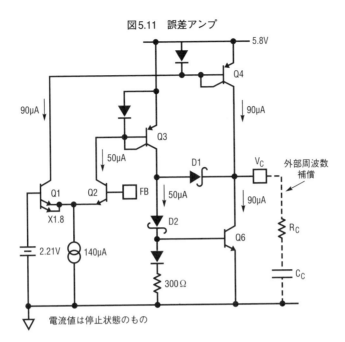

図5.11 誤差アンプ

では外部$RC$は無視され，$Q_4$および$Q_6$の並列出力インピーダンスが400kΩの場合，電圧利得は約2000です．数Hz以上の周波数では，電圧利得は$R_C$と$C_C$の外部補償で決まります．

$$A_V = \frac{G_m}{2\pi \cdot f \cdot C_C} \quad \text{（中域周波数）}$$

$$A_V = G_m \cdot R_C \quad \text{（高域周波数）}$$

FBピンから$V_C$ピンへの位相シフトは，外付け$C_C$が利得を制御している中域周波数では90°になり，次に$C_C$のリアクタンスが$RC$に比較して小さくなると，0°（FBは反転入力のため実際には180°）になります．$C_C$のリアクタンスが$Q_4$および$Q_6$の出力インピーダンス（$r_0$）と等しくなる低周波数の"ポール"は，次式で表されます．

$$f_{POLE} = \frac{1}{2\pi \cdot r_0 \cdot C} \quad r_0 \doteq 400k\Omega$$

$f_{POLE}$は$r_0$のばらつきによって3倍程変化しますが，中域周波数の利得は$G_m$にのみ関係します．これはデータシートに厳密に規定されています．より高い周波数域の"ゼロ"は$R_C$と$C_C$によってのみ決まります．

$$f_{ZERO} = \frac{1}{2\pi \cdot R_C \cdot C_C}$$

誤差アンプのピーク出力電流は非対称です．$Q_3$および$Q_4$の電流ミラーはユニティ・ゲインですが，$Q_6$ミラーは出力ヌルのときに利得は1.8で，FBピンが"H"（$Q_1$電流 = 0）のときの利得は8です．これによって，正の最大出力電流は140μAになり，負（シンク）の最大出力電流は約1.1mAになります．故意に非対称となっています．これによって高速始動時または出力の過負荷開放後に，レギュレータ出力のオーバーシュートが大幅に減少します．アンプのオフセットは，$Q_1$および$Q_2$を1.8：1でエリア・スケーリングすることによって低く保持されます．

アンプの振幅は正出力では内部の5.8V電源によって制限され，出力が低くなると$D_1$および$D_2$によって制限されます．低クランプ電圧は，ほぼダイオード1個ぶんの電圧降下（約0.7V − 2mV/℃）に相当します．

FBピンと$V_C$ピンには別の内部接続があります．周波数シフトおよび同期に関する解説を参照してください．

## 用語の定義

$V_{IN}$ ：DC入力電圧．

$V_{IN}'$ ：DC入力電圧からスイッチ電圧損失を差し引いたもの．$V_{IN}'$は$V_{IN}$より1.5V～2.3V低い電圧で，スイッチ電流によって決まる．

$V_{OUT}$ ：DC出力電圧．

$V_{OUT}'$ ：DC出力電圧にキャッチ・ダイオードの順方向電圧を加えたもの．$V_{OUT}'$は標準で$V_{OUT}$より0.4V～0.6V高い値．

$f$ ：スイッチング周波数．

$I_M$ ：規定最大スイッチ電流$I_M$はLT1074で5.5A，LT1076で2A．

$I_{SW}$ ：スイッチ・オン時間中のスイッチ電流．この電流は通常は始動時の値に急増した後，ゆっくり増加する．$I_{SW}$は記述がない限り，この期間の平均値．これはスイッチ・オフ時間を含むスイッチング周期全体での平均値ではない．

$I_{OUT}$ ：DC出力電流．

$I_{LIM}$ ：DC出力電流制限．

$I_{DP}$ ：キャッチ・ダイオードの順方向電流．これは不連続動作時にはピーク電流，また連続モード時にはスイッチ・オフ時間中の電流パルスの平均の値．

$I_{DA}$ ：完全な1スイッチング・サイクルでのキャッチ・ダイオードの順方向電流の平均値．$I_{DA}$はダイオードの発熱を計算するのに使用される．

$\Delta I$ ：インダクタのピーク・ツー・ピーク・リプル電流で，不連続モードではピーク電流となる．$\Delta I$は出力リプル電圧とインダクタ・コア損失を計算するために使用される．

$V_{P-P}$ ：ピーク・ツー・ピーク出力電圧リプル．これには，高速立ち上がり電流とコンデンサの寄生インダクタンスによって生じる"スパイク"は含まれない．

$t_{SW}$ ：これは実際の立ち上がり時間または立ち下がり時間ではなく，スイッチの電圧および電流の実効オーバラップ時間を表す．$t_{SW}$はスイッチの電力消費を計算するために使用される．

$L$ ：インダクタンス．通常，低いAC磁束密度およびDC電流ゼロの状態で測定される．AC磁束密度を大きくするとインダクタンスは最大30％まで増加し，大きなDC電流が流れると$L$が大幅に減少する（コアの飽和）場合があることに注意．

$B_{AC}$ ：インダクタ・コアのピークAC磁束密度で，ピーク・ツー・ピークAC磁束密度の半分に等しい値．ほとんどすべてのコア損失曲線はピーク磁束密度でプロットされるため，ピーク値が使用される．

$N$ ：タップ付きインダクタまたはトランスの巻き数比．各アプリケーションについて正確な$N$の定義に注意．

$\mu$ ：インダクタに使用されるコア材の実効透磁率．$\mu$は標準25～150．フェライト材はこれより高くなるが，通常は実効値をこの範囲に下げるためにギャップが設けられている．

$V_e$ ：コア材の実効体積[$cm^3$]．

$L_e$ ：コア磁路の実効長[cm]．

$A_e$ ：コアの実効断面積[$cm^2$]．

$A_w$ ：コアまたはボビンの巻き線部分の実効面積．

$L_t$ ：巻き線の1巻きあたりの平均長．

$P_{CU}$ ：巻き線抵抗に起因する電力消費．これには表皮効果は含まれない．

$P_C$ ：磁気コアでの電力損失．$P_C$はDC電流ではなく，インダクタのリプル電流にのみ依存する．

$E$ ：レギュレータ全体の効率．これは単に，出力電力÷入力電力．

# 正降圧（バック）コンバータ

図5.12の回路は，高い正入力電圧を低い正出力電圧に変換するのに使用されます．$V_{IN} = 20V$，$V_{OUT} = 5V$，$L = 50\mu H$，$I_{OUT} = 3A$での連続モード（インダクタ電流はゼロに低下しない），およびインダクタ電流がスイッチング・サイクルの一部でゼロに低下する不連続モード（$I_{OUT} = 0.17A$）の標準的な波形を図5.13に示します．連続モードでは出力電力が最大になりますが，大型インダクタが必要です．真の不連続モードでの最大出力電流は，スイッチ電流定格のわずか半分です．連続モード設計において負荷電流が低下すると，最終的には回路が不連続モードに入ります．LT1074はどちらのモードでも等しく良好に動作し，負荷電流が減少して不連続モードに移行しても性能に大きな変化はありません．

連続モードにおける降圧コンバータのデューティ・サイクルは次のとおりです．

$$DC = \frac{V_{OUT} + V_f}{V_{IN} - V_{SW}} = \frac{V_{OUT}'}{V_{IN}'} \tag{1}$$

$V_f$：キャッチ・ダイオードの順方向電圧
$V_{SW}$：オン状態のスイッチでの電圧損失

$V_f$と$V_{SW}$がわずかに変化することを除いて，デューティ・サイクルは負荷電流によって変化しません．

降圧コンバータは，負荷電流が次式の値と等しくなる時点で連続モードから不連続モードに移行します（デューティ・サイクルは低下し始める）．

$$I_{OUT(CRIT)} = \frac{V_{OUT}'(V_{IN}' - V_{OUT}')}{2\, V_{IN}' \cdot f \cdot L} \tag{2}$$

負荷過渡応答に不都合がある場合を除いて，軽負荷時の連続モード動作を保証するために$L$を増やす理由はありません．

図5.12の値と$V_{IN} = 25V$，$V_f = 0.5V$，$V_{SW} = 2V$を使用した場合：

$$DC = \frac{5 + 0.5}{25 - 2} = 24\% \tag{3}$$

$$I_{OUT(CRIT)} = \frac{5.5 \times (23 - 5.5)}{2 \times 23 \times 10^5 \times 50 \times 10^{-6}} = 0.42A$$

不連続モードでスイッチ・オフのサイクル中のある点で発生する"リンギング"は，単にインダクタと並列になっているキャッチ・ダイオードおよびスイッチの容量によって生じる共振です．このリンギングは有害ではなく，これを減衰させようとしても効率が無駄

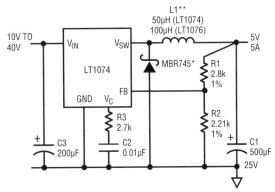

図5.12　基本的な正降圧コンバータ

なるだけです．リンギング周波数は，以下の式で与えられます．

$$f_{RING} = \frac{1}{2\pi\sqrt{L\,(C_{SW} + C_{DIODE})}} \tag{4}$$

$C_{SW} \fallingdotseq 80pF$
$C_{DIODE} = 200pF \sim 1000pF$

スイッチ・オフ時間中はダイオードが常に導通していて，効果的に共振を短絡するため，連続モードではオフ状態のリンギングは発生しません．

スイッチ波形の立ち上がりエッジを詳細に観察すると，通常20MHz〜50MHz付近の周波数で別の"リンギング"が見られる場合があります．これは入力コンデンサ，LT1074のリード，およびダイオードのリードを含むループのインダクタンスがキャッチ・ダイオードの容量と結合した結果から生じるものです．全長4インチのリード線のインダクタンスは約0.1$\mu H$になります．これが500pFのダイオード容量と結合して，減衰した25MHzの発振を引き起こし，高速の立ち上がりスイッチ電圧波形に重畳されます．前述したとおり，このリンギングは無害であり，リード線を短くする以外はこのリンギングを抑えようとしないでください．相互接続が非常に短く，かつ大容量のダイオードを使用したときのボード・レイアウトでは，オン時間中にスイッチ出力と共振してスイッチ出力で小振幅の発振を生じる同調回路を形成する場合があります．これはボード組み立て時に，ダイオード・リードのいずれか一方にフェライト・ビーズを入れると除去することが

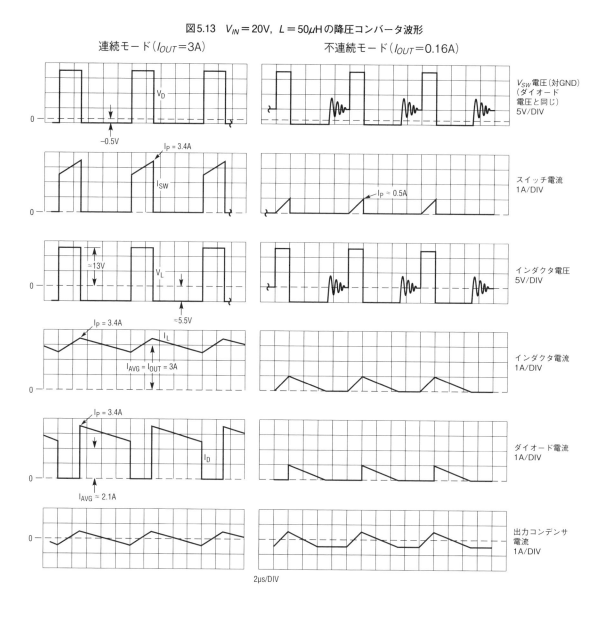

図5.13　$V_{IN}=20V$, $L=50\mu H$ の降圧コンバータ波形

できます.

　興味深いのは,標準のシリコン・ファストリカバリ・ダイオードは容量値が低く,低速ターンオフ特性のため効果的にダンプされるので,ほとんどリンギングが生じないことです.この低速ターンオフと大きな順方向電圧は電力損失が追加されることを表しているので,通常はショットキー・バリア・ダイオードが推奨されます.

　降圧コンバータの最大出力電流は,次式で与えられます.

連続モード

$$I_{OUT(MAX)} = I_M - \frac{V_{OUT}(V_{IN}-V_{OUT})}{2f \cdot V_{IN} \cdot L} \quad (5)$$

$I_M$：最大スイッチ電流(LT1074の場合は5.5A)
$V_{IN}$：DC入力電圧(最大)
$V_{OUT}$：出力電圧
$f$：スイッチング周波数

図示した例で,$L=50\mu H$ および $V_{IN}=25V$ の場合

$$I_{OUT(MAX)} = 5.5 - \frac{5\times(25-5)}{2\times10^5 \times 25 \times 50\times 10^{-6}}$$

$$= 5.1A \quad (6)$$

インダクタ・サイズを$100\mu$Hに増やしても最大出力電流は4％しか増加しませんが、これを$20\mu$Hに減らすと最大電流は4.5Aに低下することにご注意ください。出力電流が少ない場合は低いインダクタンス値を使用できますが、コア損失が増加します。

● インダクタ

降圧コンバータで使用されるインダクタは、エネルギー蓄積素子および平滑フィルタとして動作します。良好なフィルタリングとサイズおよびコストの間には、基本的なトレードオフがあります。LT1074で使用される標準的なインダクタ値は、$5\mu$Hから$200\mu$Hまでの範囲です。低い値のインダクタは低電力、最小サイズのアプリケーションに使用され、大きな値のインダクタは出力電力を大きくしたり、出力リプル電圧を小さくするのに使用されます。インダクタはコアの発熱を避けるために、少なくとも出力電流と同じ値の電流で定格が規定されていなければならず、リプル電流（どんな周波数でもVと$\mu$sの積で表される）にも制約があります。インダクタの選択と損失計算の詳細については、「インダクタの選択」のセクションを参照してください。

● 出力キャッチ・ダイオード

$D_1$はLT1074スイッチのオフ時に、$L_1$電流の経路を作るために使用されます。連続モード時に$D_1$を流れる電流は、デューティ・サイクル$(V_{IN} - V_{OUT})/V_{IN}$の出力電流と等しくなります。入力電圧が低い場合、$D_1$は50％以下のデューティ・サイクルで動作していることもあるでしょうが、ダイオードの放熱を抑えられる恩恵には十分に注意しなければなりません。まず、予想外の高い入力電圧はデューティ・サイクルを増加させます。しかし、さらに重要なのは出力短絡状態です。$V_{OUT}=0$のとき、どの入力電圧でもダイオードのデューティ・サイクルは約1です。また、電流制限時には、ダイオード電流は負荷電流ではなくLT1074のスイッチ電流制限によって決まります。連続的な出力短絡に耐えなければならない場合は、$D_1$は十分な定格と放熱能力を有していなければなりません。LT1074の7ピンおよび11ピン・バージョンでは、電流制限を低減してダイオードの消費電力を制限することができます。5ピン・バージョンでは、図5.20に示す手法を用いて正確な電流制限が可能です。

通常の状態では、$D_1$の消費電力は次式で与えられます。

$$P_{DI} = I_{OUT}\frac{V_{IN} - V_{OUT}}{V_{IN}}V_f \tag{7}$$

$V_f$は電流が$I_{OUT}$のときの$D_1$の順方向電圧です。ショットキー・バリア・ダイオードの順方向電圧は、ダイオードの最大定格電流で標準0.6Vなので、効率を維持して短絡状態時に余裕をもたせるために、出力電流の1.5～2倍の定格をもつダイオードを使用するのが通常の設計方法です。このディレーティングによって、$V_f$を約0.5Vに低下させることができます。

例：$V_{IN(MAX)}=25$V、$I_{OUT}=3$A、$V_{OUT}=5$Vで、$V_f=0.5$Vと仮定。

最大負荷時

$$P_{DI} = \frac{3\times(25-5)\times 0.5\text{V}}{25} = 1.2\text{W} \tag{8}$$

出力短絡時

$$P_{DI} = (約6\text{A})\times(DC=1)\times 0.6\text{V} = 3.6\text{W}$$

十分な放熱ができない場合は、出力短絡状態でダイオードの消費電力が大きくなるので、電流制限の調整が必要になる場合があります。

逆回復時間は無視できるほど短いと想定されるので、ダイオードのスイッチング損失は無視しています。標準シリコン・ダイオードを使用する場合、スイッチング損失は無視できません。これらは下記のように概算することができます。

$$P_{trr} \simeq V_{IN}\cdot f\cdot t_{rr}\cdot I_{OUT} \tag{9}$$

$t_{rr}$：ダイオード逆回復時間

例：同じ回路で$t_{rr}=100$nsの場合

$$P_{trr} = 25\times 10^5\times 10^{-7}\times 3 = 0.75\text{W} \tag{10}$$

急峻なターンオフ特性をもつダイオードは、この電力の大部分をLT1074のスイッチに伝送します。ソフトリカバリ・ダイオードは、ダイオード自体で多くの電力を消費します。

● LT1074の消費電力

LT1074には、入力電圧や負荷に関係なく約7.5mAの消費電流が流れます。スイッチ・オン時間中にはさらに5mAが追加されます。スイッチ自体は負荷電流にほぼ比例する電力を消費します。この電力は純粋な導通損失（スイッチ・オン電圧×スイッチ電流）と有限のスイッチ電流の立ち上がり時間および立ち下がり時間に起因するダイナミック・スイッチング損失によるものです。LT1074の電力消費は、以下のように計算できます。

$$P = V_{IN}(7\text{mA} + 5\text{mA} \times DC + 2 I_{OUT} \cdot t_{SW} \cdot f)$$
$$+ DC[I_{OUT} \times 1.8\text{V}^* + 0.1\Omega^* \times I_{OUT}{}^2] \quad (11)$$

$DC$：デューティ・サイクル $\fallingdotseq \dfrac{V_{OUT} + 0.5\text{V}}{V_{IN} - 2\text{V}}$

$t_{SW}$：スイッチ電圧および電流の実効オーバーラップ時間

$\fallingdotseq 50\text{ns} + (3\text{ns/A})(I_{OUT})$ （LT1074）

$\fallingdotseq 60\text{ns} + (10\text{ns/A})(I_{OUT})$ （LT1076）

例：$V_{IN} = 25\text{V}$, $V_{OUT} = 5\text{V}$, $f = 100\text{kHz}$, $I_{OUT} = 3\text{A}$ の場合

$$DC = \frac{5 + 0.5}{25 - 2} = 0.196 \quad (12)$$

$t_{SW} = 50\text{ns} + 3\text{ns/A} \times 3\text{A} = 59\text{ns}$

$P = 25 \times (7\text{mA} + 5\text{mA} \times 0.196 + 2 \times 3 \times 59\text{ns} \times 10^5)$
$+ 0.196 \times (3 \times 1.8 + 0.1 \times 3^2) \quad (13)$
$= \underline{0.21\text{W}} + \underline{0.89\text{W}} + \underline{1.24\text{W}} = 2.34\text{W}$

電源電流損失　スイッチ導通損失
ダイナミック・スイッチング損失

＊：LT1076 ＝ 1V，0.3Ω

● 入力コンデンサ（降圧コンバータ）

　入力電流は高速な立ち上がり/立ち下がり時間をもつ矩形波なので，降圧コンバータには通常，ローカル入力バイパス・コンデンサが必要です．このコンデンサはリプル電流定格で選択され，ESRとコンバータ入力電流のAC実効値によって生じる加熱を避けるために，容量が十分に大きくなければなりません．連続モードの場合：

$$I_{AC(\text{RMS})} = I_{OUT} \sqrt{\frac{V_{OUT}(V_{IN} - V_{OUT})}{V_{IN}{}^2}} \quad (14)$$

　ワースト・ケースは$V_{IN} = 2V_{OUT}$のときです．

　入力コンデンサでの電力損失は，高効率アプリケーションにおいてはわずかなものではありません．単純にコンデンサのRMS電流の2乗×ESRになります．

$$P_{C3} = I_{AC(\text{RMS})}{}^2 \cdot ESR \quad (15)$$

例：$V_{IN} = 20\text{V} \sim 30\text{V}$, $I_{OUT} = 3\text{A}$, $V_{OUT} = 5\text{V}$の場合．ワースト・ケースは$V_{IN} = 2V_{OUT} = 10\text{V}$のときなので，これに最も近い$V_{IN}$値である20Vを使用します．

$$I_{AC(\text{RMS})} = 3\text{A}\sqrt{\frac{5 \times (20 - 5)}{20^2}} = 1.3\text{A}_{\text{RMS}} \quad (16)$$

　入力コンデンサは，最小30Vの動作電圧と1.3Aのリプル電流で定格が規定されていなければなりません．リプル電流定格は最大周囲温度に応じて変化するため，データシートを慎重にチェックしてください．

　入力コンデンサはLT1074のごく近くに配置し，DC入力電圧が12V以下のときは短いリード（ラジアル・リード）を使用することが重要です．リード長1インチあたり2Vものスパイク電圧がレギュレータ入力に現れます．これらのスパイクの下端が約7V以下にまで達すると，レギュレータの動作が異常になります．ピン説明のところにある「$V_{IN}$ピン」を参照してください．

　ここで，コンデンサの値についての説明がないのを疑問に思うかもしれません．これはコンデンサの値がそれほど重要ではないためです．大容量電解コンデンサは10kHz以上の周波数で純粋に抵抗性（または誘導性）なので，バイパス・インピーダンスは抵抗性であり，ESRが支配的な要素です．LT1074で使用する入力コンデンサの場合，リプル電流定格に適合するものは，容量値に関係なく十分な"バイパス"を提供します．リプル電流定格が同じ場合，電圧定格が高い固体の容量値は小さくなりますが，一般に与えられたリプル電流/ESRに適合させるのに必要な体積は，広い容量/電圧定格範囲で一定です．このアプリケーション用に選択されたコンデンサのESRが0.1Ωの場合，電力損失は$1.3\text{A}^2 \times 0.1\Omega = 0.17\text{W}$となります．

● 出力コンデンサ

　降圧コンバータでは，出力リプル電圧はインダクタ値と出力コンデンサによって決まります．

連続モード　　　　　　　　　　　　　　　　(17)

$$V_{P-P} = \frac{ESR \cdot V_{OUT}\left(1 - \dfrac{V_{OUT}}{V_{IN}}\right)}{L_1 \cdot f}$$

不連続モード

$$V_{P-P} = ESR\sqrt{\frac{2I_{OUT} \cdot V_{OUT}(V_{IN} - V_{OUT})}{L \cdot f \cdot V_{IN}}}$$

　この式では出力コンデンサのESRだけを使用しています．それはコンデンサが10kHz以上の周波数で純粋に抵抗性であると仮定しているからです．インダクタ値が最初に決まれば，この式を整理してESRを求め，コンデンサの選択が可能です．

連続モード　　　　　　　　　　　　　　　　(18)

$$ESR_{(\text{MAX})} = \frac{V_{P-P} \cdot L_1 \cdot f}{V_{OUT}\left(1 - \dfrac{V_{OUT}}{V_{IN}}\right)}$$

不連続モード

$$ESR_{(MAX)} = V_{P-P} \sqrt{\frac{L \cdot f \cdot V_{IN}}{2I_{OUT} \cdot V_{OUT}(V_{IN} - V_{OUT})}}$$

ワースト・ケースの出力リプル電圧は入力電圧が最も高いときです．リプルは，連続モードの場合は負荷とは無関係ですが，不連続モードの場合には負荷電流の平方根に比例します．

**例**：$V_{IN(MAX)} = 25V$，$V_{OUT} = 5V$，$I_{OUT} = 3A$，$L_1 = 50\mu H$，$f = 100kHz$ の連続モードの場合．所要最大ピーク・ツー・ピーク出力リプルを25mVとする．

$$ESR = \frac{0.025 \times 50 \times 10^{-6} \times 10^5}{5 \times \left(1 - \frac{5}{25}\right)} = 0.03\,\Omega \quad (19)$$

$ESR$ が$0.03\Omega$ の10Vコンデンサは，容量が数$1000\mu F$ になりかねないため，サイズがかなり大きくなります．以下のトレードオフが考えられます．

A. ボード面積より部品の高さが重要な場合は複数のコンデンサを並列に配置する．
B. インダクタンスを増やす．高価なコア（モリーパーマロイなど）を使用すれば，サイズを大きくしないでインダクタンスを増やすことができる．
C. 出力フィルタの追加．追加部品がかなり低コストで，またメイン$L$ および$C$ の"小型化"も可能であり，余分に必要なスペースが少なくてすむため，多くの場合は最良の解決策．「出力フィルタ」のセクションを参照．

電流があらかじめインダクタでフィルタされるため，降圧コンバータの出力コンデンサではリプル電流は通常では問題になりませんが，特にコンデンサを"小型化"して出力フィルタを追加している場合は，最終的にコンデンサを選択する前にチェックする必要があります．出力コンデンサのRMSリプル電流は，次のとおりです．

連続モード (20)

$$I_{RMS} = \frac{0.29 \times V_{OUT}\left(1 - \frac{V_{OUT}}{V_{IN}}\right)}{L_1 \cdot f}$$

前の例から，

$$I_{RMS} = \frac{0.29 \times 5 \times \left(1 - \frac{5}{25}\right)}{50 \times 10^{-6} \times 10^5} = 0.23\,A_{RMS} \quad (21)$$

このリプル電流は十分に低いため問題ではありませんが，出力フィルタを追加してインダクタを1/2や1/3に小型化し，出力コンデンサを最小にした場合は変化することがあります．

不連続モードでのRMSリプル電流の計算は，ここでの説明には複雑すぎると判断しましたが，控えめな値は出力電流の1.5～2倍です．

出力リプルを小さくするには，出力リードでダイオード（$D_1$）電流とインダクタ電流が循環しないように，レギュレータの出力端子をコンデンサのリードに直接接続しなければなりません．

● **効率**

インダクタと出力フィルタによる損失を除くすべての損失が，この降圧レギュレータのセクションで発生します．使用した例は，25V入力，5V/3A出力です．計算された損失は，スイッチ1.24W，ダイオード1.2W，スイッチング時間0.89W，電源電流0.21W，および入力コンデンサ0.17Wです．出力コンデンサの損失は無視できます．これらすべての損失の合計は3.71Wです．インダクタ損失は本章の特記事項として後述します．このアプリケーションでは，インダクタの銅損失を0.3W，コア損失を0.15Wと仮定します．レギュレータ全体の損失は4.16Wです．効率は次のとおりです．

$$E = \frac{I_{OUT} \cdot V_{OUT}}{I_{OUT} \cdot V_{OUT} + \Sigma P_L}$$
$$= \frac{3A \times 5V}{3A \times 5V + 4.16} = 78\% \quad (22)$$

特定の損失項の改善やトレードオフを検討するときには，どれか一つの項を変更すると，変更分は効率の2乗を掛けた値でしか低下しません．たとえば，スイッチ損失が0.3W減少した場合，これは出力電力15Wの2%に相当しますが，効率は$2 \times 0.8^2 = 1.28\%$ しか改善されません．

● **出力分圧器**

$R_1$ と$R_2$ はDC出力電圧を設定します．$R_2$ はLT1074のリファレンス電圧2.21Vに合わせて，通常2.21kΩ（標準1%値）に設定され，1mAの分圧器電流が流れます．次に，$R_1$ は次式から計算されます．

$$R_1 = \frac{R_2(V_{OUT} - V_{REF})}{V_{REF}} \quad (23)$$

$R_2 = 2.21k\Omega$ の場合，$R_1 = (V_{OUT} - V_{REF})$ kΩです．

$R_2$ はそのほかのニーズに合わせて，いずれの方向にでもスケールできますが，短絡出力状態でもFBピン電圧による周波数シフト作用が確実に維持されるよう

上限は4kΩを推奨します．

● 出力オーバーシュート

2ポール$LC$回路は帰還ループに対してかなり低いユニティ・ゲイン周波数を必要とするので，スイッチング・レギュレータではしばしば起動時にオーバーシュートが発生します．LT1074はオーバーシュートの低減を図るために，スルーレートが非対称的な誤差アンプを備えていますが，$L_1C_1$と$C_2R_3$の組み合わせによっては依然として問題になる場合があります．オーバーシュートはすべての設計で，無負荷状態において最大入力電圧を印加し，出力をゼロからスルーさせることによってチェックしなければなりません．これは入力を変化させるか，または0V～10Vの矩形波に接続されたダイオードを通して，$V_C$ピンを"L"にすることによって実行できます．

ワースト・ケースのオーバーシュートは，$V_C$ピンが高クランプ状態から約1.3Vまでスルーしなければならないため，出力短絡からの回復時に発生する可能性があります．この状態は，出力を短絡して解放する手荒な方法で最も効果的にチェックできます．

過大な出力オーバーシュートが見られる場合，これを許容レベルまで低減する手順は，まず補償抵抗を増やしてみることです．誤差アンプの出力は，オーバーシュートを制御するために，高速で負にスルーしなければならず，このスルーレートは補償コンデンサによって制限されます．ただし，補償抵抗によりアンプ出力はスルー制限が始まる前に，下方に迅速に"変化"することができます．この変化の大きさは約1.1mA×$R_C$です．

$R_C$を3kΩまで増やせば，$V_C$ピンは非常に速く応答して出力オーバーシュートを制御することができます．

$R_C$ = 3kΩでループの安定性を維持できない場合は，他にいくつか方法があります．出力コンデンサの容量を増やすと，出力の立ち上がり時間が制限され短絡回復オーバーシュートが低減されます．電流制限を低くしても，同じ理由から有効です．補償コンデンサを0.05μF以下に減らすと，許容オーバーシュート時間中に$V_C$ピンが相当量をスルーできるので，オーバーシュートの低減に効果があります．

出力オーバーシュートに関する"最終的な解決策"は，$V_C$ピンをクランプして，出力をシャットオフするのに大きくスルーしなくてもよいようにすることです．通常動作時の$V_C$ピン電圧は，内部乗算器によって出力電圧を除くすべての構成要素から独立しているため，かなり正確にわかります．

$$V_C 電圧 \approx 2\phi + \frac{V_{OUT}}{24} \tag{24}$$

$\phi$：内部トランジスタの$V_{BE}$ = 0.65V − 2mV/℃

過渡状態および回路許容差を許容するために，$V_C$ピンのクランプ・レベルを計算するのに多少異なる式が使用されます．

$$V_{C(CLAMP)} = 2\phi + \frac{V_{OUT}}{20} + \frac{V_{IN(MAX)}}{50} + 0.2V \tag{25}$$

$V_{IN(MAX)}$ = 30Vで出力5Vの場合，

$$V_{C(CLAMP)} = 2 \times 0.65 + \frac{5}{20} + \frac{30}{50} + 0.2 \tag{26}$$

$$= 2.35V$$

**図5.14**に示すように，$V_C$ピンをクランプするにはいくつかの方法があります．最も簡単な方法は，単にクランプ・ツェナー($D_3$)を追加することです．ここでの問題は，肩電圧以下でリーク電流が少ない低電圧ツェナーを見つけることです．全温度範囲における最大ツェナー・リークは40μA（@$V_C$ = 2$\phi$ + $V_{OUT}$/20V）でなければなりません．一つの解決策は，計算したクランプ・レベルが2.5Vを越えないところでLM385-2.5Vマイクロパワー・リファレンス・ダイオードを使用することです．

二つめのクランプ方式は，電圧分割器とダイオード($D_4$)を使用することです．$V_X$は，レギュレータ出力電圧に依存しない準安定化電源でなければなりません．20Vまでの出力に対しては，第3の手法を使用することができます．$D_1$と$D_2$の2個のダイオードで$V_C$ピン

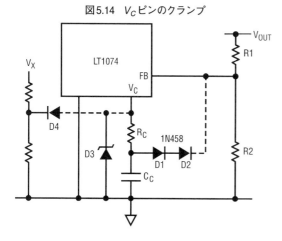

図5.14　$V_C$ピンのクランプ

をフィードバック・ピンにクランプします．これらは，順方向電圧が$\phi$と一致する金無添加の小信号スイッチング・ダイオードです．この理由は始動です．$V_C$は基本的に$V_{OUT}=0$のとき，出力分圧器を通してグラウンドにクランプされます．始動を保証するために，$V_C$は十分に上昇できなければなりません．フィードバック・ピンは，フィードバック・ピンと$V_C$ピンからの合流電流によって，$V_{OUT}=0$のときに約0.5Vになります．$V_C$電圧は$2\phi+0.5V+0.14mA\times R_C$になります．$R_C=1k\Omega$，$V_C=1.94V$の場合，これは始動を保証するのに十分です

### ● 無効なオーバーシュート対策

以下に述べる方法は，すでに試みて動作しないことがわかっています．最初は，出力電流または$V_C$電圧をゆっくり上昇させて実行されるソフト・スタートです．最初の問題は，出力がゆっくり上昇すると，$V_C$ピンが標準制御点を大きく越えてランプアップすることにより長く時間がかかるため，オーバーシュートを停止させるにはさらに低くスルーしなければならないことです．$V_C$ピン自体がゆっくり上昇した場合，入力スタートアップ・オーバーシュートを制御することができますが，入力シーケンスのすべての条件に対してソフト・スタートのリセットを保証するのは非常に困難になります．いずれの場合も，これらの手法では出力による"リセット"が得られないので，出力の過負荷に続くオーバーシュートの問題には対処できません．

もう一つの一般的な方法は，出力分圧器の上側の抵抗にコンデンサを並列に追加することです．これも限定された条件では良好に機能しますが，過負荷状態が発生して，出力が安定点よりわずかに低くなり，$V_C$ピンが正の制限値（約6V）に達すると無効になります．追加されたコンデンサは充電されたままで，$V_C$ピンは過負荷が解除されたときにオーバーシュートを制御するために，ほぼ5Vスルーしなければなりません．結果として生じるオーバーシュートは非常に大きく，しばしば致命的となります．

## タップ付きインダクタ降圧コンバータ

降圧コンバータの出力電流は通常，最大スイッチ電流に制限されますが，この制約は図5.15に示すとおり，タップ付きインダクタを用いることにより変更することができます．回路図に示すとおり，"入力"巻き線対"出力"巻き線の巻き数比は"N"です．タップの効果は，スイッチ・オン時間を延長して，スイッチ電流を増やさずに入力からより大きな電力を取り出すことです．スイッチ・オン時間中に$L_1$を通して出力に送られる電流はスイッチ電流と等しく，LT1074の場合は最大5.5Aです．スイッチがターンオフすると，インダクタ電流は$L_1$の"1"と表示された出力セクションだけを流れ，$D_1$を通して出力に流れます．インダクタでのエネルギー保存には$(N+1):1$の比による電流増加が必要です．$N=3$の場合，スイッチ・オフ時間中に出力に送

図5.15 タップ付きインダクタ降圧コンバータ

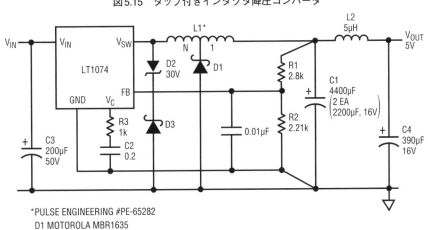

*PULSE ENGINEERING #PE-65282
D1 MOTOROLA MBR1635
D2 MOTOROLA P6KE30A
D3 1N5819

られる最大電流は$(3+1) \times 5.5\text{A} = 22\text{A}$です．平均負荷電流は5Aと22Aの加重平均値まで増加します．最大出力電流は次式で与えられます．

$$I_{OUT(MAX)} = \qquad (27)$$
$$0.95 \left[ I_{SW} - \frac{(V_{IN}' - V_{OUT}')(1+N)}{2L \cdot f \left(N + \frac{V_{IN}'}{V_{OUT}'}\right)} \right] \left[ \frac{N+1}{1 + \frac{N \cdot V_{OUT}'}{V_{IN}'}} \right]$$

$L$：全インダクタンス

最後の項$(N+1)/(1+N \cdot V_{OUT}/V_{IN})$は，基本スイッチ電流の乗算項です．入力電圧が高いとき，この項は$N+1$に接近し，理論的な出力電流は$N=3$の場合は18Aに接近します．入力電圧が低い場合，この乗算項は1に接近し，インダクタにタップを設ける利点はありません．したがって，最大負荷電流能力を計算するときは，常にワースト・ケースの低入力電圧を使用してください．0.95の乗算項は，副次的影響であるリーケージ・インダクタンスに相当する追加項です．

例：$V_{IN(MIN)} = 20\text{V}$，$N = 3$，$L = 100\mu\text{H}$，$V_{OUT} = 5\text{V}$，ダイオード$V_f = 0.55\text{V}$，$f = 100\text{kHz}$の場合．$I_{SW} = \text{LT1074}$の最大値 = 5.5A，$V_{OUT}' = 5\text{V} + 0.55\text{V} = 5.55\text{V}$，$V_{IN}' = 20\text{V} - 2\text{V} = 18\text{V}$とする．

$$I_{OUT(MAX)} = \qquad (28)$$
$$0.95 \left[ 5.5 - \frac{(18 - 5.55)(1+3)}{2 \times 10^{-4} \times 10^5 \times \left(3 + \frac{18}{5.55}\right)} \right] \left[ \frac{3+1}{1 + \frac{3 \times 5.55}{18}} \right]$$

タップ付きインダクタ・コンバータのデューティ・サイクルは，次式のとおりです．

$$DC = \frac{1+N}{N + \frac{V_{IN}'}{V_{OUT}'}} \qquad (29)$$

平均およびピーク・ダイオード電流は，次式のとおりです．

$$I_{D(AVG)} = \frac{I_{OUT}(V_{IN}' - V_{OUT}')}{V_{IN}'} \qquad (30)$$

（最大$V_{IN}'$を使用）

$$I_{D(PEAK)} = \frac{I_{OUT}(N \cdot V_{OUT}' + V_{IN}')}{V_{IN}'}$$

（最小$V_{IN}'$を使用）

スイッチ・オン時間中の平均スイッチ電流は，次式のとおりです．

$$I_{SW(AVG)} = \frac{I_{OUT}(N \cdot V_{OUT}' + V_{IN}')}{V_{IN}'(1+N)} \qquad (31)$$

（最小$V_{IN}'$を使用）

ダイオード・ピーク逆電圧は，次式のとおりです．

$$V_{DI(PEAK)} = \frac{V_{IN} + N \cdot V_{OUT}}{1 + N} \qquad (32)$$

（最大$V_{IN}$を使用）

スイッチの逆電圧は次式のとおりです．

$$V_{SW} = V_{IN} + V_Z + V_{SPIKE} \qquad (33)$$

（最大$V_{IN}$を使用）

$V_Z$：$D_2$の逆降伏電圧（30V）

$V_{SPIKE}$：急速なスイッチ・ターンオフ，および$C_3$，$D_2$，$D_3$，およびLT1074 $V_{IN}$ピン，スイッチ・ピンの浮遊配線インダクタンスによって生じる狭い（100ns以下）スパイク．この電圧スパイクは，全リード長1インチあたり約$I_{SW}/2$ [V]．

$V_{IN(MAX)} = 30\text{V}$，$I_{OUT} = 8\text{A}$で，最大出力電流例のパラメタを使用すると，

$$DC @ V_{IN} = 20\text{V} = \frac{1+3}{3 + \frac{18}{5.55}} = 64\% \qquad (34)$$

$$I_{D(AVG)} = \frac{8 \times (28 - 5.55)}{28} = 6.7\text{A}$$

$I_{D(PEAK)} @ V_{IN} = 20\text{V}$
$$= \frac{8 \times (3 \times 5.55 + 18)}{18} = 15.4\text{A}$$

$I_{SW(AVG)} @ V_{IN} = 20\text{V}$
$$= \frac{8 \times (3 \times 5.55 + 18)}{18 \times (1+3)} = 3.85\text{A}$$

これがオン時間中の平均スイッチ電流です．スイッチの電力損失を得るには，デューティ・サイクルとスイッチ電圧降下を乗算しなければなりません．全損失にはスイッチの立ち下がり時間も含まれます（立ち上がり時間損失は，$L_1$のリーク・インダクタンスのためにごくわずか）．

$$\begin{aligned} P_{SWITCH} &= I_{SW} \cdot DC(1.8\text{V} + 0.1\, I_{SW}) \\ &\quad + (V_{IN}' + V_Z) I_{SW} \cdot f \cdot t_{SW} \qquad (35) \\ &= 3.85 \times 0.64 \times (1.8 + 0.1 \times 3.85) \\ &\quad + (20 + 30) \times 3.85 \times 10^5 \times 62\text{ns} \\ &= 5.3\text{W} + 1.19\text{W} = 6.5\text{W} \end{aligned}$$

$t_{SW} = 50\text{ns} + 3\text{ns} \times I_{SW}$

$$V_{DI(PEAK)} = \frac{30 + 3.5}{1+3} = 11.25\text{V} \qquad (36)$$

$$V_{SW} = 30 + 30 + \frac{3.85}{2} \times 2^* = 64\text{V}$$

＊：リード長を2インチと仮定

● スナバ

タップ付きインダクタ・コンバータは，$L_1$のリーク・インダクタンスによって生じる負のスイッチング・スパイクを切り取るためにスナバ（$D_2$と$D_3$）を必要とします．このインダクタンス（$L_L$）は，タップを出力端子に短絡した状態で，タップとスイッチ（N）端子間で測定される値です．理論的に，短絡された巻き線は他のすべての端子に対して"ゼロ"Ωになるので，測定されるインダクタンスはゼロになります．実際には，バイファイラ巻きを使用しても，全インダクタンスに対して1%以上のリーケージ・インダクタンスがあります．これはPE-65282の場合は約1.2μHです．$L_L$は"N"部分の入力と直列になった個別インダクタンスとしてモデル化され，インダクタの残りの部分には結合しません．これによりスイッチオフ時にスイッチ・ピンに負のスパイクが発生します．$D_2$および$D_3$はスイッチの損傷を防止するために，このスパイクを切り取りますが，$D_2$は大きな電力を消費します．この電力は，スイッチのターンオフ時に$L_L$に保存されるエネルギー量（$E = I_{SW}^2 \cdot L_L/2$）にスイッチング周波数，および$D_2$電圧とインダクタ入力点での通常の逆電圧振幅間の電圧差に依存する乗算項を乗算した値に等しくなります．

$$P_{D2} = \frac{I_{SW}^2 \cdot L_L}{2} f \frac{V_Z}{V_Z - V_{OUT}' \cdot N} \tag{37}$$

この例では下記のように計算できます．

$$P_{D2} = \frac{3.85^2 \times (1.2 \times 10^{-6}) \times 10^5}{2} \left( \frac{30}{30 - 5.55 \times 3} \right) \tag{38}$$
$$= 2W$$

● 出力リプル電圧

タップ付きインダクタ・コンバータの出力リプルは，出力に供給される通常の三角波電流に方形波電流が重畳されるため，単純な降圧コンバータより高くなります．出力に供給されるピーク・ツー・ピーク・リプル電流は，次式のとおりです．

$$I_{P\text{-}P} = \frac{I_{OUT}(N \cdot V_{OUT} + V_{IN})N}{V_{IN}(1+N)} + \frac{(1+N)(V_{IN} - V_{OUT})}{f \cdot L \left( N + \frac{V_{IN}}{V_{OUT}} \right)} \tag{39}$$

（最小$V_{IN}$を使用）

RMSリプル電流の控えめな近似値は，ピーク・ツー・ピーク電流の半分です．

出力リプル電圧は単に出力コンデンサの$ESR \times I_{P\text{-}P}$です．この例で，$ESR = 0.03Ω$の場合，次のように計算できます．

$$I_{P\text{-}P} = \frac{8 \times (3 \times 5 + 20) \times 3}{20 \times (1+3)} + \frac{(1+3) \times (20-5)}{10^5 \times 10^{-4} \times \left(3 + \frac{20}{5}\right)} \tag{40}$$

$$= 11.4A$$
$$I_{RMS} = 5.7A$$
$$V_{P\text{-}P} = 0.03 \times 11.4 = 340mV$$

この高い値のリプル電流および電圧では，出力コンデンサについて若干の検討が必要です．大きなコンデンサにならないよう，複数の小型コンデンサを並列にして，5.7Aの組み合わせリプル電流定格を達成してください．このリプル電圧は，多くのアプリケーションにとってなお問題です．ただし，リプル電圧を50mVまで低減するには0.005Ω以下の$ESR$が必要ですが，これは非現実的な値です．代わりに，リプルを20:1以上に減衰させる出力フィルタが追加されています．

● 入力コンデンサ

入力バイパス・コンデンサは，リプル電流定格に従って選択されます．以下の式ではコンバータ入力リプル電流は入力コンデンサから供給されるものと仮定しています．RMS入力リプル電流の概算値は，次式のとおりです．

$$I_{IN(RMS)} \simeq \frac{I_{OUT} \cdot V_{OUT}'}{V_{IN}'(1+N)} \sqrt{(1+N)\left(\frac{V_{IN}'}{V_{OUT}'} - 1\right)} \tag{41}$$

（最小$V_{IN}$を使用）

$$= \frac{8 \times 5.5}{18 \times (1+3)} \sqrt{(1+3)\left(\frac{18}{5.5} - 1\right)}$$

$$= 1.84 A_{RMS}$$

入力コンデンサは100kHzでは純抵抗性であるため，容量値は特に重要ではありません．ただし，所要リプル電流および最大入力電圧に十分な定格が必要です．リード・インダクタンスを小さくするために，ラジアル・リード・タイプを使用するのがよいでしょう．

## 正-負コンバータ

LT1074は，入力電圧と出力電圧の合計が8Vの最小電源電圧定格より高く，最小正電源電圧が4.75Vの場合は，正電圧から負電圧への変換に使用することができます．図5.16は，LT1074を使用して5Vの負電圧を発生する回路です．このデバイスのグラウンド・ピンは負出力に接続されています．これによって，帰還分割器（$R_3$と$R_4$）を通常の形態で接続することができます．グラウンド・ピンが接地されていたなら，適切な帰還信号を生成するのに，何らかのレベル・シフトと反転が必要になるところです．

正-負コンバータは，伝達関数に"右半面ゼロ"があり，特に低入力電圧時に周波数を安定させるのがきわめて困難です．$R_1$，$R_2$，および$C_4$は，低入力電圧時にループの安定性を保証するためだけに基本設計に追加されました．これは，$V_{IN} > 10V$または$V_{IN}/V_{OUT} > 2$の場合は省略できます．DC出力電圧を計算するために，$R_1 + R_2$は$R_3$と並列に接続されています．これらの抵抗については，以下のガイドラインを使用してください．

$R_4 = 1.82\mathrm{k}\Omega$
$R_3 = |V_{OUT}| - 2.37\,[\mathrm{k}\Omega]$
$R_1 = R_3 \times 1.86$
$R_2 = R_3 \times 3.65$

$R_1$と$R_2$を省略した場合：

$R_4 = 2.21\mathrm{k}\Omega$
$R_3 = |V_{OUT}| - 2.21\,[\mathrm{k}\Omega]$

+12Vから−5Vへのコンバータでは，$R_4 = 2.21\mathrm{k}\Omega$，$R_3 = 2.74\mathrm{k}\Omega$になります．

推奨補償部品は，$C_3 = 0.005\mu F$を$0.1\mu F$と$1\mathrm{k}\Omega$の直列RCに並列接続したものです．

コンバータは，LT1074のスイッチがオンのとき，入力電圧で$L_1$を充電して動作します．スイッチのオフ時間中は，$D_1$を通してインダクタ電流が負出力に送られます．連続モード動作の場合，スイッチのデューティ・サイクルは次式のとおりです．

$$DC = \frac{V_{OUT}'}{V_{IN}' + V_{OUT}} \tag{42}$$

図5.16 正-負コンバータ

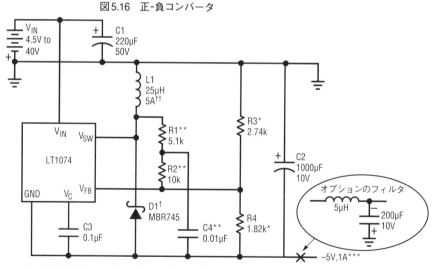

* = 1% フィルム抵抗
$D_1$ = MOTOROLA-MBR745
$C_1$ = NICHICON-UPL1C221MRH6
$C_2$ = NICHICON-UPL1A102MRH6
$L_1$ = COILTRONICS-CTX25-5-52

† 入力電圧がこれより低い場合は，逆電圧定格が低い整流器を使用できる
　出力電流がこれより低い場合は，電流定格が低いインダクタを使用できる

†† 出力電流がこれより低い場合は，低い電流定格が許容される

** $R_1$，$R_2$，$C_4$はループ周波数補償に使用されるが，$R_1$と$R_2$は出力電圧分圧値の計算に含めなければならない．出力電圧がこれより高い場合は，下記のとおり出力電圧に比例して$R_1$，$R_2$，$R_3$を増やすこと
　$R_3 = V_{OUT} - 2.37\,[\mathrm{k}\Omega]$
　$R_1 = R_3 \times 1.86$
　$R_2 = R_3 \times 3.65$

*** 最大出力電流1Aは，最小入力電圧4.5Vから求められる．最小入力電圧がこれより高い場合には，出力電流はこれより高くなる

($V_{OUT}$ には絶対値を使用)

連続モードのピーク・スイッチ電流は，次式のとおりです．

$$I_{SW(PEAK)} = \frac{I_{OUT}(V_{IN}' + V_{OUT}')}{V_{IN}'} + \frac{V_{IN}' \cdot V_{OUT}'}{2f \cdot L(V_{IN}' + V_{OUT}')} \quad (43)$$

与えられた最大スイッチ電流($I_M$)に対する最大出力電流を計算するために，これを次のように整理することができます．

$$I_{OUT(MAX)} = \frac{V_{IN}' - I_M \cdot R_L}{V_{IN}' + V_{OUT}'} \left[ I_M - \frac{V_{IN}' \cdot V_{OUT}'}{2f \cdot L(V_{IN}' + V_{OUT}')} \right] \quad (44)$$

(最小 $V_{IN}'$ を使用)

$I_M \cdot R_L$ の項が追加されています．この項はインダクタの直列抵抗($R_L$)に該当し，低入力電圧時に大きな損失になる可能性があります．

最大出力電流は入力電圧と出力電圧に依存し，本質的に一定の出力電流を供給する降圧コンバータとは異なります．掲載されている回路は，$V_{IN}$ = 30Vで4A以上を供給しますが，$V_{IN}$ = 5Vでは1.3Aです．$I_{OUT(MAX)}$ の式には，コンデンサのリプル電流，スイッチの立ち上がり時間と立ち下がり時間，コア損失，出力フィルタなど，2次的損失の項は含まれていません．これらの要因によって，低入力電圧や低出力電圧時に最大出力電流が最大10%低下することがあります．図5.17に各種出力電圧に対する $I_{OUT(MAX)}$ と入力電圧の関係を示します．これは，$V_{OUT}$ = −5Vのときに25$\mu$H，$V_{OUT}$ = −12Vのときに50$\mu$H，そして $V_{OUT}$ = −25Vのときに100$\mu$Hのインダクタを想定しています．

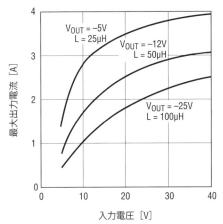

図5.17 正-負コンバータの最大出力電流

絶対的に最小サイズの回路が必要で，負荷電流がそれほど高くない場合は，不連続モードを使用できます．規定される負荷に対して必要な最小インダクタンスは，次のとおりです．

$$L_{MIN} = \frac{2 I_{OUT} \cdot V_{OUT}'}{I_M^2 \cdot f} \quad (45)$$

不連続モードでは供給可能な最大負荷電流があります．この電流を越えると $L_{MIN}$ の式は無効です．不連続モードでの最大負荷電流は，次式のとおりです．

不連続モード

$$I_{OUT(MAX)} = \frac{V_{IN}'}{V_{IN}' + V_{OUT}'} \frac{I_M}{2} \quad (46)$$

(最小 $V_{IN}$ を使用)

例：$V_{OUT}$ = 5V，$I_M$ = 5A，$f$ = 100kHz，負荷電流 = 0.5A とする．ダイオード順方向電圧 = 0.5V，$V_{OUT}'$ = 5.5V，$V_{IN}$ = 4.7V〜5.3V，$V_{IN}'$ (MIN) = 4.7V − 2.3V = 2.4V と仮定．

$$I_{OUT(MAX)} = \frac{2.4}{2.4 + 5.5} \times \frac{5}{2} = 0.76A \quad (47)$$

0.5Aの所要負荷電流は，0.76Aの最大値より少ないため，不連続モードを使用することができます．

$$L_{MIN} = \frac{2 \times 0.5 \times 5.5}{5^2 \times 10^2} = 2.2\mu H \quad (48)$$

スイッチング周波数とインダクタンスの製造上のバラツキに対して最大負荷電流を保証するには，3$\mu$Hを使用しなければなりません．

最小インダクタンスの式は，インダクタでの高いピーク電流を想定しています(約5A)．最小インダクタンスを使用する場合，インダクタは飽和しないで高いピーク電流を処理できるものを指定しなければなりません．高リプル電流によって，比較的高いコア損失と出力リプル電圧も生じるため，インダクタを小型化するときには，何らかの決断が必要です．詳細は「インダクタの選択」のセクションを参照してください．

不連続モードでのピーク・インダクタおよびスイッチ電流を計算するには，次式を用います．

$$I_{PEAK} = \sqrt{\frac{2 I_{OUT} \cdot V_{OUT}'}{L \cdot f}} \quad (49)$$

● 入力コンデンサ

$C_1$ は正-負コンバータに流れる大きな方形波のスイッチング電流を吸収するために使用されます．このコンデンサは，RMSリプル電流を処理し，特に5V入力時

にスイッチ・オン時間中の入力電圧の"落ち込み"を避けるために，ESRが低くなければなりません．リプル電流条件と動作電圧条件を満足していれば，容量値は特に重要ではありません．コンデンサのRMSリプル電流は，次式で表すことができます．

連続モード

$$I_{RMS} = I_{OUT}\sqrt{\frac{V_{OUT}'}{V_{IN}'}} \quad (50)$$

（最小$V_{IN}$を使用）

不連続モード*

$$I_{RMS} = \quad (51)$$

$$\frac{I_{OUT} \cdot V_{OUT}'}{V_{IN}'}\sqrt{\frac{1.35\left(1-\frac{m}{2}\right)^3}{m} + 0.17m^2 + 1 - m}$$

$$m = \frac{1}{V_{IN}'}\sqrt{2L \cdot f \cdot I_{OUT} \cdot V_{OUT}'}$$

＊：この式は計算機を使用する学生向けのテスト

例：$V_{IN} = 12V$, $V_{OUT} = -5V$, $I_{OUT} = 1A$, $V_{OUT}' = 5.5V$，および$V_{IN}' = 10V$の連続モード設計の場合．

$$I_{RMS} = 1 \times \sqrt{\frac{5.5}{10}} = 0.74 A_{RMS} \quad (52)$$

ここで，同じ条件で$L = 5\mu H$, $f = 100kHz$の不連続モード設計に変更した場合．

$$m = \frac{1}{10}\sqrt{2 \times 10 \times 10^{-6} \times 10^5 \times 1 \times 5.5} = 0.33$$

$$I_{RMS} = \frac{1 \times 5.5}{10} \quad (53)$$
$$\times \sqrt{\frac{1.35 \times (1-0.165)^3}{0.33} + 0.17 \times 0.33^2 + 1 - 0.33}$$
$$= 0.96 A_{RMS}$$

不連続モードではインダクタ・サイズが小さくなりますが，リプル電流の増加分を処理するために大容量の入力コンデンサが必要になる場合があります．リプル電流が30％増加すると，コンデンサのESRでの発熱が70％増加します．

● 出力コンデンサ

正-負コンバータのインダクタは，フィルタとしては動作しません．これは入力から出力にエネルギーを転送することができるように，単にエネルギー保存デバイスとして動作しているだけです．したがって，すべてのフィルタリングは出力コンデンサによって行われるので，出力コンデンサは十分なリプル電流定格と低いESRをもっていなければなりません．連続モードでの出力リプル電圧には，三つの主要成分が含まれています．すなわち，スイッチ電流の立ち上がり／立ち下がりレート×出力コンデンサの実効直列インダクタンス（ESL）に等しいスイッチ遷移での"スパイク"，負荷電流とコンデンサのESRに比例する矩形波，およびインダクタ値とESRによって決まる三角波成分です．スパイクは標準で100ns以下と非常に狭く，コンバータと負荷間のプリント基板トレースのインダクタンスと負荷バイパス・コンデンサの組み合わせによって生じる寄生フィルタでしばしば"消滅"します．オシロスコープでこれらのスパイクを観測するときは，細心の注意が必要です．コンバータ出力にスパイクがないときでも，コンバータ巻き線での電流変化によって生じる磁界がスクリーン上に"スパイク"を発生します．詳細は「オシロスコープ・テクニック」のセクションを参照してください．

方形波および三角波出力リプル電圧のピーク・ツー・ピークの和は，次式で表すことができます．

$$V_{P-P} = \quad (54)$$
$$ESR\left[\frac{I_{OUT}(V_{IN}' + V_{OUT}')}{V_{IN}'} + \frac{V_{OUT}' \cdot V_{IN}'}{2(V_{OUT} + V_{IN})f \cdot L}\right]$$

（最小$V_{IN}'$を使用）

例：$V_{IN} = 5V$, $V_{OUT} = -5V$, $L = 25\mu H$, $I_{OUT(MAX)} = 1A$, $f = 100kHz$の場合．$V_{IN}' = 2.8V$, $V_{OUT}' = 5.5V$，および$ESR = 0.05\Omega$と仮定．

$$V_{P-P} = \quad (55)$$
$$0.05\left[\frac{1 \times (2.8+5.5)}{2.8} + \frac{5.5 \times 2.8}{2 \times (5.5+2.8) \times 10^5 \times 25 \times 10^{-6}}\right]$$
$$= 172 mV$$

アプリケーションによっては，このやや高目のリプル電圧を許容できる場合もありますが，一般的にはリプル電圧は50mV以下まで低減することが必要です．出力フィルタが記載されているように，単にESRを低減してこれを達成するのは非実用的です．フィルタ部品は比較的小型かつ低コストであり，メイン出力コンデンサ$C_2$のサイズを小型化できるとなればさらに効果的です．詳細は「出力フィルタ」のセクションを参照してください．

$C_2$は，リプル電流とESRを考慮して選択しなければなりません．出力コンデンサのリプル電流は次式で与えられます．

連続モード

$$I_{RMS} = I_{OUT}\sqrt{\frac{V_{OUT}'}{V_{IN}'}} \quad (56)$$

不連続モード

$$I_{RMS} = \quad (57)$$
$$I_{OUT}\sqrt{\frac{0.67(I_P - I_{OUT})^3}{I_{OUT} \cdot I_P^2} + \frac{0.67 I_{OUT}^2}{I_P^2} + 1 - \frac{2I_{OUT}}{I_P}}$$

$I_P$：ピーク・インダクタ電流 $= \sqrt{\dfrac{2I_{OUT} \cdot V_{OUT}'}{L \cdot f}}$

連続モードの例

$$I_{RMS} = 1\text{A} \times \sqrt{\frac{5.5}{2.8}} = 1.4\text{A}_{RMS} \quad (58)$$

$I_{OUT} = 0.5$Aで，3$\mu$Hのインダクタを使用する不連続モードの場合．

$$I_P = \sqrt{\frac{2 \times 0.5 \times 5.5}{3 \times 10^{-6} \times 10^5}} = 4.28 \quad (59)$$

$$I_{RMS} =$$
$$0.5 \times \sqrt{\frac{0.67 \times (4.28 - 0.5)^3}{0.5 \times 4.28^2} + \frac{0.67 \times 0.5^2}{4.28^2} + 1 - \frac{2 \times 0.5}{4.28}}$$
$$= 1.09\text{A}_{RMS}$$

この不連続モードの例では，出力コンデンサのリプル電流は，DC出力電流の2倍以上です．不連続モードではインダクタ・サイズを小型化できますが，リプル電流条件を満足するために，入力と出力に大容量コンデンサが必要なため，この効果が相殺されることがあります．

● 効率

この正-負コンバータの効率は，入力電圧と出力電圧が高い場合にはかなり高く（90％以上）なりますが，入力電圧が低い場合はかなり低くなることがあります．連続モード設計の場合の損失を以下に要約します．不連続モードでの損失を解析して表現するのははるかに困難ですが，標準的に連続モードより1.2～1.3倍高くなります．

スイッチの導通損失：$P_{SW(DC)}$

$$P_{SW(DC)} = \quad (60)$$
$$\frac{I_{OUT} \cdot V_{OUT}'}{V_{IN}'}\left[1.8\text{V} + \frac{0.1 \times I_{OUT}(V_{OUT}' + V_{IN}')}{V_{IN}'}\right]$$

過渡スイッチ損失：$P_{SW(AC)}$ (61)

$$P_{SW(AC)} = \frac{I_{OUT}(V_{OUT}' + V_{IN}')^2 \cdot 2t_{SW} \cdot f}{V_{IN}'}$$

ここで，$t_{SW} = 50\text{ns} + 3\text{ns}(V_{OUT}' + V_{IN}')/V_{IN}'$．LT1074の消費電流によって，$P_{SUPPLY}$と呼ばれる損失が生じます．

$$P_{SUPPLY} = (V_{IN}' + V_{OUT}')\frac{7\text{mA} + 5\text{mA} \times V_{OUT}'}{V_{OUT}' + V_{IN}'} \quad (62)$$

キャッチ・ダイオード損失：$P_{DI} = I_{OUT} \cdot V_f$

ここで，$V_f$は以下の式に等しい電流値での$D_1$の順方向電圧です．

$I_{OUT}(V_{OUT}' + V_{IN}')/V_{IN}'$

コンデンサの損失は，RMSリプル電流を計算し，それにコンデンサのESRを乗算して求めることができます．インダクタの損失は，銅（導線）損失とコア損失の和です

$$P_{L1} = R_L\left[\frac{I_{OUT}(V_{OUT}' + V_{IN}')}{V_{IN}'}\right]^2 + P_{CORE} \quad (63)$$

$R_L$：インダクタの銅抵抗

インダクタのコア材がわかれば，$P_{CORE}$を計算することができます．「インダクタの選択」のセクションを参照してください．

例：$V_{IN} = 12$V，$V_{OUT} = -12$V，$I_{OUT} = 1.5$A，$f = 100$kHzの場合．$R_L = 0.04\Omega$で$L_1 = 50\mu$Hとする．入力および出力コンデンサのESRを0.05$\Omega$と仮定．$V_{IN}' = 12\text{V} - 2\text{V} = 10\text{V}$，$V_{OUT}' = 12\text{V} + 0.5\text{V} = 12.5\text{V}$

$$P_{SW(DC)} = \quad (64)$$
$$\frac{1.5 \times 12.5}{10}\left[1.8 + \frac{0.1 \times 1.5 \times (12.5 + 10)}{10}\right] = 4\text{W}$$

$$P_{SW(AC)} =$$
$$\frac{1.5(12.5 + 10.5)^2}{10}\left[2(50\text{ns} + 3\text{ns})\frac{12.5 + 10}{10}\right]10^5$$
$$= 0.86\text{W}$$

$$P_{SUPPLY} = (12 + 12)\left(7\text{mA} + \frac{5\text{mA} \times 12.5}{12.5 + 10}\right) = 0.23\text{W}$$

$P_{DI} = 1.5 \times 0.5 = 0.75$W

$$I_{RMS(\text{INPUT CAP})} = 1.5\sqrt{\frac{12.5}{10}} = 1.68\text{A}_{RMS}$$

$P_{C3} = 1.68^2 \times 0.05 = 0.14$W

$$I_{RMS(\text{OUTPUT CAP})} = I_{OUT}\sqrt{\frac{12.5^2 + 12.5 \times 10}{10 \times (12.5 + 10)}} = 1.68\text{A}_{RMS}$$

$P_{C1} = 1.68^2 \times 0.05 = 0.14$W

$$P_{L1} = 0.04\left[\frac{1.5(12.5 + 10)}{10}\right]^2 = 0.46\text{W}$$

$P_{CORE} = 0.2W$ と仮定

効率 $= \dfrac{I_{OUT} \cdot V_{OUT}}{I_{OUT} \cdot V_{OUT} + \Sigma P_{LOSS}}$

$\Sigma P_{LOSS} =$
$4 + 0.86 + 0.23 + 0.75 + 0.14 + 0.14 + 0.46 + 0.2$
$= 6.78W$

効率 $= \dfrac{1.5 \times 12}{1.5 \times 12 + 6.78} = 73\%$

## 負昇圧コンバータ

注：このセクションの式はすべて，$V_{IN}$および$V_{OUT}$の絶対値を使用しています．

LT1074はグラウンド・ピンを負出力に接続すれば負昇圧コンバータ（図5.18）として構成できます．これにより，安定化出力が少なくとも8Vあれば，レギュレータは最小4.75Vの低い入力電圧で動作できます．従来の接続と同様に，$R_1$と$R_2$で出力電圧を設定し，$R_1$は次式から選択します．

$$R_1 = \dfrac{V_{OUT} \cdot R_2}{V_{REF}} - R_2 \qquad (65)$$

昇圧コンバータでは信号経路の先頭部分に"右半面ゼロ"があるため，$L_1$はこの"ゼロ"周波数を最大にするために小さい値になります．$L_1$の値が大きいと，特に低い入力電圧においてレギュレータを安定化させる

ことが困難になります．$V_{IN} > 10V$の場合，$L_1$を$50\mu H$まで増やすことができます．

昇圧コンバータには，覚えておきたい二つの重要な特性があります．まず，入力電圧が出力電圧を越えることはできません．さもないと，出力は$D_1$により安定化されない高い電圧に引き上げられます．次に，出力を入力以下の電位にすることはできません．さもないと，$D_1$は入力電源を引き込みます．この理由から，何らかの形のヒューズが用意されていない限り，昇圧コンバータは通常は短絡保護されているとは考えられません．ヒューズを使用していても，入力電源に非常に大きなサージ電流が流れる可能性がある場合は，$D_1$が損傷するおそれがあります．

昇圧コンバータは，出力負荷電流よりもはるかに大きなスイッチ電流を必要とします．ピーク・スイッチ電流は次式で与えられます．

$$I_{SW(PEAK)} = \qquad\qquad (66)$$
$$\dfrac{I_{OUT} \cdot V_{OUT}'}{V_{IN}'} + \dfrac{V_{IN}'(V_{OUT}' - V_{IN}')}{2L \cdot f \cdot V_{OUT}'}$$

図5.18の回路で，$V_{IN} = 5V$，$(V_{IN}' \approx 3V)$，$V_{OUT}' \approx 15.5V$，出力負荷0.5Aの場合

$$I_{SW(PEAK)} = \qquad\qquad (67)$$
$$\dfrac{0.5A \times 15.5}{3} + \dfrac{3 \times (15.5 - 3)}{2 \times 25\mu H \times 10^5 \times 15.5} = 3.07A$$

この式を整理して，与えられた最大スイッチ電流

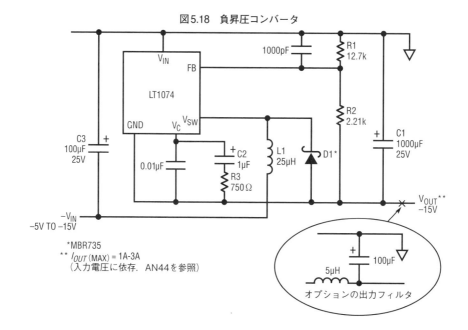

図5.18 負昇圧コンバータ

*MBR735
** $I_{OUT}$(MAX) = 1A-3A
（入力電圧に依存．AN44を参照）

($I_M$) に対する最大負荷電流を求めることができます.

$$I_{OUT(MAX)} = \frac{I_M \cdot V_{IN}'}{V_{OUT}'} - \left(\frac{V_{IN}'}{V_{OUT}'}\right)^2 \frac{V_{OUT}' - V_{IN}'}{2L \cdot f} \quad (68)$$

$I_M$ = 5.5Aの場合,この式によって$V_{IN}$ = 4.5Vのとき0.82A,$V_{IN}$ = 8Vのとき1.8A,$V_{IN}$ = 12Vのとき3.1Aが得られます.

スイッチ電流が出力電流よりはるかに大きいという意味は,スイッチ・オフ時間中にのみ電流が出力に供給されるということです.入力電圧が低いとき,全スイッチ・サイクルに占めるスイッチ・オンの割合が高く,電流はわずかな時間のみ出力に送られます.スイッチのデューティ・サイクルは,次式で与えられます.

$$DC = \frac{V_{OUT}' - V_{IN}'}{V_{OUT}'} \quad (69)$$

$V_{IN}$ = 5V,$V_{OUT}$ = 15V,$V_{IN}'$ ≒ 3V,$V_{OUT}'$ = 15.5Vの場合,

$$DC = \frac{15.5 - 3}{15.5} = 81\% \quad (70)$$

ピーク・インダクタ電流は,ピーク・スイッチ電流と同じ値です.連続モードでの平均インダクタ電流は,次式と等しくなります.

$$I_{L(AVG)} = \frac{I_{OUT} \cdot V_{OUT}'}{V_{IN}'} \quad (71)$$

$V_{IN}$ = 5Vの場合,0.5Aの負荷電流は2.6Aのインダクタ電流を必要とします.

高いスイッチ電流に加えて,昇圧コンバータには出力負荷電流よりも大きなDC入力電流が流れることを心に留めておいてください.コンバータの平均入力電流は,次式のとおりです.

$$I_{IN(DC)} \fallingdotseq \frac{I_{OUT} \cdot V_{OUT}'}{V_{IN}'} \quad (72)$$

$I_{OUT}$ = 0.5A,$V_{IN}$ = 5V($V_{IN}'$ ≒ 3V)のとき,

$$I_{IN(DC)} = \frac{0.5 \times 15.5}{3} = 2.6A \quad (73)$$

この式はインダクタ,出力コンデンサなどの2次的損失の項を考慮していないため,いくらか楽観的です.実際の入力電流は3A近くと考えられます.使用する電源が,要求される昇圧コンバータの入力電流を供給できることを確認してください.

● 出力ダイオード

$D_1$を流れる平均電流は出力電流と等しくなります

が,ピーク・パルス電流はピーク・スイッチ電流と等しく,出力電流の何倍にもなる可能性があります.$D_1$の定格値は,控え目にみても出力電流の2〜3倍でなければなりません.

● 出力コンデンサ

昇圧コンバータの出力コンデンサは高いRMSリプル電流を扱うため,$C_1$を選択する際にはしばしば決定的要素になります.RMSリプル電流の概算値は,次式のとおりです.

$$I_{RMS(C1)} \fallingdotseq I_{OUT} \sqrt{\frac{V_{OUT}' - V_{IN}'}{V_{IN}'}} \quad (74)$$

$I_{OUT}$ = 0.5A,$V_{IN}$ = 5Vの場合,

$$I_{RMS} \fallingdotseq 0.5 \sqrt{\frac{15.5 - 3}{3}} = 1A_{RMS} \quad (75)$$

$C_1$のリプル電流定格は$1A_{RMS}$でなければなりません.実際の容量値は厳密でなくてもかまいません.コンデンサのESRは出力リプル電圧を決定します.

● 出力リプル

昇圧コンバータは,出力コンデンサに高いパルス電流を供給するため出力リプルが大きくなる傾向があります.

$$V_{P-P} = ESR\left[\frac{I_{OUT} \cdot V_{OUT}'}{V_{IN}'} + \frac{V_{IN}'(V_{OUT}' - V_{IN}')}{2L \cdot f \cdot V_{OUT}'}\right] \quad (76)$$

この式は連続モード動作を仮定しています.そして$C_1$のインダクタンスは無視しています.実際の動作では,$C_1$のインダクタンスによって出力に"スパイク"が生じますが,これは出力フィルタで除去しなければなりません.スパイクだけを除去する必要がある場合,このフィルタは数インチの出力ワイヤか基板トレースと,小型固体タンタル・コンデンサで構成した簡単なもので間に合います.基本波を大幅に低減する必要がある場合は,フィルタ・インダクタが必要です.「出力フィルタ」のセクションを参照してください.

図5.18の回路で,$I_{OUT}$ = 0.5A,$V_{IN}$ = 5Vで出力コンデンサのESRが0.05Ωの場合,次のように計算できます.

$$V_{P-P} = \quad (77)$$
$$0.05\left[\frac{0.5 \times 15.5}{3} + \frac{3 \times (15.5 - 3)}{2 \times 25 \times 10^{-6} \times 10^5 \times 15.5}\right]$$
$$= 153mW$$

● 入力コンデンサ

昇圧コンバータは，入力電流パルスについては降圧または反転コンバータよりも良好です．入力電流はDCレベルに三角波リプルが重畳されたものです．入力電流リプルのRMS値は，次式のとおりです．

$$I_{RMS(C3)} \fallingdotseq \frac{V_{IN}'(V_{OUT}' - V_{IN}')}{3L \cdot f \cdot V_{OUT}'} \tag{78}$$

負荷電流がコンバータを連続モードに保持できるだけ高いものと仮定すれば，リプル電流は負荷電流とは無関係です．図5.18のコンバータで$V_{IN} = 5V$の場合，次のように計算できます．

$$I_{RMS} = \frac{3 \times (15.5 - 3)}{3 \times 25 \times 10^{-6} \times 10^5 \times 15.5} \tag{79}$$
$$= 0.32A_{RMS}$$

$C_3$はサイズを小さくするために，リプル電流を基準にして選択することができます．$C_3$の値が大きいと，入力電源に戻る伝導EMIが少なくなります．

## インダクタの選択

スイッチング・レギュレータ用インダクタの選択には，五つの主な基準があります．まず，最も重要なことは実際のインダクタンス値です．インダクタンス値が小さすぎる場合は出力電力が制限されます．インダクタンスが大きすぎると，物理的サイズが大きくなり過渡応答が劣化します．2番目は，インダクタは負荷電流より大幅に大きくなる可能性があるRMS電流とピーク電流を処理できなければなりません．ピーク電流はコア飽和（起きるとインダクタンスが失われます）によって制限されます．RMS電流は巻き線の発熱の影響によって制限されます．同様に重要なのは，コア自体の発熱の影響を決定するピーク・ツー・ピーク電流です．3番目は，多くのアプリケーションでインダクタの物理的サイズ，または重量も重要になることがあります．4番目は，インダクタの電力損失は，特にスイッチング周波数が高いときに，レギュレータの効率に大きな影響を与える可能性があります．最後に，インダクタの価格は具体的な製造方法やコア材に大きく依存し，全体の寸法，効率，実装性，EMI，および形状に影響を与えます．たとえば，"最小サイズ"アプリケーションでより高価なコア材が必要な場合は，大幅にコスト高になることがあります．

価格とサイズの問題は，高い周波数において特に複雑です．部品サイズを小さくするには高い周波数が使用されますが，実際に必要なインダクタンス値は周波数に反比例します．小型高周波インダクタでの問題は，リプル電流が一定の場合には，周波数が高くなると全コア損失がわずかに増加し，この電力はより小さなコアで消費されるため，温度上昇と効率によって，小型化が制限される場合があります．また，コアのサイズが小さいほど巻き線用のスペースが少なくなるため，ワイヤ損失が増加する可能性があります．この問題の解決法は，良いコア材を見つけることしかありません．一般的な低コストのインダクタは鉄粉コアを使用しており，これは非常に低コストです．これらのコアは標準磁束密度が300ガウスの場合，40kHzにおいてはほどよい損失を示します．100kHzでは，コア損失がこれらの磁束密度では許容できないほど高い値になる可能性があります．磁束密度を低くするには大きなコアが必要なので，高周波数でのインダクタンス低減による利点が一部失われます．

"高磁束"のモリパーマロイを使用したKool Mμ（Magnetics, Inc.製），およびフェライト・コアは，コア損失がかなり低く，高い磁束密度のまま100kHz以上で使用可能ですが高価です．ここでの基本的な教訓は，コストを削減し，サイズと効率の目標を達成するには，インダクタの選択に配慮することが非常に重要であるということです．以下のセクションで示すように，与えられたコア材の全コア損失は物理的寸法や形状ではなく，ほぼ完全に周波数とインダクタンス値によって決まることを示す特別な公式が開発されました．この公式は，与えられたコア損失を達成するために必要なインダクタンスを求めるように整理されており，標準的な100kHz降圧コンバータで低コストの鉄粉コアを使用する場合は，インダクタンスを必要最小値の3倍に増やさなければならないことを示しています．

"標準的な"スイッチング・レギュレータのインダクタはトロイダルです．この形状は線を巻くのは最も困難ですが，コアの利用に優れており，さらに重要なことはEMIの外縁磁界が低いことです．棒状またはドラム状のインダクタは，外縁磁界が非常に大きく，2次出力フィルタとしての用途が考えられる以外は推奨されません．"E-E"または"E-C"分割コアで作られたインダクタは，個別のボビンに巻くことは容易ですが，トロイダルより高さが高く，高価になる傾向があります．"ポット"コアは巻き線とコアの位置が逆になって

います(コアが巻き線を取り囲んでいる).これらのコアは最良のEMIシールド効果を発揮しますが,体積が大きく高価になる傾向があります.また,巻き線がコアの内側に収められているため温度上昇が大きくなります.現在,特別に高さの低い分割コア(TDK製の"EPC"など)が,多様なサイズで提供されています.電力/体積比の観点からは,ECコアほど効率的ではありませんが,これらのコアは高さに制約のあるアプリケーションにとって魅力的です.

インダクタを選択する最良の方法は,最初に最小値の制限を計算することです.これらの制限値は,最大許容スイッチ電流,最大許容損失,および不連続モード対連続モード動作の必要性によって課されます(別項のこれら二つのモードに関連する検討結果の説明を参照のこと).最小値が確定したらインダクタの動作条件,つまりRMS電流,ピーク・ツー・ピーク・リプル電流,およびピーク電流を確立するための計算を行います.これらの情報を用いて,計算したすべての要求条件を満足するか,または適度にそれに近い"標準"インダクタを選択します.次に,選択したインダクタの物理寸法と価格を確認します.スペース,高さ,およびコストが許容される"計画値"に適合する場合は,インダクタンスを増やして,さらに高い効率,低い出力リプル,低い入力リプル,高い出力電力のうちの一つ,あるいはいくつかが達成可能かどうかを検討します.選択したインダクタが物理的に大きすぎる場合,対応策がいくつかあります.異なるコア形状,異なるコア材を選択する(これには効率損失に基づく最小インダクタンスの再計算が必要)か,より高い動作周波数を選択するか,あるいは用途に合わせて最適化されたカスタム・メイドのインダクタを検討するかしてください.インダクタを狭いスペースに詰め込もうとするときは,出力の過負荷状態によってインダクタが機能停止する点まで電流が増加する可能性があることを心に留めておいてください.考慮すべきおもな故障モードは,高い巻き線温度による巻き線の絶縁不良です.LT1074はインダクタンスが非常に小さくても有効なパルスごとの電流制限機能を備えているため,コアの飽和やコアの温度に起因するインダクタンスの喪失が原因で引き起こされるICの故障は通常問題になりません.

以下の式は,ピーク・スイッチ電流($I_M$)が制限されていると仮定し,それに基づいて最小インダクタンスを求めます.

## ● 所要出力電力を達成するための最小インダクタンス

降圧モード不連続 (80)

$$I_{OUT} \leq \frac{I_M}{2}, \quad \text{最大 } V_{IN} \text{を使用}$$

$$L_{MIN} = \frac{2I_{OUT} \cdot V_{OUT}(V_{IN}{'} - V_{OUT})}{f \cdot I_M{}^2 \cdot V_{IN}{'}}$$

降圧モード連続 (81)

$$I_{OUT} \leq I_M, \quad \text{最大 } V_{IN} \text{を使用}$$

$$L_{MIN} = \frac{V_{OUT}(V_{IN}{'} - V_{OUT})}{2f \cdot V_{IN}{'}(I_M - I_{OUT})}$$

反転モード不連続 (82)

$$I_{OUT} \leq \frac{I_M \cdot V_{IN}{'}}{2(V_{IN}{'} + V_{OUT}{'})}$$

$$L_{MIN} = \frac{2I_{OUT} \cdot V_{OUT}{'}}{I_M{}^2 \cdot f}$$

反転モード連続 (83)

$$I_{OUT} \leq \frac{I_M \cdot V_{IN}{'}}{V_{IN}{'} + V_{OUT}{'}}$$

$$L_{MIN} = \frac{(V_{IN}{'})^2 \cdot V_{OUT}{'}}{2f(V_{OUT}{'} + V_{IN}{'})^2 \left(\frac{I_M \cdot V_{IN}{'}}{V_{IN}{'} + V_{OUT}{'}} - I_{OUT}\right)}$$

昇圧モード不連続 (84)

$$I_{OUT} \leq \frac{I_M \cdot V_{IN}{'}}{2V_{OUT}{'}}$$

$$L_{MIN} = \frac{2I_{OUT}(V_{OUT}{'} - V_{IN}{'})}{I_M{}^2 \cdot f}$$

昇圧モード連続 (85)

$$I_{OUT} \leq \frac{I_M \cdot V_{IN}{'}}{V_{OUT}{'}}$$

$$L_{MIN} = \frac{V_{IN}{'}^2(V_{OUT}{'} - V_{IN}{'})}{2f \cdot V_{OUT}{'}^2 \left(\frac{I_M \cdot V_{IN}{'}}{V_{OUT}{'}} - I_{OUT}\right)}$$

タップ付きインダクタ連続 (86)

$$I_{OUT} \leq \frac{I_M(N+1)V_{IN}{'}}{V_{IN}{'} + N \cdot V_{OUT}{'}}$$

$$L_{MIN} = \frac{V_{IN} \cdot V_{OUT}(V_{IN} - V_{OUT})(N+1)^2}{I_M \cdot 2f \cdot V_{IN}(N+1)(V_{IN} + N \cdot V_{OUT}) - I_{OUT}(V_{IN} + N \cdot V_{OUT})^2 2f}$$

## ● 所要コア損失の達成に必要な最小インダクタンス

インダクタ・コア材での電力損失には,直感的に判断できる要素はありません.まず,最初に,インダク

タンスと動作周波数はコアのサイズとは無関係です．次に，周波数が一定の場合，インダクタンスが増加すると電力損失が低下します．最後に，メーカの特性曲線が周波数が上昇するとコア損失が増加することを示していても，与えられたインダクタに対して周波数を高くするとコア損失が減少します．これらは磁束密度が一定の場合を想定しています．インダクタンスが一定の場合には該当しません．

コア損失の一般式は，次のように表すことができます．

$$P_C = C \cdot B_{AC}^p \cdot f^d \cdot V_C \tag{87}$$

$C, d, p$：定数（**表5.1**を参照）
$B_{AC}$：ピークAC磁束密度
　　　　（ピーク・ツー・ピークの1/2）［ガウス］
$f$：周波数
$V_C$：コアの体積［cm³］

指数"$p$"の範囲は，鉄粉コアの場合には1.8～2.4，モリパーマロイの場合は約2.1，フェライトの場合は2.3～2.8です．"$d$"は，鉄粉コアの場合は約1，フェライトの場合は約1.3です．コア損失をスイッチング・レギュレータの基本的な要求条件であるインダクタンス，周波数および入出力電圧に関連付ける完結した式を作成することができます．一般式は以下のとおりです．

連続モード

$$P_C = \frac{a \cdot b^p}{f^{p-d} \cdot L^{p/2}} \tag{88}$$

不連続モード

$$P_C = a \cdot f^{d-1} \cdot e \tag{89}$$

$a, d, p$：コア材の定数（**表5.1**を参照）
$b, e$：入出力電圧および電流によって決まる定数
$L$：インダクタンス

これらの式は，連続モードの場合に，自由に選択してコア損失を変更できるのは，コア材，インダクタンス，および周波数だけであることを示しています．不連続モードの場合，変数からインダクタンスの項が消えても，周波数とコア材は変数として残ります．さらに，定数"$d$"は多くのコア材で1に近く，不連続モードのコア損失は，コア材を除くすべてのユーザ変数に無関係です．

以下の式によって，連続モード時のコア損失を求めるためのインダクタンス計算を行うことができ，不連続モードでの実際のコア損失を示します．

これらの式を使用するときは，最初に$V_e^{p-2/p}$を無視できると仮定してください．一般に使用される鉄粉コアおよびモリパーマロイ・コアの場合，指数$(p-2)/2$が0.1以下なので，比較的広い範囲のコア体積においてその値はほぼ1です．インダクタを選択して，$V_e$がわかったら，$V_e^{p-2/p}$の項を計算して$L_{MIN}$値に対する影響（通常は20%以下）を再確認してください．

連続モード

$$L_{MIN}^* = \frac{a \cdot \mu_e \cdot V_L^2}{P_C^{2/p} \cdot f^{\left(2 + \frac{2d}{p}\right)} \cdot V_e^{\left(\frac{p-2}{p}\right)}} \tag{90}$$

降圧モード不連続

$$P_C = \frac{a \cdot \mu_e (0.4\pi) f^{d-1}}{10^{-8}} V_L \cdot I_{OUT} \tag{91}$$

＊：偏差が厳密

$a, d, p$：コア損失定数（**表5.1**を使用）
$\mu_e$：実効コア透磁率．ギャップのないコアの場合は，**表5.1**を使用．ギャップ付きコアの場合は，メーカの仕様を使用するか計算で求める
$V_L$：入力電圧，出力電圧，およびトポロジーによって決まる等価"電圧"（**表5.2**を使用）
$P_C$：全コア損失［W］
$L$：インダクタンス
$V_e$：有効コア体積［cm³］

**例**：$V_{IN} = 20\text{V} \sim 30\text{V}$，$V_{OUT} = 5\text{V}$，$I_{OUT} = 3\text{A}$，$f = 100\text{kHz}$，最大インダクタ損失 = 0.8Wの降圧コンバータ．3Aは$I_M/2$より大きいため，連続モードを使用します．最大入力電圧を使用して式（81）から$L_{MIN}$を計算します．

$$L_{MIN} = \frac{5 \times (30-5)}{2 \times 10^5 \times 30 \times (5-2)} = 10.4\mu\text{H} \tag{92}$$

ここで，所要コア損失を達成するための最小インダクタンスを計算します．巻き線の損失が全インダクタ損失の1/2，およびコア損失が1/2と仮定します（$P_C = 0.4\text{W}$）．

Micrometals #26のコア材で計算してみます．

$V_L$（**表5.2**から） $= 5(30-5)/(2 \times 30) = 2.08$

$$L_{MIN} = \frac{1.3 \times 10^{-4} \times 75 \times 2.08^2}{0.4^{0.985} \times (10^5)^{2-1.34}}$$

$$= 52\mu\text{H} \tag{93}$$

このインダクタンスは，所要コア損失を達成するために最小値の5倍でなければなりません．52μHはスペースの要求条件に対して大きすぎると仮定して，多少高価ですが，より良質なコア材（#52）で試してみます．

表5.1 コア定数

| | | C | a | d | p | μ | 100kHz, 500ガウスでの損失 [mW/cm³] |
|---|---|---|---|---|---|---|---|
| Micrometals | | | | | | | |
| Powdered Iron | #8 | 4.30E-10 | 8.20E-05 | 1.13 | 2.41 | 35 | 617 |
| | #18 | 6.40E-10 | 1.20E-04 | 1.18 | 2.27 | 55 | 670 |
| | #26 | 7.00E-10 | 1.30E-04 | 1.36 | 2.03 | 75 | 1300 |
| | #52 | 9.10E-10 | 4.90E-04 | 1.26 | 2.11 | 75 | 890 |
| Magnetics | | | | | | | |
| Kool Mμ | 60 | 2.50E-11 | 3.20E-06 | 1.5 | 2 | 60 | 200 |
| | 75 | 2.50E-11 | 3.20E-06 | 1.5 | 2 | 75 | 200 |
| | 90 | 2.50E-11 | 3.20E-06 | 1.5 | 2 | 90 | 200 |
| | 125 | 2.50E-11 | 3.20E-06 | 1.5 | 2 | 125 | 200 |
| Molypermalloy | −60 | 7.00E-12 | 2.90E-05 | 1.41 | 2.24 | 60 | 87 |
| | −125 | 1.80E-11 | 1.60E-04 | 1.33 | 2.31 | 125 | 136 |
| | −200 | 3.20E-12 | 2.80E-05 | 1.58 | 2.29 | 200 | 390 |
| | −300 | 3.70E-12 | 2.10E-05 | 1.58 | 2.26 | 300 | 368 |
| | −550 | 4.30E-12 | 8.50E-05 | 1.59 | 2.36 | 550 | 890 |
| High Flux | −14 | 1.10E-10 | 6.50E-03 | 1.26 | 2.52 | 14 | 1330 |
| | −26 | 5.40E-11 | 4.90E-03 | 1.25 | 2.55 | 26 | 740 |
| | −60 | 2.60E-11 | 3.10E-03 | 1.23 | 2.56 | 60 | 290 |
| | −125 | 1.10E-11 | 2.10E-03 | 1.33 | 2.59 | 125 | 460 |
| | −160 | 3.70E-12 | 6.70E-04 | 1.41 | 2.56 | 160 | 1280 |
| Ferrite | F | 1.80E-14 | 1.20E-05 | 1.62 | 2.57 | 3000 | 20 |
| | K | 2.20E-18 | 5.90E-06 | 2 | 3.1 | 1500 | 5 |
| | P | 2.90E-17 | 4.20E-07 | 2.06 | 2.7 | 2500 | 11 |
| | R | 1.10E-16 | 4.80E-07 | 1.98 | 2.63 | 2300 | 11 |
| Philips | | | | | | | |
| Ferrite | 3C80 | 6.40E-12 | 7.30E-05 | 1.3 | 2.32 | 2000 | 37 |
| | 3C81 | 6.80E-14 | 1.50E-05 | 1.6 | 2.5 | 2700 | 38 |
| | 3C85 | 2.20E-14 | 8.70E-08 | 1.8 | 2.2 | 2000 | 18 |
| | 3F3 | 1.30E-16 | 9.80E-08 | 2 | 2.5 | 1800 | 7 |
| TDK | | | | | | | |
| Ferrite | PC30 | 2.20E-14 | 1.70E-06 | 1.7 | 2.4 | 2500 | 21 |
| | PC40 | 4.50E-14 | 1.10E-05 | 1.55 | 2.5 | 2300 | 14 |
| Fair-Rite | 77 | 1.70E-12 | 1.80E-05 | 1.5 | 2.3 | 1500 | 86 |

$$L_{MIN} = \frac{4.9 \times 10^{-4} \times 75 \times 2.08^2}{0.4^{\frac{2}{2.11}} \times (10^5)^{\frac{2-2(1.26)}{2.11}}}$$

$$= 35 \mu H \quad (94)$$

標準インダクタが適しているか確認するために，表5.3を使用してインダクタ電流と $V \cdot t$ の積を計算してください．

$$I_{RMS} = I_{OUT} = 3A \quad (95)$$

$$I_P = 3 + \frac{5 \times (30-5)}{2 \times (35 \times 10^{-6}) \times 10^5 \times 30} = 3.6A$$

$$V \cdot t = \frac{5 \times (30-5)}{10^5 \times 30} = 42 V \cdot \mu s$$

このインダクタは最小 $35 \mu H$ で，3Aおよび $42 V \cdot \mu s$

表5.2 等価インダクタ電圧

| トポロジー | $V_L$ |
|---|---|
| 降圧連続 | $V_{OUT}(V_{IN} - V_{OUT})/2V_{IN}$ |
| 降圧不連続 | |
| 反転連続 | $V_{IN}' \cdot V_{OUT}'/[2(V_{IN}' + V_{OUT}')]$ |
| 反転不連続 | |
| 昇圧連続 | $V_{IN}'(V_{OUT}' - V_{IN}')/2V_{OUT}'$ |
| 昇圧不連続 | |
| タップ付きインダクタ | $(V_{IN} - V_{OUT})(V_{OUT})(1+N)/2(V_{IN} + NV_{OUT})$ |

以上(@100kHz)の定格でなければなりません.3.6Aのピーク電流で飽和してはなりません.

**例**:$V_{IN} = 4.7 \sim 5.3V$, $V_{OUT} = -5V$, $I_{OUT} = 1A$, $f = 100kHz$,最大インダクタ損失 = 0.3W の反転モードで $V_{IN}' = 2.7V$, $V_{OUT}' = 5.5V$ とする.不連続モードの最大出力電流[式(82)]は0.82Aなので,連続モードを使用する.

$$L_{MIN} = \frac{2.7^2 \times 5.5}{2 \times 10^5 \times (5.5 + 2.7)^2 \left(\frac{5 \times 2.7}{5.5 + 2.7} - 1\right)} = 4.6\mu H \quad (96)$$

ここで,コア損失から最小インダクタンスを計算します.コア損失が全インダクタ損失($P_C = 0.15W$)の1/2と仮定します.

$$V_L(\text{表}5.2\text{から}) = \frac{2.7 \times 5.5}{2 \times (2.7 + 5.5)} = 0.905 \quad (97)$$

Micrometals製のタイプ#26材を仮定します.

$$L_{MIN} = \frac{1.3 \times 10^{-4} \times 75 \times 0.905^2}{0.15^{\frac{2}{2.03}} \times (10^5)^{2-\frac{2.72}{2.03}}} = 26\mu H \quad (98)$$

この値は,最小値4.6μHの5倍以上で,高いコア損失を許容できると思われます.素早く確認する方法が

表5.3 インダクタの動作条件

| | $I_{AVG}$ | $I_{PEAK}$ | $I_{P-P}$ | $V \cdot \mu s$ |
|---|---|---|---|---|
| 降圧コンバータ (連続) | $I_0$ | $I_0 + \frac{V_0(V_I - V_0)}{2 \cdot L \cdot f \cdot V_I}$ | $\frac{V_0(V_I - V_0)}{L \cdot f \cdot V_I}$ | $\frac{V_0(V_I - V_0) \cdot 10^6}{f \cdot V_I}$ |
| 正電圧から負電圧 (連続) | $\frac{I_0(V_I + V_0)}{V_I}$ | $\frac{I_0(V_0 + V_I)}{V_I} + \frac{V_I \cdot V_0}{2 \cdot L \cdot f(V_I + V_0)}$ | $\frac{V_I \cdot V_0}{L \cdot f(V_I + V_0)}$ | $\frac{V_I \cdot V_0 \cdot 10^6}{f(V_I + V_0)}$ |
| 負昇圧 (連続) | $\frac{I_0 \cdot V_0}{V_I}$ | $\frac{I_0 \cdot V_0}{V_I} + \frac{V_I(V_0 - V_I)}{2L \cdot f \cdot V_0}$ | $\frac{V_I(V_0 - V_I)}{L \cdot f \cdot V_0}$ | $\frac{V_I(V_0 - V_I) \cdot 10^6}{f \cdot V_0}$ |
| タップ付き* | $\frac{I_0(N \cdot V_0 + V_I)}{V_I(1+N)}$, $\frac{I_0(N \cdot V_0 + V_I)}{V_I}$* | $\frac{I_0(N \cdot V_0 + V_I)}{V_I(1+N)} + \frac{(V_I - V_0)(1+N)(V_0)}{2L \cdot f(N \cdot V_0 + V_I)}$* | $\frac{(V_I - V_0)(1+N)(V_0)}{L \cdot f(N \cdot V_0 + V_I)}$* | $\frac{10^6(V_I - V_0)(1+N)(V_0)}{f(N \cdot V_0 + V_I)}$ |
| 降圧コンバータ (不連続) | $1/4\sqrt{\frac{(I_0)^3 \cdot V_0(V_I - V_0)}{f \cdot L \cdot V_I}}$ | $\sqrt{\frac{2I_0 \cdot V_0(V_I - V_0)}{L \cdot f \cdot V_I}}$ | | $10^6\sqrt{\frac{2 \cdot L \cdot I_0 \cdot V_0(V_I - V_0)}{f \cdot V_I}}$ |
| 正電圧から負電圧 (不連続) | $1/4\sqrt{\frac{I_0^3(V_I + V_0)^2}{V_I \cdot f \cdot L}}$ | $\sqrt{\frac{2I_0 \cdot V_0}{f \cdot L}}$ | | $10^6\sqrt{\frac{2I_0 \cdot V_0 \cdot L}{f}}$ |
| 負昇圧 (不連続) | $1/4\sqrt{\frac{I_0^3 \cdot V_0^2(V_0 + V_I)}{V_I^2 \cdot L \cdot f}}$ | $\sqrt{\frac{2I_0(V_0 - V_I)}{L \cdot f}}$ | | $10^6\sqrt{\frac{2I_0 \cdot L(V_0 - V_I)}{L \cdot f}}$ |

*:タップ付きインダクタの $I_{AVG}$ の値は,スイッチ・オン時間中にインダクタ全体を流れる平均電流(最初の項)およびスイッチ・オフ時間中にインダクタの出力部分を流れる平均電流(2番目の項).発熱を計算するには,これらの電流を適正な巻き線抵抗で乗算し,デューティ・サイクルに応じて減ずる必要がある.

$I_{PEAK}$は,コアの飽和を防止するために,インダクタンス全体で使用しなければならない.
ピーク・ツー・ピーク電流は,コアの熱損失を計算するためにインダクタンス全体で使用される.この値はタップのないインダクタの場合と同じ.

あります．総合効率を約60%（5V入力で＋から－への変換はスイッチ損失のために非効率）と仮定すると，入力電力は出力電力÷0.6 = 8.33Wです．ここで，コア損失が0.15Wから2倍の0.3Wになった場合でも効率は5W/(8.33 + 0.15) = 59%になるだけです．これは，わずか1%の効率低下にすぎません．この0.3Wのコア損失により，12μHまでのインダクタンス低下を許容できます．12μHのインダクタは過熱せずにコア損失＋巻き線損失に耐えるものと仮定します．インダクタ電流は次式で表すことができます．

$$I_{RMS}(表5.3から) = \frac{1A \times (2.7 + 5.5)}{2.7} = 3A \quad (99)$$

$$I_P = \frac{1A \times (2.7 + 5.5)}{2.7}$$

$$+ \frac{2.7 \times 5.5}{2 \times 12 \times 10^{-6} \times 10^5 \times (2.7 + 5.5)} = 3.8A$$

$$V \cdot t = \frac{2.7 \times 5.5}{10^5 \times (2.7 + 5.5)} = 18V \cdot \mu s @ 100kHz$$

## マイクロパワー・シャットダウン

シャットダウン・ピンを0.3V以下に保持すると，LT1074はマイクロパワー・シャットダウン・モードに入り，消費電流は約150μAになります．これは図5.19に示すとおり，オープン・コレクタのTTLゲート，CMOSゲート，あるいはNPNまたはNMOSディスクリート・デバイスで行うことができます．

基本的な条件は，50μAの電流をシンクした時，0.1Vのワースト・ケース・スレッショルド以下にプルダウンできることです．この条件は，どのオープン・コレクタTTLゲート（ショットキー・クランプではない），CMOSゲート，またはディスクリート・デバイスでも容易に満足させることができます．

低電圧ロックアウトのために$R_1$と$R_2$が追加される場合は，シンク条件がより厳密になります．0.1Vのワースト・ケース・スレッショルドで，$50\mu A + V_{IN}/R_1$のシンク能力がなければなりません．シャットダウン・ピンのバイアス電流の影響を小さくするための$R_2$の推奨値は5kΩです．これにより，低電圧ロックアウト点において$R_1$と$R_2$を流れる電流が約500μAに設定されます．入力電圧がロックアウト点の2倍の電圧のとき，$R_1$の電流が1mAをわずかに上回るため，プルダウン・デバイスは0.1Vまでこの電流をシンクしなければなりません．これらの条件に対して，VN2222または同等品を推奨します．

### ● 始動時間遅延

コンデンサをシャットダウン・ピンに追加すると，始動を遅延させることができます．遅延期間中の平均内部電流は約25μAで，遅延時間 = (2.45V)/(C・25μA) ±50%となります．より正確なタイムアウトが必要な場合は，$R_1$を追加して内部電流の影響を相殺することができますが，より大容量のコンデンサが必要であり，タイムアウトは入力電圧に依存します．

タイミング・コンデンサのリセットには多少の工夫が必要です．グラウンドに抵抗を接続する場合は，タイミングに大きな影響を与えない十分に大きなものでなければなりません．そうすると，リセット時間は遅延時間より標準で10倍長くなります．$V_{IN}$に接続されたダイオードは迅速にリセットしますが，すぐに電源を入れ直したときに，$V_{IN}$がゼロ付近まで低下しない場合は時間遅延が短くなります．

## 5ピン電流制限

LT1074の5ピン・バージョンで電流制限を行ったほうがよい場合があります．これは最大負荷電流が6.5Aの内部電流制限値より大幅に低い場合に特に有用で，インダクタやキャッチ・ダイオードのサイズが最小になりスペースを節約できます．短絡状態では，これらの部品に最大のストレスがかかります．

図5.20の回路は，ダイオード電流をセンスするために，キャッチ・ダイオードの片方のリードに入れた小型トロイダル・インダクタを使用しています．スイッチ・オフ時間中のダイオード電流は，出力電流にほぼ

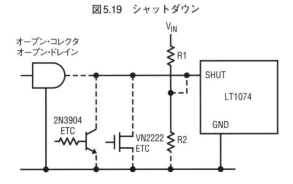

図5.19 シャットダウン

図5.20 低損失の外部電流制限

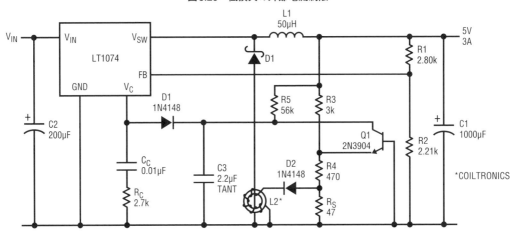

比例し，$L_2$はレギュレータの効率に影響を与えることなく，正確な制限信号を生成できます．制限回路で失われる全電力は0.1W以下です．

$L_2$は100回巻きです．したがって，$D_1$の導通時にダイオード電流の1/100を$R_S$に送ります．LT1074の電流を制限するのに必要な$R_S$の電圧は，$R_4$の電圧 + 順バイアスされた$Q_1$のエミッタ-ベース間電圧と等しくなります（約600mV@25℃）．$R_4$の電圧は$R_3$によって1.1Vに設定され，出力に接続されます．電流制限は$R_S$を選択して次のとおり設定されます．

$$R_S = \frac{R_4 \, I_X + V_{BE}}{\dfrac{I_{LIM}}{100} - I_X} \tag{100}$$

$$I_X = \frac{V_{OUT} + V_{BE}}{R_3} + 0.4\text{mA}$$

$V_{BE}$：順バイアスされた$Q_1$のエミッタ-ベース間電圧@$I_C$ = 500μA（約600mV）

$N$：$L_2$の巻き数

$I_{LIM}$：所要出力電流制限値．$I_{LIM}$は$V_{BE}$および部品の許容差のバラツキに対応するために，最大負荷電流の約1.25倍に設定しなければならない

図5.20の回路は，3Aの最大負荷電流を供給するためのもので，$I_{LIM}$は3.75Aに設定しました．公称$V_{IN}$は25Vで，以下が得られます．

$$I_X = \frac{5 + 0.6}{3000} + 0.4 \times 10^{-3} = 2.27 \times 10^{-3} \tag{101}$$

$$R_S = \frac{470 \times 2.27 \times 10^{-3} + 0.6}{3.75/100 - 2.27 \times 10^{-3}} = 47\Omega$$

この回路は"フォルドバック"電流制限を備えています．つまり，短絡電流は最大出力電圧における電流制限値より低くなります．これは出力電圧を使用して，電流制限トリップ・レベルの一部を生成した結果です．短絡電流はピーク電流制限値の約45％で，$D_1$の温度上昇を抑えています．

$R_5$，$C_3$，および$D_3$によって，電流制限ループの個別周波数補償を行うことができます．$D_3$は通常動作中は逆バイアスされます．出力電圧が高い場合は，ほぼ同じ電流を供給するように$R_3$と$R_5$を計算してください．

## ソフト・スタート

ソフト・スタートとは，スイッチング・レギュレータのターンオン中に，スイッチ電流をゆっくり上昇させることです．これを行う理由は，入力電源のサージ保護，スイッチング素子の保護，および出力オーバーシュートの防止などです．リニアテクノロジーのスイッチング・レギュレータは，デバイス故障の不安を解消するスイッチング保護回路を内蔵していますが，入力電圧によってはスイッチング・レギュレータが突入電流に耐えられない場合もあります．電流が制限された入力電源，またはソース抵抗が比較的高い電源の場合に問題が発生します．スイッチング・レギュレータに通常の入力電流よりもはるかに高い電流が流れると，これらの電源は低電圧状態で"ラッチ"される可能性があります．これは，以下のスイッチング・レギュレータの入力電流および入力抵抗の一般式によって示されます．

$$I_{IN} = \frac{V_{OUT} \cdot I_{OUT}}{V_{IN} \cdot E} = \frac{P_{OUT}}{V_{IN} \cdot E} \qquad (102)$$

$$R_{IN} = \frac{-(V_{IN})^2 \cdot E}{V_{OUT} \cdot I_{OUT}} = \frac{-(V_{IN})^2 \cdot E}{P_{OUT}}$$

(負符号に注意)

$E$：効率(約$0.7 \sim 0.9$)

これらの式は，入力電流が入力電圧の逆数に比例することを示しています．したがって，入力電圧が1/3に低下すると，入力電流は3倍に増加します．ゆっくり立ち上がる入力電源では，低電圧状態の間は非常に大きな負荷電流が流れます．これは入力電源で電流制限を作動させ，入力電源を永久的に低電圧状態に"ラッチ"するおそれがあります．スイッチング・レギュレータに入力電源より立ち上がり時間が遅いソフト・スタートを設けることにより，入力電源が最大電圧に達するまでの間，レギュレータの入力電流は低く維持されます．

レギュレータの入力抵抗は，入力抵抗値が負であり，入力電圧の2乗で減少することを示しています．ラッチアップを回避するための正の最大許容ソース抵抗は，次式で与えられます．

$$R_{SOURCE\,(MAX)} = \frac{V_{IN}^2 \cdot E}{4\,V_{OUT} \cdot I_{OUT}} \qquad (103)$$

この式は，効率80％，負荷1Aの+12Vから-12Vへのコンバータのソース抵抗が2.4Ω以下でなければならないことを示しています．1Aを供給するように設計された入力電源のソース抵抗は通常，これほど高くはないので，何も問題ないように思えるかもしれませんが，急激な出力負荷サージやソース電圧の落ち込みによって永久的な過負荷状態を引き起こすおそれがあります．$V_{IN}$が低く出力負荷が大きい場合は，ソース抵抗が低くなければなりません．

図5.21では，$C_2$は$I_{LIM}$ピンをゆっくり上昇させることによって，スイッチング電流のソフト・スタートを作り出します．$I_{LIM}$ピンから流れ出す電流は約300μAなので，LT1074が最大スイッチ電流($V_{LIM}$が約5V)に達するまでの時間は，約$1.6 \times 10^4 \cdot C$です．$V_{IN}$が最大値に達するまで低いスイッチ電流を保証するための$C_2$の近似値は，次のとおりです．

$$C_2 \fallingdotseq 10^{-4} \cdot t \qquad (104)$$

$t$：入力電圧が最終値の10％以内まで上昇するための時間

入力電圧が低くなるときは必ず，$C_2$を0Vにリセットしなければなりません．シャットダウン・ピンを使用して低電圧ロックアウトを作り出すときは，内部リセットが効きます．低電圧状態では$C_2$がリセットされます．ロックアウトを使用しない場合は，$C_2$をリセットするため$R_3$を追加しなければなりません．最大電流制限を行う場合，$R_3$は30kΩでなければなりません．電流制限を低くしたい場合，$R_3$の値は所要電流制限値によって設定されます．「電流制限」のセクションを参照してください．

入力電源のラッチを防止するためだけにソフト・スタートを追加するのでしたら，より良い代替方法は低電圧ロックアウト(UVLO)です．低電圧ロックアウトによって，入力電圧がプリセットされた電圧に達するまで，レギュレータに入力電流が流れるのを防止します．UVLOの利点は，これが真のDC機能であり，低速の立ち上がり入力，短いリセット時間，出力の瞬時短絡などによって無効にならないことです．

## 出力フィルタ

コンバータの出力リプル電圧が出力電圧の約2％以下でなければならないときは，一般に非常に大きな出力コンデンサを使用して単にリプルを"強制的に抑える"よりも，出力フィルタ(図5.22)を追加するほうが得策です．出力フィルタは，小さなインダクタ(約2μH～10μH)と通常50μF～200μFの第2の出力コンデンサで構成されます．インダクタは最大負荷電流で定格が定められていなければなりません．コア材によってインダクタの寸法と形状が決まることを除いて，コア材は重要ではありません(コア損失は無視できる)．直列抵抗分は不要な効率損失を避けるために，十分に低くなければなりません．これは次式から推定できます．

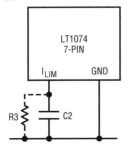

図5.21　$I_{LIM}$ピンを使用したソフト・スタート

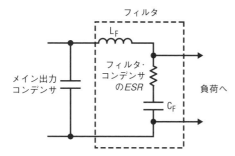

図5.22 出力フィルタ

$$R_L = \frac{\Delta E \cdot V_{OUT}}{I_{OUT} \cdot E^2} \quad (105)$$

"$E$"は総合効率で，$\Delta E$はフィルタにおける効率の損失です．両方とも，比率（たとえば，2% $\Delta E$ = 0.02，80% $E$ = 0.8）として表されます．

フィルタとして必要な部品定数を得るために，インダクタンス値またはコンデンサの$ESR$値を仮定してから，残りの値を計算しなければなりません．コンデンサはリプル周波数において，基本的に抵抗性であるとみなされるので，実際の容量（$\mu$F）は二の次です．フィルタ・コンデンサ値に関する検討事項の一つは，コンバータの負荷過渡応答です．小さな出力フィルタ・コンデンサ（$ESR$が高い）では，大振幅の負荷過渡が発生した場合は出力が過剰に"バウンス"します．これらの負荷過渡が予測されるときは，リプル制限だけでなく，過渡条件を満たすように出力フィルタ・コンデンサのサイズを増やされなければなりません．この状況では，単にリプル電流条件を満たすためにメイン出力コンデンサを低減することができます．設計値は，予測される最大負荷変動での過渡応答をチェックしなければなりません．

コンデンサを先に選択する場合は，リプル減衰条件からインダクタ値を求めることができます．

三角波リプルがフィルタに加わる降圧コンバータの場合

$$L_F = \frac{ESR \cdot ATTN}{8f} \quad (106)$$

本質的に矩形波のリプルがフィルタに加わる他のすべてのコンバータの場合

$$L_F = \frac{ESR \cdot ATTN \cdot DC(1-DC)}{f} \quad (107)$$

$ESR$：フィルタ・コンデンサの直列抵抗分
$ATTN$：ピーク・ツー・ピーク・リプル出力に対するピーク・ツー・ピーク・リプル入力の比率で表した所要リプル減衰量
$DC$：コンバータのデューティ・サイクル（不明な場合はワースト・ケース値の0.5を使用）

例：150mV$_{P-P}$のリプルを20mVまで低減する必要がある100kHz降圧コンバータ．$ATTN$ = 150/20 = 7.5．フィルタ・コンデンサの$ESR$を0.3Ωと仮定．

$$L = \frac{0.3 \times 7.5}{8 \times 10^5} = 2.8 \mu H \quad (108)$$

例：250mV$_{P-P}$の出力リプルを30mVまで低減する必要がある100kHzの正-負コンバータ．デューティ・サイクルを30% = 0.3，フィルタ・コンデンサの$ESR$を0.2Ωとして計算した場合を仮定．

$$L = \frac{0.2 \times 250/30 \times 0.3 \times (1-0.3)}{10^5} = 3.5 \mu H \quad (109)$$

インダクタ値がわかっている場合，これらの式を整理してコンデンサの$ESR$を求めることができます．

降圧コンバータ  (110)

$$ESR = \frac{8f \cdot L}{ATTN}$$

方形波リプルを含む場合

$$ESR = \frac{f \cdot L}{ATTN \cdot DC(1-DC)}$$

出力フィルタがレギュレータの帰還ループの"外側"にある場合，出力フィルタはロード・レギュレーションに影響を与えます．フィルタ・インダクタの直列抵抗分は，コンバータの閉ループ出力抵抗に直接追加されます．この閉ループ抵抗は，標準で0.002Ω～0.01Ωの範囲内にあるので，0.02Ωのフィルタ・インダクタ抵抗はロード・レギュレーションに大きな損失をもたらす可能性があります．これを解決する一つの方法は，センス・ポイントをフィルタの出力に移動することによって，フィルタを帰還ループの"内側"に移動することです．フィルタの位相シフトが追加されてコンバータの安定動作が困難になる可能性があるので，これはできるだけ避けてください．降圧コンバータは，単にループのユニティ・ゲイン周波数を下げることによって，帰還ループ内の出力フィルタを許容することができます．正-負コンバータと昇圧コンバータには，位相シフトの追加に対して非常に敏感な"右半面ゼロ"があります．安定性の問題を避けるために，最初にフィルタによるロード・レギュレーションの劣化が本当に問題かどうかを判断しなければなりません．現在使用さ

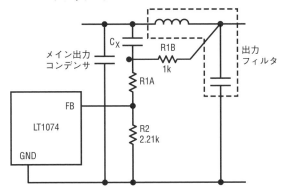

図5.23 出力フィルタが帰還ループ内にあるときのフィードフォワード

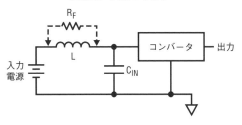

図5.24 入力フィルタ

れている大部分のデジタルおよびアナログ"チップ"では，多少の電源電圧変動が性能に影響を与えることはほとんどありません．

センス抵抗がフィルタの出力に接続されているとき，安定性の問題を"解決"するには，図5.23に示すようにフィルタの入力から帰還分圧器のタップにコンデンサを接続することです．これはフィルタ周辺で"フィードフォワード"経路として働きます．$C_X$の最小サイズはフィルタ応答によって決まりますが，$0.1\mu F \sim 1\mu F$の範囲でなければなりません．

$C_X$は理論上FBピンに直接接続できますが，これはメイン出力コンデンサのリプル電圧が75mV$_{P-P}$以下の場合にのみ行ってください．

"測定された"フィルタ出力リプルに関して一言．高調波と"スパイク"は非常に大きく減衰するので，真のリプル電圧はスイッチング周波数の基本波成分だけを含んでいなければなりません．オシロスコープで測定したリプルが異常に高いか，高周波を含んでいる場合は，おそらく測定法に問題があるはずです．「オシロスコープ・テクニック」のセクションを参照してください．

## 入力フィルタ

大部分のスイッチング・レギュレータには，入力電源から矩形または三角形パルス電流が流れます（例外は，インダクタが入力電流のフィルタとして働く昇圧コンバータ）．これらの電流パルスは，主にレギュレータ入力の間近にある入力バイパス・コンデンサで吸収されます．ただし，電源ラインのインダクタンスを含めた供給源インピーダンスが低い場合は，なお入力ラインに大きなリプル電流が流れることがあります．このリプル電流によって入力電源に不要なリプル電圧が生じたり，電源ラインから磁界放射の形でEMIが発生することがあります．これらの場合は，入力フィルタが必要になることがあります．このフィルタは，図5.24に示すとおり，入力電源に直列のインダクタとコンバータの入力コンデンサの組み合わせで構成されています．

$L$の値を計算するには，電源ラインにどのようなリプル電流が許容されるかについての知識が必要です．通常，これは未知のパラメタですので，値を調べるには手間がかかります．値がわかったと仮定すると，$L$は次式から求めることができます．

$$L = \frac{ESR \cdot DC(1-DC)}{f\left(\dfrac{I_{SUP}}{I_{CON}} - \dfrac{ESR}{R_F}\right)} \quad (111)$$

$ESR$：入力コンデンサの実効直列抵抗

$DC$：コンバータのデューティ・サイクル．不明の場合は，ワースト・ケースとして0.5を使用

$I_{CON}$：コンバータを流れるピーク・ツー・ピーク・リプル電流（連続モードと仮定）．降圧コンバータの場合，$I_{CON} \approx I_{OUT}$．正-負コンバータは，$I_{CON} = I_{OUT}(V_{OUT}' + V_{IN}')/V_{IN}'$．タップ付きインダクタは$I_{CON} = I_{OUT}(N \cdot V_{OUT}' + V_{IN}')/[V_{IN}'(1+N)]$

$I_{SUP}$：電源ラインで許容されるピーク・ツー・ピーク・リプル

$R_F$：コンバータの不安定動作を防止するために必要な"ダンピング"抵抗

**例**：$V_{OUT} = 5V$，$I_{OUT} = 4A$，$V_{IN} = 20V$，($DC = 0.25$)の100kHz降圧コンバータ．入力コンデンサの$ESR$が0.05Ωの場合．このフィルタでは，電源ラインのリプル電流を100mA$_{P-P}$まで低減することが望まれる．$R_F$が不要（$=\infty$）と仮定．

$$L = \frac{0.05 \times 0.25 \times (1 - 0.25)}{10^5 \left(\frac{0.1}{4} - 0\right)} = 3.75\mu\text{H} \quad (112)$$

ダンピング抵抗（$R_F$）の必要性を含めた入力フィルタの詳細については，アプリケーション・ノート19の「入力フィルタ」セクションを参照してください．

入力インダクタの電流定格は，少なくとも次のとおりでなければなりません．

$$I_L = \frac{V_{OUT} \cdot I_{OUT}}{V_{IN} \cdot E} \text{ [A]} \quad (113)$$

（最小$V_{IN}$を使用）

この例では，下記のようになります．

$$I_L = \frac{5 \times 4}{20 \times (E \doteqdot 0.8)} = 1.25\text{A}$$

効率または過負荷の検討により，銅損失を低減するために，電流定格の高いインダクタが必要な場合があります．コア損失は通常無視できます．

## オシロスコープ・テクニック

スイッチング・レギュレータは，未熟なオシロスコープ・テクニックにピッタリの試験台です．"スコープ"はさまざまな観測が可能で，高速信号と低速信号が混在し，大振幅と微小振幅が結合したスイッチング・レギュレータの状態をすべて表示できます．以下のRogueのギャラリー（課題と対策例）は，読者が問題解決のために多大な時間を費やさない（そして，質問の電話で筆者をわずらわせない）ようにするのに役立ってくれることでしょう．

● グラウンド・ループ

優れた安全対策は，大部分の測定器の"グラウンド"システムを電源コードの"第3"（緑）のワイヤに接続することです．都合が悪いことには，これによって他の測定器がテスト中のデバイスの電流をソースまたはシンクするときに，オシロスコープのプローブのグラウンド・リード（シールド）に電流が流れます．図5.25にこの影響を詳しく説明します．

信号発生器は5V信号でブレッドボードの50Ωをドライブしており，100mAの電流が流れます．この電流のリターン経路は，信号発生器からのグラウンド（一般にBNCケーブルのシールド）とオシロスコープ・プローブのグラウンド・クリップ（シールド）で作られる第2のグラウンド"ループ"間，および信号発生器とオシロスコープのそれぞれの"第3線"接続間に分岐します．この場合，寄生グラウンド・ループに20mAが流れるものと仮定しました．オシロスコープのグラウンド・リードの抵抗が0.2Ωの場合，スクリーンには4mVの"偽"信号が表示されます．この問題は，より高い電流およびスコープ・プローブ・シールドのインダクタ

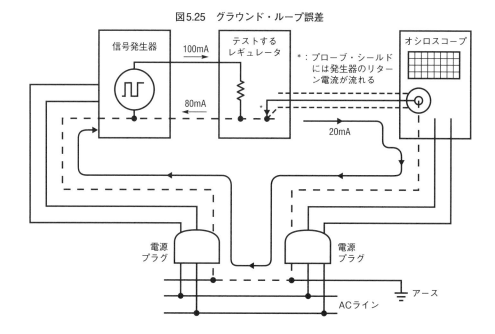

図5.25 グラウンド・ループ誤差

# オシロスコープ・テクニック

ンスが重要な高速信号エ[...]
ます．
　DCグラウンド・ルーフ[...]
ワイヤを取り外すか（こ[...]
私の弁護士はこれを推奨[...]
はオシロスコープの電源[...]
ればなくすことができま[...]
　プローブのシールド・[...]
の要因は，信号源とス[...]
表的な例は，発生器の[...]
リガ入力間のトリガ信号[...]
の場合，シールド接続が[...]
これは，信号のグラウン[...]
路を形成し，この経路は[...]
ドによって完結します．[...]
故意に切断したBNCケ[...]
リガ信号は完全ではない[...]
には問題ありません．こ[...]
われないように印を付け[...]
**規則1**：低レベルの測定[...]
を，所定のブレッドボー[...]
プローブのグラウンド・[...]
フラットなトレースを表[...]
号が表示される場合は，グラウンド・ループによるウ
ソの信号です．

## ● 補償不良のスコープ・プローブ

　10×のスコープ・プローブは，プローブのDC減衰量が正確に10：1になるように"補償"を行って，AC減衰量を調整しなければりません．これが正しく行われていない場合は，低周波信号が歪み，高周波信号は振幅が不正確になります．スイッチング・レギュレータ・アプリケーションでは，"補償不良"のプローブは"本来あり得ない"波形を示すことがあります．代表的な例がLT1074降圧コンバータのスイッチング・ノードです．このノードは，正側は入力電圧より1.5V～2V低いレベルまで，そして負側はグラウンド電位よりダイオード1個の電圧降下分だけ低い電圧まで振れます．10×プローブは，AC減衰量が小さすぎるとスイッチング・ノード電圧が電源電圧より高く見えたり，負側はダイオードの順方向電圧が期待した0.5Vではなく何ボルトも高い電圧になっているように見えたりすることがあります．これらの周波数（100kHz）では，プ

ブは純容量性として働くため，波形が正しいよう[...]
えてしまい，間違った振幅がすぐにはわからない[...]
があることにご注意ください．
[...]2：面倒なことになる前に，ベテランのやり方で
スコープ・プローブの補償をチェックしてくださ[...]

## ● グラウンド・リードの誘導

　[オ]シロスコープのプローブは，ほとんどの場合はワ[ニグ]チ・クリップが付いた短いグラウンド・リードが[付い]た状態で使われています．このグラウンド・リー[ドは]大変よいアンテナになります．これは局所的な磁[界を]ピックアップし，オシロスコープ・スクリーン上[にフ]ルカラーで表示します．スイッチング・レギュレ[ー]タは大量の磁界を発生します．大電流で高速な立[ち上]がり／立ち下がりのために，スイッチ配線，ダイ[オー]ド，コンデンサ，およびインダクタ・リード，そ[して]"DC"電源ラインさえも大きな磁界を放射する可能[性が]あります．グラウンド・リード問題をテストする[に]は，ワニグチ・クリップをレギュレータのグラウン[ド]ポイントに接続しておいて，プローブの先端をこ[のク]リップに接触させればわかります．もし，何らか[の]トレースがスクリーンに表示されれば，グラウンド・ループの循環電流，またはグラウンド・リードのアンテナ作用によって生じたものです．

　グラウンド・リードの"ピックアップ"問題を解決するには，クリップ・ワイヤを取り外して，プローブ・メーカから入手できる特別なはんだ付けプローブ・ターミネータに交換します．プラスチックのプローブ・チップ・カバーを外し，小さなチップにつながる裸の同軸金属チューブ・シールドを露出させます．このチューブをターミネータにはめ込んで，グラウンドの接続を完全にします．この手法によって，大きな磁界が存在するところでも，スイッチング・レギュレータの出力リプルをミリ・ボルト単位で側定することができます．

**規則3**：標準のグラウンド・クリップ・リードを使用して，スイッチング・レギュレータの低レベル測定を行わないでください．正規のターミネータが入手できない場合は，裸の単線を所定のグラウンド点にはんだ付けし，グラウンド点とチューブ間を最短距離にして，露出しているプローブの同軸チューブに巻きつけてください．プローブのチップが所定のテスト点に接触で

きるように，グラウンド点を位置決めしてください．

● **ワイヤは短くはない**

スイッチング・レギュレータを調べる際によくある誤りは，1本のワイヤ上の電圧はどこでも同じと思い込んでしまうことです．代表的な例は，スイッチング・レギュレータの出力で測定されるリプル電圧です．レギュレータが出力コンデンサに矩形波電流を供給する場合，たとえば正-負コンバータでは，電流の立ち上がり／立ち下がり時間は約$10^8$A/secになります．この$dI/dt$によって，出力コンデンサのリード・インダクタンスに1インチあたり約2Vの"スパイク"が発生します．レギュレータの出力(負荷)トレースは，ラジアル・リードの出力コンデンサ・リードがはんだ付けされるスルーホール・ポイントに直接接続しなければなりません．オシロスコープのプローブ・チップ・ターミネータ(グラウンド・クリップではない)も，コンデンサの根元に直接接続しなければなりません．

この2V/inchという数値は，電圧の高いところでも大きな測定誤差を生じさせる可能性があります．入力コンデンサの両端でスイッチング・レギュレータの入力電圧を測定すると，測定されるスパイクはわずか数百mVです．そのコンデンサがLT1074から数インチ離れている場合，レギュレータ入力に"見える"スパイクは数ボルトにもなります．これによって，特に低入力電圧時に問題が生じる可能性があります．入力配線上の"誤った"測定点を調べると，これらのスパイクが見えなくなることがあります．

**規則4**：高電流経路に何ボルトの電圧がかかっているかを知りたい場合は，どの部品の電圧を測定したいのかを正確に把握し，その部品に直接プローブ・ターミネータを接続します．一例として，回路にスイッチの過電圧に対する保護を行うスナバがある場合は，ICのスイッチ端子に直接プローブ・ターミネータを接続してください．スイッチをスナバに接続しているリードのインダクタンスによって，スイッチ電圧がスナバ電圧より何ボルトも高くなることがあります．

## EMIの抑制

電磁干渉(EMI)は，スイッチング・レギュレータが動作すると発生します．EMIの影響についての検討は設計の早い段階で行い，必要なフィルタリングまたはシールドの電気的，物理的，および経済的な問題を理解して対策を講じる必要があります．EMIには，入力および出力の配線を伝搬する"伝導型"と，電磁界の形態をとる"放射型"の二つの基本的な形態があります．

スイッチング・レギュレータには入力電源から方形波または三角波のパルス電流，あるいはこれらを組み合わせた電流が流れるため，入力ラインに伝導型EMIが発生します．この脈流は入力電源に厄介なリプル電圧を生成することがあり，入力ラインから周囲のラインや回路に放射する可能性があります．

スイッチング・レギュレータ出力の伝導型EMIは通常，出力ノードの電圧リプルに制限されます．降圧レギュレータからのリプル周波数は，ほぼすべてがスイッチング周波数の基本波で構成されているのに対し，昇圧および反転レギュレータの出力には，追加フィルタが使用されていない場合は，はるかに高い周波数の高調波が含まれています．

電界は，レギュレータのスイッチ・ノードの立ち上がり／立ち下がりが高速であるために発生します．通常，この発生源からのEMIが第2の問題であり，これはこのノードへの全接続を可能な限り短くし，周囲を取り囲む部品がシールドとして働くように，このノードをスイッチング・レギュレータ回路の"内部"に含めることによって抑えることができます．

レギュレータ内部での電界問題の主要因は，スイッチング・ノードとフィードバック・ピンとの結合です．スイッチング・ノードのスルーレートは標準$0.8 \times 10^9$V/secで，フィードバック・ピンのインピーダンスは標準1.2kΩです．これらのピン間のわずか1pFの結合がフィードバック・ピンに1Vのスパイクを発生し，不規則なスイッチング波形を発生させます．ピンの直近にフィードバック抵抗を配置して，ピンへのトレースが長くならないようにしてください．スイッチング・ノードへの結合が避けられないときは，LT1074のグラウンド・ピンからフィードバック・ピンに1000pFのコンデンサを接続すると，ほとんどのピックアップ問題を防止できます．

磁界は，入力および出力コンデンサ，キャッチ・ダイオード，スナバ回路，インダクタ，LT1074自体，およびこれらの部品を接続している多数のワイヤなど，さまざまな部品によって生じるためさらに厄介です．通常これらの磁界は，レギュレータ動作に問題を発生しないのに対し，ディスク・ドライブ，データ収集，

通信，あるいはビデオ処理など，特に低レベル信号の周辺回路に問題を引き起こす可能性があります．以下のガイドラインは，磁界の問題を小さくするのに役立ちます．

(1) トロイダルまたはポット・コアなどの良好なEMI特性をもつインダクタやトランスを使用します．EMIの観点からすると，最悪なのは"ロッド"型インダクタです．これらは，あらゆる方向に大きな磁束を発生する大砲だと考えてください．ロッド型インダクタのスイッチング電源での唯一の用途は，リプル電流が非常に低いところで使用する出力フィルタです．

(2) 磁界放射を抑えるために，高リプル電流が流れるすべてのトレースはグラウンド・プレーン上を通します．これには，キャッチ・ダイオードのリード，入力および出力コンデンサのリード，スナバのリード，インダクタのリード，LT1074の入力およびスイッチ・ピンのリード，入力電源のリードが含まれます．これらのリードは短くし，部品はグラウンド・プレーンに近づけます．

(3) 敏感な低レベル回路はできるだけ遠ざけ，ツイストペア差動ラインなどのフィールド・キャンセル手法を使用します．

(4) 厳密なアプリケーションでは，高い高調波を抑制するためにキャッチ・ダイオードに"スパイク・キラー"ビーズを追加します．これらのビーズは，非常に高いdI/dt信号を防止しますが，ダイオードがゆっくりターンオンしているように見えるようになります．これはスイッチ・ターンオフ時に高い過渡スイッチ電圧を生じることがあるため，スイッチ波形を慎重にチェックしなければなりません．

(5) 入力ラインからの放射が問題になる場合は入力フィルタを追加します．入力ラインのわずか2～3µHのインダクタンスにより，レギュレータ入力コンデンサはレギュレータ入力で生じるほとんどすべてのリプル電流を吸収することができます．

# トラブルシューティングのヒント

## ● 低効率

この主要因は，スイッチおよびダイオードの損失です．これらはすぐに計算できます．これらの影響を勘案しても効率が異常に低い場合は，インダクタを疑ってみます．コアまたは銅損失が問題である可能性があります．トポロジーによっては，インダクタ電流が出力電流よりはるかに高くなります．非常に手軽な代用ツールは，大型のモリパーマロイ・コアに太いワイヤを巻いた500µHインダクタです．100µHと200µHのタップを設けておくと便利です．インダクタ損失が疑われるときは，そのユニットをこのインダクタで代用してみてください．このアプリケーション・ノートを読んでいれば，大型コアはコア損失を低減するためではなく，銅損失の低い太いワイヤを収容できるだけのスペースを確保するために使用されていることがおわかりになるでしょう．

インダクタ損失が問題でない場合は，消費電流やコンデンサ損失などの些細な影響をすべてチェックし，全体として無視できなくなっていないかどうか確認してください．

## ● スイッチ・タイミングの変動

$V_C$ピンに過剰なスイッチング周波数リプルが現れると，スイッチ・オン時間がサイクルごとに変化することがあります．出力コンデンサのESRが高い場合，あるいはFBピンや$V_C$ピンでのピックアップのために自然に起こる可能性があります．簡単なチェック方法は，$V_C$ピンからIC近くのグラウンド・ピンに3000pFのコンデンサを接続することです．不安定なスイッチングが改善されるか解消される場合は，$V_C$ピンの過剰なリプルが問題です．原因を分離するために，FBピンからグラウンド・ピンにコンデンサを接続してください．これで問題が解消する場合は，$V_C$ピンのピックアップではなく，FBピンのピックアップが原因と考えられます．フィードバック抵抗はICの近くに配置し，FBピンへの接続を短く，スイッチング・ノードから離れて配線されるようにしなければなりません．ピックアップをなくすことができない場合，通常FBピンからグラウンド・ピンに500pFコンデンサを接続すれば十分です．ときどき，過剰な出力リプルが問題になります．これは，出力コンデンサを別のユニットに並列にすれ

ばチェックできます．$V_C$ ピンに 1000pF ～ 3000pF のコンデンサを接続して高出力リプルに起因する不安定なスイッチングを停止させることもできますが，出力コンデンサのリプル電流定格が適切であることを確認してください．

● 入力電源が立ち上がらない

スイッチング・レギュレータは DC での入力抵抗が負です．したがって，$V_{IN}$ が低いときに大きな電流が流れます．これによって入力電源を低い電圧にラッチする可能性があります．詳細は「ソフト・スタート」のセクションを参照してください．

● 電流制限時にスイッチング周波数が低い

これは正常です．ピン説明のセクションの「フィードバック・ピンでの周波数シフト」を参照してください．

● IC が破損する！

LT1070 と変わりなく，LT1074 や LT1076 を破壊するものは過大なスイッチ電圧だけです（逆電圧の印加や配線ミスなどの明白な原因を除く）．

始動サージによって，瞬間的に大きなスイッチ電圧が生じる可能性があるため，オシロスコープで慎重に電圧をチェックしてください．「オシロスコープ・テクニック」のセクションを読んでください．

● IC の過熱

一般的な誤りは，スイッチング電源にはヒートシンクが必要ないと思い込むことです．負荷電流が小さい場合はそのとおりですが，負荷電流が 1A 以上になると，ヒートシンクが必要になるところまでスイッチ損失が増加する可能性があります．TO-220 パッケージの熱抵抗はヒートシンクなしで 50℃/W です．スイッチ損失が 10% のとき，5V/3A（15W）の出力では IC において 1.5W 以上が消費されます．これは室温で 75℃ の温度上昇，またはケース温度 100℃ を意味します．通常，これを「熱い」と言います．この問題は小型ヒートシンクで解決します．TO-220 タブをプリント基板上の大きな銅パッドにはんだ付けするだけで，熱抵抗は約 25℃/W に低下します．

● 高出力リプルまたはノイズ・スパイク

混乱を避けるために，最初に「オシロスコープ・テクニック」のセクションを読み，次に出力コンデンサの ESR をチェックしてください．電源ラインがわずか数インチの場合でも，電源ラインの寄生インダクタンスと負荷容量によって高速（100ns 以下）スパイクは大幅に減衰します．

● ロードまたはライン・レギュレーションの不良

以下の順にチェックしてください．
(1) 第 2 出力フィルタがループ外にある場合は，その直流抵抗
(2) オシロスコープのグラウンド・ループ誤差
(3) 電流が流れるラインへの出力分圧抵抗の不適切な配線
(4) 過大な出力リプル．FB ピンのピーク・リプル電圧が 50mV$_{P-P}$ を越える場合，LT1074 はそれを検出してしまう

標準的性能特性セクションの「リプル電圧によるリファレンスのシフト」グラフを参照してください．

● 特に軽負荷時に 500kHz ～ 5MHz で発振する

これは不連続モードのリンギングであり，正常かつ無害です．詳細は降圧コンバータの波形についての説明を参照してください．

# 第3部

# リニア・レギュレータの設計

### 第6章 高効率リニア・レギュレータ

　リニア安定化で得られる高効率を可能にする回路技術を示します．特に注目すべきは，広範囲で変化する入力，出力，および負荷の条件下において高効率を維持する問題です．Appendixでは，部品の特性と測定手法を再確認します．

# 第6章
# 高効率リニア・レギュレータ

Jim Williams, 訳：堀 敏夫

## はじめに

リニア・レギュレータは，スイッチング方式の人気の高まりにもかかわらず，広範囲にわたり使われ続けています．リニア・レギュレータは簡単に実装でき，スイッチング方式よりも良いノイズ特性とドリフト特性を有します．加えて，それらは高周波を放射せず，標準的な磁気部品を用いた機能は，容易に周波数補償が可能で，高速に応答します．それらの最大の欠点は効率が低いことです．過剰エネルギーを熱として浪費するからです．このエレガントで単純な安定化メカニズムは，電力損失の面で多大な犠牲を払います．このため，リニア・レギュレータは過度の損失，効率が低く，高い動作温度と大型のヒートシンクなどを連想させます．リニア方式はこれらの分野においてスイッチング方式と競合することはできませんが，一般的に想定されるよりも良好な結果を達成することができます．新しい部品といくつかの設計技術は，効率を向上させながら，リニア・レギュレータの利点を保持することを可能にしています．

効率向上に向けた一つの方法は，レギュレータ全体の入力-出力間の電圧を最小化することです．この電圧降下が小さければ，電力損失が低くなります．安定動作を保持するために必要な最小の入出力電圧差は，"ドロップアウト電圧"と呼ばれています．さまざまな設計手法や技術が，異なった性能の能力を提供します．Appendix Aの「低ドロップアウトの実現」で，いくつかのアプローチを比較しています．従来型の3端子リニア・レギュレータは3Vのドロップアウトをもちますが，新しいデバイスは7.5A出力で1.5Vのドロップアウトで動作し，100μAでは0.05Vまで下げられます（Appendix Bの「低ドロップアウト・レギュレータ・ファミリ」を参照）．

## 安定な入力でのレギュレーション

低いドロップアウト電圧は，入力電圧が比較的一定なところで大幅な電力節約をもたらします．これは通常，リニア・レギュレータがスイッチング電源出力の後で安定化するケースにあたります．図6.1はそのようなアレンジメントを示したものです．メイン出力（"A"）は，スイッチング・レギュレータへのフィードバックによって安定化されます．通常，この出力は回路に取り込まれる電力のほとんどを供給します．このため，トランスのエネルギー量は出力"B"と"C"における電力需要によってあまり影響されません．これは比

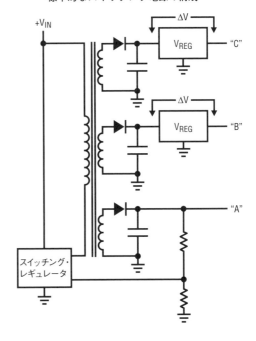

図6.1　リニア方式のポスト・レギュレータを使った標準的なスイッチング電源の構成

較的一定な"B"と"C"のレギュレータの入力電圧になります．賢明な設計なら負荷やスイッチャ入力電圧に関わらず，レギュレータをそのドロップアウト電圧またはその付近で動作させます．こうして低ドロップアウト・レギュレータは，かなりの電力と損失を節約します．

## 不安定な入力でのレギュレーション …ACラインからの場合

残念ながら，すべてのアプリケーションで安定な入力電圧が供給されるわけではありません．最も一般的かつ重要な状態の一つはまた，最も困難なものの一つになります．図6.2のダイアグラムに示す古典的なリニア・レギュレータは，降圧トランスを経由してACラインから駆動されます．ライン電圧は$90V_{AC}$（電圧低下時）〜$140V_{AC}$（電圧上昇時）と変化するため，レギュレータ入力電圧も比例して変化します．図6.3は，標準（LM317）と低ドロップアウト（LT1086）タイプのデバイスに対して，これらの条件下で効率を比較しています．LT1086の低いドロップアウトは効率を向上させます．これは，ドロップアウトが出力電圧に対して大きな割合になる5V出力で特に明らかになります．15V出力での比較は効率の利益がいくらか減少しますが，まだ低ドロップアウト・レギュレータのほうが有利です．図6.4は，図6.3のデータから結果として求められるレギュレータの消費電力です．これらのプロットは，

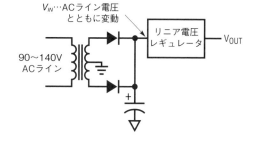

図6.2 典型的なACライン駆動型リニア・レギュレータ

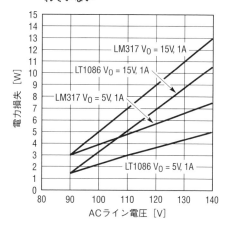

図6.4 異なるレギュレータの電力損失とACライン電圧．整流ダイオードの損失は含まれていない

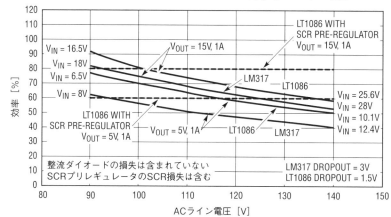

図6.3 LT1086とLM317レギュレータでの効率対ACライン電圧

LM317と同じダイ温度を維持するために，LT1086では小さなヒートシンク面積で済むことを示しています．

両方の特性曲線は，下手に制御された入力電圧の悪影響を示しています．低ドロップアウト・デバイスは明らかに損失をカットしますが，入力電圧の変動は得られる効率を低下させます．

## SCRプリレギュレータ

図6.5は，広いACラインの揺れによって生じるレギュレータの入力変動を排除する方法を示しています．低ドロップアウト・レギュレータと組み合わせたこの回路は，すべてのリニア・レギュレータの望ましい特性を維持しながら高効率を提供します．この設計はLT1086の入力電圧を安定化するためサーボでSCRの点弧を制御します．$A_1$はLT1004電圧リファレンスとLT1086の入力電圧の一部を比較します．増幅された差電圧は$C_{1B}$の負入力に与えられます．$C_{1B}$はこの電圧をトランスの2次側整流器(図6.6の波形Aは図6.5中の"SYNC"の波形)から$C_{1A}$によって導かれたライン同期ランプ(図6.6の波形B)と比較します．$C_{1B}$のパルス出力(波形C)は適切なSCRを点弧し，トランスから$L_1$(波形D)へのパスが生じます．その結果$L_1$によって制限された電流(波形E)が4700μFのコンデンサを充電します．トランス出力が十分に低下したときSCRは転流し充電を止めます．次の半サイクルにおいては，もう一方のSCRが動作し，プロセスが繰り返されます(波形F，Gは個々のSCR電流)．ループ位相によりLT1086

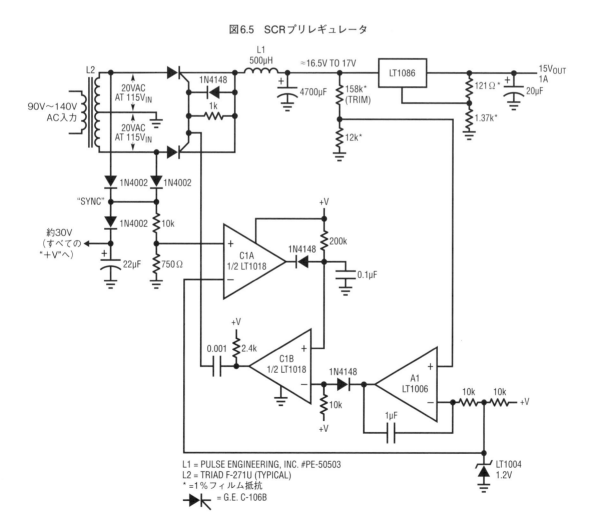

図6.5　SCRプリレギュレータ

図6.6 SCRプリレギュレータの波形

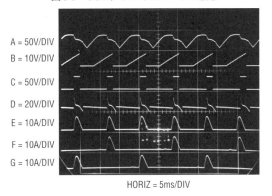

図6.7 SCRプリレギュレータの出力ノイズ

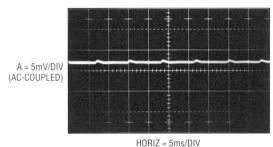

入力電圧を一定に維持するようにSCRの点弧点を変調します．$A_1$の$1\mu F$のコンデンサはループを補償し，出力の$10k\Omega$-ダイオード網が起動を保証します．3端子レギュレータの電流制限は過負荷から回路を保護します．

この回路はLT1086の効率対ACライン変動において劇的な影響をもたらしています(注1)．図6.3に戻って参照すると，データは$140V_{AC}$から$90V_{AC}$にわたる変動に対して変化なく良い効率を示しています．この回路の遅いスイッチングによりリニア・レギュレータは低ノイズを保持できます．図6.7は，わずかな120Hzの残留成分を示していますが広帯域成分はありません．

## DC入力プリレギュレータ

図6.8aの回路は，入力が非安定化（または安定化）電源または電池などのDCの場合に有用です．この回路は高電流において低損失となるように設計されています．LT1083は従来の方法で機能し，7.5Aの容量で安定化出力を供給します．残りの部品はスイッチ・モードレギュレータを形成します．このレギュレータはすべての条件下でドロップアウト電圧の少し上にLT1083の入力を維持します．LT1083の入力（図6.9の波形A）が十分に減衰すると，$C_{1A}$が立ち上がり，$Q_1$のゲート（波形B）を駆動します．これにより$Q_1$をオンにし，そのソース（波形C）が$L_2$と$1000\mu F$のコンデ

サに電流（波形D）を流し，レギュレータの入力電圧を立ち上げます．レギュレータの入力が$C_{1A}$をLowにするのに十分に高くなったとき，$Q_1$はカットオフしてコンデンサの充電が止まります．MBR1060は$L_2$のフライバック・スパイクをダンプし，$1M\Omega$-$47pF$の組み合わせは約100mVのループ・ヒステリシスを設定します．

$Q_1$のNチャネルMOSFETは，飽和損失がわずか$0.028\Omega$ですがゲート-ソース間に10Vのターンオン・バイアスが必要です．$C_{1B}$は，電圧ブースタとして機能し，$Q_2$に約30Vの直流電圧を提供します．$C_{1A}$に対して高いプルアップ電圧を供給する$Q_2$は，$Q_1$のゲートにオーバードライブ電圧を提供します．これにより，ソース・フォロワ接続にもかかわらず，$Q_1$の飽和を保証します．ツェナー・ダイオードは過度のゲート-ソース間オーバードライブをクランプします．選択肢があまりないため，これらには測定が必要です．低損失のPチャネル・デバイスは現在入手できませんし，バイポーラの使用は大きな駆動電流を必要とするか，または飽和不足になります．前と同じように，リニア・レギュレータは電流制限により過負荷から保護されます．図6.10は，プリレギュレートされたLT1083の出力電流に対する効率をプロットしたものです．結果は良好であり，リニア・レギュレータのノイズと応答性の利点が保持されています．

図6.8bは，可変出力が望まれるアプリケーションにおいてLT1083の入出力間に一定の小さい電圧を維持するもう一つのフィードバック接続を示します．この回路はLT1083の出力電圧が変化しても効率を維持します．

---

注1：プリレギュレータに使用されるトランスは全体の効率に大幅に影響を与える．電力消費を評価する一つの方法は，$115V_{AC}$ラインから取り入れた実際の電力を測定することである．Appendix Cの「消費電力の測定」を参照のこと．

# DC入力プリレギュレータ

図6.8a プリレギュレートされた低ドロップアウト・レギュレータ

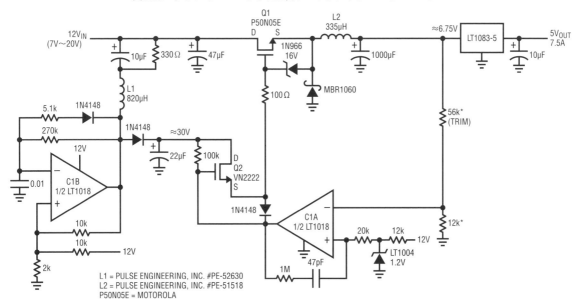

図6.8b プリレギュレータに対する差動センシングは可変出力を可能にする

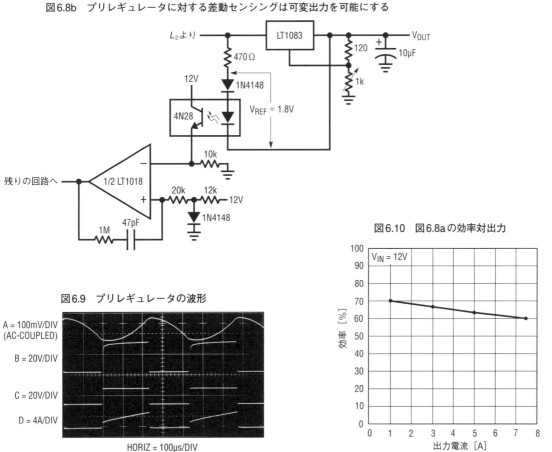

図6.9 プリレギュレータの波形

図6.10 図6.8aの効率対出力

図6.11 400mVドロップアウトで10A出力のレギュレータ

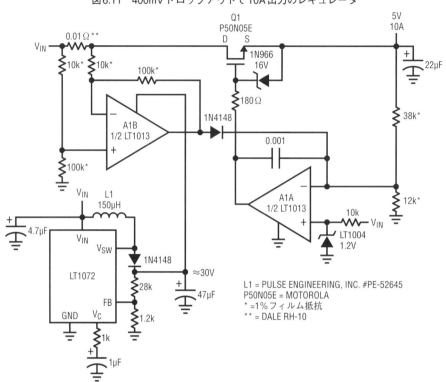

## 400mVドロップアウトの10Aレギュレータ

　状況によっては，ドロップアウトが非常に低いレギュレータが必要になることがあります．**図6.11**は，3端子レギュレータより実質的に複雑ですが，10A出力で400mVのドロップアウトを提供します．この設計は，非常に低い飽和抵抗を得るために，**図6.8a**のオーバードライブ・ソース・フォロワ方式を使用します．ゲート・ブースト電圧は，ブースト・コンバータとして設定したLT1072スイッチング・レギュレータによって生成されます(注2)．この構成の30V出力は，$A_1$（デュアル・オペアンプ）に電力を供給します．$A_{1A}$により出力電圧は，LT1004電圧リファレンスと比較されサーボ制御する$Q_1$のゲートに接続してループを閉じます．

---

注2：ブースト電圧がシステムにすでに存在する場合は大幅な回路の簡素化が可能．LTCデザイン・ノート32の"A Simple Ultra-Low Dropout Regulator."を参照のこと．

図6.12 ディスクリート・レギュレータの電流制限特性

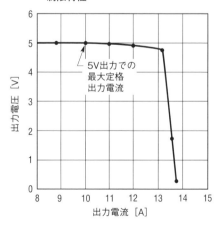

　ゲート電圧をオーバードライブすることにより$0.028\Omega$の飽和を達成して，非常に低いドロップアウトを可能にしています．ツェナー・ダイオードは過度のゲート-ソース間電圧をクランプし，$0.001\mu F$のコンデンサは

# 400mVドロップアウトの10Aレギュレータ

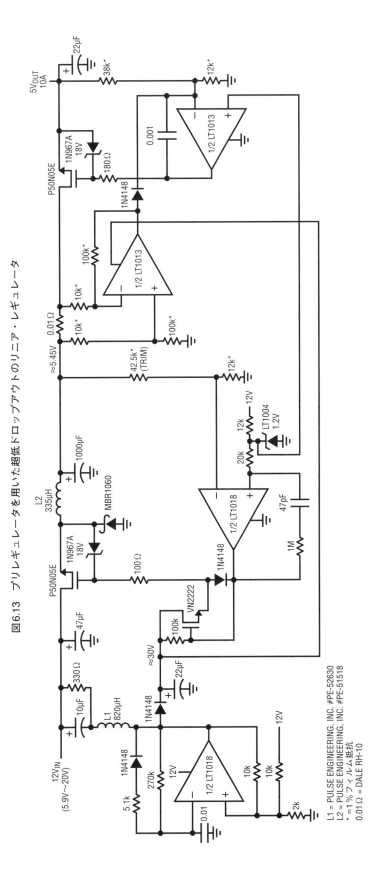

図6.13 プリレギュレータを用いた超低ドロップアウトのリニア・レギュレータ

ループを安定化します．0.01Ωのシャントで電流を検知した$A_{1B}$により，$A_{1A}$を負に強制することで電流制限しています．低抵抗シャントにより，10A出力において100mVの損失に制限します．図6.12はレギュレータの電流制限の性能をプロットしたものです．ロールオフはスムーズで，発振や望ましくない特性もありません．

## 超高効率リニア・レギュレータ

図6.13は，高出力において高効率なリニア・レギュレーションを実現するために先進的なディスクリート回路を組み合わせています．この回路は，図6.11のディスクリートによる低ドロップアウト設計と図6.8aのプリレギュレータを組み合わせています．そこからリニア・レギュレータのブースト電源を削除しゲート-ソース間のツェナー・ダイオードの値を微調整します．同様に，ひとつの1.2V電圧リファレンスをプリレギュレータとリニア出力レギュレータの両方で使用しています．ツェナー・ダイオードにより，低い電圧入力条件下で十分なブースト電圧を保証します．プリレギュレータのフィードバック抵抗により，リニア・レギュレータの400mVのドロップアウト電圧より少し高い入力電圧を設定します．

この回路は複雑ですが，性能は印象的です．図6.14は1A出力において86％の効率を示しますが，フル負荷時には76％に減少します．損失は，MOSFETとMBR1060キャッチ・ダイオードの間にほぼ均等に配分されています．キャッチ・ダイオードを同期式スイッチングFET（リニアテクノロジー社のAN29の図32を参照；本書第4章の図4.32）に交換し，可能な限り低い値にリニア・レギュレータの入力をトリミングすれば，3％〜5％の効率向上が可能です．

## マイクロパワー・プリレギュレーテッド・リニア・レギュレータ

上述の技術の恩恵を受けることができるのはパワー・リニア・レギュレータだけではありません．図6.15のプリレギュレートしたマイクロパワー・リニア・レギュレータは，優れた効率と低ノイズを提供します．プリレギュレータは図6.8aに似ています．プリレギュレータの出力(LT1020レギュレータのピン3,図6.16の波形A)が低下すると，LT1020コンパレータ出力をHighにします．74C04インバータのチェーンは，PチャネルMOSFETスイッチのゲートをスイッチします(波形B)．MOSFETが動作を開始し(波形C)，インダクタに電流を供給します(波形D)．インダクタ220μHの接合部における電圧が十分に高くなったとき(波形A)，コンパレータはMOSFETのゲートをHighにスイッチし，MOSFETの電流をオフします．このループによって，コンパレータの負入力とLT1020の2.5V基準源から抵抗分割器によって設定された値でLT1020の入力ピン電圧を安定化します．680pFのコンデンサはループを安定にし，1N5817はキャッチ・ダイオードです．270pFのコンデンサはコンパレータ・スイッチングを支援し，2810ダイオードは負のオーバードライブを防ぎます．

低ドロップアウトのLT1020リニア・レギュレータは，スイッチングされた出力を滑らかにします．出力電圧はフィードバック・ピンに取り付けられた分割器により設定されます．この回路の潜在的な問題はスタートアップです．プリレギュレータはLT1020の入力に電力を供給しますが，動作させるためにLT1020の内蔵コンパレータを当てにします．このため，回路はスタートアップ機構を必要とします．74C04インバータは，この動作を果たします．電源が印加されたとき，LT1020には入力がありませんが，インバータは動作します．200kΩの経路により第1インバータの入力をHighに上げ，チェーンをスイッチし，MOSFETをバイアスして回路をスタートさせます．インバータのレール・ツー・レールのスイングは，MOSFETのゲー

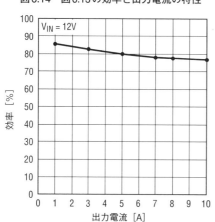

図6.14　図6.13の効率と出力電流の特性

図6.15 マイクロパワー・プリレギュレーテッド・リニア・レギュレータ

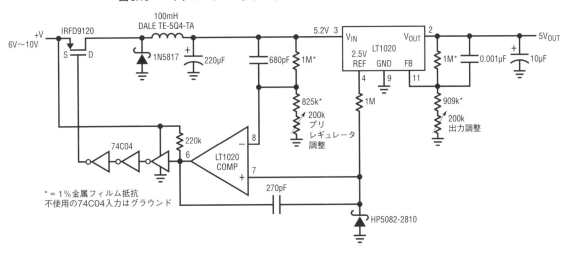

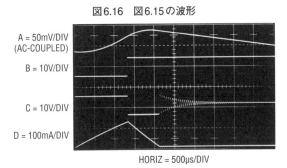

図6.16 図6.15の波形

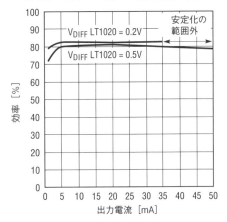

図6.17 図6.15の効率と出力電流の特性

トをドライブするのに十分です.

回路の$40\mu A$と低い静止電流は，LT1020の消費電流の低さとMOS素子によります．図6.17は，二つのLT1020の入出力電圧に対して，効率と出力電流をプロットしたものです．80%を超える効率と50mAの出力が可能です．

◁参考文献▷

(1) Lambda Electronics, Model LK-343A-FM Manual.
(2) Grafham, D. R., "Using Low Current SCRs", General Electric AN200.19. Jan 1967.
(3) Williams, J., "Performance Enhancement Techniques for Three-Terminal Regulators", Linear Technology Corporation. AN2.［本書第1章］
(4) Williams, J., "Micropower Circuits for Signal Conditioning", Linear Technology Corporation. AN23.
(5) Williams, J. and Huffman, B., "Some Thoughts on DC-DC Converters", Linear Technology Corporation. AN29.［本書第4章］
(6) Analog Devices, Inc, "Multiplier Application Guide".

---

注：このアプリケーション・ノートは，もともとEDN誌での出版に対して用意した原稿から派生したものです．

# Appendix A 低ドロップアウトの実現

リニア・レギュレータは，ほとんどの場合に図6.A1aに示す基本的な安定化ループを使用します．ドロップアウトの限界はパス素子のオン時インピーダンスによって設定されます．理想的なパス素子は入力と出力との間のゼロ・インピーダンス能力を有し，駆動エネルギーを消費しません．

設計や技術オプションは多くあり，それらにはさまざまなトレードオフと利点があります．図6.A1bにパス素子の候補を示します．フォロワは電流ゲインがあり，ループ補償が容易で（電圧ゲインがユニティ以下），駆動電流はすべて負荷に流れます．残念ながら，フォロワを飽和させるためには入力（ベースやゲート）をオーバードライブする必要があります．ドライブは通常$V_{IN}$から直接供給されるので，これは困難です．実際の回路では，オーバードライブを生成するか，他の場所から得なければなりません．これはICパワー・レギュレータでは簡単には行われませんが，ディスクリート回路で実現できます（例，図6.11）．電圧オーバードライブなしでの飽和損失は，バイポーラの場合は$V_{BE}$，MOSの場合はチャネルのオン抵抗によって決まります．バイポーラの損失は予測可能ですが，MOSのチャネルのオン抵抗はこれらの条件下でかなり異なります．ドライバ段（ダーリントンなど）における電圧損失がドロップアウト電圧に直接加わることにご注意ください．従来の3端子レギュレータで使用されるフォロワ出力は，ドライブ段の損失も加わり3Vのドロップアウトになります．

コモン・エミッタ/ソースは，別のパス素子のオプションになります．この構成はバイポーラの場合の$V_{BE}$損失を取り去ります．PNPのバージョンは，ICの形であっても簡単に完全飽和します．トレードオフは，ベース電流が負荷に流れないので，かなりの電力を無駄にしてしまうことです．大電流においては，ベース駆動の損失は共通エミッタの飽和優位性を打ち消してしまうことになります．これは特にIC設計の場合，高ベータ，高電流のPNPトランジスタは現実的ではありません．フォロワの例のように，ダーリントン接続は問題を悪化させます．適度な電流においては，PNPのコモン・エミッタはIC構造にとって現実的です．LT1020/LT1120はこのアプローチを使用しています．

コモン・ソース接続されたPチャネルMOSFETもまた候補になります．それらはバイポーラのようなドライブ損失をもちませんが，通常は完全飽和させるのにゲート-チャネル間バイアスに10Vが必要になります．これは低い電圧アプリケーションにおいて，通常は負電位を発生する必要があることを意味します．加えて，Pチャネル・デバイスはNチャネル・デバイスの同サイズのものより不完全な飽和になります．

コモン・エミッタとソース構成の電圧ゲインにはループ安定性の懸念がありますが，管理可能です．

PNPでNPNを駆動する合成接続は，高パワー（250mAを越える）ICにとって特に合理的な妥協になります．PNPの$V_{CE}$飽和と駆動損失の減少との間のトレードオフ上，ストレートPNPが有利になります．ま

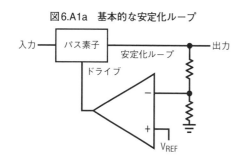

図6.A1a 基本的な安定化ループ

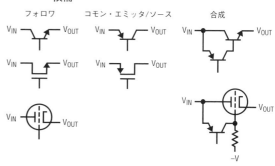

図6.A1b リニア・レギュレータで用いられるパス素子の候補

た，主要な電流の流れはパワーNPNを通り，容易にモノリシック化が実現できます．この接続は電圧ゲインを有するので，ループの周波数補償に注意が必要になります．LT1083-6レギュレータはこのパス素子構成を利用しており，出力コンデンサで補償を実現しています．

読者は，我々の友でもある名誉退職の先輩たちによって成しえた成果に，堅苦しい挨拶ぬきで招待されます．

# Appendix B　低ドロップアウト・レギュレータ・ファミリ

図6.B1に詳細したLT1083-6シリーズ・レギュレータは，最大1.5V以下のドロップアウトが特徴です．出力電流範囲は1.5A〜7.5Aです．特性曲線はドロップアウトが25℃以上のジャンクション温度において大幅に低いことを示しています．NPNのパス・トランジスタを使用したデバイスは10mAだけの負荷電流で動作し，PNPによるアプローチでの大きなベース・ドライブ損失特性が排除されます（解説についてはAppendix Aを参照）．

これとは対照的に，LT1020/LT1120シリーズは低消費電力アプリケーション向けに最適化されています．ドロップアウト電圧は100μAで0.05V程度で，100mAではわずか400mVに上昇するだけです．静止電流は40μAです．

図6.B1　低ドロップアウト・レギュレータICの特性

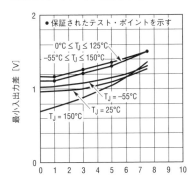
LT1083のドロップアウト電圧対出力電流

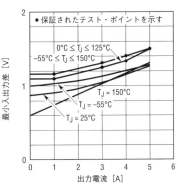
LT1084のドロップアウト電圧対出力電流

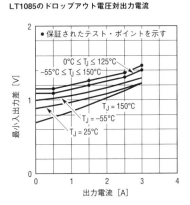
LT1085のドロップアウト電圧対出力電流

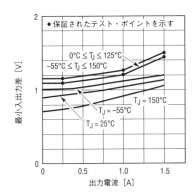
LT1086のドロップアウト電圧対出力電流

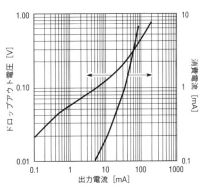
LT1020/LT1120のドロップアウト電圧対消費電流

## Appendix C 電力消費の測定

消費電力を正確に決定するにはしばしば測定を必要とします．これは特にACライン駆動される回路において顕著で，トランスの不確実性またはメーカのデータの欠如が意味のある消費電力の見積もりを不可能にします．ACラインの入力電力(W)を測定する一つの方法は，電圧と電流の積のリアルタイム計算になります．図6.C1の回路がこれを行い，安全で有用な出力を提供します．

これから先を読み進める前に，本回路の構成，試験，ならびに使用に際しては注意払う必要があることを警告します．本回路にはACラインに接続された高電圧で危険な電位が存在します．本回路の作業・接続に関しては最大限の注意を払ってください．繰り返しますが，本回路は危険な高電圧を含みます．注意してください．

測定するAC負荷をテスト・ソケットに差し込みます．シャント抵抗 $0.01\Omega$ に流れる電流を $A_{1A}$ によって増幅し，$A_{1B}$ によってスケーリングが行われます．ダイオードとヒューズは厳しい過負荷からシャント抵抗とアンプを保護します．負荷電圧は $100\text{k}\Omega - 4\text{k}\Omega$ の分圧器から導きます．シャント抵抗値が低いので電圧負荷の誤差を最小限にします．

電圧と電流の信号は4象限アナログ乗算器(AD534)で掛算されて電力値になります．この回路のすべてはACライン電位から浮いており，潜在的に危険な乗算器出力の直接監視を行います．安全性を保つため，乗算器出力を測定するための出力にはガルバニック絶縁が必要になります．286Jアイソレーション・アンプがこれを行います．出力が入力から完全に絶縁されたユニティ・ゲイン・アンプとして考えることができます．また，286Jは $A_1$ とAD534に必要なフローティングされた $\pm 15$V電源を提供しています．286Jの出力は回路のコモン($\perp$)が基準となります．281オシレータ/ドライバは286Jを動作させるために必要です(詳細はアナログ・デバイセズ社のデータシートを参照のこと)．LT1012および関連する部品によりフィルタリングとス

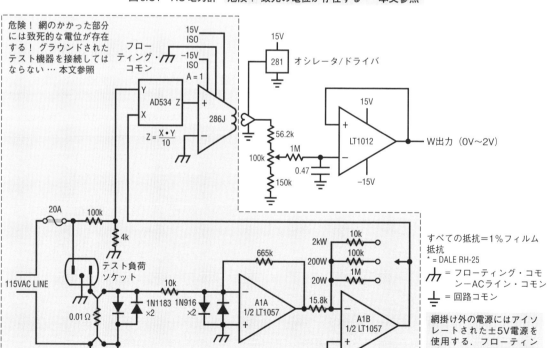

図6.C1 AC電力計 危険！ 致死の電位が存在する … 本文参照

ケーリングをします．$A_{1B}$ のゲインは 20W～2000W フルスケールまで 10 倍のレンジで切り替えます．信号経路の帯域が広いので，非線形または不連続の負荷（例えば SCR チョッパ）に対して正確な結果を可能にしま す．この回路を校正するためには正確なフルスケールに相当する負荷を繋いで，適切なレンジに $A_{1B}$ を設定し，正しい読み取りとなるようにトリムポットを調整します．通常の精度は 1% です．

# 第4部

# 高電圧，高電流アプリケーション

## 第7章 高電圧，低ノイズのDC/DCコンバータ

　光電子増倍管（PMT），アバランシェ・フォトダイオード（APD），超音波トランスデューサ，コンデンサ・マイクロホン，放射線検出器，その他の類似デバイスには，高電圧，低電流バイアスが必要になります．加えて，この高電圧はノイズのない純粋なものでなければならず，mV以下では当たり前の要求で，ときには数百μV以下が必要になります．通常，スイッチング・レギュレータ構成では，特殊技術を利用せずにこの性能レベルを達成することはできません．低ノイズの実現の一つの助けとなるのは，負荷電流が5mAを超えないことです．そのような場合は，通常ではあまり実際的でない出力フィルタリングで解決できます．

# 第 7 章
# 高電圧,低ノイズのDC/DCコンバータ
## キロボルト中の100μVノイズ

Jim Williams,訳:堀 敏夫

## はじめに

光電子増倍管(PMT),アバランシェ・フォトダイオード(APD),超音波トランスデューサ,コンデンサ・マイクロホン,放射線検出器,その他の類似デバイスには,高電圧,低電流バイアスが必要になります.加えて,この高電圧はノイズのない純粋なものでなければならず,mV以下では当たり前の要求で,ときには数百μV以下が必要になります.通常,スイッチング・レギュレータ構成では,特殊技術を利用せずにこの性能レベルを達成することはできません.低ノイズの実現の一つの助けとなるのは,負荷電流が5mAを超えないことです.そのような場合は,通常ではあまり実際的でない出力フィルタリングで解決できます.

本資料は,100MHzの帯域で100μV以下の出力ノイズを実現する200V~1000Vを出力できる各種回路の解説をします.特別な技術がこの性能を実現しますが,ほとんどのパワー段の高い周波数の高調波成分を最小にするように最適化されています.洗練されてはいますが,すべての記載例ではカスタムの磁気部品を用いず,標準品を使用しています.これはユーザが迅速に設計できることを意図しています.回路とその説明は,次の注意事項から始まります.

先に進む前に,読者に回路の構成,テスト,使用法の注意事項を守らなければならないことを警告します.これらの回路には,危険な高電圧,致死電位が存在するので,これらの回路に接続する際の作業には細心の注意が必要です.繰り返します.これらの回路は,危険な,高電圧を含みます.十分に注意してください.

## 共振型ロイヤー方式コンバータ

共振型ロイヤー方式は,正弦波状の電力供給である

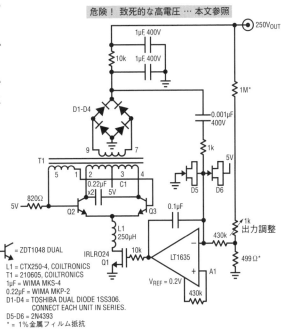

図7.1 電流供給型共振ロイヤー・コンバータは,高い電圧出力を発生する.$A_1$は$Q_1$の電流シンクをバイアスし,出力電圧を安定化するフィードバック・ループを作る.$A_1$の0.001μFと1kΩの直列回路は,出力フィルタの位相を進相させ,トランジェント応答を最適化する.$D_5$~$D_6$,低リーケージ・クランプが$A_1$を保護する

図7.2 共振型ロイヤーのコレクタ波形は歪んだ正弦波状．高周波成分が存在しない

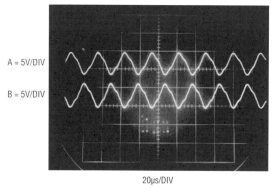

図7.3 図7.1の出力ノイズは計測器の$100\mu V$のノイズ・フロアからちょうど識別可能

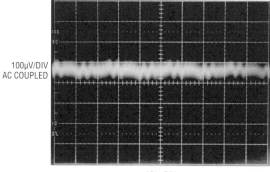

図7.4 図7.1のLT1431レギュレータ・ベースの変形は，32Vへ入力電源電圧範囲を拡張しながら，$100\mu V$出力ノイズを維持．$Q_1$は高い入力電源電圧でヒートシンクが必要

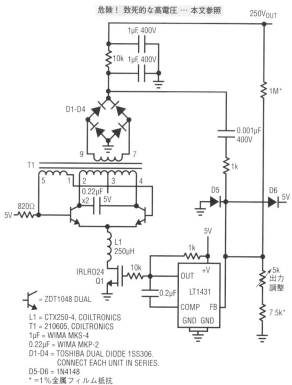

ため低ノイズ動作に適しています[注1]．加えて，共振型ロイヤー回路は，LCDディスプレイのバックライト用トランスが容易に入手できるので，特に魅力的です．これらのトランスは，複数のルートから入手でき，多くの実績があり価格も手ごろです．

図7.1の共振型ロイヤー構成は，パワー・ドライブ段の高い周波数の高調波を抑えることによって，250V出力にて$100\mu V_{P-P}$のノイズを実現しています．自励共振型ロイヤー回路は，$Q_2$，$Q_3$，$C_1$，$T_1$と$L_1$で構成されています．$L_1$を流れる電流により$T_1$，$Q_2$，$Q_3$，$C_1$の共振回路が発振し，2次側に正弦波状の高電圧が現れるように$T_1$の1次側を正弦波ドライブします．

整流されてフィルタリングされた$T_1$の出力は$Q_1$電流シンクをバイアスする$A_1$アンプの基準入力にフィードバックされ，ロイヤー・コンバータの制御ループを形成します．$L_1$は$Q_1$が高い周波数でも一定の電流を維持するようにしています．出力電流がmAレベルなので出力フィルタとして$10k\Omega$抵抗が使用できます．最小の電力損失でのフィルタ性能に寄与します[注2]．$A_1$

---

注1：この資料はタイトルの主題に焦点を当てるために学術的な完全さは犠牲にしている．そのため，使用されるさまざまなスイッチング・レギュレータのアーキテクチャの詳細動作については記載されていない．背景についてのチュートリアルを希望する読者は，参考文献を参照のこと．共振ロイヤー理論は参考文献(1)に示されている．

注2：前述したように，低電流仕様は出力フィルタとフィードバック・ネットワークの一定の自由度を許容する．例題と解説についてはAppendix Aを参照のこと．

図7.5 リニア動作の電流シンクをスイッチング・レギュレータに変更して発熱を最小化したが，出力ノイズが増加する

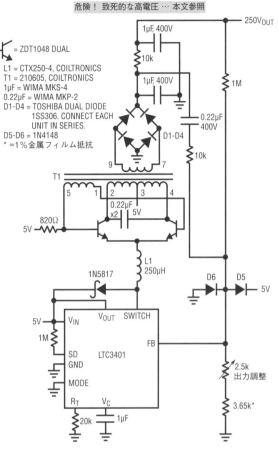

図7.6 共振型ロイヤーのコレクタ波形（波形A）は，前述の回路と似ている．高速なスイッチ・モードの電流で（波形B）$L_1$を効率的に駆動する

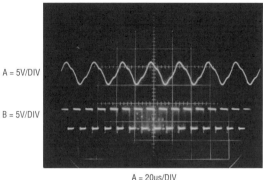

図7.7 スイッチング・レギュレータの高調波が3mV$_{P-P}$出力ノイズの結果となる

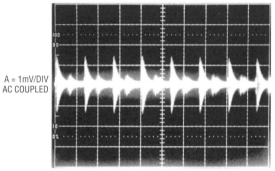

の負入力の$RC$経路に$0.1\mu F$のコンデンサを取り付けて$A_1$のループを補償します．$D_5$と$D_6$は低リークのクランプで，起動時や一時的な過渡現象の際に$A_1$を保護します．図7.2のコレクタ波形は歪んでいますが，高い周波数成分はまったく存在しません．

この回路の低い高調波成分と$RC$出力フィルタとの組み合わせにより並外れたクリーンな出力を発生しています．出力ノイズ（図7.3）は，計測器の$100\mu V$のノイズ・フロアからちょうど識別可能になります[注3]．

図7.1を変形した図7.4は，32Vの入力電圧範囲に拡張されていますが，$100\mu V$の出力ノイズは維持しています．$Q_1$は高い入力電圧においてヒートシンクを必要とするかもしれません．コンバータおよびループの動作は前と同様で，補償素子はLT1431の制御素子に適合するように再構築されています．

## スイッチングされた電流源ベースの共振型ロイヤー・コンバータ

前述の共振型ロイヤーの例ではコンバータ電流の線形制御を利用して高調波のないドライブを実現しました．トレードオフは，特に入力電圧が低下した時に効率が低下することです．ロイヤー・コンバータをスイッチ・モード電流駆動で使用することで効率の改善

---

注3：忠実な低レベルのノイズ測定に対しては，測定技術と計測器の選択には勉強が必要．実用的な考慮事項については，Appendix B～Eを参照のこと．

図7.8 LT1534のスルーレート制御により高い周波数の高調波を防ぎつつ低い発熱を維持する．このアプローチは，スイッチングとリニア電流シンクの利点をブレンドしている

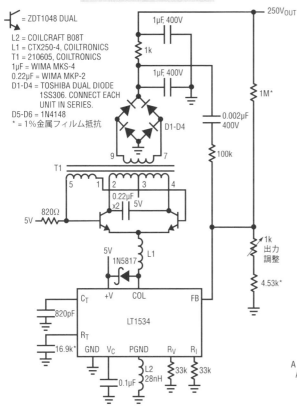

図7.9 共振ロイヤーのコレクタ波形（波形A）は，図7.5のLT3401回路の図と同じ．LT1534の電流シンクが制御された遷移時間（波形B）により，高い周波数の高調波を減衰

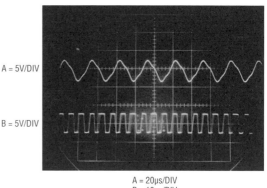

図7.10 制御されたスイッチ電流のスルーレート制御により，$150\mu V_{P-P}$の劇的な低ノイズとなる－図7.7のLTC3401の結果から20倍の改善

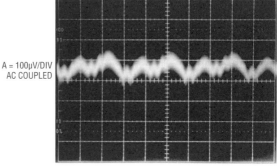

が可能になります．残念ながら，このようなスイッチ・ドライブは通常，ノイズを発生します．以下に示すようにすれば，この望ましくない成り行きに対抗することができます．

図7.5は，リニア動作する電流シンクをスイッチング・レギュレータに置き換えています．ロイヤー・コンバータとそのループは前述と同じで，図7.6のトランジスタのコレクタ波形（波形A）は他の回路に似ています．高速な，スイッチ・モード電流（波形B）が，$L_1$に効率良く与えられます．このスイッチ動作は効率を上げますが，出力ノイズを悪化させます．図7.7は，スイッチング・レギュレータの高調波が$3mV_{P-P}$の出力ノイズの原因になっていることを明白に示しており，リニアに動作する回路の約30倍になっています．

図7.7を慎重に検討すると，ロイヤー回路の残留雑音がほとんどないことがわかります．ノイズは，スイッチング・レギュレータからの遺物が支配的です．効率を維持しながらこのスイッチング・レギュレータのノイズ発生源を除去するには特別な回路を必要としますが，すぐに達成可能です．

## 低ノイズなスイッチング・レギュレータ駆動の共振型ロイヤー・コンバータ

図7.8は前述した"特別な回路"の例です．共振型ロイヤー・コンバータとそのループは前述の回路を連想させます．基本的な違いは，効率を維持しながら高い

**図7.11** －1000Vコンバータに応用された，スルーレート制御のスイッチング・レギュレータ．LT1006によりLT1534に反転フィードバックを提供

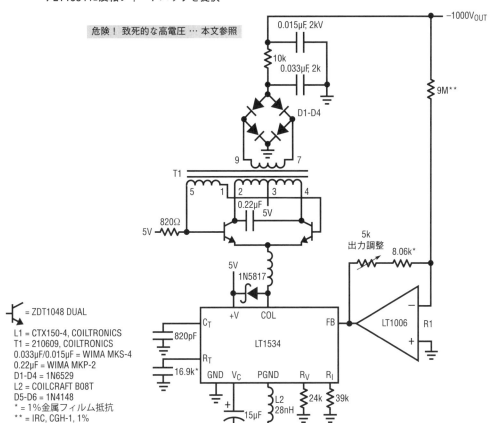

周波数の高調波を抑えたスルーレート制御を利用するLT1534スイッチング・レギュレータです．このアプローチは，スイッチングとリニア電流シンクのメリットをブレンドしています[注4]．$R_V$および$R_I$によって個々に設定された電圧と電流スルーレートによって，効率とノイズ低減の妥協点を探ります．

図7.9のロイヤー・コレクタ波形（波形A）は，図7.5の回路で発生したものとほぼ同じです．LT1534のスルーレート制御時間を描いた波形Bは，図7.5で示すものから顕著に異なります．これらの制御されたトランジェント時間は，$150\mu V_{P-P}$までに劇的に出力ノイズ（図7.10）を低減しており，図7.7のLTC3401を用いた回路を20倍改善しています．

図7.11は，負の1000V出力を発生することを除いて，本質的に図7.8と同じです．LT1006は，LT1534への低インピーダンスの反転フィードバック用です．図7.12aに示す出力ノイズの測定結果は1mV以内です．前述のように，共振ロイヤーのリプルがノイズを支配し，高い周波成分は検出できません．このノイズはフィルタ・コンデンサ値とともに比例して向上することは注目に値します．例えば，図7.12bはコンデンサの物理的なサイズは大きくなりますが，フィルタ・コンデンサ値を10倍に上げることで$100\mu V$のノイズのみしか示していません．選択された元の値はノイズ性能と物理的なサイズとの合理的な妥協を示しています．

---

注4：述べたように，このフォーラムでは着眼点を維持するために，簡潔にしてある．LT1534のスルーレート制御動作にはさらなる研究が必要になる．参考文献(3)を参照のこと．

図7.12a －1000Vのコンバータ出力ノイズは，100MHzの帯域において1mV以内（1ppm ～ 0.0001 %）を測定．共振ロイヤーのリプルがノイズを支配する（高い周波数成分は検出されない）

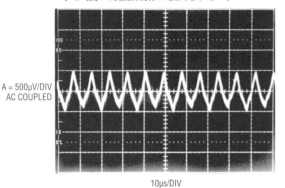

A = 500μV/DIV
AC COUPLED

10μs/DIV

図7.12b 図7.11のフィルタ・コンデンサ値を10倍に増やすことで100μVにノイズを低減．代償はコンデンサの物理的なサイズ

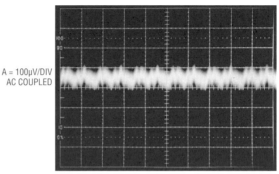

A = 100μV/DIV
AC COUPLED

10μs/DIV

図7.13 プッシュプル駆動，スルーレート制御，300V出力のコンバータ．対称トランス駆動，低速エッジは，低い出力ノイズを実現

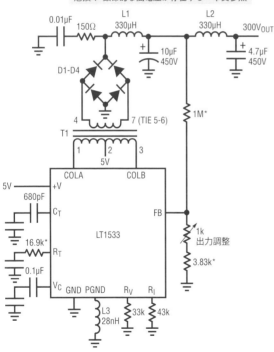

危険！致命的な高電圧が存在する…本文参照

* =1％金属フィルム抵抗
L3 = COILCRAFT B08T
L1, L2 = COILCRAFT LPS5010-334MLB
D1-D4 = 1N6529
T1 = PICO 32195

図7.14 トランスの2次出力には高い周波数成分がない

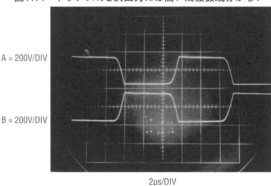

A = 200V/DIV

B = 200V/DIV

2μs/DIV

図7.15 残余を抑えたプッシュプル・コンバータは，100μVの測定ノイズ・フロアに接近．広帯域成分は100MHzの測定帯域に現れない

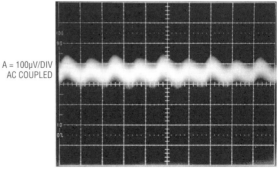

A = 100μV/DIV
AC COUPLED

5μs/DIV

図7.16 図7.13のフルレンジ可変バージョン．$V_{CONTROL}$はA₁，$Q_1$〜$Q_2$経由で$T_1$を駆動．1M-3.32 kΩの分圧器によりフィードバックを提供し，$A_1$の入力コンデンサによって安定化．波形は図7.13に似ている．出力ノイズは100μ$V_{P-P}$

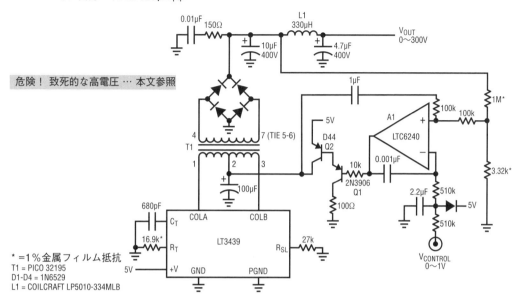

## スルーレート制御のプッシュプル・コンバータ

スルーレート制御技術はまた，プッシュプル構成に直接応用できます．図7.13はスルーレート制御のプッシュプル・レギュレータを使用した簡単なループで制御する300V出力コンバータです．対称トランス駆動と制御されたスイッチング・エッジ時間が低い出力ノイズを推進します．$D_1$〜$D_4$はダンパに接続され，さらに残余ノイズを小さくします．このケースでは，インダクタは出力フィルタとして使用されていますが，適切な抵抗も使用することができます．

図7.14は，トランスの2次出力（波形Aは$T_1$のピン4，波形Bは$T_1$のピン7）におけるスムーズなスルーレートを示しています．高い周波数の高調波がないことが極端な低ノイズ特性をもたらします．図7.15の出力残余を抑えた基本波は100MHzのバンドパスにおいて100μVの測定ノイズ・フロアに近づいています．これは確かにどのようなDC/DCコンバータ中でも見事な低ノイズ性能で，高い電圧を供給するものとしては特筆に価します．ここでは，300V出力でノイズは300万分の1未満を示しています．

図7.16は，出力レンジが0Vから300Vに可変できることを除いて似ています．LT1533は，制御素子をもたないLT3439によって置き換えられています．LT3439は，50％のデューティ・サイクルで制御されたスイッチング・スルーレートを用いて単純にトランスを駆動します．フィードバック制御は，$T_1$の1次センタ・タップに電流を駆動する$A_1$-$Q_1$-$Q_2$によって実施されます．$A_1$は，出力の一部を抵抗分圧で導きユーザが供給した制御電圧と比較します．回路の定数で，0V〜1Vの制御電圧に対して0V〜300Vの出力を発生します．$Q_2$のコレクタから$A_1$の正入力への$RC$ネットワークは，ループを補正します．コレクタ波形と出力ノイズ特性は，図7.13によく似ています．出力ノイズは，0V〜300V出力範囲の全体において100μ$V_{P-P}$です．

## フライバック・コンバータ

不測な，あるいは制御の不十分なエネルギー供給という特徴からフライバック・コンバータでは，低ノイズ出力を得ることは通常できません．しかし，注意深

図7.17 5V〜200V出力のコンバータ．カスコード接続された$Q_1$は高電圧をスイッチするので，出力を制御するのに低電圧レギュレータが使用できる．ダイオード・クランプはトランジェントからレギュレータを保護．100kΩの経路は$L_1$のフライバック現象により$Q_1$のゲート駆動をブートストラップする．出力に接続された300Ωとダイオードの組み合わせにより短絡保護を提供．フェライト・ビーズ，100Ωと300Ωの抵抗は，高い周波数の出力ノイズを低減

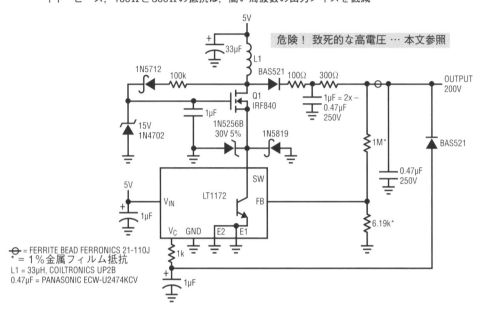

図7.18 5V〜200Vのコンバータの波形．LT1172のスイッチ電流と電圧（波形AとC）と$Q_1$のドレイン電圧（波形B）を示す．電流ランプの終端は$Q_1$ドレインにおける高電圧フライバック現象となる．安全に減衰した波形はLT1172のスイッチに現れる．電流導通サイクル間に見られるインダクタによる正弦波状の波形は無害．すべての波形は写真の明瞭さのために画面の中心近くで輝度を高くしている

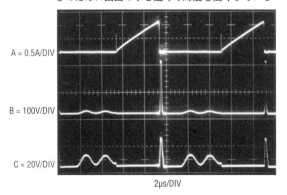

図7.19 図7.17の出力ノイズ，低周波数のリプルと広帯域のフライバック関連スパイクの合成．100MHz帯域で1m$V_{P-P}$を測定

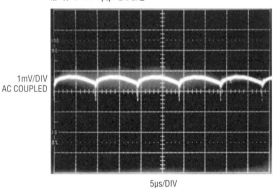

図7.17の設計は5V入力から200Vを供給します[注5]．回路は，いくつかの重要な変更を含む基本的なインダクタ式フライバック・ブースト・レギュレータです．高電圧デバイス$Q_1$が，LT1172スイッチング・レギュレータとインダクタとの間に介在します．これにより，

い磁気部品の選択とレイアウトによって，特に低い出力電流において驚くような良い性能を提供します．

図7.20 5V入力のトランス結合フライバック・コンバータ．350Vの出力を発生

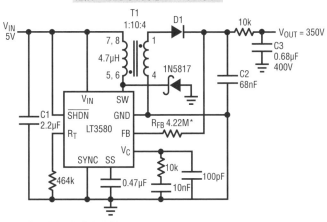

レギュレータが高い電圧ストレスを受けずに$Q_1$の高電圧スイッチングを制御することを可能にします．$Q_1$はLT1172の内部スイッチと"カスコード"動作を行い，$L_1$の高電圧フライバック現象に耐えます[注6]．

$Q_1$のソース端子と組み合わされるダイオードは，$Q_1$の接合容量を経由して到達する$L_1$から発生するスパイクをクランプします．高い電圧は整流され平滑されて，回路出力を形成します．フェライト・ビーズ，$100\Omega$と$300\Omega$の抵抗は，効率よくフィルタを構成します[注7]．レギュレータへのフィードバックはループを安定にし，$V_C$ピンの回路網は周波数補償を行います．$L_1$からの$100k\Omega$経路は$Q_1$のゲート・ドライブを約10Vにブートストラップして，飽和を確実にします．ダイオードが接続された出力は，もし出力が誤って接地されたときにLT1172を遮断することで短絡保護を提供します．

図7.18の波形AとCはそれぞれLT1172のスイッチ電流と電圧です．$Q_1$のドレインは波形Bです．電流ランプの終端は，$Q_1$のドレインにおける高い電圧フライバック現象を起こします．安全に減衰したフライバックの一部が，LT1172のスイッチに現れます．導通サイクルの間のオフ期間に発生するインダクタによる正弦波状の波形は無害です．図7.19は出力ノイズで，低

図7.21 図7.20の高速トランジェントは$300\mu V_{P-P}$以内のノイズ特性

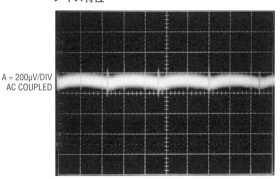

注5：LTCアプリケーション・ノートのベテランたち（歴戦の戦士）は，AN98とAN113のなかに本セクションの素材を見出すだろう．オリジナル回路とテキストは必要に応じて低ノイズ動作に適合するように変更されている．参考文献を参照のこと．

注6：カスコードの歴史的な視点と研究に関しては，参考文献(13)～(17)を参照のこと．

注7：フェライト・ビーズに関するチュートリアルがAppendix Fにある．

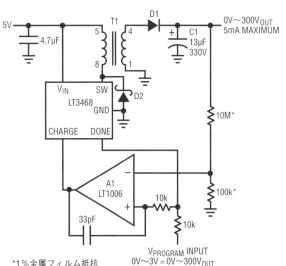

図7.22 電圧プログラマブルな0V～300V出力レギュレータ．$A_1$は，LT3468/$T_1$のDC/DCコンバータの電力伝送を変調するデューティ・サイクルによってレギュレータ出力を制御する

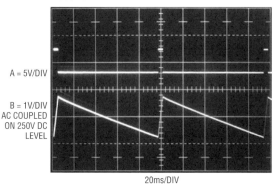

図7.23 図7.22のデューティ・サイクル変調動作の詳細．高電圧出力（波形B）は，$A_1$（波形A）がHighになって出力をリストアするためにLT3468/$T_1$をイネーブルするまでランプ状に下降する．ループの反復レートは入力電圧，出力設定値，負荷とともに変化する

い周波数のリプルと広帯域のフライバック・スパイクの合成で，100MHzの帯域において1m$V_{P-P}$を測定しています．

図7.20は，LTCのAlbert M. Wuによるトランス結合フライバック回路です．トランスの2次側には，フライバック駆動された1次側を参照したステップ・アップ電圧が現れます．4.22MΩの抵抗によって，レギュレータにフィードバックをかけ，制御ループを閉じます．10kΩ - 0.68μFのフィルタは，小さな電圧降下で高い周波数の高調波を減衰します．フライバック関連のスパイクノイズは図7.21の出力ノイズでクリアに見えていますが，300μ$V_{P-P}$以内です．

図7.22は，汎用の高電圧DC/DCコンバータとしてLT3468フォトフラッシュ・キャパシタ・チャージャを使用しています．通常，LT3468は$T_1$のフライバック・パルスを監視することで，出力を300Vに安定化します．この回路は，出力が300Vに達する前に充電サイクルを終了することで，LT3468が低電圧出力において安定動作することを可能にしています．$A_1$は，出力を分圧した一部を設定入力電圧と比較します．設定電圧（$A_1$＋入力）を出力電位（$A_1$－入力）が越えたと

き，$A_1$の出力はLowになり，LT3468をシャットダウンします．フィードバック・コンデンサはACヒステリシスを提供し，トリップ点においてチャタリングを防ぎます．LT3468は，$A_1$の出力がHighにトリップするのに十分な低い出力電圧になるまでシャットダウンを維持し，オンに戻します．このように，$A_1$のオン，オフによりLT3468を変調し，設定入力によって決められた点で安定した出力電圧となるようにします．

図7.23の250V DC出力（波形B）は，$A_1$（波形A）がHighになってLT3468をイネーブルして動作を再開するまでに約2Vほど下がります．この単純な回路は，固有のヒステリシス動作が顕著な（受け入れられないかもしれない）2Vの出力リプルをもってはいますが，うまく動作し，0V～300Vの設定電圧範囲で安定化を行います．ループの反復レートは入力電圧，出力設定値，負荷とともに変化しますが，リプルは常に存在します．次の回路は複雑になりますが，リプル振幅を極度に抑えています．

図7.24のポスト・レギュレータは図7.22の出力リプルとノイズをわずか2mVに低減します．$A_1$とLT3468は前の回路と同じですが，10MΩ - 100kΩのフィード

図7.24 ポスト・レギュレータは，図7.22の2Vの出力リプルを2mVに下げる．図7.22に似たLT3468ベースのDC/DCコンバータは，$Q_1$のコレクタに高電圧を発生させる．$A_2$，$Q_1$，$Q_2$は，トラッキング高電圧レギュレータを形成している．ツェナーは，$Q_1$の$V_{CE}=15V$を設定し，最小電力消費でトラキングを保証する．$Q_3$〜$Q_4$は短絡出力電流を制限する

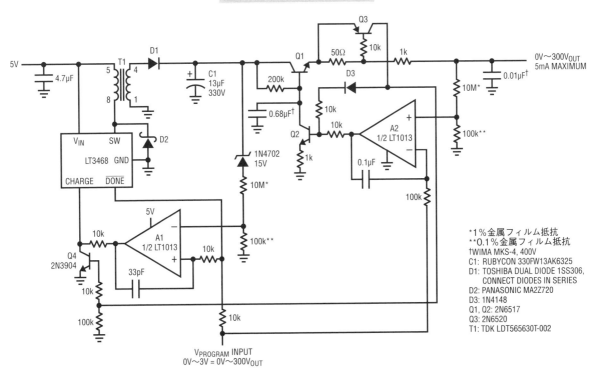

図7.25 低いリプル出力（波形C）は，ポスト・レギュレータ動作によく表れている．波形AとBは，それぞれ$A_1$の出力と$Q_1$のコレクタ．写真の右側の中心で波形が滲んでいるのはループ・ジッタによるもの

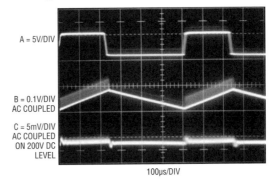

バック分割器に直列に入っている15Vのツェナー・ダイオードが異なります．このツェナー・ダイオードにより$C_1$の電圧，すなわち$Q_1$のコレクタを，$V_{PROGRAM}$入力で決定される値より15V高く安定化します．$V_{PROGRAM}$入力は，$A_2$-$Q_2$-$Q_1$によるリニア・ポスト・レギュレータにも与えられます．$A_2$の10MΩ-100kΩのフィードバック分割器はツェナーを含みませんので，ポスト・レギュレータはオフセットなしで$V_{PROGRAM}$入力に追従します．この構成ではすべての出力電圧にわたって$Q_1$に15Vを印加します．この電圧は，$Q_1$の消費電力を低く維持しながら，出力から望ましくないリプルとノイズを除去するのに十分に高いものです．

$Q_3$と$Q_4$は電流制限を構成し，オーバーロードから$Q_1$を保護します．50Ωのシャントに過剰な電流が流れると$Q_3$をオンにします．$Q_3$は$Q_4$を駆動して，LT3468をシャットダウンします．同時に，$Q_3$のコレクタ電流

図7.26 解説した技術の特性の一覧．適用できる回路はアプリケーション仕様によって異なる

| 回路のタイプ | 図番号 | 電源電圧範囲<br>(1mA負荷) | 試験電圧での<br>最大出力電流 | 備　考 |
|---|---|---|---|---|
| LT1431－リニア共振ロイヤー | 図7.1 | 2.7〜12V | 2mA @ 250V | 100μV以下の広帯域ノイズ．電圧制御が容易．高電圧での損失が問題 |
| LT1431－リニア共振ロイヤー | 図7.4 | 2.7〜32V | 2mA @ 250V | 100μV以下の広帯域ノイズ．出力範囲が広い．高電圧での損失が問題 |
| LT3401－スイッチング共振ロイヤー | 図7.5 | 2.7〜5V | 3.5mA @ 250V | 3mVの広帯域ノイズ．出力電流が大きく，図7.1や図7.4より高効率 |
| LT1534－スイッチング共振ロイヤー | 図7.8 | 2.7〜15V | 2mA @ 250V | 約100μVの広帯域ノイズ．図7.1，図7.4と図7.5の良いトレードオフ |
| LT1534－スイッチング共振ロイヤー | 図7.11 | 4.5〜15V | 1.2mA @ －1000V | 1mVの広帯域ノイズ．100μVに低減可能．マイナス1000V出力は光電子増倍管に適する |
| LT1533－プッシュプル | 図7.13 | 2.7〜15V | 2mA @ 300V | 約100μVの広帯域ノイズ |
| LT3439－プッシュプル | 図7.16 | 4.5〜6V | 2mA @ 0〜300V | 図7.13の全範囲調整可能版．約100μVの広帯域ノイズ |
| LT1172－カスコード・インダクタ・フライバック | 図7.17 | 3.5〜30V | 2mA @ 200V | 出力電圧制限は約200V．約1mVの広帯域ノイズ |
| LT3580－XFMRフライバック | 図7.20 | 2.7〜20V | 4mA @ 350V | 300μVの広帯域ノイズ．出力電圧範囲が広い．高出力電流．トランスが小型 |
| LT3468－LT1006 XFMRフライバック | 図7.22 | 3.8〜12V | 5mA @ 250V | 1.5mVのノイズ．単純な0V〜3Vの電圧入力で0V〜－300Vを出力 |
| LT3468－LT1013 XFMRフライバック | 図7.24 | 2.8〜12V | 5mA @ 250V | 2mVの広帯域ノイズ．電圧制御入力0V〜3Vで0V〜300Vを出力 |

の一部はハードに$Q_2$をオンし，$Q_1$をシャットオフします．このループは通常の安定化フィードバックを支配し，オーバーロードが除かれるまで回路を保護します．

図7.25はポスト・レギュレータがどのくらい効果的かを示しています．$A_1$出力（波形A）がHighのとき，$Q_1$のコレクタ（波形B）はランプ状に上昇して応答します（ランプ波の上昇時のLT3468のスイッチング・ノイズに注意）．$A_1$-LT3468のループが満足されれば（出力電圧が高ければ），$A_1$はLowになり$Q_1$のコレクタはランプ状に下降します．しかし，出力ポスト・レギュレータ（波形C）がリプルを除去し，ノイズは示されている2mVだけです．かすかに見えるトレースの滲みは，$A_1$-LT3468のループ・ジッタに由来するものです．

注8：図7.26における著者の迷いを見抜いた読者は，幻覚を見ているのではない．この一覧表はローカル市場ではチャンピオンになったが，筆者はそれほど熱狂してはいない．

注：このアプリケーション・ノートは，EDN誌のために用意された原稿を基にしている．

## 回路特性のまとめ

図7.26はこれまで解説してきた回路の顕著な特性をまとめた一覧表です．この表は一般化されたガイドラインのみであり，能力や制限の指標ではありません．あまりにも多くの不定要素や例外があり，表で示しているような断定的な説明に収めることはできません．回路パラメータには相互依存性があり，一覧表にしたり，さまざまなアプローチを限定したりすることはできません．もし適切な結果が希望であれば，流れに乗った選択と設計手順の知的な対応方法は簡単にはありません．意味のある選択は研究室ベースの実験の結果でなければなりません．体系的かつ理論性に基づく選択に対して，あまりにも多くの相互依存性のある要素と驚きが存在します．一覧表は口先だけの簡素化を通して権威化され，簡素化は災害の代理人となります．それにも関わらず，図7.26は，すべての栄光のもとに，各回路へのコメントとともに入力電源電圧範囲，出力電圧，電流を一覧表にしています[注8]．

### ◆参考文献◆

(1) Williams, Jim, "A Fourth Generation of LCD Backlight Technology," Linear Technology Corporation, Application Note 65, November 1995, p.32-34, 119.［本書の第8章］
(2) Bright, Pittman and Royer, "Transistors As On-Off Switches in Saturable Core Circuits," Electrical Manufacturing, December 1954. Available from Technomic Publishing, Lancaster, PA.
(3) Williams, Jim, "A Monolithic Switching Regulator with 100μV Output Noise," Linear Technology Corporation, Application Note 70, October 1997.
(4) Baxendall, P.J., "Transistor Sine-Wave LC Oscillators," British Journal of IEEE, February 1960, Paper No.2978E.
(5) Williams, Jim, "Low Noise Varactor Biasing with Switching Regulators," Linear Technology Corporation, Application Note 85, August 2000, p. 4-6.
(6) Williams, Jim, "Minimizing Switching Residue in Linear Regulator Outputs". Linear Technology Corporation, Application Note 101, July 2005.
(7) Morrison, Ralph, "Grounding and Shielding Techniques in Instrumentation," Wiley-Interscience, 1986.
(8) Fair-Rite Corporation, "Fair-Rite Soft Ferrites," Fair-Rite Corporation, 1998.
(9) Sheehan, Dan, "Determine Noise of DC/DC Converters," Electronic Design, September 27, 1973.
(10) Ott, Henry W., "Noise Reduction Techniques in Electronic Systems," Wiley Interscience, 1976.
(11) Tektronix, Inc. "Type 1A7A Differential Amplifier Instruction Manual," "Check Overall Noise Level Tangentially", p. 5-36 and 5-37, 1968.
(12) Witt, Jeff, "The LT1533 Heralds a New Class of Low Noise Switching Regulators," Linear Technology, Vol.VII, No.3, August 1997, Linear Technology Corporation.
(13) Williams, Jim, "Bias Voltage and Current Sense Circuits for Avalanche Photodiodes," Linear Technology Corporation, Application Note 92, November 2002, p.8.
(14) Williams, Jim, "Switching Regulators for Poets," Appendix D, Linear Technology Corporation, Application Note 25, September 1987.
(15) Hickman, R.W. and Hunt, F.V., "On Electronic Voltage Stabilizers," "Cascode," Review of Scientific Instruments, January 1939, p. 6-21, 16.
(16) Williams, Jim, "Signal Sources, Conditioners and Power Circuitry," Linear Technology Corporation, Application Note 98, November 2004, p. 20-21.
(17) Williams, Jim, "Power Conversion, Measurement and Pulse Circuits," Linear Technology Corporation, Application Note 113, August 2007.
(18) Williams, Jim and Wu, Albert, "Simple Circuitry for Cellular Telephone/Camera Flash Illumination," Linear Technology Corporation, Application Note 95, March 2004.［本書の第9章］
(19) LT3580 Data Sheet, Linear Technology Corporation.

## Appendix A 高電圧DC/DCコンバータのフィードバックについての考察

　高電圧DC/DCコンバータのフィードバック回路は妥協案の研究となります．どのような回路を選ぶかはアプリケーションに依存します．出力インピーダンス，ループ安定度，トランジェント応答，高い電圧が誘発されるオーバーストレス保護などを検討しなければなりません．図7.A1は代表的な選択肢を一覧にしたものです．

　(a)は基本的なDCフィードバックで，特別な解説は要りません．(b)はダイナミック特性改善のためにAC進相回路が追加されています．ダイオード・クランプはコンデンサによるトランジェントからフィードバック・ノードを保護します．(c)は低リプルで，2段フィルタはトランジェント応答を遅くしますが，進相回路により安定度を確保します．ループの外側の抵抗$R$は，DC出力インピーダンスを設定します．(d)はDCループ内に$R$を含み，出力抵抗を低くしますが，ループ伝送を遅延させます．フィードバック・コンデンサにより進相補正をします．(e)は，フィルタ入力にフィードバック・コンデンサを移動したもので，(d)の進相応答をさらに拡張しています．(f)はフィルタ抵抗$R$をインダクタに変更したことにより出力抵抗は低くなりますが，フィルタリング性能を劣化させるコンデンサ・ロス項となる寄生シャント容量が発生します．インダクタはトランス2次側を近似し，浮遊フラックスのピックアップに弱いため出力ノイズを増加させます[注1]．

　高電圧フィードバック回路の共通の関心事は信頼性です．部品は注意深く選ばれなければなりません．電圧定格には，保守的に厳しく忠実でなければなりません．部品定格は簡単に確認できますが，不適切な基板材料や基板の洗浄汚染物質などのより微妙な影響が信

---

注1：Appendix Gを参照のこと．

図 7.A1 フィードバック網の選択肢. (a) は基本的な DC フィードバック. (b) はダイナミック特性の改善のために AC 進相回路を追加. ダイオード・クランプはコンデンサを通過する電圧からフィードバック・ノードを保護. (c) は低リプルの 2 段フィルタがループ・トランジションを遅くするが, 進相回路が安定性を提供. 抵抗 R は DC 出力インピーダンスを設定. (d) は DC ループ内に R を含み, 出力抵抗を低くする. フィードバック・コンデンサは進み応答を提供. (e) はフィードバック・コンデンサからフィルタ入力に移動, さらに (d) の進相応答を拡大. (f) はインダクタでフィルタ抵抗 R を置き換え, 出力抵抗を下げるが, 寄生シャント容量と浮遊フラックスへのノイズピックアップが発生する

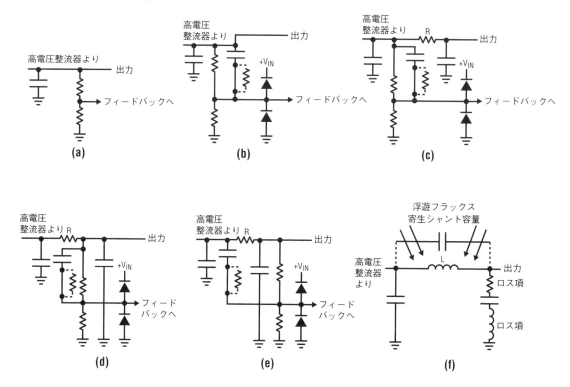

頼性を損なう恐れがあります. 長期のエレクトロマイグレーション効果が好ましくない結果を招くことがあります. 意図しないすべての潜在的な導通性パスはエラー源になると考えるべきで, 適切なレイアウトを考慮すべきです. 動作温度, 高度, 湿度, 結露の影響などを想定しなければなりません. 極端な場合, 高電圧で動作する部品の下に配線が必要になるかもしれません. 同様に, 出力に接続されたフィードバック抵抗に印加される電圧を小さくするために直列に数個の部品を使用するのが一般的です. 現在のパッケージは密なレイアウトを要求しますが, 高電圧での隔離仕様と相反しています. このトレードオフは慎重に検討する必要があり, さもないと信頼性で苦しむことになります. 環境要素, レイアウト, 部品選択の潜在的に有害な (悲惨な) 影響は, 何度も言うようですが誇張ではありません. 嬉しくない驚きを避けるためには明確な考察が必要とされています.

---

編注：Appendix B から E は, 最初に AN70 で掲載されたものを多少手直しして再編集した. 元の記事はスルーレート制御の応用に関するものだが (例：LT1533/4 および LT3439), 内容は直接に関連しており, 許可も含まれている.

# Appendix B　いわゆるノイズを規定し，測定する

スイッチング・レギュレータ出力の不要な成分は，一般的にノイズと呼ばれます．高速なスイッチングによる電力供給は，高い効率を達成するとともに，広帯域の高調波のエネルギーも発生させます．この好ましくないエネルギーは，輻射成分と伝導成分，いわゆるノイズとして現れます．実際のところ，スイッチング電源の出力ノイズは本来のノイズとはまったく異なります．レギュレータのスイッチングに直接起因する，コヒーレントで高い周波数の残留成分です．残念ながら，これらの寄生成分をノイズと呼ぶことが世間一般の慣習になってしまっているので，正確さには欠けますが，ここでもそれを踏襲することにします[注1]．

● ノイズを測定する

スイッチング・レギュレータの出力ノイズを規定する方法は，それこそ数え切れないほどあります．産業界でもっとも一般的な方法は，20MHz帯域[注2]でのP-P値で規定するものです．現実には，20MHz以上の周波数のエネルギーでも電子機器は簡単に誤動作するので，帯域を制限しても誰の利益にもなりません[注3]．これらを考慮すると，P-P値のノイズを100MHz帯域で規定するのが良さそうです．この帯域における信頼できる低レベル測定装置では，慎重に計測方法を選び，接続方法を試すことが必要です．

我々の研究はテスト用の測定器の選択と，その帯域とノイズを確認することから始まります．これには，図7.B1に示されるセットアップが必要になります．図7.B2に信号の流れを示しました．パルス・ジェネレータは立ち上がり時間がナノ秒以下のステップ波形を発生し，その波形はアッテネータに入って1mV以下のステップ信号になります．アンプには40dBのゲインをもたせ（$A = 100$），その出力をオシロスコープで観測します．この"フロント・ツー・バック"カスケード接続した部分の帯域幅は，およそ100MHz（立ち上がり時間 $t_{RISE} = 3.5ns$）になり，図7.B3でもそれが確認できます．図7.B3の波形は，3.5nsの立ち上がり時間とおよそ$100\mu V$のノイズを示しています．ノイズは，アンプの$50\Omega$のノイズ・フロアで制限されます[注4]．

図7.B4は，回路の出力ノイズで，100MHz帯域でスイッチング・ノイズが見えるかどうかの（縦軸の目盛り4，6，8あたり）状況です．基本波によるリプルは，同じノイズ・フロアでもより明瞭に見えています．帯域制限は10MHz（図7.B5）で，ノイズ・フロアが減少しますが，スイッチング・ノイズもリプルも振幅が変わりません．これにより，10MHz以上に信号のエネルギーがないことがわかります．帯域幅を減らしてさらに測定することで，含まれている一番高い周波数成分がわかります．

測定の帯域幅の重要性は，図7.B6から図7.B8でさらに確認することができます．図7.B6は，市販のDC/DCコンバータを1MHz帯域幅で測定したものです．この電源は，仕様書の$5mV_{P-P}$の性能に合っていることがわかります．図7.B7では，帯域を10MHzに広げました．スパイクの振幅が大きくなって$6mV_{P-P}$で，1mVほど仕様限界を超えています．図7.B8の帯域を50MHzにした測定結果には唖然とします．使用を6倍超える$30mV_{P-P}$のスパイク・ノイズが検出されてしまいました[注5]．

● 低周波数ノイズ

低い周波数のノイズが問題なることはめったにありません．それは，システムの動作に影響することが稀だからです．低周波ノイズを図7.B9に示します．低周波ノイズは，制御ループの帯域のロールオフを調整して減らすことができます．それを施した結果である図7.B10では，測定帯域が広くなったにもかかわらず，およそ5倍の改善が見られます．考えられるデメリットは，ループ帯域が狭くなり，過渡応答が遅くなることです．

---

注1：ざっくばらんに言えば，「やっつけるのが無理なら，仲間になっちまえ…」である．
注2：あるDC/DCコンバータのメーカは，20MHz帯域でRMSノイズを規定しているが，これは不誠実を通り越していてコメントに値しない．
注3：もちろん，この方法で規定したがる電源メーカの代弁者を別にしてではあるが．

注4：観測されたP-P値のノイズは，オシロスコープの輝度設定に多少影響される．参考文献(11)では，測定値を正規化する方法について述べている．
注5：買った人の責任である．

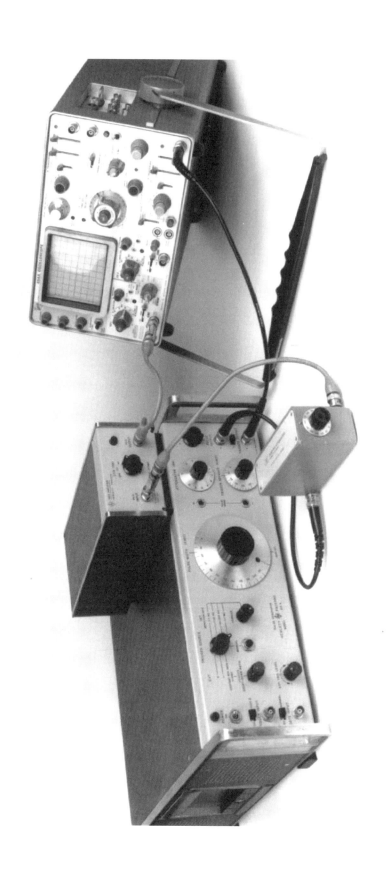

図7.B1 100MHzの帯域幅における確認テスト用のセットアップ．広帯域での正確な信号伝送のために同軸接続を用いていることに注意

図7.B2 テスト用セットアップの帯域を確認するために，サブナノ秒パルス・ジェネレータと広帯域アッテネータにより高速なステップ波形を作る

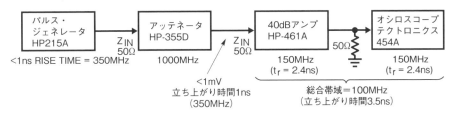

図7.B3 オシロスコープの画面で，テスト用セットアップの100MHz帯域（立ち上がり時間3.5ns）を確認する．ノイズのベース・ラインはアンプの50Ωのノイズ・フロアによる

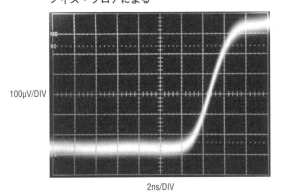

図7.B4 出力のスイッチング・ノイズは100MHz帯域でちょうど見える程度

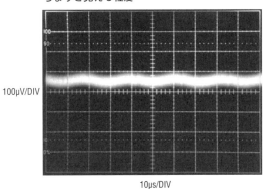

図7.B5 10MHz帯域で測定し直したもの．スイッチング・ノイズに変化は見えず，帯域がちょうどよいことを示している

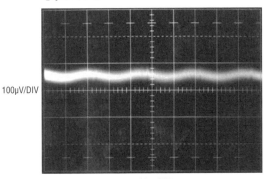

図7.B6 市販のスイッチング・レギュレータの出力ノイズを1MHzの帯域で見たもの．仕様の5m$V_{P-P}$を満たしているように見える

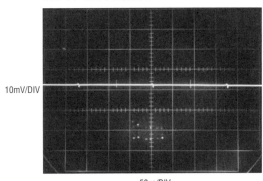

図7.B7 図7.B6のレギュレータのノイズを10MHz帯域で見たもの．6mV$_{P-P}$のノイズは仕様の5mV$_{P-P}$を超えている

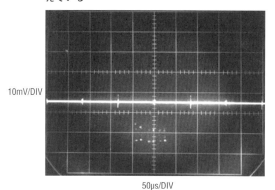

図7.B8 図8.B7の広帯域での観測では，仕様の6倍となる30mV$_{P-P}$のノイズとなった！

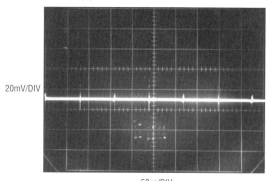

図7.B9 標準の周波数補償における1Hzから3kHz帯域のノイズ．ノイズの電力のほとんどは1kHz以下

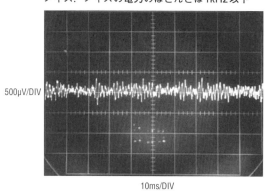

図7.B10 フィードバックに進み位相補償を入れると測定帯域を100MHzに広げた場合でも低周波ノイズがより小さくなる

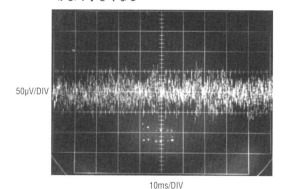

● プリアンプとオシロスコープの選定

ここで述べるような低レベル測定では，オシロスコープの前にプリアンプを接続する必要があります．現在のオシロスコープには，古い世代の製品と違い，2mV/div以上の感度をもったものがほとんどありません．図7.B11は，ノイズ測定に適した代表的なプリアンプと，オシロスコープのプラグイン・ユニットです．これらのユニットは，広帯域，低ノイズ性能を誇ります．これらの測定器の多くが，すでに生産されていないことに注意が必要です．これは，アナログ測定の能力よりも，ディジタル式の信号取り込みに重点が置かれる現在の計測のトレンドに沿った状況なのです．

波形観測に使うオシロスコープは適切な帯域幅をもち，画面の輝線は最高のシャープさを備えているべきです．二つ目の点については，高品位のアナログ・オシロスコープにかなうものはありません．その極小にしぼったスポットは，低ノイズの測定に最適です[注6]．ディジタル・オシロスコープでは，ディジタイズの曖昧さと，ラスタ・スキャン型の画面からの制約で表示の分解能が損なわれています．多くのディジタル・オシロスコープの画面では，レベルの低いスイッチング・ノイズは表示さえしないでしょう．

注6：我々の調べたなかでは，テクトロニクス454，454A，547，556は良い選択である．それらの生の輝線の表示は，ノイズ・フロアが制約するバックグラウンド中で，小さな信号を明瞭に観測するのに理想的である．

図7.B11 使用可能な高感度,低ノイズ・アンプの例.帯域幅,感度,入手性などを考慮して選択.壊滅的な故障を防ぐためすべてに入力保護が必要.図7.B12および関連する本文を参照のこと

| 計測器タイプ | メーカ | モデル番号 | 帯域 | 最大感度/ゲイン | 入手性 | コメント |
|---|---|---|---|---|---|---|
| アンプ | ヒューレット・パッカード | 461A | 150MHz | Gain=100 | 中古品 | 50Ω入力,単体動作.ノイズ100μV$_{P-P}$(約20μV$_{RMS}$)@100MHz帯域.本文で述べているようにこれらのなかではノイズ測定に最適 |
| 差動アンプ | テクトロニクス | 1A5 | 50MHz | 1mV/div | 中古品 | 500シリーズ・プラグイン |
| 差動アンプ | テクトロニクス | 7A13 | 100MHz | 1mV/div | 中古品 | 7000シリーズ・プラグイン |
| 差動アンプ | テクトロニクス | 11A33 | 150MHz | 1mV/div | 中古品 | 1100シリーズ・プラグイン |
| 差動アンプ | テクトロニクス | P6046 | 100MHz | 1mV/div | 中古品 | 単体動作 |
| 差動アンプ | Preamble | 1855 | 100MHz | Gain=10 | 生産中 | 単体動作,帯域設定可 |
| 差動アンプ | テクトロニクス | 1A7/1A7A | 1MHz | 10μV/div | 中古品 | 500シリーズ・プラグイン,帯域設定可 |
| 差動アンプ | テクトロニクス | 7A22 | 1MHz | 10μV/div | 中古品 | 7000シリーズ・プラグイン,帯域設定可 |
| 差動アンプ | テクトロニクス | 5A22 | 1MHz | 10μV/div | 中古品 | 5000シリーズ・プラグイン,帯域設定可 |
| 差動アンプ | テクトロニクス | ADA-400A | 1MHz | 10μV/div | 生産中 | オプションの電源を使い単体動作,帯域設定可 |
| 差動アンプ | Preamble | 1822 | 10MHz | Gain=100 | 生産中 | 単体動作,帯域設定可 |
| 差動アンプ | スタンフォード・リサーチ | SR-560 | 1MHz | Gain=50000 | 生産中 | 単体動作,帯域設定可,バッテリ・AC動作選択可 |
| 差動アンプ | テクトロニクス | AM-502 | 1MHz | Gain=100000 | 中古品 | TM-500シリーズ電源が必要 |

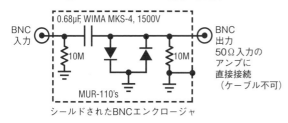

図7.B12 同軸固定式クランプは,図7.B11に挙げた低ノイズ・アンプを高い電圧入力から保護する.抵抗によりコンデンサの電荷を放電する

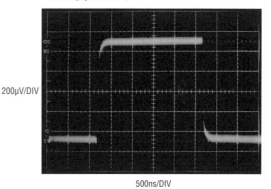

図7.B14 1mVの振幅校正器の出力は角を少し丸めるが,パルスの平坦部は希望の振幅を示している.トレースの太くなった部分はアンプのノイズ・フロアを示している

● 補助測定回路

図7.B12は,前述の図の説明で述べたクランプ回路です.これは,致命的なオーバーロードに対して保護を保証するために図7.B11に示したアンプとともに使用します[注7].回路は,単にAC結合したダイオード・クランプです.結合コンデンサは本文例の高い電圧出力に耐える仕様で,10MΩ抵抗が残留コンデンサ電荷を放電します.小さなBNCエンクロージャに組み込まれ,その出力は直接アンプに接続されなければなりません.50Ω入力は直接駆動することができます.高インピーダンス入力アンプは,同軸50Ωターミネータでシャントされなければなりません.

図7.B13に示すバッテリ電源,1MHz,1mV矩形波の振幅校正器は,アンプ-オシロスコープ間の"エンド・ツー・エンド"のゲイン検証に使用します.221kΩの抵抗は,浮遊容量の変動に敏感なので,回路図に示す

注7:警告しなかったとは言わないように.

図7.B13 バッテリ電源，1MHz，1mV矩形波の振幅校正器は，信号路のゲイン検証を可能にする．ピーキング調整は，前縁/後縁のコーナの忠実度を最適化する

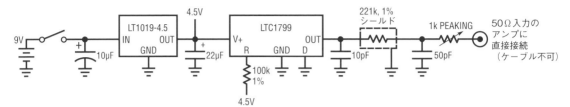

ようにシールドされます．4.5Vの基準源はバッテリ電圧の変化に対して出力振幅を安定にし，ピーキング調整は前縁/後縁のコーナの忠実度を最適化します．図7.B14は，簡単なピーキング回路では矩形波のコーナが再現できてはいないことを示していますが，1mVのパルス振幅ははっきり描写されています．波形の平坦部でトレースが太くなった部分は，アンプのノイズ・フロアを示しています．

## Appendix C 低レベル広帯域信号を正確に測定するためのプロービングと接続のテクニック

もし信号を接続することで歪みが発生してしまったら，細心の注意を払った実験用基板も無駄になりかねません．回路への接続は，精密な情報を引き出すためには非常に重要なポイントです．低レベルの広帯域信号測定では，信号を計測器につなぐ方法自体に注意が必要になります．

● グラウンド・ループ

図7.C1はAC電源から電力を得ているテスト用装置の間で，グラウンド・ループができてしまった場合の影響を示しています．わずかな電流が各装置の名目上で接地されたシャーシ間に流れ，測定された回路の出力に60Hzの揺らぎを付け加えています．

この問題を避けるには，AC電源から電力を得ているすべての装置のグラウンド接続を1箇所のコンセントにまとめてください．そうでなければ，すべてのシャーシが同一のグラウンド電位になっていることを確認してください．同様に，シャーシ間の相互接続を

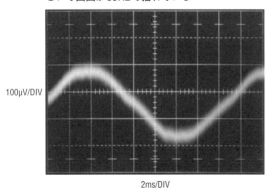

図7.C1 テスト装置の間にできたグラウンド・ループのせいで画面が60Hzで揺れている

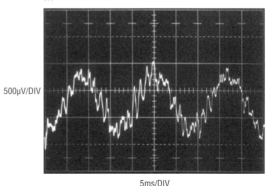

図7.C2 帰還ノードに繋いだプローブが長すぎて60Hzを拾ってしまった

Appendix C 低レベル広帯域信号を正確に測定するためのプロービングと接続のテクニック

図7.C3 貧弱なプロービング技術．トリガ・プローブのグラウンド・リードがグラウンド・ループによるノイズを拾って，画面に影響が出る可能性がある

通して回路の電流が流れるような状況を作るのは避けなければなりません．

● ピックアップ

図7.C2もまた，ノイズ測定において60Hzが混入した状態を示しています．この場合は，4インチ長の電圧計のプローブを，フィードバックの注入点につないだことが原因でした．テスト目的のための回路への接続箇所は最少にして，リード線を短くしなければなりません．

● 貧弱なプロービング技術

図8.C3の写真では，オシロスコープのプローブに取り付けた短いグラウンド・リードが写っています．このプローブは，オシロスコープへのトリガ信号を出すポイントにつながっています．回路の出力ノイズは，写真にあるように同軸ケーブルでオシロスコープにつながれて観測されます．

図7.C4が測定結果です．プローブのグラウンド・リードとケーブルのシールドの間にできた基板上のグラウンド・ループが原因となって，過剰なリプルがはっきり画面に現れています．回路へのテスト目的での接続箇所を最少にして，グラウンド・ループができないようにしなければなりません．

● 同軸線路の誤った取り扱い－「重罪」のケース

図7.C5では，回路出力のノイズをアンプとオシロスコープに伝送するためにつないでいた同軸ケーブルをプローブに取り換えています．短いグラウンド・リードが信号のリターンになります．前回，トリガ用チャネルのプローブに発生していた誤差は取り除かれています．ここで，オシロスコープは他に影響を与えない絶縁プローブ(注1)でトリガされています．図7.C6は，同軸構造による信号伝送がプローブで断ち切られたことにより，過剰なノイズが表示されているようすです．プローブのグラウンド・リードは同軸線路の信号伝送を断ち切り，高周波で信号が乱されています．ノイズ信号をモニタする経路は，同軸接続にしなければなりません．

● 同軸線路の誤った取り扱い
　－「いま一歩」のケース

図7.C7でのプローブの接続も，前と同様に同軸線路の信号の流れを乱していますが，やや程度の軽いケースです．プローブのグラウンド・リードは使わず，接地用のアタッチメントに変えてあります．図7.C8の波形は前の例より改善されていますが，まだ信号が乱れています．ノイズ信号をモニタする経路は，同軸接続にしなければなりません．

● 適切な同軸接続

図8.C9は，同軸ケーブルを使ってノイズをアンプとオシロスコープの組み合わせに伝達している様子です．理論的には，これで信号がより正確に伝達されるはずで，図7.C10がそれを示しています．前の例にあった妙な現象や過剰なノイズが消えています．今回は，スイッチングによる残留分がアンプのノイズ・フロア中にかすかに見えています．ノイズ信号をモニタする経路は，同軸接続にしなければなりません．

● 直接接続

ケーブルに関連した誤差が発生していないかを確認する良い手段は，ケーブルを取り除いてしまうことです．図7.C11では，基板とアンプ，オシロスコープの間からケーブルをすべてなくしています．図7.C12は図7.C10と同じように見えますが，これでケーブルによる偽情報が発生していなかったことがわかります．結果が良さそうであれば，性能テストのための実験方

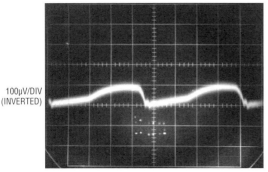

図7.C4　過剰なリプルが図7.C3の正しくないプロービングにより発生した．基板でのグラウンド・ループによって重大な測定誤差が発生している

注1：この点は後で解説するので，先に読み進んで欲しい．

図7.C5 フローティング式のトリガ・プローブによってグラウンド・ループをなくした.しかし,出力のプローブのグラウンド・リード(写真の右上)で同軸伝送が乱れている

図7.C6 図7.C5の非同軸プローブ接続によって信号が乱れている

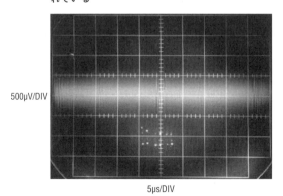

500μV/DIV

5μs/DIV

図7.C7　接地用アタッチメントをプローブに取り付けて同軸接続に近づけている

図7.C8　接地用アタッチメントを付けることで結果が改善される．ある程度の乱れはまだ残っている

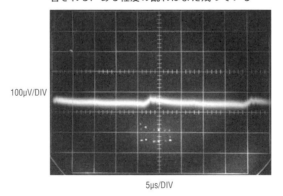

図7.C9 理論的には，同軸接続によって最良の信号伝送が可能になる

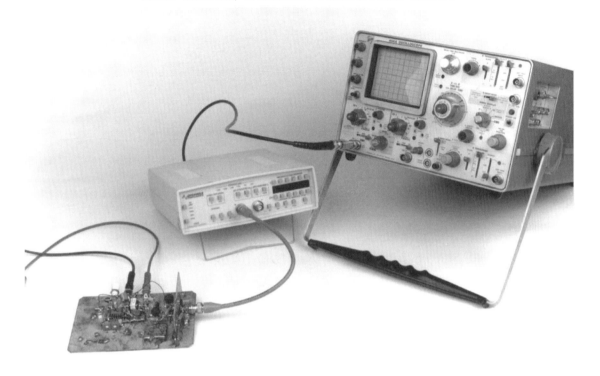

図7.C10 理論と実際が一致した．同軸による信号伝送によって信号が正確に保たれる．スイッチングによる雑音がアンプのノイズの中でかすかに見えている

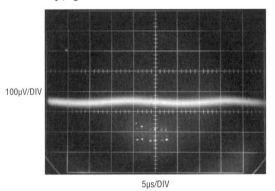

図7.C11 装置に直接接続することで最良の信号伝送が実現でき，ケーブル関連の誤差が発生する可能性を取り除くことができる

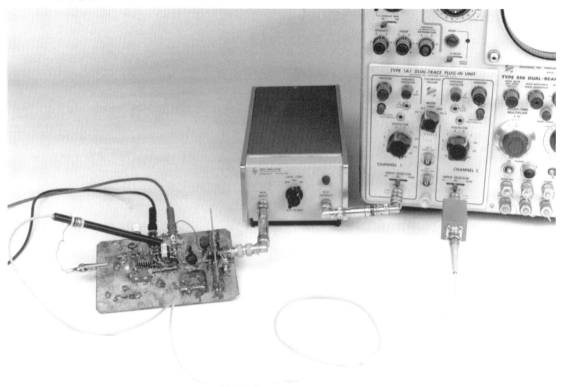

図7.C12 測定器への直接接続は，ケーブルを使った場合と同じ結果になった．これより，ケーブルを使った測定が良好であったことがわかる

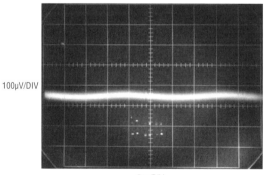

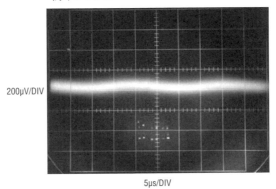

図7.C13 レギュレータの出力に取り付けた電圧計のリードが高周波ノイズを拾って，ノイズ・フロアを高くしている

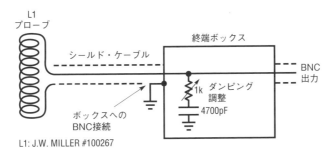

図7.C14 簡単なトリガ・プローブを使って基板レベルのグラウンド・ループを取り除く．終端ボックス内の部品により$L_1$のリンギングを抑えている

法を考えましょう．結果が悪ければ，それをテストする実験方法を考えましょう．結果が予想どおりだったら，それをテストする実験方法を考えましょう．結果が予想外だったら，それをテストする実験方法を考えましょう．

● テスト・リードの接続

理屈では，レギュレータの出力に電圧計のリードを当てたところで，ノイズが発生することはないはずです．図7.C13はそれを否定している結果で，ノイズが増加しています．レギュレータの出力インピーダンスは低いとは言えゼロではなく，特に周波数が高くなるとそう言えなくなります．テスト・リードによって注入される高周波雑音は，有限の出力インピーダンスによって姿を現し，図のように$200\mu V$の雑音として観測されています．テスト中に電圧計のリードを出力に繋ぐ必要があるのなら，その間に$10k\Omega$の抵抗と$10\mu F$のコンデンサによるフィルタを入れるべきです．そのフィルタがDVMの測定値に与える影響はわずかですが，図7.C13で見たような問題を取り除いてくれます．雑音を調べているときには，回路に接続するテスト・リードの本数は最小にしなければなりません．テスト・リードから高周波雑音が回路に注入されないようにしなければなりません．

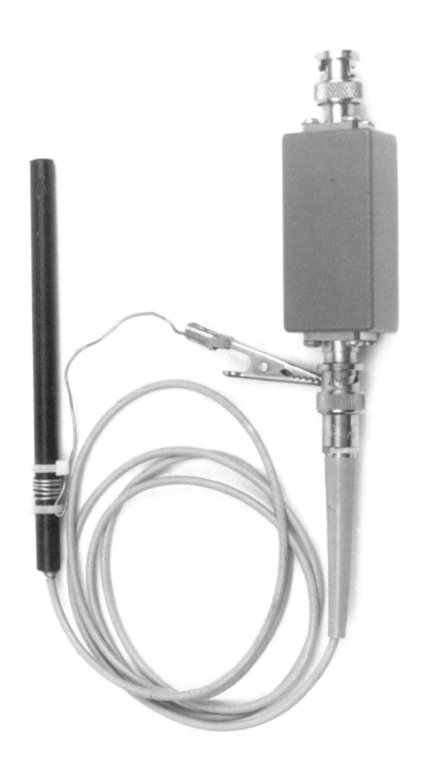

図7.C15 トリガ・プローブと終端ボックス．クリップ付きリード線はプローブを機械的に固定するためであり，電気的にはつながっていない

Appendix C 低レベル広帯域信号を正確に測定するためのプロービングと接続のテクニック

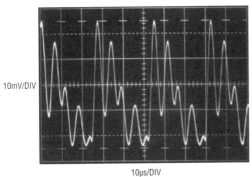

図7.C16 終端の調整が不十分であると適切なダンピングにならない．オシロスコープでトリガが安定にかからない可能性がある

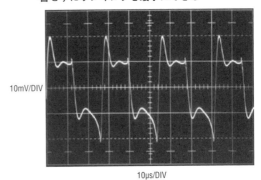

図7.C17 適切に終端条件を調整すると，振幅にあまり影響せずにリンギングを最小にできる

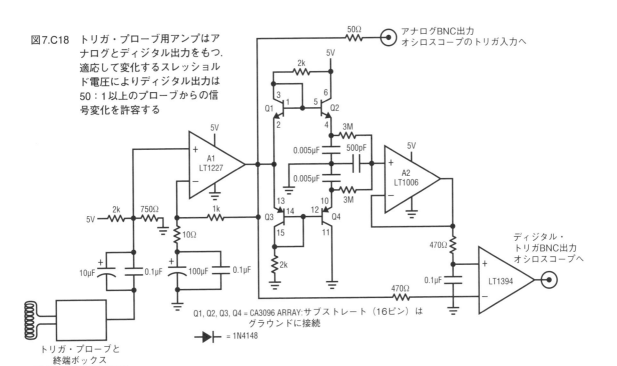

図7.C18 トリガ・プローブ用アンプはアナログとディジタル出力をもつ．適応して変化するスレッショルド電圧によりディジタル出力は50：1以上のプローブからの信号変化を許容する

図7.C19 トリガ・プローブ用アンプのアナログ出力（波形A）とディジタル出力（波形B）

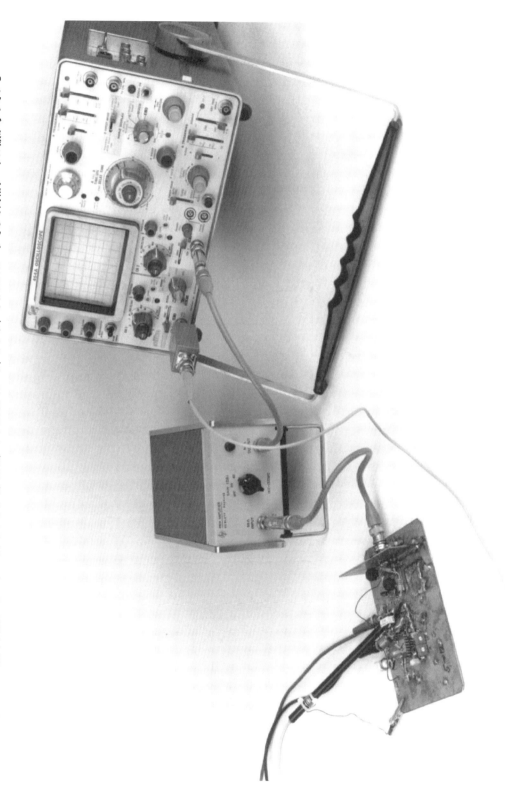

図7.C20 一般的な雑音のテスト・セットアップで，基板，トリガ用プローブ，アンプ，オシロスコープそして同軸ケーブル類が写っている

## ● 絶縁されたトリガ・プローブ

図7.C5に関連する本文では，やや謎めかして"他に影響を与えない絶縁プローブ"と呼んだものの正体です．図7.C14から，これが簡単なリンギング対策を施した高周波チョーク・コイルであることがわかります．チョーク・コイルが漏れ磁束を拾って，絶縁されたトリガ用信号を出力します．この工夫で，本質的に測定対象の信号を乱さないオシロスコープ用トリガ信号が得られます．このプローブの構造を図7.C15に示します．良好な結果を得るには，最大出力を保ちながらリンギングが最小になるようにチョークの終端条件を調整します．軽いダンピングをかけた状態で得られる図7.C16の出力では，オシロスコープのトリガがうまくかからないでしょう．適切に調整すると図7.C17のような良好な波形が得られ，最小のリンギングと明確なエッジのある波形になります．

## ● トリガ・プローブ用のアンプ

スイッチング電源の近傍の磁界は微弱であり，オシロスコープの機種によってはきちんとトリガをかけるのが難しいかもしれません．そのような場合，図7.C18のトリガ・プローブ用アンプが役に立ちます．プローブ出力の振幅変化に対応して，順応的にトリガがかかる仕組みを備えています．50：1プローブの出力範囲に対して，安定な5Vのトリガ出力が得られます．アンプ $A_1$ のゲインは広帯域100です．この段の出力は，2組のピーク・デテクタにつながっています（$Q_1$ から $Q_4$）．最大ピークは $Q_2$ のエミッタのコンデンサに保持されます．一方で，最小の変化は $Q_4$ のエミッタのコンデンサに保持されます．$A_1$ の出力信号の中点の直流値は，500pFのコンデンサと3MΩの抵抗の接続点に現れます．この点の電位は絶対的な振幅によらず，常に信号変化の中点になります．この信号に動的に対応する電圧は $A_2$ でバッファされて，LT1394の非反転入力に与えられるトリガ電圧になります．LT1394の反転入力は，$A_1$ の出力で直接バイアスされています．LT1394の出力はこの回路のトリガ出力ですが，50：1以上の信号振幅の変化にも影響されません．ゲイン100のアナログ出力も $A_1$ から得られます．

図7.C19は，$A_1$ で増幅されたトリガ・プローブの信号（波形A）に対して，ディジタル出力（波形B）が発生しているところを示しています．

図7.C20は，一般的な雑音のテスト・セットアップです．基板，トリガ・プローブ，アンプ，オシロスコープ，そして同軸ケーブル類が写っています．

# Appendix D　ブレッドボード製作，ノイズの最小化，レイアウトについての考察

LT1533を使った回路は高調波成分が低いので，一般のスイッチング・レギュレータに比べると，レイアウトがノイズ特性に及ぼす影響が小さくなっています．しかし，ある程度の慎重さが望まれます．何事もそうですが，無頓着にやったのでは結果が目に見えています．最良の低雑音を求めるには注意深い設計が必要ですが，500μV以下程度なら実現は容易です．一般に，低雑音化するにはリターン・パスでグラウンド電流が交じり合わないようにします．区別しないでグラウンド電流をバスやグラウンド・プレーンに流し込むと，それらが混じって出力ノイズが増加することになります．LT1533はスルーレートが制限されているので，グラウンド・パスの不適切な処理によって起こる問題を多少は緩和できますが，良好な雑音性能を実現するためには，1点接地の方針を守ります．生産用の基板で，1点に信号が戻るようにするのは現実的ではないかもしれません．そのような場合，LT1533のパワー・グラウンド・ピン（16ピン）に付けたインダクタから，電力の供給ポイントにもっとも低いインピーダンスの経路を用意します．出力段の部品のグラウンド・リターンを，回路の負荷にできるだけ近づけて配置します．入力と出力のリターン電流が混じるのを，最小の共通導電領域だけに限定することで，最小の影響ですませます．

## ● ノイズの最小化

LT1533のスイッチング時間を制御する機能のおかげで，驚くほどわずかの労力で，通常では得られないような低雑音のDC/DCコンバータが作れます．広い周波数帯域の観測でも，余裕をもって500μV以下の出力

ノイズを容易に達成できるでしょう．このような性能なら，多くの用途に十分でしょう．出力雑音レベルを最小限に抑えたいアプリケーションでは，いくつかの点で特別な注意が必要です．

● 雑音性能の追い込み

スルーレートと効率の間のトレードオフについては，より低雑音化を目指すためにはさらに考える余地があります．一般的に，1.3μsより長いスルーレートでは効率の低下により，低雑音化は"高く"つくことになりますが，その効果は得られます．ポイントは出力雑音をさらに下げるために，どの程度まで電力を捨てるかです．同様に，前述してきたレイアウトのテクニックも再検討してみるべきです．ガイドラインに盲目的に従うだけでは，低雑音化のよい成果は得られないでしょう．本文での実験用基板は，実現できる最良レベルの低雑音を得るために組み立てたもので，システムの観点からレイアウト上の問題箇所を実際に試してみて，それが雑音に与える影響を調べています．このやり方で，本質的な利益につながらない細部に過度にこだわることなく，最良のレイアウトを決めるための実験が行えます．

スイッチングの遷移速度の低速化により輻射されるEMIは非常に軽減されますが，部品の物理的な配置方向を変えてみる実験も，その改善に結びつく可能性があります．部品を見て（文字どおりの意味で），実験して，輻射された磁界が何に影響を与えているのか考えをめぐらせます．特に，オプションで追加する出力インダクタですが，別のインダクタから放射された磁界を拾って，出力ノイズを大きくしてしまうこともあります．この問題は，適切な部品のレイアウトで解決できるので，実験はとても有効です．Appendix Eに述べるEMIプローブは，この点でも役に立つので大いにお勧めします．

● コンデンサ

フィルタのコンデンサには，寄生インピーダンスの小さい品種を選ぶべきです．この点でPanasonicのOSコンは非常に優秀で，本文で述べた各性能の実現に貢献しています．タンタル・コンデンサもそれに次いで良い部品です．電源入力のバイパス・コンデンサはトランスのセンタ・タップに直接接続すべきですが，やはり特性の良いものが必要になります．LT1533の回路では，アルミ電解コンデンサを使うべきところはありません．

● ダンピング回路

非常に低い雑音レベルが必要な場合，回路によってはトランスの2次側に，小さな抵抗とコンデンサ（例えば，330Ωと1000pF）をダンパとしてつなぐと，良い結果が得られるかもしれません．トランスから電力が供給されないはずのスイッチングの合間に，ごく小さなレベル（20μVとか30μV）のノイズが現れることがあります．これらは小さくて，測定系のノイズ・フロアに隠れて測定困難ですが，ダンパはこれを取り除きます．

● 測定テクニック

厳密に言うと，測定テクニックはよりよい雑音性能を得るためのものではありません．しかし現実に，信頼に足るレベルの測定テクニックをもつことは根本的に重要です．本当は，測定テクニック上の問題でしかなかった"回路の問題"を追いかけるために費やされる膨大な，しかし無駄な時間は避けられます．実際には存在しないかもしれない回路のノイズの解決に取り掛かる前に，Appendix BとCをご一読いただければと思います[注1]．

---

注1：物知り顔で非難しているわけではなく，私自身への深い戒めと理解していただきたい．

## Appendix E　アプリケーション・ノートE101：EMI Snifferプローブ

Bruce Carsten Associates, Inc.
6410 NW Sisters Place, Corvallis, Oregon 97330
541-745-3935

EMI Snifferプローブ[注1]は，オシロスコープとともに使用して，電子装置内のEMIの原因となる磁界の発生源を突き止めるために使います．このプローブは，小さな10ターンのピックアップ・コイルを小型のシー

ルドしたチューブ内に入れたもので，同軸ケーブルが繋げるようにBNCコネクタを付けてあります（図7.E1）．Snifferプローブの出力電圧は，本質的に周囲の磁界の変化率に比例して，つまりは近傍の電流の変化率に比例して発生します．

Snifferプローブが，単純なピックアップ・ループにまさる原理的な利点は，

(1) およそ1mmの空間分解能
(2) 小型コイルにもかかわらず比較的感度が高い
(3) オシロスコープの終端されていない入力につないでも，反射の影響を小さくするための50Ωの抵抗による送端終端を備えている
(4) ファラデー・シールドにより，電界への感度が小さい

EMI Snifferプローブは，スイッチング式のコンバータのEMIの発生源を調べるために開発されましたが，高速ロジック回路や他の電子装置でも同様に使うことができます．

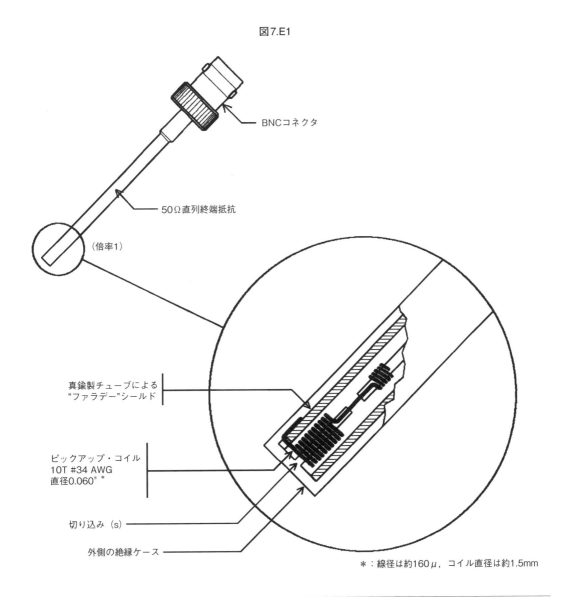

図7.E1

注1：EMI Snifferプローブは，Bruce Carsten Associatesから入手可能である．住所は，このAppendixの著者の連絡先を参考にして欲しい．

## EMIの発生源

電気/電子機器内で高速に変化する電圧や電流は,輻射および伝導ノイズを容易に生み出してしまいます.スイッチング電源におけるEMIのほとんどは,パワー・トランジスタがオン/オフするスイッチングの過渡応答の期間に発生しています.

従来型のオシロスコープのプローブは,コモン・モードによる伝導EMIの主要な発生源である,動的に変化する電圧を観測するために使います(また,高速な$dV/dt$信号はノーマル・モードの電圧スパイクとして,設計に問題のあるフィルタを通り抜けて,導電性の筐体に囲まれていない回路から電磁界を放射するかもしれません).

動的に変化する電流は高速に変化する磁界を発生しますが,磁界は電界よりシールドするのが困難であるだけに,電界よりずっと容易に空間に輻射されてしまいます.これらの変化する磁界が,別の回路で低インピーダンスの電圧の過渡波形を誘起し,予期しないノーマルおよびコモン・モードの伝導EMIをもたらします.

これらの高速な$dI/dt$の電流とそれによって引き起こされる磁界は,電圧プローブで直接に測ることはできませんが,EMI Snifferプローブなら容易に検出して発生源を特定できます.電流プローブが,個別の導体やワイヤ中の電流を検出することができますが,プリント基板内のパターンに流れる電流や動的な磁界を検出するためにはほとんど役に立ちません.

## プローブ応答の特性確認

Snifferプローブは,プローブの軸方向の磁界に感度をもちます.この指向性は高い$dI/dt$電流の経路と発生源を確認するのに役立ちます.一般的に,その分解能は,プリント基板上のパターンや部品のパッケージのリードにEMIを発生させる電流が流れているか調べるに十分です.

絶縁された単一の導体や基板パターンにおいては,このプローブの応答は,発生する磁束がプローブの軸に沿っている導体の脇においたとき最大になります(プローブの応答は導体の中心に向かって軸を傾けた方が,わずかに大きくなるかもしれません).図7.E2に示すように,導体の中央部ではシャープに応答がゼロになる点があり,両端では位相が180°反転し,また距離を

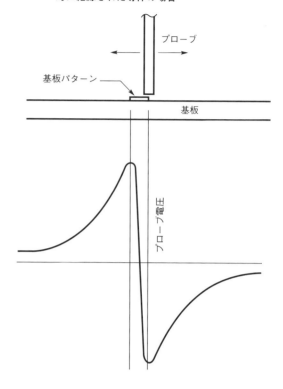

図7.E2 EMI Snifferプローブの電流に対する応答－物理的に絶縁された導体の場合

離していくと応答は減少します.磁束が互いに混み合う状態になるので,電流経路が曲がった部分の内部で応答は大きくなり,逆にその外側では磁束が発散するので応答が減少します.

近接した並行線にリターン電流が流れる場合,プローブの応答は図7.E3のように2本の導体間で最大になります.シャープなゼロ応答の点があり,それぞれの導体を超えてプローブを移動すると位相反転が見られるでしょう.また,導体ペアの外側ではより低い応答のピークが現れ,離れるにしたがって低下します.

基板の反対面でのリターン電流を伴った単一パターンでのプローブの応答は,絶縁された単一パターンによるものと似ていますが,プローブの軸をパターンから離れるように傾けた場合より応答が大きくなります.そのパターンの下の"グラウンド・プレーン"も,パター

図7.E3　EMI Snifferプローブの並行2線導体のリターン電流に関する応答

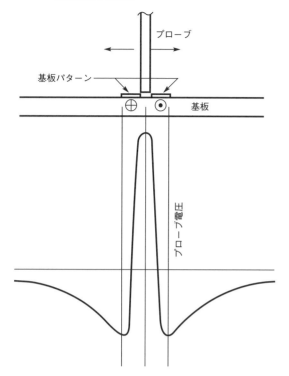

図7.E4　一般的なEMI Snifferプローブの周波数応答
スコープへの50Ωケーブルは1.3m．上側波形：スコープ入力インピーダンス1MΩ，下側波形：スコープ入力インピーダンス50Ω

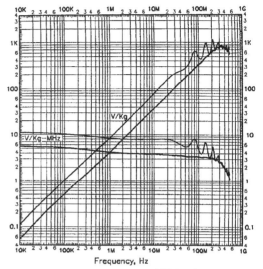

© 1997, Bruce Carsten Associates, Inc.

ンとペアになって流れる"イメージ"電流が流れるので，同様になります．

　均一な磁界に対するプローブの周波数応答を，図7.E4に示します．導体周囲での磁界の大きな乱れの影響があるので，このプローブは定性的な指示器として扱われるべきで，キャリブレーションは考慮されていません．応答が約300MHzで低下しているのは，同軸ケーブルを駆動しているピックアップ・コイルのインピーダンスに原因があり（オシロスコープの入力は1MΩ），なだらかな応答のピークが80MHzとその高調波に見えているのは，伝送線路の反射の影響です．

## プローブを使ううえでの原則

　Snifferプローブは，2チャネル以上のオシロスコープとともに使います．一つのチャネルでは，発生源を突き止めたいノイズ信号を表示させます（オシロスコープのトリガもここから取れる）．また，もう一つのチャネルにはSnifferプローブをつなぎます．プローブの応答にはゼロ点が現れるので，このチャネルをトリガに使うことはお勧めしません．

　三つ目のトリガ用のチャネルは，ノイズではトリガをうまくかけられない場合に非常に役に立ちます．トランジスタの駆動波形（あるいは，その源になる前段の信号）はトリガを取るには理想的です．それらの信号は一般に安定で，ノイズを観測するための直前信号になります．

　まず，プローブを回路から離した位置において，それをつないだチャネルの感度を最大にします．ノイズが発生している状態で，プローブを回路の周囲で動かして回路からの磁界で"何が起きている"かを探ります．EMIノイズの過渡波形と回路内部での磁界変化の間で，時間領域での正確な相関があるのかを観測することが問題の診断を進めるうえでの基本となります．

　疑わしいノイズ源が見つかったら，オシロスコープの感度を落として波形の表示を維持しながら，プローブを近づけます．まずは手早く，プローブの信号が最大になると思われる基板のパターンやワイヤに近づけてみるべきです．基板のパターンや他の導体の近くで

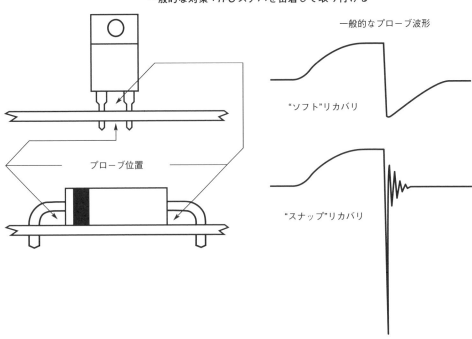

図7.E5 整流器の逆回復
一般的な対策：R-Cスナバを密着して取り付ける

あるはずです．ここで，プローブの位置を周囲に方向を変えて振ってみます．パターンをほぼ直角に横切ったときには，パターン上でシャープなゼロ応答が見られ，さらにパターンの端での位相の反転も確認手段になります（前項で説明したとおり）．

EMI的に"ホット"なパターンをたどっていくことで（ちょうど，匂いをたどる猟犬のように），EMIを発生している電流ループを見つけることができます．基板でパターンが見えなくなっている場合，ペンでマーキングしておき，分解するなり，他のボードやアート・ワークを調べるなりしてその経路を突き止めます．一般的には，電流の経路およびノイズの過渡波形のタイミングから，問題の発生源はほぼ自ずとわかってきます．

特殊なケースについては（複数のタイプのSnifferプローブを用いて解決した例のすべてについて），ここで解決方法の提案とあわせて説明します．

## 一般的な$di/dt$に起因するEMIの問題

### ● 整流器の逆回復電流

電力コンバータについて，整流器の逆回復は$di/dt$に起因するEMIで一番よく見られる原因です．導通期間でダイオードのP-Nジャンクションに充電された電荷により，電圧が反転したときに瞬間的にダイオードが導通して電流が流れてしまいます．このダイオード内の逆回復電流は非常に短時間で止まりますが（＜1ns），リカバリの波形はスナップ型（PIVが200V以下のダイオードで多い）では急激ですが，ソフト型でなだらかに減少します．図7.E5は，一般的なSnifferプローブで得られたそれぞれの逆回復時の波形です．

電流の突然の変化によって急激に変化する磁界が発生し，外部に磁界を放射するとともに回路の他の部分に低インピーダンスの電圧スパイクを誘起します．この逆回復は，寄生L-C成分にリンギングを発生させ，ダイオードの回復中にダンピングを受けた，発振波形

として現れる可能性があります．これには，R-Cを直列につないだダンパ回路をダイオードにつなぐことで改善が図れます．

出力の整流器は通常，一番大きな電流が流れるので，もっともこの問題を起こしやすい部分です．しかし，広く認識されている現象なので，対策が施されることが多いと言えます．対策をされていないキャッチ・ダイオードやクランプ・ダイオードがEMIのさらなる発生源となっていることは，珍しいケースではありません（例えば，事実としてR-C-Dスナバ回路に使われているダイオード自体にも，R-Cスナバを付ける必要があるかもしれないなどとは，なかなか思いつかない）．

この問題は，一般にはSnifferプローブを整流器のリードに近づけることで確認できます．アキシャル・パッケージのダイオードであれば，曲げたリードの内側で信号が一番強くなります．また，TO-220，TO-247などのパッケージなら，アノードとカソードのリードの間で一番強くなります．図7.E5を参照してください．

より"ソフトな"リカバリ特性のダイオードの使用は一つの解決方法です．ショットキー・ダイオードを使うのは，低電圧アプリケーションでは理想的な解決法です．しかしながら，ソフト・リカバリのP-Nダイオードは，まだ電流が流れ続けているときに同時に逆電圧が印加されているという点で，本質的に損失が多いという認識が必要です（スナップ・リカバリではそうならないが）．一般的には，最速のダイオードで（放電する電荷がもっとも少ない），中程度のソフト・リカバリ特性のダイオードを使うのが最良の選択です．あるいは，高速で，ある程度スナップ型のダイオードに強力なR-Cスナバと一緒に使うほうが，ソフト型でも過度にリカバリが遅いダイオードを使うより良い選択です．

もし，過剰なリンギングが問題であるなら，"手っ取り早いが難もある"R-Cスナバを設計して，取り付けてもそれなりにうまくいきます．スナバのコンデンサをダイオードにつなぎ，リンギング周波数が半分になるまで容量を増加させます．これで，合計のリンギングの容量が4倍，言い換えれば，もともとのリンギング容量が追加したスナバ・コンデンサの3分の1だったということがわかります．ダンパの抵抗のほうは，前のリンギング周波数での元のリンギング容量のリアクタンスと同じくらいにします．リンギング周波数を半分にするコンデンサを，この抵抗と直列にしてダイオードにつなぎます．そして，できる限り密着させます．

スナバ・コンデンサには，大きなパルス電流を流せる能力と低い誘電損失が必要です．温度係数の小さい（ディスクでも多層でもよい）セラミック，シルバード・マイカ，特定の種類のメタライズド・フィルム・コンデンサが適しています．スナバ用抵抗は，無誘導性である必要があります．金属皮膜，カーボン・フィルム，ソリッド抵抗がよいでしょう．巻き線抵抗は避けなければなりません．スナバ抵抗の最大電力消費は，スナバ・コンデンサ容量，スイッチング周波数，スナバ・コンデンサのピーク電圧の2乗の各要素の積で見積もることができます．

パッシブ・スイッチ（ダイオード）やアクティブなスイッチ（トランジスタ）に付けるスナバは，常に物理的に可能な限り密着させて，ループ・インダクタンスが最小になるように取り付けるべきです．これによって，スイッチ素子からスナバへの電流経路の変化により発生する放射磁界を小さくすることができます．また，電流をスイッチ-スナバのループ・インダクタンスの経路に切り換えるために必要となる，ターンオフ時の電圧オーバーシュートも小さくできます．

● クランプ用ツェナー・ダイオードによるリンギング

電圧クランプ用にツェナー・ダイオードやTransZorbを過電圧保護（OVP）の目的でコンバータの出力につないだ場合に，コンデンサ-コンデンサ型のリンギングの問題が起こる場合があります．パワーツェナー・ダイオードのジャンクション容量は大きく，これにリードのESLと出力のコンデンサが一緒になってリンギングが発生し，その一部の電圧が出力に現れることになります．このリンギングの電流は，ツェナー・ダイオードのリードの近傍で，特に図7.E6のように曲げたリードの内側で一番よく検出できます．

このケースでは，リンギングのループ・インダクタンスがしばしばスナバ回路内の寄生インダクタンスと同程度か，あるいはさらに少ないためにR-Cスナバではうまく効果をあげられません．R-Cダンパの効果が出るまで，ループ・インダクタンスを増加させることは，電圧クランプの働きに制約をかけてしまうのでお勧めできません．この場合は，小型のフェライト・ビーズをツェナー・ダイオードの片側か，両側のリードに付けることで，大きな副作用なしに（透磁率の高いフェ

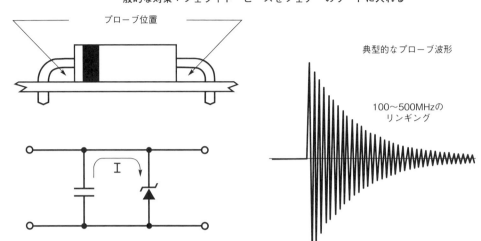

図7.E6 クランプしているツェナー・ダイオードとコンデンサのリンギング
一般的な対策：フェライト・ビーズをツェナーのリードに入れる

ライト・ビーズはツェナー・ダイオードが大きな電流を流した瞬間に飽和してしまうが，高周波のノイズ波形を抑制できることを見つけました．

● 並列接続した整流器

電流容量を増やすために2個入りの整流器を並列に接続した際に，R-Cスナバを密着させて取り付けても，見逃しやすい問題を起こす可能性があります．2個のダイオードが正確に同一時間でリカバリすることはまずありそうにないので，図7.E7のように非常に高い周波数（数100MHz）の発振が二つのダイオードの容量と，それに直列に入るアノードのリード・インダクタンスによって発生します．この現象は，プローブを二つのアノードのリードの間に置いたときだけ検出可能になります．それは，リンギング電流がそこ以外には存在しないからです（このリンギングは，通常の電圧プローブではほとんど見ることができないが，磁界のSnifferプローブで容易に見つけられるという点は，他の多くのEMIの症状でも同様である）．

この"シーソー型の"発振では，R-Cスナバが接続された点が電圧のゼロ点になるので，ダンピング効果が少なかったり，またはまったく効果が出なかったりします［図7.E7(a)を参照］．実際のところ，この回路に適切な抵抗を入れるのは非常に困難です．

一番やりやすいダンピングには，アノードの基板のパターンに1インチかそこらのスリットを入れ，アノードのリードのところに図7.E7(b)のようにダンピング抵抗を入れてやります．これは，パッケージとリードの外部のダイオード-ダイオードのループ内に，直列にインダクタンスを増加させますが，これが実効的な直列インダクタンスに与える影響はわずかです．図7.E7(c)のように，リードがケースに入る点でアノード・リードに抵抗を付けることでかえって良好なダンピングが実現できます．しかしこれによって多くの生産エンジニアの思い込みは粉砕されました．

もともとのR-Cダンパを二つの(2R)-(C/2)ダンパに分割して，二つある整流器のそれぞれに一つずつ付けるのも望ましい手法です［同じく図7.E7(c)を参照］．実際のところ，R-Cダンパを二つに分けるのは常に望ましいことで，それぞれのダイオードに一つずつダンパを付けます．これで，ループ・インダクタンスは半分に減り，分割されたダンパにつながれる電流が互いに逆向きに流れるので，外部へ漏れる磁界はさらに減少するわけです．

● 並列接続されたスナバあるいは
　ダンパ用コンデンサ

並列接続した整流器で起きたのと似た問題が，二つあるいはそれ以上，並列に接続された低損失コンデンサに急激な電流変化が加わった際に起きました．図

図7.E7 並列接続したデュアル整流器内のリンギング

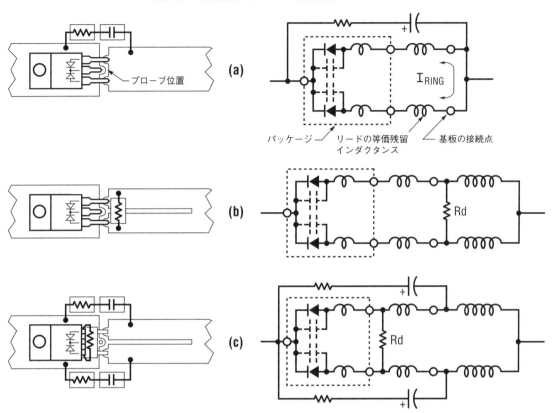

図7.E8 並列接続したスナバ用コンデンサのリンギング

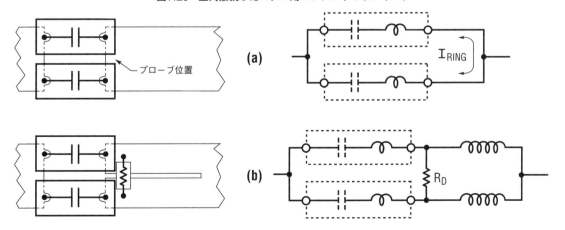

図7.E9 シールド容量と引き出しリードのインダクタンスにより高周波でのシールドの有効性が限定される

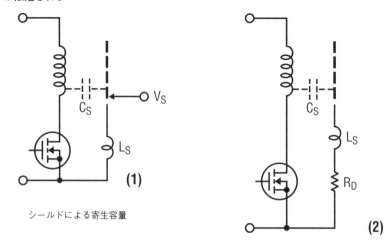

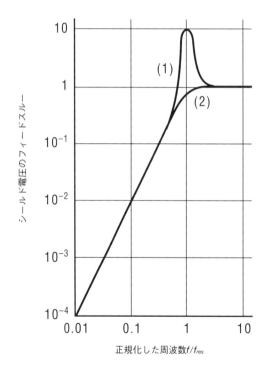

シールドの共振は抵抗$R_D$または小型のフェライト・ビーズでダンプ可能

$$R_D \cong \sqrt{\frac{L_S}{C_S}}$$

7.E8(a)に示されるように，リード・インダクタンス(ESL)と直列になった二つのコンデンサの間で，電流がリンギングを起こす傾向があります．このタイプの発振は，一般にSnifferプローブを並列に接続したコンデンサのリードの間に置くことで検出できます．リンギング周波数は（容量が大きいので）並列接続したダイオードの場合よりずっと低く，コンデンサが十分に接近していれば影響は軽微かもしれません．

もし，発生したリンギングが外部で拾われてしまったら，図7.E8(b)のように並列接続したダイオードと同様にしてダンプすることができます．どちらの場合でも，ダンピング抵抗での電力消費は比較的小さくて

図7.E10 トランスのシールドのリンギングに対する典型的な対処法：10Ωから100Ωの抵抗（あるいはフェライト・ビーズ）を引き出し線に入れる

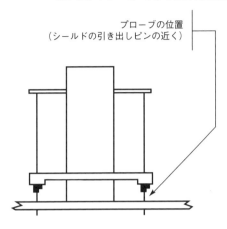
プローブの位置
（シールドの引き出しピンの近く）

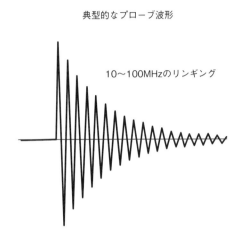
典型的なプローブ波形

10～100MHzのリンギング

済みます．

● トランスのシールド引き出し線のリンギング

トランスのシールドの，他のシールドや巻き線までの寄生容量（図7.E9での$C_S$）は，バイパス・ポイントまでの"引き出し線"のインダクタンス（$L_S$）と直列共振回路を構成します．この共振回路は，巻き線の方形波電圧により容易に励振され，さほどダンプもされずに振動電流が引き出しリードを流れる可能性があります．シールドの電流は，他の回路にノイズを放射して，シールドの電圧はしばしばコモン・モードの伝導ノイズとして現れます．大部分のトランスでは，シールドの電圧は電圧プローブでは非常に検出が困難ですが，シールド電流のリンギングはシールドの引き出し線（図7.E10）か，回路内のシールド電流のリターン経路の近くにプローブを置くことで検出できます．

このリンギングは，シールドの引き出し線と直列に抵抗$R_D$を入れることでダンプできますが，その値は共振回路のサージ・インピーダンスにほぼ合わせます．その値は，図7.E9の式で計算できます．

シールド容量（$C_S$）はブリッジで容易に測れますが，（該当のシールドとそれに向かい合っているすべてのシールドや巻き線間の容量として），一般には$L_S$は$C_S$とリンギング周波数から計算するのが一番です（Snifferプローブで検知できるので）．この抵抗は，一般には数十Ωのオーダになります．

これ以外にも，1個かそれ以上の小さいフェライト・ビーズを，ダンピング抵抗の代わりに引き出し線に取り付けることができます．このオプションは，プリント基板のレイアウトが終わってしまってからの，最後の対策に好まれます．

どちらのケースでも，通常，ダンパでの損失は非常にわずかです．ダンピング抵抗は，シールドと引き出しワイヤの共振周波数より低い領域でのシールドの効果に多少の悪影響を与えます．この点では，低い周波数でインピーダンスが下がるフェライト・ビーズによるダンパのほうが優れています．引き出し線の接続はできる限り短くして，回路のバイパス点に接続します．これによりEMIが減少し，かつシールドが有効に働く周波数上限（つまり共振点）が高くなります．

● 漏れインダクタンスによる磁界

トランスの漏れインダクタンスによる磁界は，1次巻き線と2次巻き線の間から漏れます．1次巻き線と2次巻き線が一対の場合，ダイポール磁界が発生しますが，これは図7.E11（a）のようにプローブを巻き線の端部に置くことで観測できます．もし，この磁界がEMIを起こしているなら，二つの主要な対処方法があります．

（1）1次巻き線か2次巻き線を二つに分離して，サンドイッチ巻きにする．

これに加えて，あるいは別案として，

（2）銅板によるショート・リングによる電磁シールド

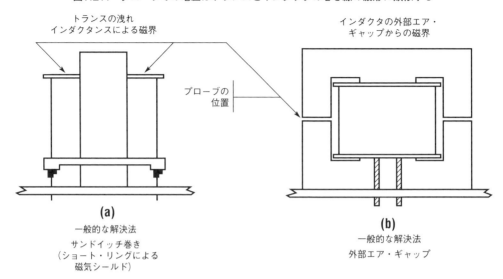

図7.E11 プローブでの電圧はトランスとインダクタの巻き線の波形に類似する

(a) 一般的な解決法 サンドイッチ巻き（ショート・リングによる磁気シールド）

(b) 一般的な解決法 外部エア・ギャップ

を，図7.E12のようにコアと巻き線に完全に巻いて取り付ける．ショート・リングに流れる渦電流により，外部へ出る磁界が大きく打ち消される．

最初の対策では，ダイポールの漏れ磁界の代わりに"クワッドポール"の漏れ磁界になり，距離が離れたところでの磁界強度が大きく減少します．重要な点かどうかは別として，ショート・リングによる電磁シールドが使われた場合，そこでの渦電流損も減少します．

● 開放エア・ギャップからの磁界

インダクタの外側のエア・ギャップ，例えばオープン・ボビン・コア・インダクタや隙間をあけたE型コア［図7.E11（b）］は，大きなリプルやAC電流が流れた場合に，外部への磁界の大きな発生源になることがあります．これらの磁界の検出は，Snifferプローブで簡単に行えます．その応答は，エア・ギャップの近傍や，オープン・ボビン・コア・インダクタの巻き線端で最大になります．

オープン・ボビン・コア・インダクタの磁界のシールドは簡単でなく，それがEMIの原因となるなら，外部磁界を減らすようにそのインダクタは再設計しなければならないのが普通です．ギャップ付きのE型コアの周囲の磁界は，エア・ギャップをセンタ・レグに設けることで実質的になくすことができます．意図的に残したか，あるいは若干の外側のエア・ギャップによる磁界は，渦電流損が極端に高くならないのであれば，図7.E12のショート・リングによる電磁シールドで最小にできます．

オープン・ボビン・コア・インダクタを2段目のフィルタのチョークに使った場合に，あまり知られていない問題を起こす可能性があります．わずかなリプル電流が大きな磁界を作ることはないかもしれませんが，しかしそのようなインダクタは外部の磁界を拾って，それがノイズ電圧を発生させたり，外部のEMIに弱くなる原因となるかもしれません[注2]．

● 十分にバイパスされていない高速ロジック回路

理想的には，すべての高速ロジックは各ICの近くに配置されたバイパス・コンデンサと，多層プリント基板による電源とグラウンドのプレーンを備えているべきです．

その対極の例として，1個のバイパス・コンデンサがロジック基板への電源入力部に付けられただけで，電源とグラウンドが基板の反対側からICへとつながっている基板を見たことがあります．この場合，ロジックへの供給電圧には大きなスパイクが発生して，大きな電磁界が基板の周囲に発生していました．

Snifferプローブを使って，どのICのどのピンが電源

---

注2：編者注；他のコメントについてはAppendix Dを参照．

図7.E12 サンドイッチ巻きした1次巻き線と2次巻き線の構造により電磁シールドでの渦電流損が減少する

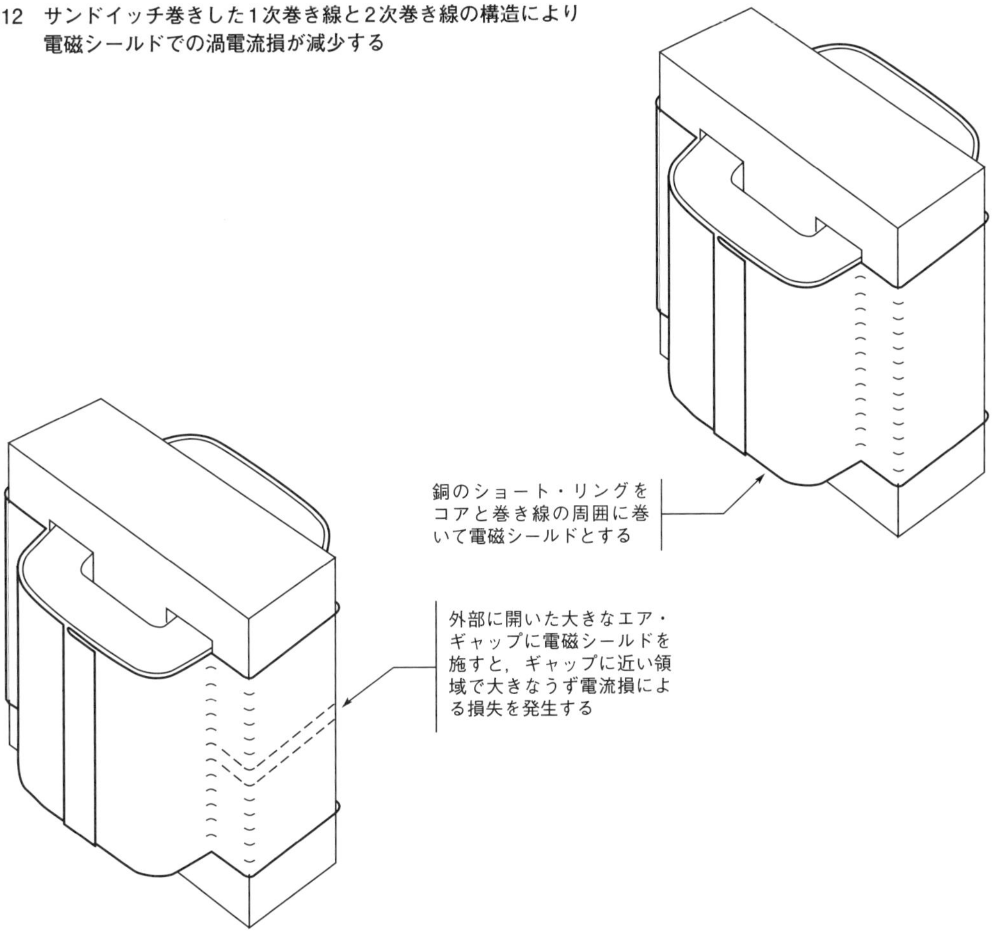

銅のショート・リングをコアと巻き線の周囲に巻いて電磁シールドとする

外部に開いた大きなエア・ギャップに電磁シールドを施すと，ギャップに近い領域で大きなうず電流損による損失を発生する

電圧の過渡波形と同期して大きな電流の過渡的な変化を起こしているか確認できました（そのロジック設計のエンジニア達は，電源がノイズを発生していると電源メーカを非難していた．私が見たところ電源はかなり静かなもので，そもそも設計が悪い基板の電源供給系の問題であった）．

● LISNと一緒にSnifferプローブを使う

図7.E13は，SnifferプローブとLISN（電源インピーダンス安定化ネットワーク）を使ったテスト用セットアップです．オプションの"LISN ACライン・フィルタ"を使うと，ACライン電圧のフィードスルーが数100mVからμVレベルに減少して，適切なDC電源が手に入らないか，あるいは使えない場合でのEMIの診断を簡単にしてくれます．

## EMI Snifferプローブをテストする

Snifferプローブは，図7.E14に示したような冶具によって機能テストができますが，これはプローブの出荷試験で使われています．

## 結論

EMI Snifferプローブは簡単ですが，EMIを発生する$dI/dt$の発生源を発見するうえで非常に手早く，有効な手段です．これらEMIの発生源は，従来の電圧プローブや電流プローブでは発見が非常に困難です．

図7.E13 プローブをLISNと一緒に使う

図7.E14 EMI Snifferプローブのテスト用コイル

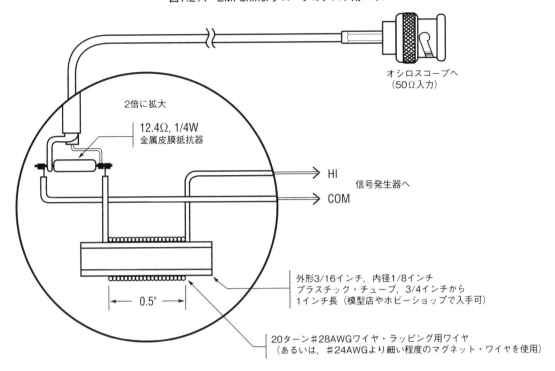

Snifferプローブの先端はプローブ出力電圧が最大となるテスト用コイルの中心に置かれる．コイル中心の磁束密度の大きさは次の式で近似できる．

$$B = H = 1.257 \times NI/l \quad \text{(CGS単位系)}$$

1.27cm長で20ターンのテスト・コイルでは1MHzで電流1Aにつき，およそ20Gaussとなり，Snifferプローブでは1MΩ負荷で100mA$_{P-P}$の電流に対して，19mV$_{P-P}$（±10%）の出力が得られる．なお，50Ω負荷にすると，この半分になる．

図7.E15 EMI Snifferプローブの使い方の概要

(1) 2チャネル・オシロスコープとともに使い，できれば1チャネルは外部トリガ用にする．
(2) 一つのチャネルにはSnifferプローブをつなぎ，それはトリガには使わない．
(3) 二つ目のチャネルは発生源を見つけたい過渡的ノイズを観測するのに使う．もし都合がよければ，その信号はトリガにも使える．
(4) トランジスタの駆動波形や，スイッチングに先んじて発生するロジック信号を外部トリガに（あるいは三つ目のチャネルの入力に）することで，プリトリガにより安定で信頼性のあるトリガが可能になる（ほぼすべてのノイズが，パワー・トランジスタがオンやオフする間やその直後に発生する．
(5) まずは感度を最大にして，回路から多少離した位置からプローブでノイズに正確に同期して起きている現象を探し回る．プローブの波形はノイズと異なるだろうが，一般にはかなりの類似性がある．
(6) 感度を下げながら，疑わしい箇所にプローブを動かしていく．原因となる電流を流しているパターンは，導体の直上での鋭いヌル応答と両脇での位相反転により突き止める．
(7) ノイズ電流が流れている経路をできるだけ見つけ出す．回路図上でその経路を特定する．
(8) 通常，ノイズの発生源は電流経路とタイミングからわかってくる．

ⓒ1997, Bruce Carsten Associates, Inc

# 第7章 高電圧，低ノイズのDC/DCコンバータ

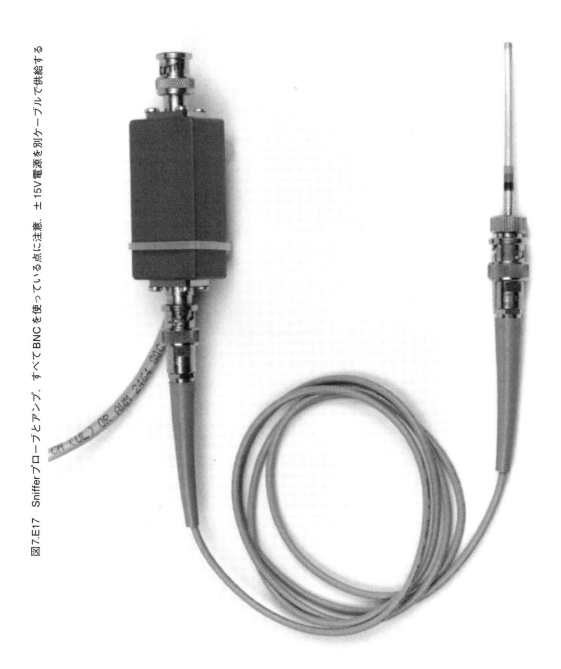

図7.E17 Snifferプローブとアンプ．すべてBNCを使っている点に注意．±15V電源を別ケーブルで供給する

図7.E16　EMIプローブ用の40MHzアンプ

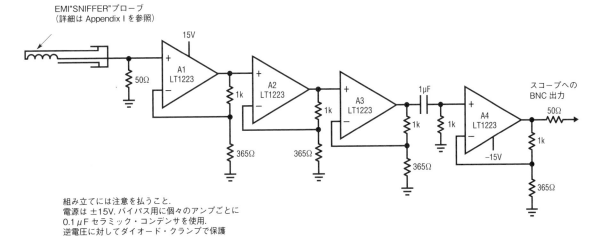

組み立てには注意を払うこと.
電源は±15V. バイパス用に個々のアンプごとに
0.1μF セラミック・コンデンサを使用.
逆電圧に対してダイオード・クランプで保護

## まとめ

EMI Snifferプローブの使用法のまとめを図7.E15に示します.

## Snifferプローブ用アンプ

図7.E16は, Snifferプローブ用の40MHzアンプです. 200倍のゲインにより, オシロスコープでプローブが検出した信号を広いレンジで表示することができます. アンプは小型のアルミ・ボックスに組み込まれています. 50Ωの終端に高品質の同軸タイプを使う必要はありませんが, プローブはBNCケーブルを使って接続すべきです. プローブはキャリブレートされておらず, 相対的な出力の測定値を与えるので高周波数での終端の不完全さは重要な問題ではありません. 普通のフィルム抵抗で十分です. 図7.E17にSnifferプローブとアンプを示します.

別の方法として, Appendix Bの図7.B11に示したHP-461A 50Ωアンプを使うこともできます.

# Appendix F　フェライト・ビーズについて

フェライト・ビーズに囲まれた導体は, 周波数が上がるとインピーダンスが上昇するという非常に望ましい特性を得ます. この効果は, DCに含まれる高い周波数のノイズ・フィルタリングと低い周波数の信号伝送に理想的です. ビーズはリニア・レギュレータの通過帯域内で本質的に無損失です. 高い周波数においてビーズのフェライト材料は導体磁界により, 損失特性を造り出します. 各種フェライト材料と構成は, 周波数とパワー・レベルに対して異なる損失係数の結果となります. 図7.F1のグラフはこれを示しています. インピーダンスは, DCでの0.01Ωから100MHzでの50Ωに上ります. DC電流が増加し, すなわち一定の磁界バイアスが上昇しても, フェライトは損失にあまり影響しません. ビーズは導体に沿って直列に"積み重ねる"ことができ, その損失は比例して増加することにご留意ください. ビーズの多種多様な材料と物理的な形状は, 標準およびカスタム製品として仕様に合わせて利用できます.

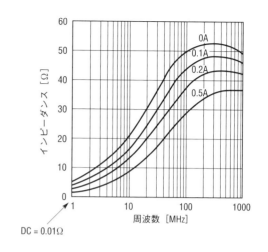

図7.F1 表面実装のフェライト・ビーズ（Fair-Rite 2518065007Y6）のさまざまなDCバイアスにおけるインピーダンスの周波数特性．インピーダンスは，DCと低い周波数において本質的にゼロになり，周波数とDC電流ソースに依存して50Ω以上に増加する．Fair-Rite 2518065007Y6のデータシートより

## Appendix G　インダクタの寄生素子

　インダクタは，高い周波数のフィルタリングに対してビーズの代わりに時々使用されます．しかし，寄生素子を念頭に置いておく必要があります．利点は，広い入手性と低い周波数（100kHz以下）でより良い効果があることです．図7.G1に示すように，欠点は寄生シャント容量のためスイッチング・レギュレータの浮遊放射に潜在的に敏感であることです．寄生シャント容量は，不要な高い周波数のフィードスルーをもたらします．インダクタを置く基板の位置によっては，巻き線内に影響を与える浮遊磁界を発生させ，トランスの2次側に誘導するかもしれません．結果として観測されたスパイクとリプルは副作用で導通部品に入り込み，性能を低下させます．

　図7.G2は，プリント基板トレースで作られたインダクタンス・ベースのフィルタを示しています．このような螺旋状または蛇行パターンに形成された長いトレースは，高い周波数において誘導性に見えます．これらは，フェライト・ビーズよりも単位面積あたりで遥かに少ない損失を示しますが，環境次第で驚くほど効果があります．

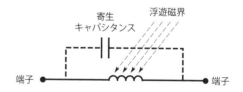

図7.G1　いくつかのインダクタの寄生項．不要な寄生キャパシタンスは，高い周波数でフィードスルーを生じる．浮遊磁界は誤ったインダクタ電流を誘発する

図7.G2　螺旋と蛇腹の基板パターンは，フェライト・ビーズより効果がないが，高い周波数フィルタとして時々使用される

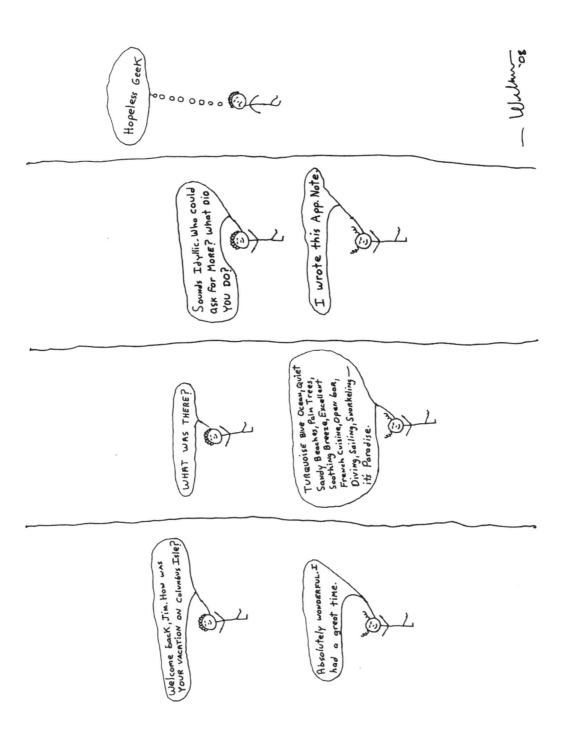

# 第5部

# 照明用デバイスの駆動

## 第8章 第四世代のLCDバックライト技術

このアプリケーション・ノートではLCDバックライト技術全般について，詳しく取り上げています．ランプ（陰極管），表示器および部品レイアウトが原因となって発生する損失，具体的な回路例，効率に関する問題，最適化および測定技術について考察されています．本文に続く12編のAppendixでは，ランプの種類，機械設計，電気的および光学的測定技術，部品レイアウト，そして回路詳細と関連トピックスに触れています．

## 第9章 携帯電話/カメラのフラッシュ照射用のシンプルな回路

このアプリケーション・ノートは，携帯電話やカメラに高性能なフラッシュを搭載するうえでの問題を取り上げています．LEDを使用した照明システムの性能について議論して，フラッシュ・ランプの動作を調べます．周辺回路について考察を行い，実際の性能データとともに具体的な回路について述べています．レイアウトと高周波障害（RFI）の問題については，レイアウト例を含めて扱っています．Appendixでは，本文中で取り上げたLT3468フラッシュ用コンデンサ充電ICの動作を詳しく説明し，あわせて適切な磁気部品の例を紹介しています．

# 第8章
# 第四世代のLCDバックライト技術
## 部品と測定の改善により性能を向上する

Jim Williams, 訳：細田 梨恵

## 概要

現在のポータブル・コンピュータや計測器は，バックライトの付いたLCD（液晶ディスプレイ）を備えています．それは，医療装置，自動車，ガソリン給油器，POSターミナルといった用途でも採用されています．このディスプレイのバックライトとして，最も高効率な光源はCCFL（冷陰極蛍光ランプ）です．しかし，その動作には高い交流電圧が必要となり，効率の良い高電圧DC/ACコンバータが求められます．効率が良いことに加え，このコンバータは正弦波でランプを駆動する必要があります．それは高周波の輻射を抑えるために必要です．そのような輻射は，他の装置に影響を与えるだけでなく，全体的な効率を劣化する可能性があります．また，正弦波駆動により，ランプで最良の電光変換が得られます．コンバータ回路は，ヒステリシスや"跳ね上がり"せずにゼロから最大輝度までランプを制御できて，電源変動に対してランプの輝度をレギュレーションする必要もあります．

LCDを備えた機器に見られる小型化やバッテリ駆動動作では，このような回路にも少ない部品点数と高効率を要求します．スペースの制約が回路アーキテクチャを厳しく制限し，通常は長いバッテリ駆動時間が求められます．ラップトップやハンドヘルド・コンピュータはまさにその代表例です．バッテリ消費のほぼ50％は，CCFLとその電源が原因です．さらに，基板やすべてのハードウェアを含む構成部品は通常，6mmの高さ制約のあるLCDの筐体内に収まらなくてはなりません．

実際の効率良いLCDバックライトの設計は，変換電子システムにおける崇高な妥協の検討と言えます．設計の各項目は相互に影響し合い，自然法則の具体化が電気回路に不可欠な部分となります．ランプ，配線，ディスプレイの筐体，およびその他の項目の選択と配置が，電気的特性に大きな影響を与えます．実用的な高効率LCDバックライトを実現するには，各々の細部に十分な注意を払う必要があります．まずはランプを光らせることが肝心です．

初期のバックライトは未完成で，ほぼすべての点で性能が劣っていました．リニアテクノロジー社は，継続的な3世代の技術で帰還によるレギュレーションと最適なランプ駆動構成を提案してきました．その努力は，バックライト駆動用の専用ICとして全盛を極めています．

この4番目の文献では，LCDバックライトに応用可能な部品と測定技術における最新の取り組みを紹介します．実践的な提案，改善，および回路とともに，理論的な考察を提供します．これまで同様，読者の方々からのコメント，質問，および相談依頼をお待ちしています．

> **アップデート**：LEDバックライトがCCFLをほぼ置き換えていますが，このアプリケーション・ノートは高電圧インバータの適正な設計とレイアウトを示しています．

# 目次

- 概要 …… 227
- 序章 …… 230
- ディスプレイの効率の考え方 …… 231
  - 冷陰極蛍光ランプ（CCFL） …… 231
  - CCFLの負荷特性 …… 233
  - ディスプレイとレイアウトによる損失 …… 234
  - 多灯ランプ設計の考察 …… 257
  - CCFL電源回路 …… 259
  - 低出力CCFL電源 …… 264
  - 高出力CCFL電源 …… 268
  - "フローティング"ランプ回路 …… 269
  - IC主体のフローティング駆動回路 …… 271
  - 高出力フローティング・ランプ回路 …… 271
  - CCFL回路の選定基準 …… 276
  - 回路のまとめ …… 278
  - 一般的な最適化と測定の考察 …… 278
  - 電気的効率の最適化と測定 …… 281
  - 電気的効率の測定 …… 282
  - 帰還ループの安定性の問題 …… 283
- 参考文献 …… 286

| | |
|---|---|
| Appendix A　熱陰極蛍光ランプ | 287 |
| Appendix B　液晶ディスプレイの機構設計の考察 | 287 |
| 　序章 | 287 |
| 　額縁の平坦性と剛性 | 287 |
| 　ディスプレイ内の熱籠りの回避 | 288 |
| 　ディスプレイの部品配置 | 288 |
| 　ディスプレイ画面の保護 | 289 |
| Appendix C　有意な電気的測定の実現 | 291 |
| 　電流プローブ回路 | 291 |
| 　電流キャリブレータ | 292 |
| 　接地型ランプ回路用の電圧プローブ | 293 |
| 　フローティング型ランプ回路用の電圧プローブ | 299 |
| 　差動プローブ・キャリブレータ | 303 |
| 　RMS電圧計 | 305 |
| 　電気的効率の測定と熱量測定の相関 | 311 |
| Appendix D　光学的測定 | 313 |
| Appendix E　断線/過負荷の保護 | 318 |
| 　過負荷保護 | 319 |
| Appendix F　輝度調整とシャットダウンの手法 | 320 |
| 　可変抵抗について | 322 |
| 　高精度PWM発生器 | 323 |
| Appendix G　レイアウト，部品，および輻射の考察 | 325 |
| 　回路の分割 | 325 |
| 　高電圧のレイアウト | 325 |
| 　個別部品の選定 | 332 |
| 　コンバータの基本動作 | 333 |
| 　必要なトランジスタ特性 | 333 |
| 　その他の個別部品の考察 | 336 |
| 　輻射 | 336 |
| Appendix H　高電圧入力によるLT1172の動作 | 336 |
| Appendix I　その他の回路 | 337 |
| 　デスクトップ・コンピュータCCFL電源 | 337 |
| 　デュアル・トランスCCFL電源 | 337 |
| 　HeNeレーザ電源 | 339 |
| Appendix J　LCDのコントラスト回路 | 340 |
| 　デュアル出力LCDバイアス電圧発生器 | 340 |
| 　LT118xシリーズのコントラスト電源 | 342 |
| Appendix K　ロイヤーとは誰で，何を設計したのか？ | 346 |
| Appendix L　切れた耳ばかりがゴッホではない － いくつかのあまりよくない発想 | 347 |
| 　あまり良くないバックライト回路 | 347 |
| 　あまり良くない1次側検出の発想 | 349 |

## 序章

本稿は，長年にわたって関わってきたLCD照明に関するリニアテクノロジー社の4番目の文献です[注1]．当社では，これまでの成果に対する市場からの極めて大きな反響を受け，継続してLCDバックライトの開発努力を行っています．前回の文献からの大きな性能向上に加え，このように注目度が高いLCDバックライトは，さらに議論する意義があります．

LCD照明の魅力的な方式の開発には，今日まで長年にわたるリニアテクノロジー社の継続的な応用技術の努力が必要です．1991年の文献（*Measurement and Control Circuit Collection*, LTC Application Note 45, June 1991）にある単一回路は4年間の調査を続けた結果で，3編の連続した専門文献にまとめられました．

すべてのこの多忙さの弾みとなったのは，猛烈に増え続ける読者からの反響です．実践的な高性能LCDバックライト方式が，広範な用途で必要とされています．光学，エネルギー変換，および電子工学の要素が結合（もしくは共謀）し，非常に難解な問題を生じます．強い相互作用の影響に加え，多分野にまたがるLCDバックライト問題の性質により，絶妙に敏感な技術課題を生じます．バックライトは，著者がこれまでに遭遇した最も複雑な相互依存の集まりでした．もちろん，この問題の学術的興味は資本的意図に基づいています．読者も同様に文化変容で変わるという確信で本当のやりがいが得られます．

この文献は，更新項目と大量の新しい資料に加え，これまでの成果からの関連情報を含んでいます．その部分的な重複は，本文の流れ，完全性，および時間効率の高い情報の利点に比べれば，代償はわずかなものです．古い資料は変更し，適当に短縮・追加して，同時に新しい発見を紹介しています．これまでの検討は，高効率を得て，検証することに努めました．この特性はなおも非常に重要ですが，ほかのバックライト要件が現れてきました．それには，低電圧動作，システム・インターフェースの改善，ディスプレイ起因の損失低減，回路の小型化，および良好な測定と最適化の技術が含まれます．新しいICや計測方法の開発により，このような進歩が可能になってきています．

最後に，多くのリニアテクノロジーの社員とお客様に本稿のアレンジとレビューをして頂き，この序文にて感謝を申し上げます．それにより，原稿の異常なまでの騒動が，この巧妙な発表へと変貌を遂げました．恐らく，読者の皆様も著者に同意してくださることと思います．

---

注1：以前の文献や出版物については参考文献の(1), (18), および(25)に注釈している．

## ディスプレイの効率の考え方

現在，入手可能なLCDディスプレイは，バックライト電源とコントラスト電源の二つの電源が必要です．ディスプレイのバックライトは，通常の携帯機器において単一で電力消費が最も大きいもので，最大輝度ではバッテリ供給のほぼ50％をディスプレイが占めます．そのため，バックライトの効率を高めるために，あらゆる努力が費やされています．

LCDのエネルギー管理の研究では，多分野にまたがった観点で問題を検討する必要があります．バックライトは，バッテリにカスケード接続されたエネルギー減衰器として表現できます（図8.1）．バッテリのエネルギーは，CCFLを駆動する高電圧ACへの電気-電気変換で損失します．この部分のエネルギー減衰器は最も効率的で，90％以上の変換効率が達成可能です．CCFLは今日入手可能な最も効率的な電気-光変換器ですが，80％以上も損失します．さらに，現在のディスプレイの光伝導効率は，モノクロの場合で10％以下で，カラーではさらに低下します．

この非常に高いDC/AC変換の効率により，ある重大な問題が浮かび上がります．この電気的効率をさらに改善するよりも，他の"減衰器"領域でエネルギー伝導を改善した影響の方が大きいという点です．電気的効率のさらなる改善は確かに必要ですが，効果は限界に近づいています．明らかに，バックライト全体の効率の収穫は，ランプとディスプレイの改善から得られます．

問題を喚起する以外，ランプとディスプレイの効率を改善するために何かできる電気従事者はあまりいません（ランプとディスプレイについての後項を参照）[注2]．しかし，関連分野での改善は可能です．特に，ランプの駆動方法は非常に重要です．ランプに印加する波形は，その電流-光変換の効率に影響します．したがって，異なる波形を含む同等電力は，ランプ出力に異なる光量を生じます．これは，電気的には効率的でも波形が最適でないインバータは，効率が低くても波形が最適なインバータよりも少ない光量を生じる可能性があることを意味します．実験で，これが真実であることが分かります．このように，電気的効率と光学的効率の区別が必要であり，注意を要します．

改善可能な他の具体的な領域は，インバータ駆動からランプへの伝達です．高周波のAC波形は，配線とディスプレイの寄生容量のために損失しやすくなります．寄生容量とランプ駆動の適用方法を制御することで，大きな効率改善が達成できます．

前述した双方の領域に記載された具体的な方法は，本稿の後編で取り上げています．

## 冷陰極蛍光ランプ（CCFL）

CCFL用電源のどのような議論にもランプの特性を考慮する必要があります．ランプは複雑な変換器であ

---

注2："問題の喚起"は，不満に対して面白おかしく婉曲的な構成にしている．本稿のディスプレイの項では，推奨の対策にそって図解でそのような不満を取り上げている．

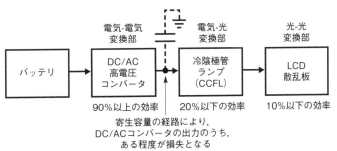

図8.1 バックライトLCDディスプレイは，バッテリにカスケード接続されたエネルギー減衰器として表現できる．DC/AC変換は，ランプやディスプレイでのエネルギー変換よりもずっと高効率である

り，多くのパラメータが電流を光に変換する能力に影響します．変換効率に影響する因子には，ランプの電流，温度，駆動波形の特性，管の長さ，幅，ガスの成分，および近傍の導体の距離が含まれます．

これらや他の因子は相互に関連していて，複雑な全体の応答を生じます．図8.2から図8.8は代表的な特性を示します．これらの特性曲線を検討することで，動作条件が変動する際のランプの振る舞いを予測することの困難さがわかります．ランプの電流，温度，および暖気時間は明らかに発光に重要ですが，電気的な効率が必ずしも光学的な最大の効率点には相当しないかもしれません．このため，しばしば，回路の電気的および光学的な双方の評価法が必要になります．例えば，電気的効率が80％の方法よりも低い光出力を生じる，電気的効率が94％のCCFL回路を構成することは可能です（Appendix Lの「切れた耳ばかりがゴッホではない － いくつかのあまり良くない発想」を参照）．同様に，非常に相性の良い回路とランプの組み合わせの性能でも，損失の大きいディスプレイの筐体や長すぎる高電圧配線によって著しく劣化しかねません．ランプ

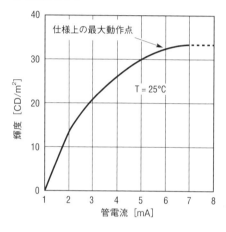

図8.2 標準5mAのランプの発光率．曲線は6mA以上で大きく頭打ちする

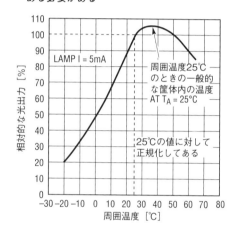

図8.3 標準5mAのランプの発光率への周囲温度の影響．測定を行う前に，ランプと筐体は熱的安定状態にある必要がある

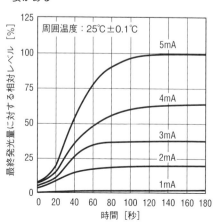

図8.4 自然空冷の一般的なランプの発光率の経過時間．ランプは発光が安定する前に温度が一定になる必要がある

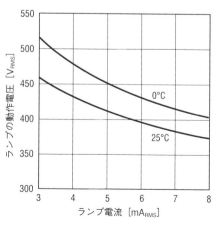

図8.5 動作領域でのランプの電流と電圧．温度係数が大きいことに注意

図8.6 二つの温度での駆動電圧とランプ長. 全温度範囲では通常, 点灯電圧は50％から200％高くなる

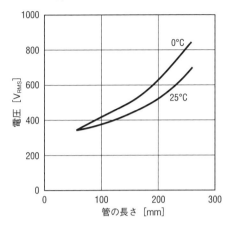

図8.7 自由空間でのランプの発光率と駆動周波数. 20kHzから130kHzで測定可能な変化はなく, ランプは駆動周波数に対して敏感でないことがわかる

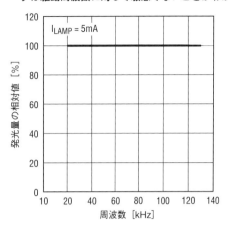

図8.8 図8.7と同じランプをディスプレイに組み込むと, 駆動周波数に対して発光量は大きな劣化を示す. 原因は, ディスプレイの寄生容量の経路による周波数依存の損失である

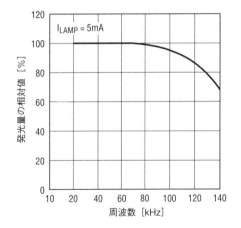

ることを示します. 図8.8は, 同じランプを一般的なディスプレイに実装した結果です.

高周波での明らかな発光率の低下は, 寄生容量に起因する損失のためにランプ電流が減少して生じています. 周波数の増加につれて, ディスプレイの寄生容量がさらにエネルギーを次第に浪費し, ランプ電流と光量を減少します. 時折, この現象は誤って解釈され, 周波数の増加でランプの発光率が低下したという誤った結論をもたらします.

## CCFLの負荷特性

ランプは, 特にスイッチング・レギュレータにとっては駆動しづらい負荷です. ランプは負性抵抗の特性を有し, 点灯電圧は動作電圧よりずっと高くなります. 高い電圧や低い電圧のランプがありますが, 通常, 点灯電圧は約1000Vです. ランプによって異なる電位が必要ですが, 通常, 動作電圧は300V～500Vです. ランプはDCから動作しますが, ランプ内のマイグレーション効果によって急速に劣化します. そのため, 波形はACである必要があります. DC成分が存在してはいけません.

図8.9aは, カーブ・トレーサでAC駆動のランプ特性を示しています. 負性抵抗に起因するスナップバックが見られます. 図8.9bでは, カーブ・トレーサの駆動に対して動作する別のランプが発振を生じています.

近傍に導電材料が多すぎるディスプレイの筐体では, 容量結合によって大きな損失が発生します. ディスプレイの筐体設計が良くないせいで, 効率は容易に20％も低下する可能性があります. 一般に, 高電圧電線の引き回しは1インチ当たり1％の損失を生じます.

最適な駆動周波数は, ランプの特性ではなく, ディスプレイと配線の損失によって決まります. 図8.7は, ランプの発光率は本質的に広い周波数範囲で一定であ

図8.9 2種類のCCFLランプに対する負性抵抗特性．"スナップバック"が容易に分かり，図8.9bでは発振を生じている．このような特性が電源設計を複雑にする

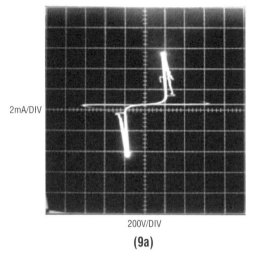
(9a)

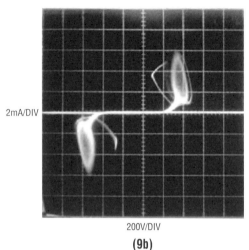
(9b)

スイッチング・レギュレータに関連した周波数補償の問題と絡んで，このような傾向は，特に点灯時にひどいループの不安定を生じる可能性があります．一旦，ランプが動作領域に入れば，線形負荷特性と見なせて，安定基準を緩和します．一般にランプの動作周波数は20kHz～100kHzで，正弦波に近い波形が望まれます．高調波成分の少ない正弦波での駆動が，干渉や効率低下を招くRF輻射を最小に抑えます[注3]．連続的な正弦駆動のさらなる利点は，クレスト比が小さく，立ち上がり時間を制御できることで，CCFLで容易に扱えます．CCFLの実効的な電流-光変換の出力効率と寿命は，立ち上がりが高速で，高クレスト比の駆動波形で低下します[注4]．

## ディスプレイとレイアウトによる損失

ランプ，その配線，ディスプレイの筐体，および他の高電圧部品の物理的なレイアウトは，回路の不可欠

---

注3：CCFLの特性の多くは，いわゆる"熱"陰極蛍光ランプでも共有される．Appendix Aの「熱陰極蛍光ランプ」を参照．

注4：Appendix Lの「切れた耳ばかりがゴッホではない ― いくつかのあまり良くない発想」を参照．

な部分です．ディスプレイにランプを組み込むと，明らかな電気的負荷効果をもたらし，それを考慮しなければいけません．不適切なレイアウトにより簡単に効率を25%低下し，大きなレイアウト起因の損失が見られます．最適なレイアウトの導入には，どのように損失が発生しているかに注意する必要があります．図8.10は，トランスとランプ間の潜在的な寄生経路を調査することで解析を始めます．電源出力とランプ間のどの点からもACグランドに対して，寄生容量が不要な電流経路を生じます．同様に，ランプの管長にそったどの点からもACグランドに対して，浮遊結合が寄生電流を誘発します．すべての寄生電流は無駄であり，ランプに必要な電流を維持するために回路が余計なエネルギーを引き起こす結果になります．トランスからディスプレイの筐体までの高電圧経路はできるだけ短くして，損失を最小に抑えます．適当な経験則として，高電圧の配線は1インチ当たり1%の効率低下を見込みます．どの基板配線，グランド，または電力プレーンも，高電圧領域では少なくとも1/4インチは離すべきです．これは損失を抑えるだけでなく，アーク放電の経路も取り除きます．

ディスプレイ筐体内のランプの配置に関連する寄生の損失には注意が必要です．筐体内の高電圧の配線長は短くする必要がありますが，特に金属材料を使用したディスプレイでは要注意です．高電圧はディスプレ

図8.10 現実的なLCD実装における浮遊容量による損失経路．これらの経路を最小にすることが良い効率を得る上で必須となる

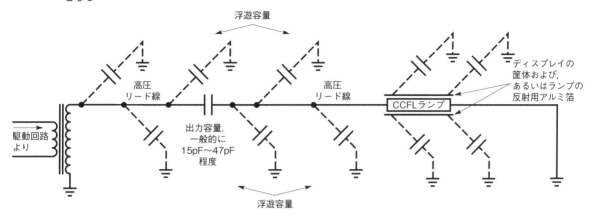

図8.11 現実の状況での分布寄生容量は，測定した"ランプ電流"に連続した下方変動を生じる．この場合では，寄生経路で0.5mAが損失となる．損失の大部分は高電圧領域で発生する

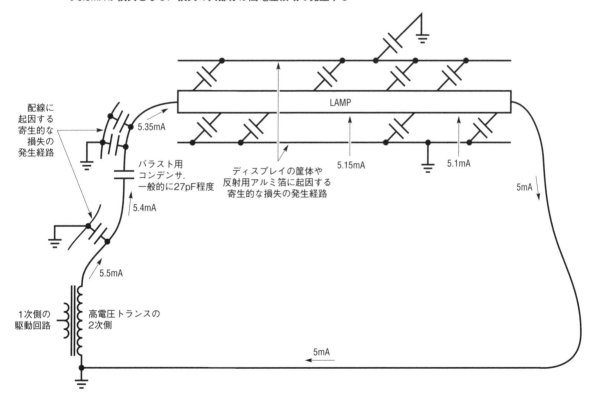

イ内で最短の配線で印加するようにしてください．それには，配線長とレイアウトを検証するためにディスプレイを分解する必要があるかもしれません．他の損失源は，実際のLCDに光を集めるためにランプの周囲に一般的に使用される反射金属箔です．金属箔の材料によっては，他よりも相当多くの場のエネルギーを吸

収し，損失を生じます．最終的に，金属筐体に収められたディスプレイは損失が増加する傾向があります．金属は大きなエネルギーを吸収し，どうしてもグランドへのAC経路ができてしまいます．金属筐体に入れられたディスプレイを直接グランドにつなぐと，損失が一層増加します．ランプの製造メーカによっては，他の材料でランプ領域の金属を離すことで，この問題に対処しているところもあります．ディスプレイに起因する損失は相当なもので，ディスプレイの種類によって広く変動します．これらの損失は全体の効率を低下させるだけでなく，ランプ電流の有意義な決定を難しくします．図8.11は，ランプ電流における分布寄生容量の損失経路の影響を示しています．ディスプレイの筐体と反射金属箔に起因する損失経路は，損失電流にとぎれのない経路を提供します．これは，ランプ長にそって連続的に変動する"ランプ電流"の値を生じます．ランプの一端がグランドか，それに近い場合は，電流の低下はランプの高電圧領域で最大になります．一般的に寄生容量は均一に分布しますが，電圧の増加につれてその影響はずっと大きくなります．

　これらの影響が，ランプの仕様にそった設計が，なぜそのように不満だらけの作業かを説明しています．一般に，ディスプレイ・メーカは，ランプ・メーカから受け取った情報を元にランプの動作パラメータを謳っています．時折，ランプ・メーカは，完全に異なる筐体，あるいは筐体なしで動作特性を決定しています．このような曖昧さの組み合わせが，設計努力を困難にしています．唯一の実行可能な手段は，対象とするディスプレイでランプの性能を決めることです．これが，性能を最大に引き出し，電力を無駄にしてラン

図8.12　理想的なディスプレイは，ディスプレイがない状態である．ランプ単体に接続した駆動回路は，損失がないディスプレイである．ナイロン製との乖離に注意．得られる結果は，実際のディスプレイの駆動とは関係がない

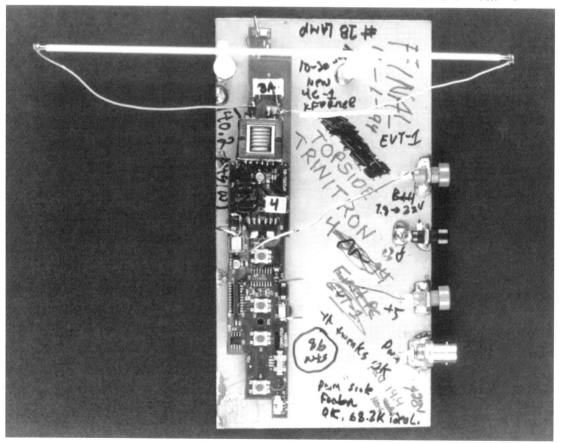

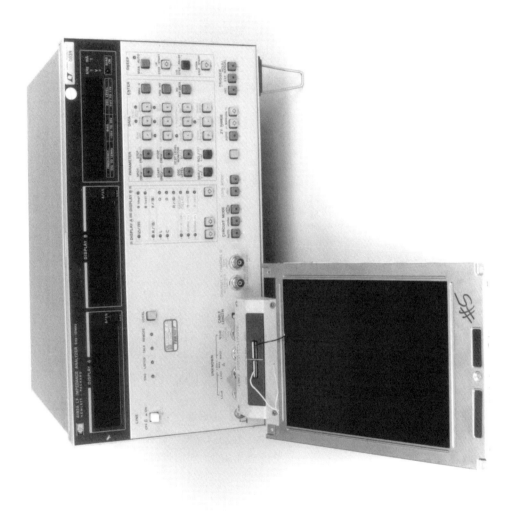

図8.13 ランプの配線からディスプレイの枠までの容量を測定．その方法は線材から枠までの損失情報を提供するが，ランプから金属箔またはランプから枠までの損失データは得られない．寄生成分が測定可能になる前にランプを点灯しておく必要がある

238　第8章　第四世代のLCDバックライト技術

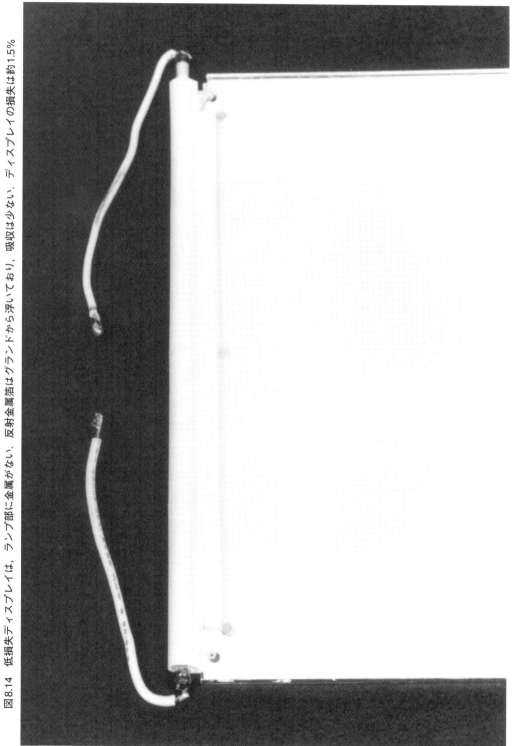

図8.14　低損失ディスプレイは，ランプ部に金属がない．反射金属箔はグランドから浮いており，吸収は少ない．ディスプレイの損失は約1.5%

ディスプレイとレイアウトによる損失

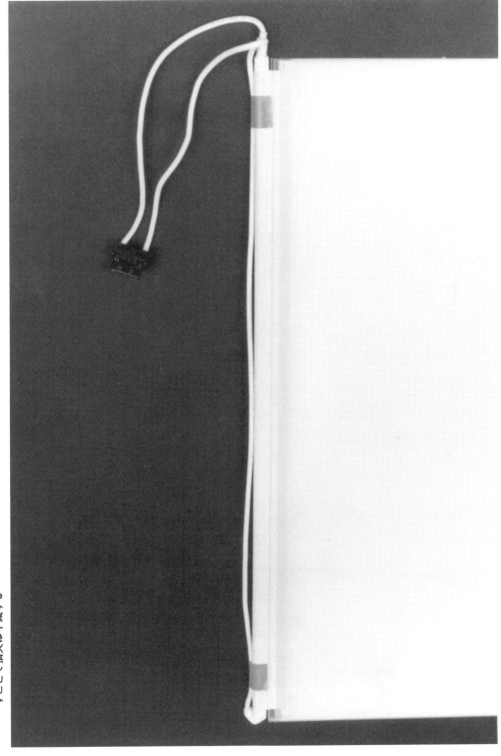

図8.15 図8.14と同様の特性を有する別の低損失ディスプレイ。ランプ長にわたって延びている長い帰路配線により、損失は約4%に増加。ランプから配線を離すことで損失は半減する

図8.16 カスタム設計の超低損失ディスプレイ．ランプ領域のすべての金属を削除（写真の下部）．機械的強度と損失制御の間の妥協点は良好

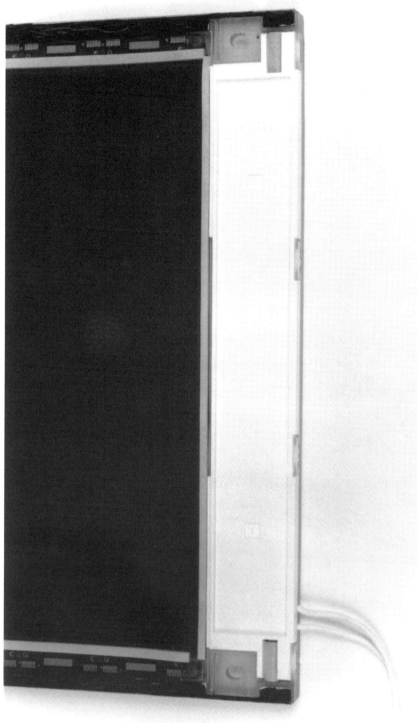

図8.17　図8.16の装置の背面．ランプ領域のすべての金属を取り除き，低損失を維持．優秀な実用的ディスプレイ

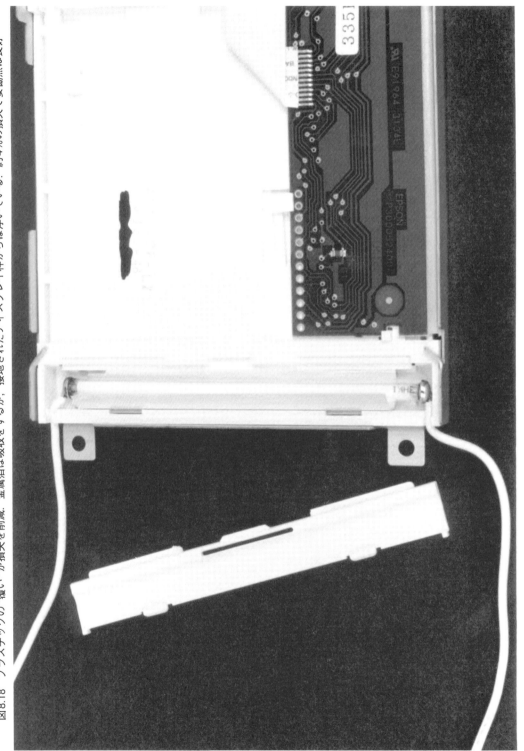

図8.18 プラスチックの"覆い"が損失を削減．金属箔は吸収をするが，接地されたディスプレイ枠からは浮いている．約4％の損失で妥協点は良好

ディスプレイとレイアウトによる損失 243

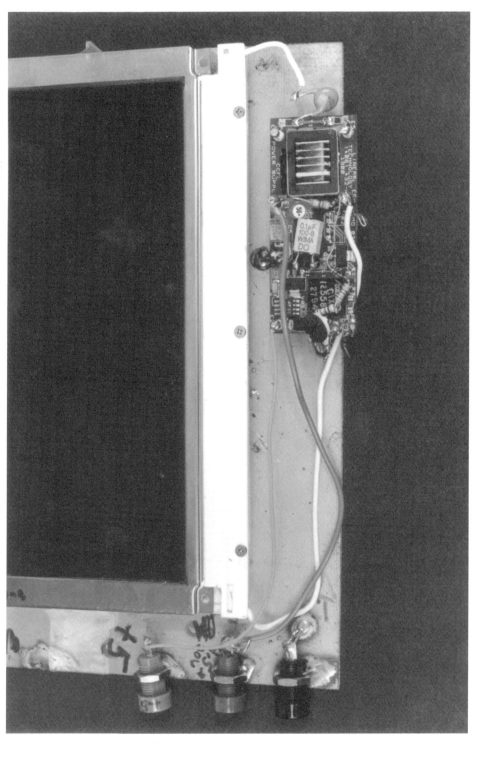

図8.19 プラスチックの"張り出し"が，ディスプレイの金属枠の損失経路からランプを絶縁

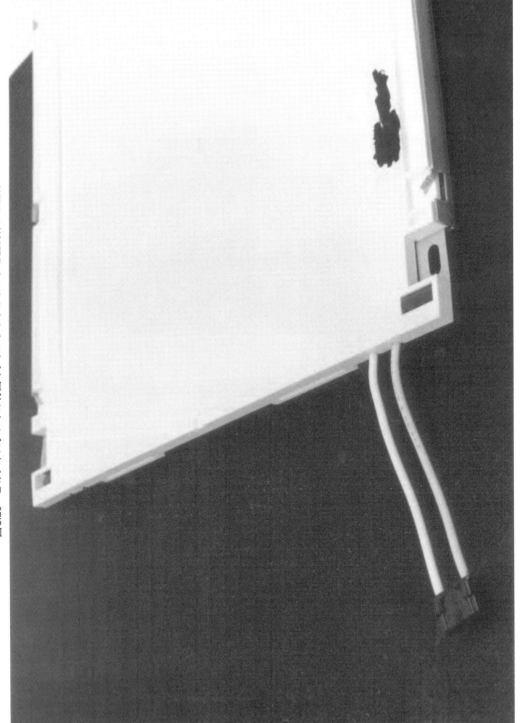

図8.20 このディスプレイの背面でプラスチックがランプを金属枠から絶縁

ディスプレイとレイアウトによる損失 245

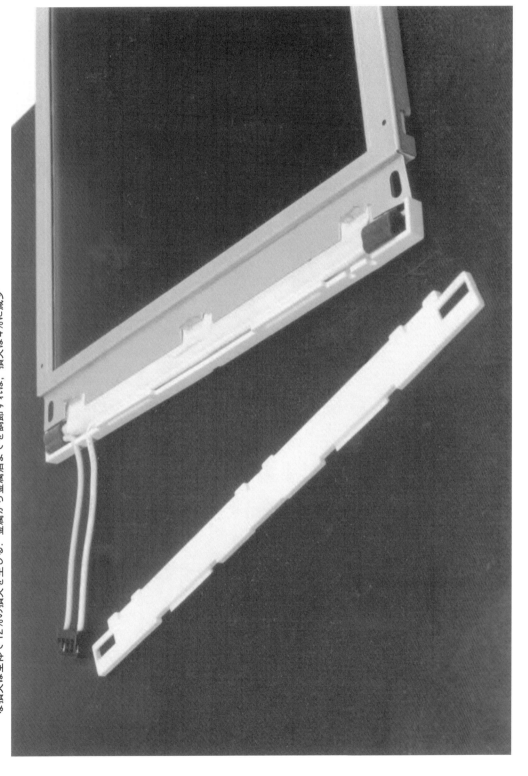

図8.21 図8.20のディスプレイは前面もプラスチック絶縁の配慮が続いているが、(ランプにかぶさる) 反射金属箔が金属枠に触れている。この経路を通る大きな損失は全体で12%の損失を生じる。金属から金属箔までを調節すれば、損失は4%に減少

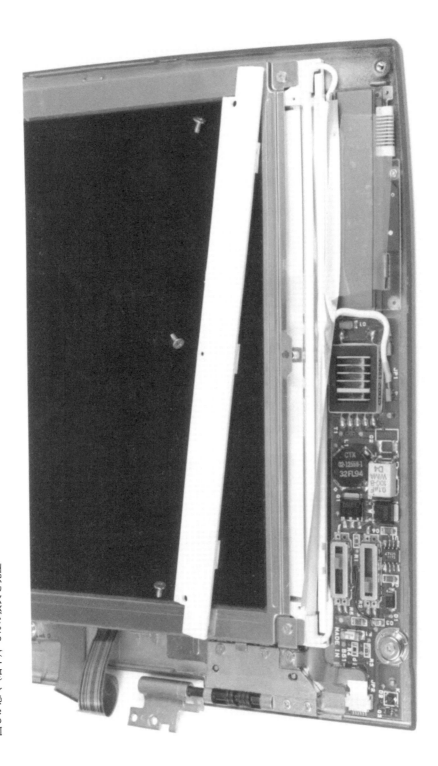

図8.22 別の"張り出し"付きのプラスチック筐体では、ディスプレイの金属枠に金属枠が触れている。金属から金属箔を離すと、損失を13%から6%に削減。配線の引き回しが悪く（右下）、3%の損失を発生

ディスプレイとレイアウトによる損失 **247**

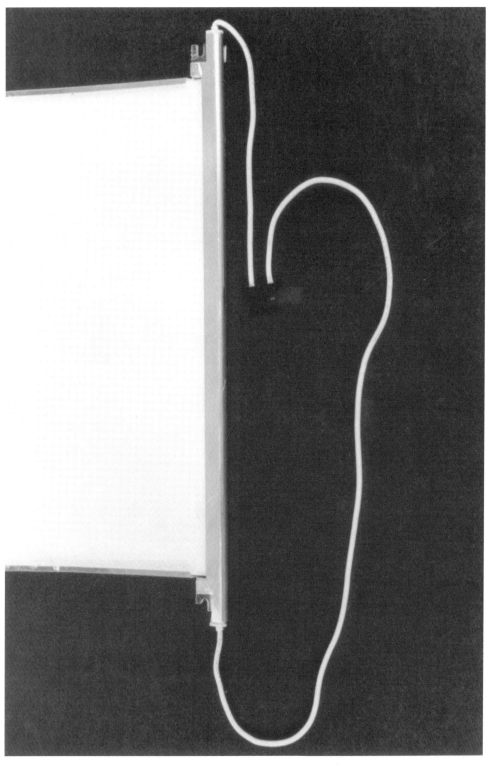

図8.23 金属反射板の絶縁スリット（中央部の右左）により，接地された金属枠（上部の右左）への損失を防止．全体の損失は約6%

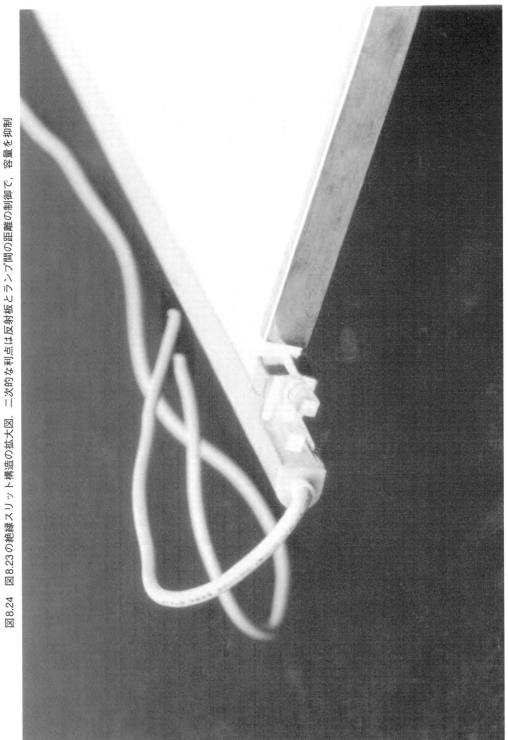

図8.24　図8.23の絶縁スリット構造の拡大図．二次的な利点は反射板とランプ間の距離の制御で，容量を抑制

ディスプレイとレイアウトによる損失 249

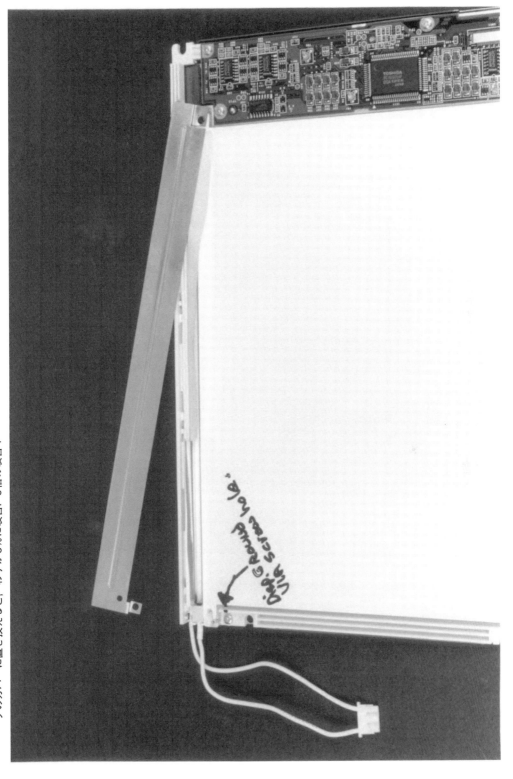

図8.25 ランプを覆う金属カバーが15%の損失を発生．カバーの固定ネジをナイロン製に置き換えるとカバーがグランドから浮いて，損失を8%に削減．プラスチックのカバーに置き換えると，わずか3%に改善．5倍の改善！

図8.26 ランプを覆う大きな金属領域により14％の損失を発生．プラスチックでランプ領域の金属を置き換えると，損失を6％に削減

ディスプレイとレイアウトによる損失 251

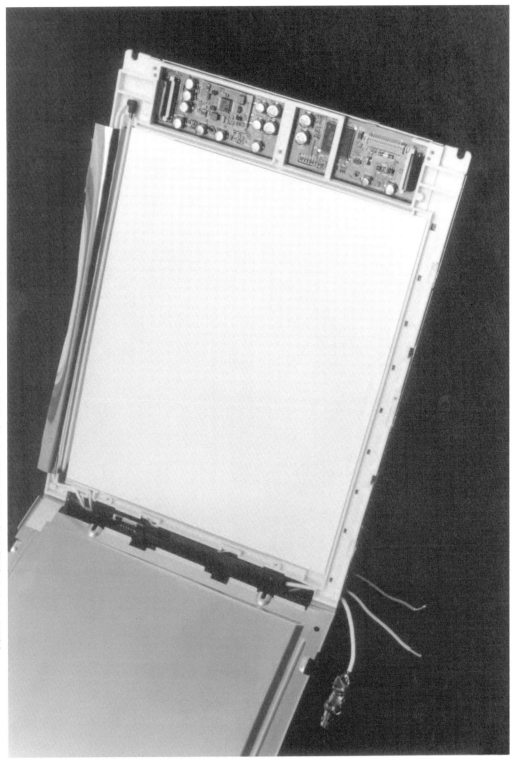

図8.27 ランプ（上部中央）を覆う金属箔により，吸収したエネルギーを金属背面カバーに放出．16%の損失を発生

252　第8章　第四世代のLCDバックライト技術

図8.28　非導通性のディスプレイ枠(黒いプラスチック)の低損失も、大きな金属背面カバーに触れている損失のある反射金属箔で無駄になっている。15％の損失を発生

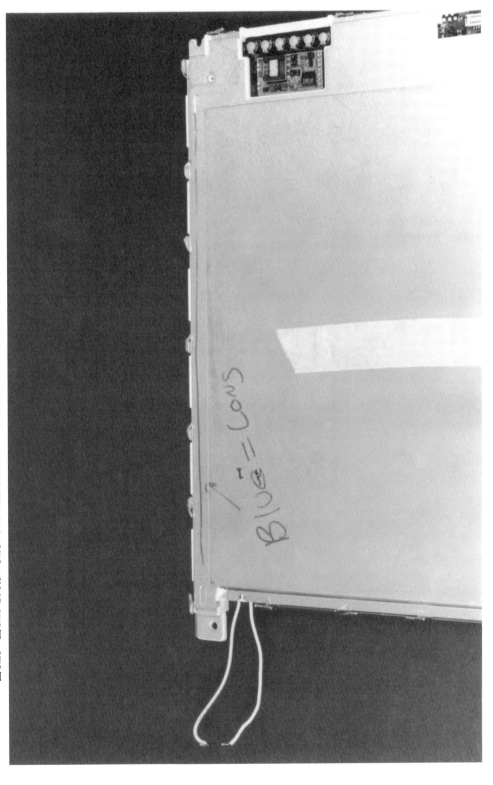

図8.29 図8.28と同様の状況。大きな金属背面カバーが損失を生じる金属箔（見えていない）に触れていて、大きな損失を発生

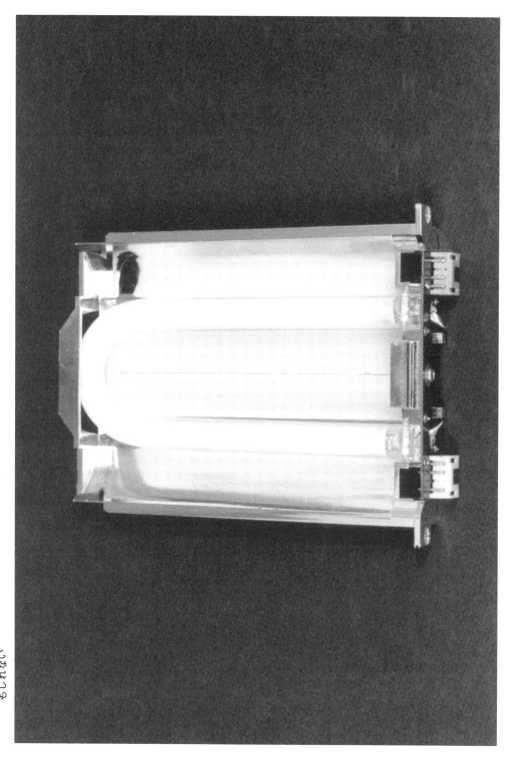

図8.30 自動車用ランプの接地された金属製の光学反射板は、18%の損失を発生。非金属製の反射板を超える光利得で、大きな電気的損失が妥当に見えるかもしれない

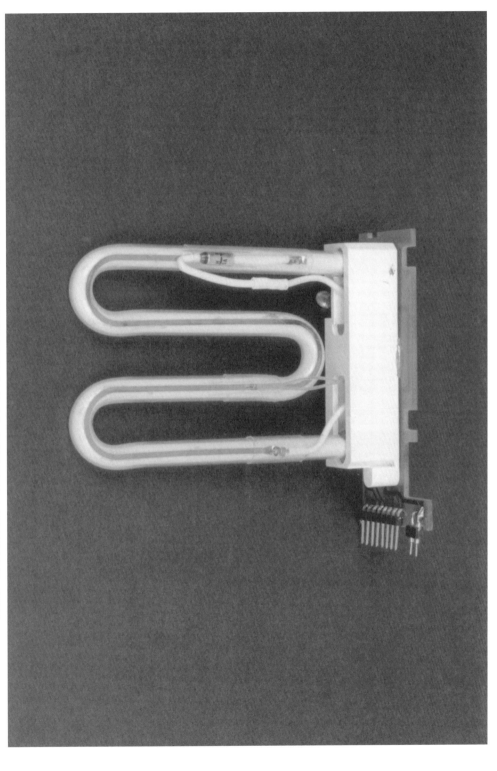

図8.31 この自動車用ランプ上の金属ヒータにより，低温での点灯は容易になるが，31％の損失を発生

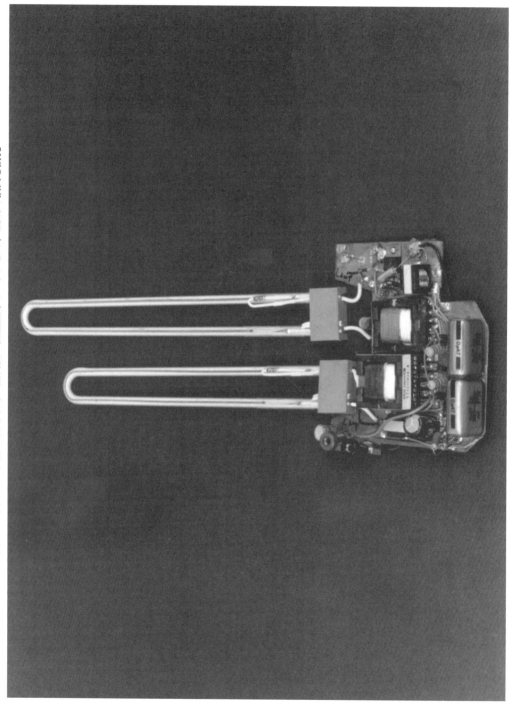

図8.32 図8.31と同様。自動車用の金属製の低温点灯ヒータにより、23%の損失を誘発

プの寿命を縮める過剰駆動をしないようにする唯一の現実的な方法です．

一般的に，ディスプレイは性能を劣化する寄生成分をもたらします．本稿の後半ではいくつかの補償技術を取り上げますが，ディスプレイの寄生成分による悪影響が現実的なバックライトの設計を左右します．

損失の多いディスプレイにもメリットはあります．ディスプレイの寄生成分の長所の一つは，ランプの降伏電圧を実効的に下げるという点です．ランプ長にそった寄生のシャント容量が分布した電極を形成し，降伏経路を実効的に短くしてランプのオン電圧を下げます．これは，ランプを実装した多くのディスプレイは，ランプ単体の降伏電圧仕様が謳うよりも低い電圧で開始するという事実を説明します．この効果は，低温での点灯を援助します（図8.5と図8.6を参照）．

ランプの分布寄生容量の二つ目の潜在的な利点は，低電流動作の改善です．寄生成分がランプ長にそってさらに均一な分布電界を提供するため，場合によっては調光範囲の拡張が可能です．これは，低い動作電流でランプの全長にそって照度を維持する傾向にあり，低光度の動作が可能です．

ここでの教訓は明らかです．妥協点を理解し，可能な限り最高の性能を得るためには，ランプとディスプレイの損失の完全な特性付けが重要です．システム内のバックライトの最大効率は，このような問題に慎重に注意することで得られます．場合によっては，損失を軽減するため，ディスプレイの筐体全体を再設計しました．

バックライト設計の中心となるディスプレイの損失問題には，細かく注意を払う価値があります．簡単な説明を付けた続く写真（図8.12から図8.32）で，さまざまなディスプレイの対策を図解しています．その視覚的な一覧を経て，ディスプレイの使用者や製造業者に内在する問題の注意を促し，双方で適切な行動を促進していただけることを希望します．

## 多灯ランプ設計の考察

ランプの輝度の整合が重要な場合には，多灯ランプの設計はお勧めしません．経時，温度，および製造ばらつきにより，発光の整合を維持することは極めて困難です．ある限定された場合では，多灯ランプのディ

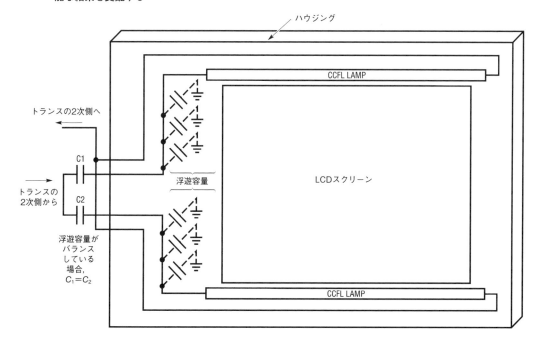

図8.33　最善の2灯ランプ・ディスプレイの損失経路．対称性が均一な輝度を促進するが，ランプの制約が実現可能な結果を支配する

スプレイも実現可能な選択肢ですが，通常は良い光拡散板を有する単一ランプの方が良い方法です．ここでは，あくまで参考用として，ランプ2本のディスプレイを紹介します(注5)．

ランプ2本を使うシステムには，特有のレイアウト問題があります．ほとんどのランプ2本のディスプレイはカラー製品です．カラー・ディスプレイは光透過特性が低いので，より明るいバックライトが必要です．そこで，時折，ディスプレイ製造メーカは，光量を増やすために2本のランプを使います．このようなランプ2本のカラー・ディスプレイの配線レイアウトは，効率とランプ間の輝度バランスに影響を与えます．図8.33は一般的なディスプレイの"透視図"を示します．この対称的な配置は，等しい寄生成分による損失を生じます．もし$C_1$と$C_2$，およびランプが良好に整合していれば，回路の電流出力は均等に分割され，等しい輝度が得られます．

図8.34のディスプレイの配置は具合が良くありません．非対称な配線が不均等な損失を生じ，ランプは不均衡の電流を被ります．同一のランプであっても，輝度は均等にはなりません．この状態は，$C_1$と$C_2$の値をずらすことで部分的に補正できます．$C_1$は，より大きな寄生容量を駆動するので，$C_2$より大きな値にします．これが電流を等化にし，等しいランプ駆動を促進します．この補正は失ったエネルギーを取り返すためではないことを理解することが大事で，効率はなおも妥協したままです．損失経路を最小に抑えるしかありません．同様に，ランプの特性が変化すれば（例えば，経年変化），輝度の不均衡が再発します．

一般的に，輝度の不均衡は，高輝度レベルでは想定ほど問題を生じません．不均等な輝度は，低レベルでずっと気になってきます．最悪の場合，暗く調光したランプでは一部分だけが光るかもしれません．時には"温度計状"と呼ばれるこの現象は，本稿の"フローティング駆動回路"で詳細に説明します．

---

注5：本文の意図は，多灯ランプのディスプレイに対する当社の消極性を伝えようとしている．それは深く心を痛めるものである．

図8.34 2灯ランプ・ディスプレイの非対称な損失．$C_1$と$C_2$の値をずらすことで不均衡な損失経路を補正できるが，失ったエネルギーは取り返せない

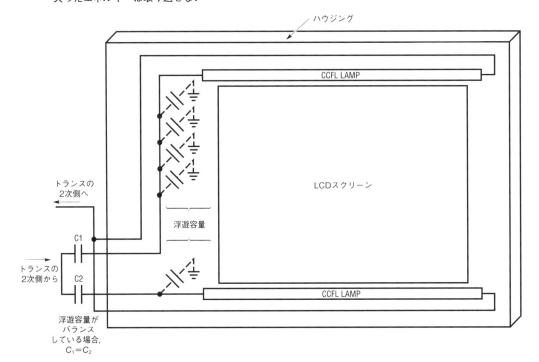

## CCFL電源回路

　汎用CCFL電源の方法を選ぶことは困難です．さまざまな異なる考察が，最善の方法を決めることを思慮のいる作業にします．中でも，機構は非常に柔軟である必要があります．非常に多くの多様な用途がそれを必要とします．考慮には多くの自由度をもちます．電源電圧は2V～30Vの範囲で，出力電力は微小から50Wです．負荷は非線形が強く，動作条件によって変動します．しばしば，バックライトは1次電源から離れて置かれ，電源は相当な電源線インピーダンスに耐える必要があります．同様に，ノイズで電源線を乱したり，システムや環境に明らかなRFIを生じてはいけません．通常，スペースは非常に限られているので，部品点数は少なく，電源は物理的に極めて小さい必要があります．さらに，基板形状への要求が変動するので，回路は比較的にレイアウトに影響されない必要があります．シャットダウンと調光制御のインターフェースは，電圧，電流，抵抗，PWM，またはシリアル・データ設定のようなデジタルまたはアナログ入

**図8.35　効率88%のCCFL電源**

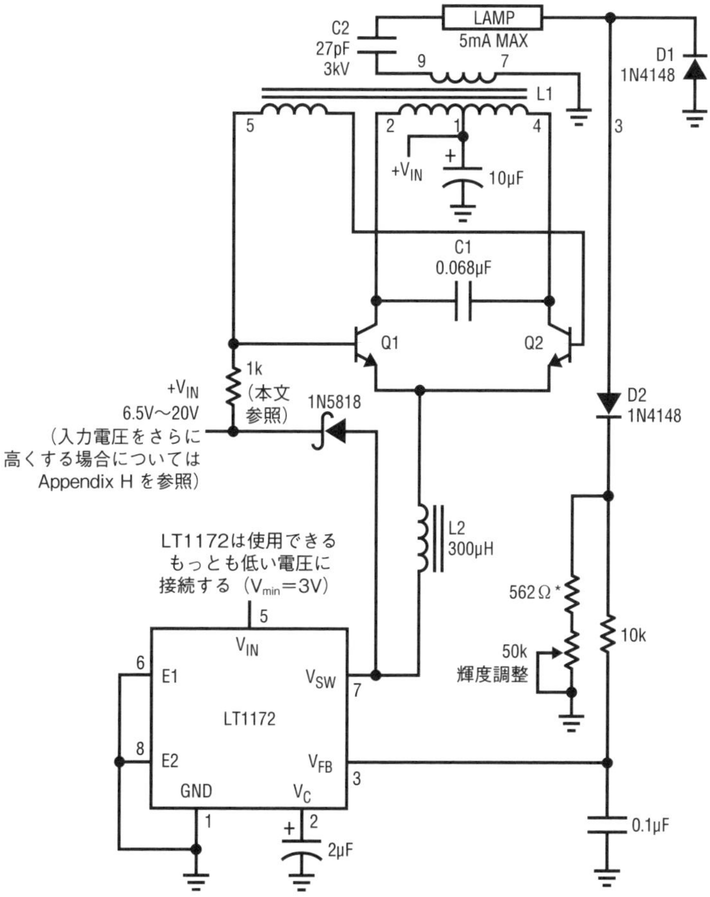

$C_1$ = 低損失コンデンサでなくてはならない．WIMAメタライズト・ポリカーボネート MKP-20（ドイツ），あるいはパナソニックECH-Uを推奨
$L_1$ = スミダ6345-0202，あるいはコイルトロニクスCTX110092-1
　　（図のピン番号はコイルトロニクス用）
$L_2$ = COILTRONICS CTX300-4
$Q_1, Q_2$ = ZETEX ZTX849, ZDT1048 OR ROHM 2SC5001
* = 1%金属皮膜抵抗

**部品を他のものに変更しないこと**

COILTRONICS (407) 241-7876, SUMIDA (708) 956-0666

力のいずれかで調節する必要があります．最後に，ランプ電流は，経時，温度，および電源電圧の変化で予測可能で，安定である必要があります．

電流型帰還制御共振ロイヤー・コンバータがその要求に合います[注6]．その卓越した柔軟性のため，この方式は好都合な折衷案です．広い電源範囲で動作し，広範な出力電力範囲にわたって良好に調整できます．電源線からほぼ連続して電流を取り込み，回路は電源線インピーダンスにも耐性があります．この特性はまた，回路動作が電源線を乱さないことも意味します．RFIの問題もなく，部品点数も少なくなります．小型で，比較的にレイアウトにも敏感ではなく，インターフェースも容易です．最後に，全動作条件にわたってランプ電流は安定で，予測も可能です．

図8.35は，既述の説明に基づいた実用的なCCFL電源回路です．6.5V～20Vの入力電圧範囲で効率は88%です．この効率の値は，LT1172の$V_{IN}$ピンを主回路の$V_{IN}$端子と同じ電源から供給すると，約3%低下します．ランプの輝度は，ゼロから最大輝度まで連続して滑らかに可変できます．電源が印加されたとき，スイッチング・レギュレータLT1172の帰還ピンはIC内部の1.2V基準電圧以下で，$V_{SW}$ピンに最大デューティ比の変調が生じます（図8.36，波形A）．$V_{SW}$は，$L_1$の中央タップからトランジスタを介して$L_2$に電流を導通します（波形B）．$L_2$の電流は，レギュレータの動作によっ て切り替え式でグランドに流れます．

$L_1$とトランジスタが電流駆動のロイヤー型コンバータを構成し，主に負荷を含む$L_1$の特性と$0.068\mu F$のコンデンサで決まる周波数で発振します[注7]．LT1172が駆動する$L_2$は，$Q_1$と$Q_2$のエミッタ電流の振幅，つまり$L_1$の駆動レベルを設定します．ダイオード1N5818は，LT1172がオフのときに$L_2$に流れる電流を維持します．LT1172の100kHzのクロック速度はプッシュプル・コンバータの速度（60kHz）と非同期であり，波形Bの輝線がにじんでいる原因となっています．

$Q_1$と$Q_2$のコレクタに正弦波駆動電圧を生成するため（それぞれ波形Cと波形D），$0.068\mu F$のコンデンサは$L_1$の特性とともに作用します．$L_1$が電圧を昇圧して，2次側（波形E）に約$1400V_{P-P}$が発生します．電流は，27pFのコンデンサを介してランプに流れます．ランプの電流は，波形の負サイクルでは$D_1$を介してグランドに進みます．波形の正サイクルでは，$D_2$を介してグランド基準の$562\Omega$/$50k\Omega$可変抵抗に向かいます．抵抗間に現れる正の半波正弦波（波形F）は，ランプ電流の半分となります．この信号は$10k\Omega$/$0.1\mu F$の対でフィルタされ，LT1172の帰還ピンに提供されます．この接続が制御ループを閉じ，ランプ電流をレギュレーションします．LT1172の$V_C$ピンにある$2\mu F$のコンデンサは，安定なループ補償を提供します．このループで，$L_2$の平均電流をランプに定電流を維持するために必要な値にLT1172がスイッチ・モード変調するようにします．定電流の値，つまりランプの輝度は，可変抵抗で変更できます．定電流駆動により，低輝度でもランプが点灯しない領域や点滅したりすることなく，完全に0%～100%の輝度制御ができます[注8]．さらに，ランプの経年でも電流が増加しないので，ランプの寿命も延びます．

この回路の0.1%の入力レギュレーションは，他の方法よりもずっと優れています．この高いレギュレーションにより，不意に入力変動が生じたときにランプの輝度変動を防ぎます．これは一般的に，バッテリ駆動の装置をAC電源の充電器につないだときに起きます．この回路の優れた入力レギュレーションは，$L_1$の駆動波形が入力電圧の変動で決して形状を変えないと

---

注6：アーキテクチャの選定とロイヤー構成の詳細説明については，Appendix KとLを参照．

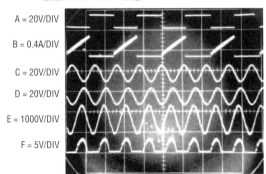

図8.36　CCFL電源の波形．波形AとB，およびC～Fの独立したトリガに注意

A, B = 4μs/DIV
C～F = 20μs/DIV
トリガを完全に独立してかけている

注7：Appendix Kの「ロイヤーとは誰で，何を設計したのか？」を参照．また参考文献(2)を参照．

注8：電圧の代わりに非線形負荷の電流を制御することで，広範な種類の粗悪な負荷にこの回路技術を適用できる．Appendix Iの「その他の回路」を参照．

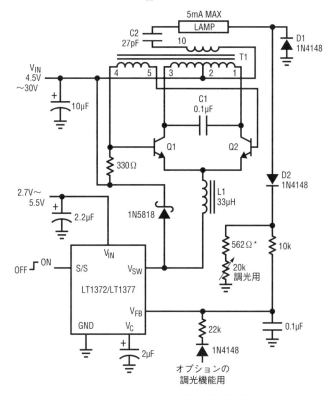

図8.37 効率91%の5mA負荷のCCFL電源は，シャットダウンと調光入力を備える．高い周波数のスイッチング・レギュレータがL1の大きさを下げ，$V_{IN}$の電流要求も減っている

C1 = WIMA MKP-20, PANASONIC ECH-U
L1 = COILCRAFT DT3316-333
Q1, Q2 = ZETEX ZTX849, ZDT1048 OR ROHM 2SC5001
T1 = COILTRONICS CTX 02-12614-1 OR CTX110600-1（本文参照）
* = 1%フィルム抵抗

部品を他のものに変更しないこと
COILTRONICS (407) 241-7876
COILCRAFT (708) 639-6400

いう事実から得られています．この特性により，簡単な$10k\Omega/0.1\mu F$の$RC$で一貫した応答を生成できます．$RC$による平均化特性は，真のRMS変換と比べて大きな誤差がありますが，その誤差は一定で，562Ωのシャント値で"打ち消し"されます．

この回路は先に紹介したもの[注9]と似ていますが，その88%の効率は6%も高くなっています．主として効率の改善は，トランジスタの高利得と低飽和電圧によるものです．ベースの駆動抵抗値（公称1kΩ）は，ベースの過剰駆動や電流増幅率の不足を起こさずに完

注9：リニアテクノロジー社のアプリケーション・ノート49（1992年8月）の「液晶ディスプレイの照明回路」，および同アプリケーション・ノート55（1993年8月）の「効率92%のLCD照明の技術」を参照．

全な$V_{CE}$飽和を提供するように選びます．それを行う手順は，後節の"一般的な最適化と測定の考察"で説明します．

図8.37の回路は似ていますが，効率を91%まで上げるために銅損と鉄損が小さいトランスを使っています．その代償にトランスの大きさが少し大きくなっています．さらに，高い周波数のスイッチング・レギュレータが少し$V_{IN}$の電流を下げ，効率に寄与しています．高周波動作での結果，$L_1$の低い値が銅損を少し下げています．記載したトランスのオプションにより，所望の電圧範囲にわたって効率の最適化ができます．$C_1$，$L_2$，およびベースの駆動抵抗の値の変更は，異なるトランスの特性を反映したものです．また，この回路はシャットダウン，DC制御またはPWM制御の調光入

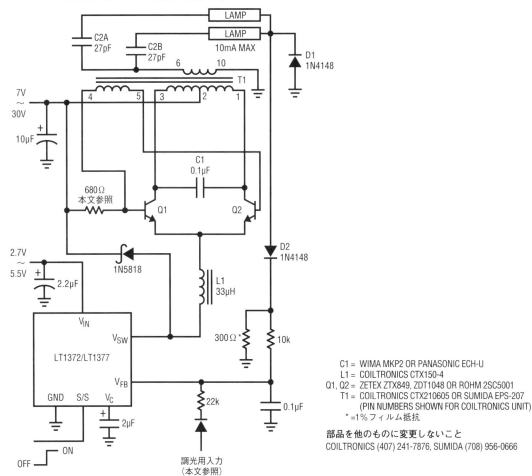

**図8.38** 効率92%の10mA負荷のCCFL電源は，シャットダウンと調光入力を備える．初期のカラー・ディスプレイで一般的な2灯ランプの設計は推奨しない

力を備えています．これらの機能の動作は，Appendix Fの「輝度制御とシャットダウンの手法」に詳述します．**図8.37**から直接派生した**図8.38**は，92%の効率でカラーLCDを駆動するために10mAの出力を生成します．わずかな効率の改善は，全電流量の一部であるレギュレータの動作電流を削減したためです．部品の値の変更は，大電力動作の結果です．最も大きな変更は，二つのランプを駆動する点です．二つのランプを調節するために個別のバラスト・コンデンサを必要としますが，回路動作は同様です．2灯ランプの設計は，トランスの1次側を通して少し異なる負荷をもたらします．$C_2$は通常，10pF〜47pFの範囲に収まります．トランスの2次側と並列のランプ負荷に$C_{2A}$と$C_{2B}$があることに注意してください．図のように，$C_2$の値はしばしば，同じ型のランプを使った1灯ランプの回路よりも小さくなります．理想的には，トランスの2次電流は，レギュレーションされている全負荷電流が各$C_2$-ランプ経路に等しく分流します．実際には，$C_{2A}$と$C_{2B}$の差や，ランプおよびランプの配線レイアウトの差が，完全な分流を不可能にします．実用的には，その差は小さく，ランプは高輝度では等量の光を放射します．レイアウトおよびランプの整合は$C_2$の値に影響します．これらの問題に対処する方法は，本稿の「多灯ランプ設計の考察」で取り上げます．既述のように，2灯ランプの設計は，特に広い調光範囲にわたって均等な輝度が必要な場合には，まったく推奨しません．

**図8.39**は，回路性能を向上するためにCCFL専用ICのLT1183を使っています．ロイヤー方式の高電圧コ

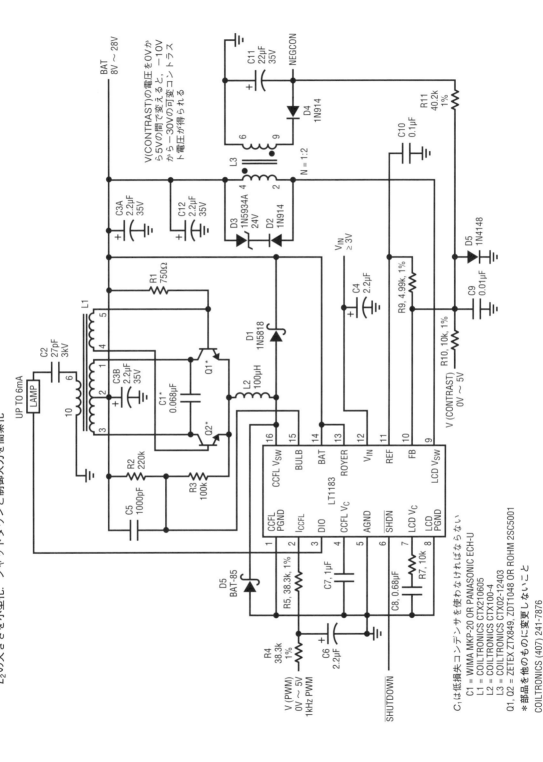

図8.39 専用バックライトICには、スイッチング・レギュレータ、ランプの断線保護、およびLCDのコントラスト用電源を含む. 200kHz動作により $L_2$ の大きさを小型化. シャットダウンと制御入力を簡素化

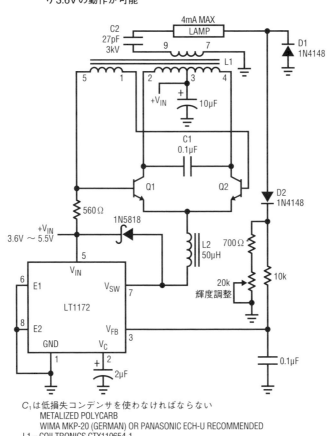

図8.40 低電圧動作に向けた4mAの設計．変更した$L_1$の巻き数比により3.6Vの動作が可能

$C_1$は低損失コンデンサを使わなければならない
METALIZED POLYCARB
WIMA MKP-20 (GERMAN) OR PANASONIC ECH-U RECOMMENDED
L1 = COILTRONICS CTX110654-1
L2 = COILTRONICS CTX50-4
Q1, Q2 = ZETEX ZTX849, ZDT1048 OR ROHM 2SC5001
* = 1%フィルム抵抗
部品を他のものに変更しないこと
COILTRONICS (407) 241-7876, SUMIDA (708) 956-0666

ンバータ部分は前の回路から認識でき，スイッチング・レギュレータと帰還機能を行う200kHzのLT1183が付いています．また，このICには，ランプの断線保護回路，簡素化した周波数補償，LCDコントラスト用の個別のレギュレータ，および他の機能があります[注10]．コントラスト用電源は，その機能を完結するために$L_3$および関連個別部品とともにLT1183で駆動していま

---

注10：しばしば，ランプの断線保護は必要とされ，個別部品を対価として前の回路にも追加できる．Appendix Eの「断線／過負荷の保護」を参照．周波数補償の問題は，本稿の「帰還ループの安定性の問題」で解説．LCDのコントラスト用電源の検討はAppendix Jを参照．

す．CCFLとコントラスト用の出力は，DC, PWM, または可変抵抗で調節できます．

## 低出力CCFL電源

多くの用途では，比較的に低出力のCCFLバックライトが必要です．低電圧入力に最適化した図8.40の派生回路は，4mA出力を生成します．回路動作は前例と同様です．根本的な差は$L_1$の高い巻き数比で，得られる駆動電圧を低く調節します．記載の回路定数は一般的なもので，ランプの種類やレイアウトの違いで変更が生じます．

"微光バックライト"と呼ばれる図8.41の設計は，非

## 低出力CCFL電源

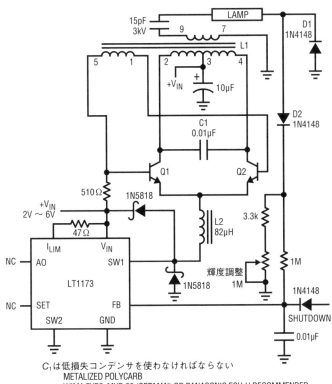

図8.41 低出力CCFL電源. $1\mu A \sim 1mA$ の範囲にわたってランプ電流を制御

$C_1$は低損失コンデンサを使わなければならない
METALIZED POLYCARB
WIMA FKP2, MKP-20 (GERMAN) OR PANASONIC ECH-U RECOMMENDED
L1 = SUMIDA 6345-020 OR COILTRONICS CTX110092-1
PIN NUMBERS SHOWN FOR COILTRONICS UNIT
L2 = TOKO 262LYF-0091K (408) 432-8251
Q1, Q2 = ZETEX ZTX849, ZDT1048 OR ROHM 2SC5001
部品を他のものに変更しないこと

常に低い電流でのランプ動作に最適化しています．この回路は，通常2V～6Vの低入力電圧で，最大1mAのランプ電流での使用を意図しています．この回路は，非常に暗い光である$1\mu A$のランプ電流まで制御することができます．できるだけ長いバッテリ駆動時間が必要な用途に向けたものです．1次側の電源電流は数100$\mu A$～100mAで，ランプ電流で数$\mu A$～1mAの範囲です．シャットダウン時には，回路はわずかに100$\mu A$しか流しません．低いランプ電流で高効率を維持するには，基本設計を変更する必要があります．

低動作電流で高効率を達成するには，静止電力を下げる必要があります．このため，前述のPWM主体の素子をLT1173に置き換えます．LT1173はバースト・モード動作のレギュレータです．このICの帰還ピンの電圧が低すぎる場合，バースト状の出力電流パルスを供給し，エネルギーをトランスに蓄え，帰還点を元に戻します．このレギュレータは，バーストのデューティ比を適切に変調させて制御を維持します．$V_{SW}$ピンのグランド基準のダイオードは，$L_2$の過剰なリンギングによりサブストレートが導通することを防ぎます．

オフの間，レギュレータは本質的にシャットダウン状態です．この種の動作は，得られる出力電力を制限しますが，静止電流の損失を削減します．逆に，他の回路のPWM型レギュレータは，サイクル間で動作電流を維持し続けます．これにより，より大きな出力が可能ですが，静止電流が大きくなります．

図8.42に動作波形を示します．レギュレータがオンになると（図8.42，波形A），$L_1/Q_1/Q_2$からなる高電圧コンバータにバースト状の出力電流を供給します．コンバータは，その共振周波数でリンギングするバー

ストで応答します[注11]．この回路のループの動作は，$T_1$の駆動波形が電源電圧で変動することを除けば，前述の設計と同様です．このため，入力レギュレーショ

ンが悪く，この回路は広い範囲の入力には推奨しません．

ランプによっては，非常に低い動作電流で不均一な発光を表します．本稿の「"フローティング"ランプ回路」を参照してください．

前述の回路の入力レギュレーション問題を処理し，2V～6Vで動作するCCFL電源を図8.43に詳述します．リニアテクノロジー社のSteve Pietkiewiczの貢献によ

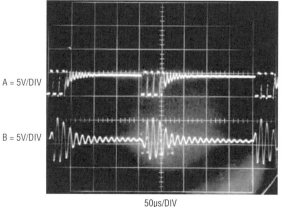

図8.42 低電力CCFL電源の波形．バースト型レギュレータLT1173（波形A）が，周期的に共振型高電圧コンバータ（$Q_1$のコレクタは波形B）を駆動している

注11：ループへの不連続なエネルギー供給は，高電圧部は共振を維持するが，バーストの繰り返し速度に大きなジッタを生じる．残念ながら，回路動作は，ほとんどのオシロスコープの"チョップ"モード領域にあり，詳細な表示を妨げる．"オルタネート"モード動作は波形の位相誤差を生じ，不正確な表示になる．このように，波形観測には特別な技法が必要になる．図8.42は，デュアル・ビーム式のオシロスコープ（テクトロニクス556）を使用し，両方のビームを一つのタイムベースに合わせて採取した．単一のスイープでトリガをかけて，ジッタの生成を取り除いた．アナログ式でも，デジタル式でも，ほとんどのオシロスコープは，この表示を再現することは困難である．

図8.43 低電力CCFLランプ用電源を低電圧入力と小型ランプ用に最適化

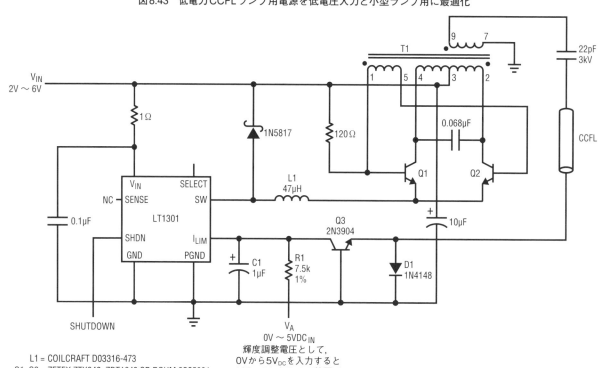

る本回路は，100μA～2mAの範囲で小型CCFLを駆動できます．

この回路は，$T_1$，$Q_1$，および$Q_2$からなる電流駆動のロイヤー型コンバータと組み合わせて超低消費電力DC/DCコンバータLT1301を使用しています．電源と輝度調整電圧が印加されると，LT1301の$I_{LIM}$ピンはやや正側に駆動されて，IC内部のスイッチ・ピン(SW)を通して最大スイッチ電流を生じます．電流は，トランジスタを通して$T_1$のセンタ・タップから$L_1$に流れます．$L_1$の電流は，レギュレータの動作によって切り替え式でグランドに流れます．

回路の効率は，最大負荷で80%～88%の範囲で，電源電圧に依存します．入力に対して一貫したロイヤーの波形と組み合わせた電流モード動作が，優れた電源除去を生じます．この回路には，一般に低電圧・超低消費電力DC/DCコンバータに見られるヒステリシス電圧制御ループに起因する電源除去問題がありません．これは特に，入力電圧が変動してもランプの輝度が一定である必要があるCCFL制御に必要な特性です．

ロイヤー・コンバータは，主に$T_1$の特性(負荷を含む)と0.068μFのコンデンサで設定される周波数で発振します．$L_1$を駆動するLT1301が$Q_1/Q_2$のエミッタ電流の大きさ，つまり$T_1$の駆動レベルを設定します．1N5817ダイオードは，LT1301のスイッチがオフのときに$L_1$に流れる電流を維持します．0.068μFのコンデンサは，$Q_1$と$Q_2$のコレクタに正弦波駆動電圧を生成するために$T_1$の特性と連携します．$T_1$が電圧を昇圧し，その2次側に約1400$V_{P-P}$が現れます．交流電流が22pFのコンデンサを通ってランプに流れます．正の半サイクルでは，ランプ電流は$D_1$を介してグランドに流れま

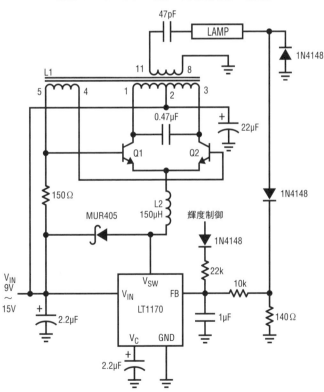

図8.44　25W CCFL電源は低電力回路の増強版

L1 = COILTRONICS CTX02-11128
L2 = COILTRONICS CTX150-3-52
Q1, Q2 = ZETEX ZTX849, ZDT1048 OR ROHM 2SC5001
0.47μF = WIMA 3X 0.15mF TYPE MKP-20
COILTRONICS (407) 241-7876

す．負の半サイクルでは，ランプ電流は$Q_3$のコレクタを通って流れ，$C_1$でフィルタされます．LT1301の$I_{LIM}$ピンは，そのピンから$C_1$に約$25\mu A$のバイアス電流が流れ，0Vの加算点として動作します．LT1301は，ランプ電流の1/2に相当する$Q_3$の平均コレクタ電流と$V_A/R_1$で得られる$R_1$の電流を等しくするために$L_1$の電流をレギュレーションします．$C_1$は全電流をDCに平坦化します．$V_A$をゼロに設定すると，$I_{LIM}$ピンのバイアス電流がランプ電流を約$100\mu A$にします．

## 高出力CCFL電源

既述のように，ここで紹介するCCFL回路の方式は，広範囲で出力電力にわたって極めて良好に調節できます．ほとんどの回路は，小型およびバッテリ駆動という用途の性格のために0.5W～3W内です．しばしば，自動車，航空機，デスクトップ・コンピュータ，およびその他のディスプレイでは，もっと大きな出力が必要です．

図8.44の構成は，本稿のCCFL回路の増強版です．車載用途に採用されるものと同様のこの設計は，25WのCCFLを駆動します．ほとんどの部品の電力定格が上がっていますが，事実上，構成の変更はありません．トランジスタは大きな電流を扱えますが，他のすべての電力部品はより大きな容量になっています．効率は約80％です．

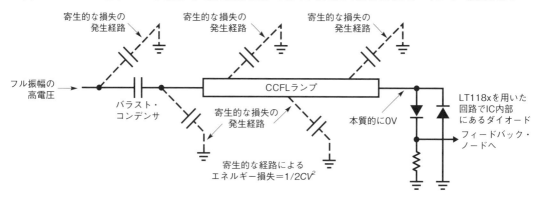

図8.45 グランド基準のランプ駆動は，最大振幅で振れるために高電圧の領域で大きなエネルギー損失がある

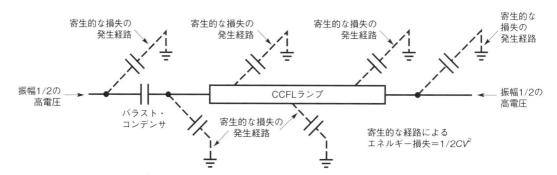

図8.46 "フローティング"ランプにより，小さい振幅で両極性駆動が可能になり，寄生容量経路による損失を削減できる．前に接地された側の経路は前よりもっとエネルギーを吸収するが，全体の損失は式の$V^2$項のために低くなる

別の大電力回路を Appendix I の「その他の回路」で紹介しています.

## "フローティング" ランプ回路

ここまでに紹介したすべての回路は，一端を接地した形態のランプを駆動します．同様に図8.45は，一方のランプ電極が駆動され，他方の端子は本質的にグランドにつながっています．これは，ランプの駆動端に関連した寄生径路を経て大きな損失を生じます．これは，この領域での電圧振幅が大きいためにそうなります．ランプの接地側付近の寄生径路は比較的に小さな振幅で，エネルギー損失もわずかにしか影響しません．残念ながら，駆動端の寄生成分が大きいと，エネルギー損失は電圧に強く依存し（$E = 1/2\ CV^2$），正味のエネルギー損失が過大になります．図8.46は，駆動方式を変更して損失を減らします．この場合，一端を接地する代わりに，ランプは両端から駆動されます．この"フローティング"ランプの構成は，一端で最大振幅する代わりに，各ランプ端で半分の電圧振幅だけが必要です．これは，前に接地端だった寄生径路にさらに損失をもたらします．ほとんどの場合，これらの増加した損失は，電圧振幅に関連した $V^2$ 損失項のため，振幅が減ることで都合良く相殺されます．

失うエネルギーを一般に10％～20％削減できますが，得られる改善はディスプレイの種類で大きく変動します．ディスプレイによっては損失の削減はそれほど良くなく，時には改善はわずかです．時には，ひどく非対称なディスプレイ内外の配線により，接地駆動よりもフローティング駆動の方がさらに損失が大きくなります．そのような場合，どちらの駆動方式が最も効率的か，両方式を試す必要があります．

フローティング動作の二つ目の利点は，輝度範囲の拡張です．比較的に低電流で動作する"接地"ランプは，光度がランプ長に沿って不均一に分布する"温度計効果"を表すかもしれません．

図8.47は，ランプの電流密度が均一でも，関連する電界は不平衡であることを示しています．その不平衡と併せ，弱い電界は，ある点を超えると均一な蛍光体の発光を維持する十分なエネルギーがないことを意味します．"温度計効果"を表すランプは，駆動電極付近でほとんどの光を発光し，電極からの距離が長くなると発光が急激に下がります．管長にそって導体を配置

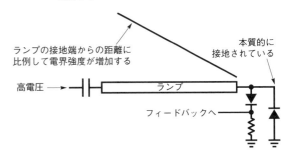

図8.47 グランド基準のランプの電界強度と距離の関係．不均衡な電界が低い駆動レベルで不均一な輝度を助長する

すると，"温度計化"は大きく緩和します．代償は，漏れエネルギーによる効率の低下です[注12]．さまざまな種類のランプは"温度計効果"に対して異なる度合いの感度を有することに注意すると良いです．

ディスプレイによっては，広い輝度範囲が必要です．"温度計化"は通常，実用的な低輝度レベルを制限します．"温度計化"を抑制するための可能な方法の一つは，大きな電界の不均衡をなくすことです．エネルギー損失を削減するために使用するフローティング駆動はまた，"温度計化"の抑制の方法にもなります．図8.48は，もとは以前の記事[注13]で紹介した回路の復習です．回路の最も重要な見地はランプが完全にフローティングしていることであり，これまでの設計のようなグランドへの電気的接続がありません．これにより，$T_1$ は対称性の差動駆動をランプに供給できます．このような平衡駆動は，電界の不均衡をなくし，低いランプ電流での"温度計化"を抑制します．この方法は，フローティングになった出力への帰還接続を排除します．閉ループ制御を維持するには，どこか他の点から帰還信号を供給する必要があります．理論上，ランプ電流は $T_1$ または $L_1$ の駆動レベルに比例するので，それを何らかの形で検出したものが帰還を提供するために使用できます．実際には，寄生成分が現実の実現を困難にしてい

---

注12：ごく簡単な実験が，漏れエネルギーの効果を極めて良好に証明する．親指と人差し指でランプの低電圧側（低電界強度）をつまんでも，回路の入力電流にほとんど変化は生じない．つまんだ親指と人差し指をランプの高電圧側（強電界強度）に向けて移動すると，次第に大きな入力電流を生じる．感電するので，高電圧線には触れてはいけない．繰り返すが，感電するので，決して高電圧線に触れないこと．

注13：参考文献（1）を参照．

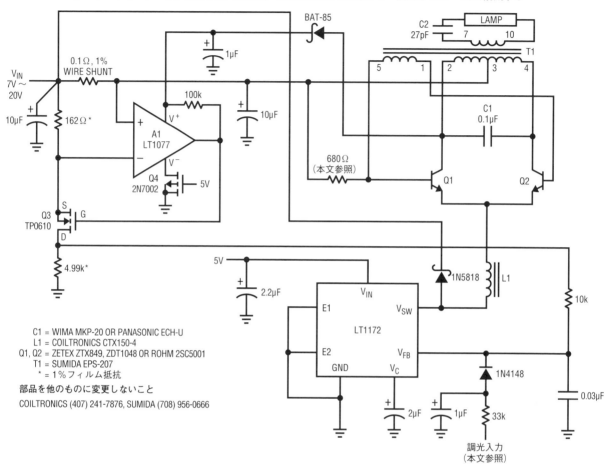

図8.48 実用的なフローティング・ランプ駆動回路．$A_1$は$Q_3$でロイヤーへの入力電流を検出し，結果の帰還情報をスイッチング・レギュレータに提供する．回路は，寄生成分によるエネルギー損失を10%〜20%削減する

ます(注14)．

図8.48は，ロイヤー・コンバータの電流を測定し，その情報をLT1172に帰還することで帰還信号を得ています．ロイヤーの駆動要件では，すべての条件でランプ電流に正確に比例します．$A_1$が0.1Ωシャント抵抗両端でこの電流を検出して$Q_3$をバイアスし，局所的な帰還ループを閉じます．$Q_3$のドレイン電圧は，増幅してシングルエンドにしたシャント電圧を帰還点に生じ，これで主ループを閉じます．$A_1$の電源ピンは，ダイオードBAT-85を介して$T_1$の増幅した振幅にブートストラップされており，電源に接続されたシャント抵抗間での検出を可能にしています．$A_1$内部の特性で起動を保証

しているので，本ICの代替えは推奨しません(注15)．

ランプ電流はこれまでのように厳密には制御されませんが，広い電源範囲にわたって0.5%のレギュレーションが可能です．この回路の調光は1kHzのPWM信号で制御します．帰還ループ外の強いフィルタ(33kΩ/1μF)に注目してください．これにより，速い時定数が許容でき，オン時のオーバーシュートを抑制しています(注16)．

他の全ての観点では，動作は既述の回路と同様です．この回路は主に，少ないエネルギー損失で，"温度計化"せずに40：1の輝度範囲にわたってランプが動作する

---

注14：詳細はAppendix Lの「切れた耳ばかりがゴッホではない－いくつかのあまり良くない発想」を参照．

注15：参考文献(1)を参照．警告がなかったとは言わないように．

注16：本稿の「帰還ループの安定性の問題」を参照．

図8.49 LT1184Fで図8.48のフローティング・ランプ回路をIC主体にしたものは，少ない部品で同様の性能を提供する．ランプの断線保護とシャットダウン機能も含む

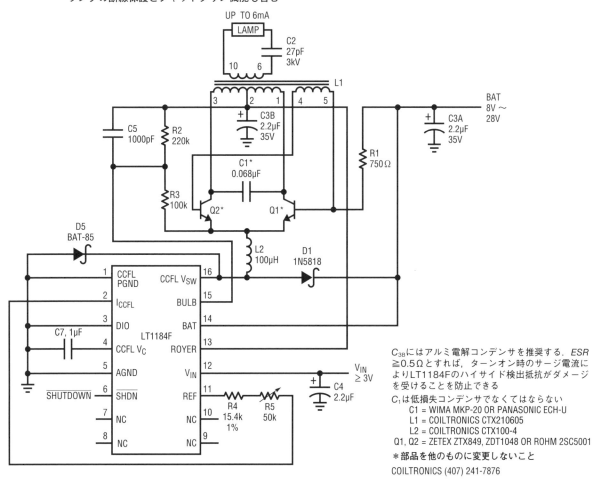

## IC主体のフローティング駆動回路

図8.49は，図8.48を少ない部品点数のフローティング駆動回路に小型化しています．ICのLT1184Fは，ロイヤー型高電圧コンバータを除く，すべての機能を含んでいます．また，回路はランプの断線保護と，調光用の可変抵抗をバイアスする1.23V基準電源も含んでいます．

図8.50は，LCDコントラスト用の両電源を図8.49に加えたものです．LT1182により，単に適切な出力端子を接地することでコントラスト電源の極性を設定できます．CCFL部分は前出の回路と同様ですが，輝度は可変PWMまたは0V～5V入力で制御できます．

図8.51の回路も同様ですが，コントラスト電源がありません．LT1186は，図8.49と同様のフローティング・ランプ駆動を実現します．このICは，ビット列を収集して，またはシリアル通信プロトコルで設定できるD/Aコンバータを内蔵しています．図8.52は，80C31型のマイクロコントローラを使った一般的な構成を示します．図8.53は，リニアテクノロジー社のTommy Wuが作成した全ソフトウェア・リストを提供します．

## 高出力フローティング・ランプ回路

高出力フローティング・ランプ回路は，LT118xシリーズが供給できるよりも大きな電流が必要です．そのような場合には，個別部品とICを使って機能を構成

図8.50 LT1182はフローティング・ランプ駆動に加え，両極性出力のコントラスト電源を備える

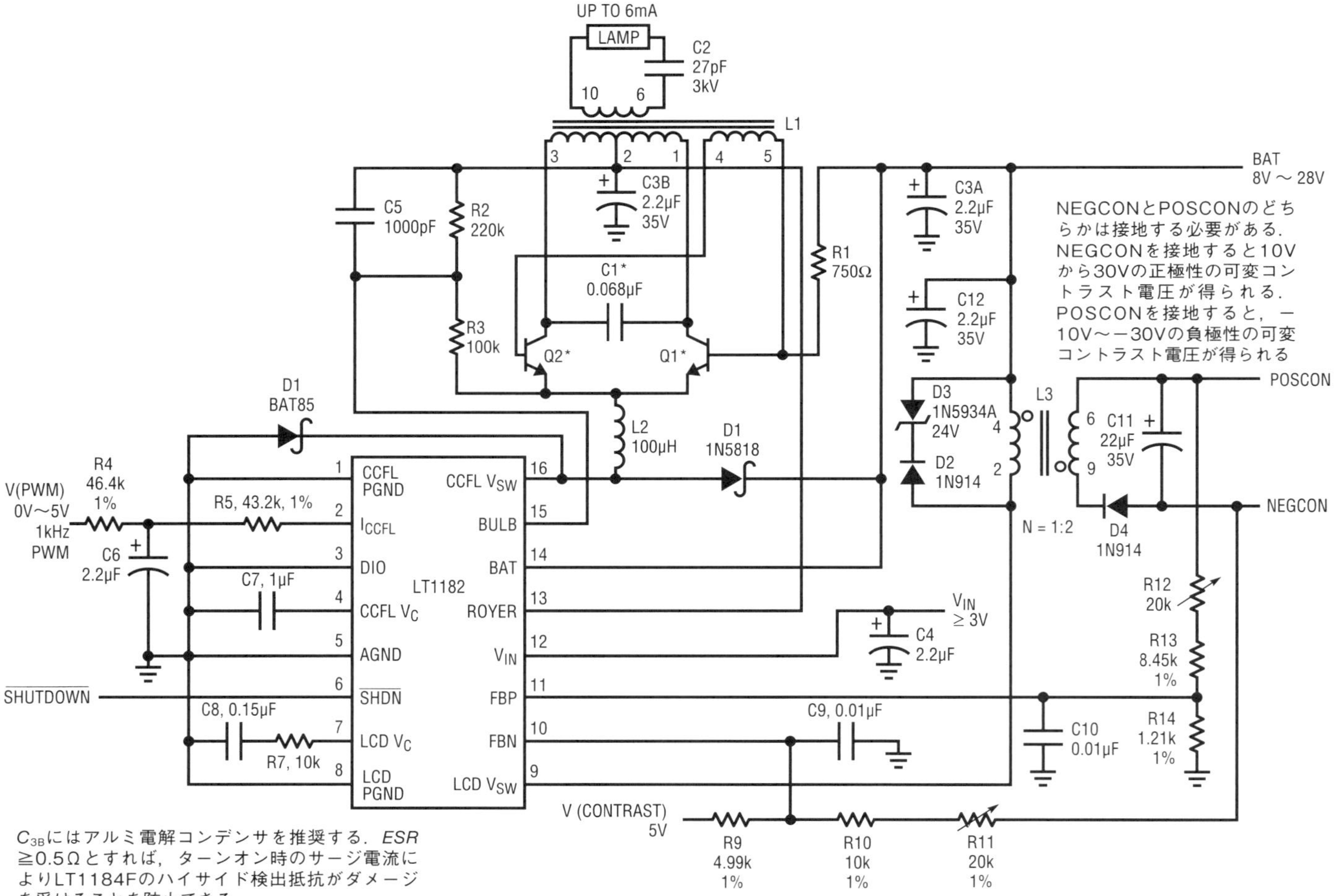


$C_{3B}$にはアルミ電解コンデンサを推奨する．*ESR*≧0.5Ωとすれば，ターンオン時のサージ電流によりLT1184Fのハイサイド検出抵抗がダメージを受けることを防止できる

$C_1$は低損失コンデンサでなくてはならない

C1 = WIMA MKP-20 OR PANASONIC ECH-U
L1 = COILTRONICS CTX210605
L2 = COILTRONICS CTX100-4
L3 = COILTRONICS CTX02-12403
Q1, Q2 = ZETEX ZTX849, ZDT1048 OR ROHM 2SC5001

＊部品を他のものに変更しないこと

COILTRONICS (407) 241-7876

## 高出力フローティング・ランプ回路

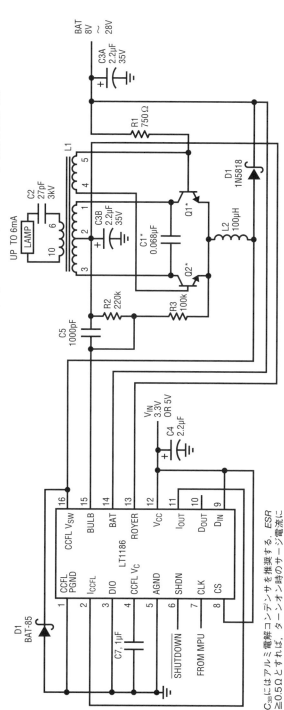

図8.51 LT1186により、シリアルまたはビット列のデータ・アドレス指定でフローティング・ランプ電流を設定可能

図8.52 図8.51の一般的なプロセッサ・インターフェース

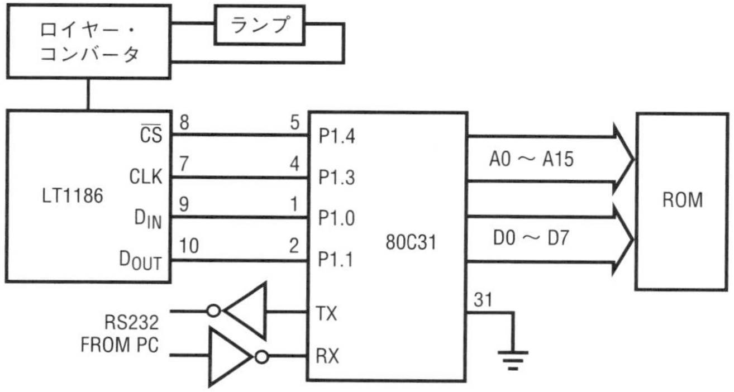

### 図8.53　図8.52のプロセッサ・インターフェースの全ソフトウェア・リスト

```c
The LT1186 DAC algorithm is written in assembly code in a file named LT1186A.ASM as a function call from
 the MAIN fuction below.
Note: A user inputs an integer from 0 to 255 on a keyboard and the LT1186 adjusts the IOUT programming
 current to control the operating lamp current and the brightness of the LCD display.

#include <stdio.h>
#include <reg51.h>
#include <absacc.h>
extern char lt1186(char); /* external assembly function in lt1186a.asm*/
sbit Clock = 0x93;

main()
{
    int number = 0;
    int LstCode;

    Clock = 0;

    TMOD = 0x20;   /* Establish serial communication 1200 baud */
    TH1 = 0xE8;
    SCON = 0x52;
    TCON = 0x69;

    while(1) /* Endless loop */
    {
        printf("\nEnter any code from 0 - 255:");
        scanf("%d",&number);
        if((0>number)|(number>255))
            {
            number = 0;
            printf("The number exceeds its range. Try again!");
            }
        else
            {
            LstCode = lt1186(number);
            printf("Previous # %u",(LstCode&0xFF)); /* AND the previous number
                                                 with 0xFF to turn off signextension */
            }
    number = 0;
    }
}
; The following assembly program named LT1186A.ASM receives the Din word from the main C program,
; lt1186 lt1186(). Assembly to C interface headers, declarations and memory allocations are listed
;  before the actual assembly code.
;
; Port p1.4 = CS
; Port p1.3 = CLK
; Port p1.1 = Dout
; Port p1.0 = Din
;
NAME LT1186_ CCFL
PUBLIC lt1186, ?lt1186?BYTE

?PR?ADC_INTERFACE?LT1186_CCFL SEGMENT CODE
?DT?ADC_INTERFACE?LT1186_CCFL SEGMENT DATA

        RSEG ?DT?ADC_INTERFACE?LT1186_CCFL
?lt1186?BYTE: DS 2

        RSEG ?PR?ADC_INTERFACE?LT1186_CCFL

CS      EQU    p1.4
CLK     EQU    p1.3
DOUT    EQU    p1.1
DIN     EQU    P1.0

lt1186: setb  CS                  ;set CS high to initialize the LT1186
        mov   r7,?lt1186?BYTE     ;move input number(Din) from keyboard to R7
        mov   p1, #01h            ;setup port p1.0 becomes input
        clr   CS                  ;CS goes low, enable the DAC
```

```
        mov     a, r7             ;move the Din to accumulator
        mov     r4, #08h          ;load counter 8 counts
        clr     c                 ;clear carry before rotating
        rlc     a                 ;rotate left Din bit(MSB) into carry
loop:   mov     DIN, c            ;move carry bit to Din port
        setb    CLK               ;Clk goes high for LT1186 to latch Din bit
        mov     c, DOUT           ;read Dout bit into carry
        rlc     a                 ;rotate left Dout bit into accumulator
        clr     CLK               ;clear clock to shift the next Dout bit
        djnz    r4, loop          ;next data bit loop
        mov     r7, a             ;move previous code to R7 as character return
        setb    CS                ;bring CS high to disable DAC
        ret
        END

Note: When CS goes low, the MSB of the previous code appears at Dout.
```

図8.54 フローティング駆動法を使用した高出力多灯ランプ・ディスプレイ．電力要件は，LT1269 レギュレータと個別部品の方法を必要とする．帰還経路のフローティングは電流トランスを介している

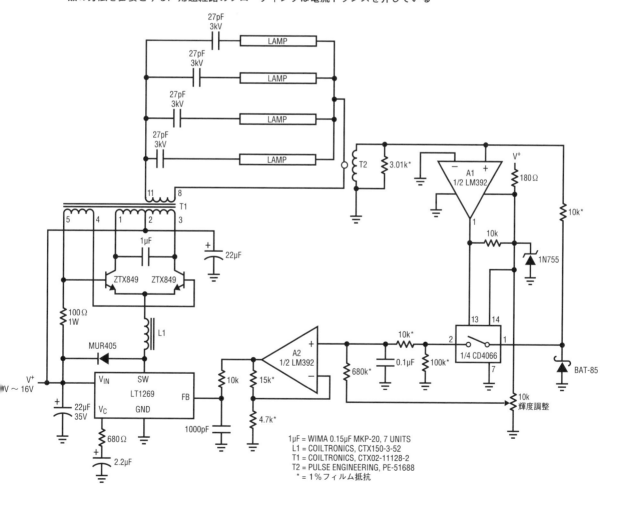

できます．図8.54は，自動車用途で使われる30W CCFL回路を示します．この4ランプ回路は，高出力を提供するためにLT1269の電流型ロイヤー・コンバータを使用します．ランプ電流は電流トランス$T_2$で検出します．$A_1$と関連部品が，$T_2$の低レベル出力のために同期整流器を形成します．$A_2$は利得を提供し，LT1269の帰還端子にループを戻して閉じます．$T_2$の絶縁検出により，高出力を提供するLT1269とともにフローティング動作の利点が得られます．この回路は，30W出力で約83％の効率，広い調光範囲，および0.1％の入力レギュレーションを有します．

## CCFL回路の選定基準

特定の用途に使用するCCFL回路の選定には，数多くの兼ね合いを含みます．さまざまな問題点が，どの回路が最善の方法かを決定します．少なくとも，方法を決める前に，ユーザは以下の指標を検討する必要があります．以下の全ての話題に関連した論議は，相当する本稿で説明しています．

● ディスプレイの特性

ディスプレイの特性（配線損失を含む）を十分に理解する必要があります．一般的に，ディスプレイのメーカがランプの要件を掲載します．しばしば，その仕様はランプのメーカから得たもので，通常は大きな寄生損失経路がない自然空冷で試験します．これは，実際に必要な電力，起動電圧，および動作電圧がデータシートの仕様とは大きく異なる可能性を示唆します．ディスプレイの特性を確固にする唯一の方法は，それを測定することです．測定したディスプレイのエネルギー損失により，フローティング回路あるいは接地型回路のどちらが適用可能かを決めることができます．普通，低損失（比較的に珍しい）のディスプレイは，接地型駆動で全体的に良い効率が得られます．損失が悪くなるにつれて（残念ながら比較的によくある），フローティング駆動が良い選択になります．最善の選択を決めるには，両方のモードでの効率測定が必要でしょう（「一般的な最適化と測定の考察」を参照）．

● 動作電圧範囲

動作電圧範囲は，回路が動作しなくてはならない最低電圧から最大電圧を含みます．バッテリ駆動装置の電源範囲は優に3：1になり，時にはそれ以上です．通常，最善のバックライト性能は，8V〜28Vの範囲で得られます．一般に，7V以下の電位では，並の電力レベル（1.5W〜3W）でも何らかの効率の妥協が必要です．システムによっては，バッテリ動作中はバックライトの電力を下げ，設計に明らかな影響を及ぼす可能性があります．表面上は小さな（例えば20％）電力低下でさえ，不要な痛みを伴う妥協を生じるかもしれません．特に，最大ランプ出力時に低電圧動作を行うためには，高い巻き数比のトランスが必要です．それは良好に動作しますが，動作の高いピーク電流特性のため，巻き数比が低いものより効率が下がります．今日のバッテリ技術の傾向は，低電圧時のシステム動作を促進しており，トランスの選定とロイヤー回路の設計に十分な注意が必要です．

● 補助動作電圧

補助的なロジック電源電圧があれば，ICの$V_{IN}$ピンのようなCCFLの動作電流をまかなうために使用すべきです．これが電力を節約します．必ずスイッチング・レギュレータは使用可能な最低電圧（通常は3.3Vや5V）で動作させます．多くのシステムが切り替え式でこの電圧を提供し，個別のシャットダウン線を不要にしています．単にスイッチング・レギュレータの電源をオフにすれば，バックライト回路全体を停止します．

● 入力レギュレーション

接地型ランプ回路は，その真の包括的な帰還の長所により，最善の入力レギュレーションを提供します．急な変動に対して，1％のレギュレーションを超えると気づくかもしれません．接地型回路はこの要求を容易に満たし，フローティング回路でも通常は可能です．1％を超える逸脱をゆっくりした変動で生じる入力は，気づかないので通常は問題になりません．ACアダプタをシステムにつないだ瞬間のような急峻な入力変動は，迷惑なディスプレイのちらつきを避けるために良好なレギュレーションが必要です．

● 電力要件

ディスプレイと配線損失を含むCCFLの電力要件は，温度やランプ仕様のばらつきを含めたすべての条件で十分に規定される必要があります．通常，IC主体のフ

ローティング・ランプ回路は3W〜4Wの出力電力に制限されますが，接地型回路の電力は容易に増強できます．

● 電源電流の特性

バックライトは，しばしば物理的にシステムのずっと前方に置かれます．ケーブル，スイッチ，配線，およびコネクタのインピーダンスは，大きなレベルになり得ます．これは，CCFL回路は損失をもつ電源入力から断続的に大電流の"塊"を要求するのではなく，連続的に動作電力を流すべきであることを意味します．この点で，ロイヤー型の機構はほぼ理想的であり，時間上で滑らかに電流を引き，特別なバイパス，電源インピーダンス，またはレイアウトへの配慮を必要としません．同様に，ロイヤー型回路は電源入力に大きな妨害を引き起こさず，電源に逆流するノイズを防ぎます．

● ランプ電流の精度

最大輝度でランプ電流を予測する能力は，ランプの寿命を維持するために重要です．極端な過電流はランプ寿命を著しく縮める一方で，輝度にはわずかな貢献しか生じません（図8.2を参照）．接地型回路は，通常1%に達成し，この点で優れています．フローティング回路は通常，2%〜5%の範囲です．ランプの発光とディスプレイの減衰の変動は±20%にも及び，経時で変動するので，厳しい電流公差はユニット間のディスプレイ輝度には役に立ちません．

● 効率

CCFLバックライトの効率は，二つの観点から検討すべきです．電気的効率はDC電力を高電圧ACに変換する回路の能力であり，それを最小の損失で負荷（ランプと寄生成分）に供給します．光学的な効率はおそらく，もっと意味があります．それは単に，ディスプレイの輝度とCCFL回路へのDC電力の比です．電気的および光学的な損失は，"輝度-電力"の仕様を得るため，測定では合わせて一緒に扱います．電気的および光学的な最大効率動作点は必ずしも同時には生じないということが極めて重要です．これは，第一にはランプの発光率が波形に依存するためです．発光率に最適な波形は，回路の電気的な動作ピークと同時に起こるかもしれませんし，起こらないかもしれません．実際，"低効率"の回路が"効率的"な回路よりももっと光量を得ることはまったく可能です．与えられた状況で最大効率を保証する唯一の方法は，ディスプレイに回路を最適化することです．

● シャットダウン

システムのシャットダウンは，ほぼ必ずバックライトをオフする必要があります．多くの場合，切り替え式の低電圧電源が既に利用できます．その場合，示したCCFL回路は止まり，非常にわずかな電力しか消費しません．切り替え式の低電圧電源が利用できない場合，余分な制御線を1本必要とするシャットダウン入力を使用します．

● 過渡応答

CCFL回路は，付随するオーバーシュートや制御ループの不十分なセトリング特性なく，ランプをオンする必要があります．これは不快なディスプレイのちらつきを生じる可能性があり，最悪の場合，トランスに過大負荷がかかって故障を生じるかもしれません．適正に準備されたフローティング回路または接地型CCFL回路は，本質的に最適化が容易なLT118x主体型で良好な過渡応答を有します．

● 調光制御

調光方式は設計初期に検討すべきです．示したすべての回路は，可変抵抗，DC電圧/電流，PWM，またはシリアル・データ・プロトコルで制御可能です．最大電流で高精度の調光方式は過剰なランプ駆動を防ぐので，採用するべきです．

● ランプ断線保護

CCFL回路は電流源出力を供給します．ランプが壊れたり外れたりした場合，追従する電圧はトランスの巻き数比およびDC入力電圧で制限されます．過大電圧がアーク放電を生じ，故障を引き起こします．一般的に，トランスはこの条件に耐えますが，ランプ断線保護が不具合に対して保証します．この機能はLT118xシリーズに内蔵されており，他の回路にも追加する必要があります．

● サイズ

通常，バックライト回路はサイズと部品点数に厳し

図8.55 設計上の問題と一般的な部品選択. 図表は割り切った仮定をしており，案内だけの意図である

| 項　目 | LT118xシリーズ | LT117xシリーズ | LT137xシリーズ | LT1269/LT1270 | LT1301 | LT1173 |
|---|---|---|---|---|---|---|
| 光学的な効率 | 接地型駆動ではディスプレイに依存. フローティング型駆動では通常5%～20%上回る | ディスプレイに依存 | ディスプレイに依存 | ディスプレイに依存 | ディスプレイに依存 | ディスプレイに依存 |
| 電気的な効率 | 接地型駆動では電源電圧とディスプレイにより75%～90%. フローティング型駆動ではわずかに低下 | 電源電圧とディスプレイにより75%～90% | 電源電圧とディスプレイにより75%～92% | 電源電圧とディスプレイにより75%～90% | 電源電圧とディスプレイにより70%～88% | 電源電圧とディスプレイにより65%～75% |
| ランプ電流の確度 | 接地型駆動で1%～2%，フローティング型駆動で1%～4% | 最大2% | 最大2% | 最大2% | 一般的に2%程度 | 5%程度 |
| ライン・レギュレーション | 接地型駆動で0.1%～0.3%，フローティング型駆動で0.5%～6% | 0.1%～0.3% | 0.1%～0.3% | 0.1%～0.3% | 0.1%～0.3% | 8%～10% |
| 動作電圧範囲 | 出力電力，温度範囲，ディスプレイ，その他の条件により5.3V～30V | 出力電力，温度範囲，ディスプレイ，その他の条件により4V～30V | 出力電力，温度範囲，ディスプレイ，その他の条件により4V～30V | 出力電力，温度範囲，ディスプレイ，その他の条件により4.5V～30V | 実用的には2V～10V | 実用的には2V～6V |
| 出力電力範囲 | 一般的には0.75W～6W | 一般的には0.75W～20W | 一般的には0.5W～6W | 一般的には5W～35W | 一般的には0.02W～1W | 本質的に0W～約0.6W |
| 電源電流の流れ方 | 連続的. 高いピークなし | 連続的. 高いピークなし | 連続的. 高いピークなし | 連続的. 高いピークなし | 連続的. 高いピークなし | 通常と異なる. 比較的高いピーク電流が流れるので電源ラインのインピーダンスに注意を要する |
| シャットダウン制御 | 可能. ロジック・コンパチブル | 小型FETかTrの追加が必要 | 可能. ロジック・コンパチブル | 小型FETかTrの追加が必要 | 可能. ロジック・コンパチブル | 実質的にロジック・コンパチブル |
| 過渡的応答ーオーバーシュート | 優秀. 最適化の必要なし | 優秀. 場合により最適化を要す | 優秀. 場合により最適化を要す | 優秀. 場合により最適化を要す | 優秀. 最適化の必要なし | 優秀. 最適化の必要なし |
| 調光コントロール | 可変抵抗，PWM，可変DC電圧，あるいは電流による. LT1186はシリアル通信に対応 | 可変抵抗，PWM，可変DC電圧あるいは電流による | 可変抵抗，PWM，可変DC電圧あるいは電流による | 可変抵抗，PWM，可変DC電圧あるいは電流による | 可変抵抗，PWM，可変DC電圧あるいは電流による | 可変抵抗，PWM，可変DC電圧あるいは電流による |
| 不要輻射 | 低い | 低い | 低い. ただし高出力回路ではレイアウトやシールドに注意が必要 | 高出力回路ではレイアウトやシールドに注意が必要 | とても低い | 極小 |
| ランプ断線に対する保護 | ICに内蔵 | 高電圧用の章信号Trや部品の追加が必要 | 電源電圧が高い場合，小信号Trや部品の追加が必要 | 電源電圧が高い場合，小信号Trや部品の追加が必要 | 小信号Trや部品の追加が必要. しかし電源電圧が低い場合は通常省略される | ない. ただし低電源電圧や小電力の場合は通常省略される |
| サイズ | 部品点数が少なく，全体として基板は小型. 磁性部品は200kHz動作 | 小型. 磁性部品は100kHz動作 | 小型. 磁性部品は最高1MHz動作 | 100kHz動作の高出力磁性部品のため比較的大きい | 非常に小型. 小出力の磁性部品は小型で済む | 非常に小型. 小出力の磁性部品は小型で済む |
| コントラスト調整用電圧発生機能 | 正負両極性の電圧発生機能を含め，多様なオプションに対応 | なし | なし | なし | なし | なし |

い制約があります．その基板は，厳密に決められた寸法内に収まらなければなりません．基板サイズは通常，ロイヤーのトランスが支配的ですが，LT118xシリーズを主体とした回路は最小の部品点数を提供します．極端にサイズが狭い場合，回路を物理的に分ける必要があるかもしれませんが，それは最終手段として考えるべきです(注17)．

● コントラスト電源能力

LT118xの種類によっては，コントラスト電源出力を提供します．他の回路にはありません．通常，LT118xに搭載のコントラスト電源は利点ですが，時にはサイズが非常に制限されて使用できません．そのような場合，コントラスト電源は離れて配置する必要があります．

● 輻射

バックライト回路が輻射問題を生じることは稀で，通常はシールドは不要です．高電力版(例えば5W以上)では，輻射規制に適合するような注意が必要かもしれません．時には，速い立ち上がりのスイッチング・レギュレータ出力が，高電圧AC波形よりももっとRFIを生じます．シールドする場合，その寄生成分の影響はインバータの負荷の一部となるので，シールドを実装して最適化を行う必要があります．

## 回路のまとめ

バックライトの因子の相互依存性により，さまざまな方式をまとめたり，評価したりすることが危険な作業になります．つまり，最適な結果が必要な場合には，選定と設計手順を合理化するための理知的で有意な方法はありません．意味のある選択は，実験室での実験の成果であるに違いありません．系統だった理論的な選定をするには，相互依存の変数と意外性があまりに多くあり過ぎます．純粋な解析もよいですが，動作する回路は実験机で生まれます．しかし，限定的に役に立ついくつかの一般化も可能です．図8.55と図8.56は，顕著な特徴と部品の種類をまとめようとしたもので，出発点(しかし，注意して)と考えられます(注18)．

図8.55は全回路の特性をまとめています．図8.56はLT118xシリーズの部品の機能に焦点を当てています．

## 一般的な最適化と測定の考察

ディスプレイとランプの組み合わせを決定したら，適切な回路を選び，最適化をします．"最適化"とは，特定の用途で最も重要な領域で性能を最大化することを意味します．それは，ある領域で利点を得るために他の領域での特性を妥協することを含みます．記載した回路の種類は非常に柔軟性があるので，その点では代償は軽いものです．

しばしば，必要な特性はあいまいに"効率"と呼ばれるものです．実際には，バックライト回路には2種類の効率があります．光学的効率は，一つの変換器として回路とディスプレイの組み合わせを測定します．それは光出力と電気的入力電力の比です．この比は，コンバータの電気的損失とランプおよびディスプレイの損失で一まとめにします．バックライトの電気的効率は，光学的性能に関わらず，コンバータの電気的入力電力と出力電力を測定します．明らかに，高い電気的効率は必要で，その信頼性の高い測定方法が望まれま

図8.56 さまざまなLT118xバックライト・コントローラの機能

| 項目 | LT1182 | LT1183 | LT1184 | LT1184F | LT1186 |
|---|---|---|---|---|---|
| フローティング型ランプ駆動 | 可能 | 可能 | 不可 | 可能 | 可能 |
| 接地型ランプ駆動 | 可能 | 可能 | 可能 | 可能 | 可能 |
| コントラスト電圧 | バイポーラ・コントラスト出力 | ユニポーラ・コントラスト出力 | 無 | 無 | 無 |
| 基準電圧源 | 無 | 有 | 有 | 有 | 無 |
| 内蔵DAC | 無 | 無 | 無 | 無 | 有 |

---

注17：Appendix Gの「レイアウト，部品，および輻射の考察」を参照．
注18：図8.55と図8.56の掲載についての著者の葛藤に気付いた諸氏は間違いではない．

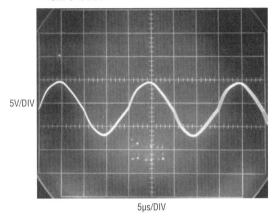

図8.57 光学的な最大出力点での一般的なロイヤーのコレクタ波形．比較的に大きな共振コンデンサが電気的効率を低下

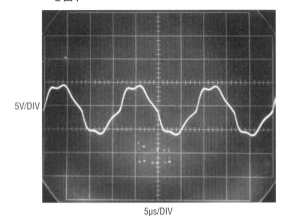

図8.58 電気的な最大出力点での一般的なロイヤーのコレクタ波形．比較的に高い高調波成分が光学的効率を低下

図8.59 光学的効率の最適化のために採取した一般的なデータ．$0.1\mu F$の共振値で最大の発光率(Nits/Watt)で，電気的効率と光学的効率の最善の妥協点を示していることに注目．光学的な最大効率を保証するため，データはさまざまなバラスト・コンデンサ値で再取すべきである

| コンデンサ [μF] | 10V主電源電流 | 5V電源電流 | 合計電源電力 | 輝度 [NITS] | NITS/W |
|---|---|---|---|---|---|
| 0.15 | 0.304 | 0.014 | 3.11 | 118 | 37.9 |
| 0.1 | 0.269 | 0.013 | 2.75 | 112 | 40.7 |
| 0.068 | 0.259 | 0.013 | 2.65 | 101 | 38.1 |
| 0.047 | 0.251 | 0.013 | 2.57 | 95 | 37.3 |
| 0.033 | 0.240 | 0.013 | 2.46 | 88 | 35.7 |

注：すべての条件で，$I_{MAIN}$の電源電圧 $= 10.0V$ と $I_{LAMP} = 5mA_{RMS}$ を維持すること

す．微妙ですが，純粋に電気的項目を測定して処理する能力は，光学的効率に影響する方向を示唆します．これは，ランプは駆動波形の形状に敏感であるためです．通常，最善の発光率と寿命は，クレスト比が低い正弦波で得られます．ロイヤー回路のトランスとコンデンサは，どのようなディスプレイとランプの組み合わせに対しても，その特性を提供するように選定できます．これを行えばランプ駆動は最適化できますが，コンバータの電気的な効率も影響を受けます．最高の光学的効率を得るため，この最適な電気的動作点と光学的動作点の間の相互作用を解明する必要があります．光学的に最大効率を生じる点を正確に決定するためには多数の変数があって，関係は極めて複雑です．

一般的に，光学的な最大効率は，ロイヤーのコレクタでの，かなりきれいな高調波の少ない波形で生じます(図8.57)．通常，これは比較的に大きな共振コンデンサと小さなバラスト・コンデンサの結果です．反対に，コンバータの電気的な最大効率点は通常，ロイヤーのコレクタ波形にかなりの第2次高調波が現れたときに到来します(図8.58)．電気的な最大効率点と光学的な最大効率点が一致することはほとんどなく，しばしば，光学的効率は電気的な最大効率を5%以上も低く生じます．幸運にも，この非常に厄介な状況は，比較的に簡単な機能の調整で解決できます．その調整手順は，回路の最低動作電圧に応じてトランスの巻き数比とバラスト・コンデンサの値が選ばれていると仮定します．もし，この因子を考慮しなければ，光学的な最大効率が実現できても，設計は低い電源電圧でレギュレーションしないかもしれません．与えられたディスプレイ損失に対し，低い電源電圧動作には高い巻き数比と大きなバラスト・コンデンサ値が必要です．ディスプレイ損失が大きいと，バラスト・コンデンサの値は通常，それとディスプレイの寄生損失経路の間の分圧の影響を補うために増加する必要があります．調整

を行う前に，最低電源電圧でレギュレーションを維持する最小の巻き数比とバラスト・コンデンサの値を確立してください．

光学的な最大効率を達成するには，異なる共振コンデンサの値に対してディスプレイの輝度と入力電力を比較することが含まれます．与えられたランプ，トランス，およびバラスト・コンデンサの組み合わせに対して，異なる共振コンデンサは光量の変動を生じます．大きい値は高調波を抑えて光出力を最大に傾向にありますが，コンバータの循環損失を増加します．小さな値は低い循環電流を促進しますが，光出力が減ります．図8.59は，10Vの主電源電圧と5mAのランプ電流での5種類のコンデンサ値の代表的な結果を示します．大きい値は光が増えますが，多くの電流が必要です．生データは，一番右の列に入力電力（W）あたりの光出力の比として表しています．このNits-per-Watt比は0.1 $\mu$Fで最大となり，最善の光学的効率を示します[注19]．

温度に対するランプの発光感度（図8.3参照）のため，この試験は安定した温度環境で行わなくてはなりません．さらに，コンデンサ値を即座に切り替えるための構成が必要です．これにより，電源の中断とその結果の長いディスプレイ暖気時間を避けます．

## 電気的効率の最適化と測定

回路動作を観測する際に，幾つかの点に留意すべきです．高電圧の2次側は，この種の測定用に完全に規定された広帯域の高電圧プローブでのみ，観測可能です．オシロスコープ・プローブの大半は，この測定に使用すると破壊し，損傷します[注20]．$L_1$の出力を測定するには，テクトロニクス社のP-6007型およびP-6009型（場合によって使用可），またはP6013A型およびP6015型（推奨）のプローブを使う必要があります．

別の考慮には，波形の観測があります．スイッチング・レギュレータの周波数は，ロイヤー・コンバータのスイッチングとは完全に非同期です．そのため，ほとんどのオシロスコープは，同時にトリガをかけて回路の全ての波形を表示できません．図8.36はデュアル・ビーム式のオシロスコープ（テクトロニクス社556型）を使用して得たものです．波形Aと波形Bは一つのビームでトリガをかけ，残りの波形は他方のビームでトリガをかけています．オルタネート掃引があるシングル・ビームの測定器およびトリガの切り替え（例えばテクトロニクス社547型）でも測定できますが，融通が利かず，また4現象に制限されます．

高い電気的効率を得て確認するには，ある程度の努力が必要です[注21]．$C_1$および$C_2$（$C_1$は共振コンデンサ，$C_2$はバラスト・コンデンサ）で与えられる最適な効率の値は代表値で，個々のランプの種類で変動します．認識すべき重要なことは，"ランプ"という言葉はトランスの2次側から見た"すべての"負荷を含むということです．1次側に反映されるこの負荷は，トランスの入力インピーダンスを設定します．トランスの入力インピーダンスは$LC$共振回路に必須な部分を形成し，高電圧駆動を生み出します．このため，回路の効率は，量産品の構成と"完全"に同じく配置された配線，ディスプレイの筐体，および物理的なレイアウトで最適化する必要があります．この手順を変えると，本来は可能なよりも低い効率を生じます．実際，"最善の推測"による配線長とディスプレイ筐体内に入れる予定のランプで"最初の"効率の最適化をしても，通常は達成可能な数値の5%以内の結果を生じます．$C_1$と$C_2$の最終値は，量産品で使用する物理的レイアウトを決めたときに確定します．$C_1$は回路の共振点を設定し，ランプの特性である程度まで変動します．$C_2$はランプを安定させ，実効的にその負性抵抗特性を緩衝します．小さな$C_2$の値が最も負荷絶縁に効きますが，ループを閉じるために比較的高いトランスの出力電圧が必要です．大きな$C_2$の値はトランスの出力電圧を低くできますが，負荷の緩衝が劣化します．また，$C_2$の値は波形歪みにも影響し，ランプの発光率および光学的効率（本稿の

---

注19：光学の測定単位は難解を越えて，類を見ない曖昧さ．cd/m$^2$が基本単位で，1Nit = 1cd/m$^2$．"Nit"はラテン語の"Nitere"の短縮形で，"きらめいて光る，光を放つ"の意．

注20：警告がなかったと言わないように．

注21：ここで使用する"効率"という言葉は，電気的効率に適用する．実際，究極の関心事は，電源エネルギーから光への効率的な変換に集中する．残念ながら，ランプの種類が電流-光変換の効率に大きな変動を示す．同様に，ある電流に対する発光は，寿命および特定のランプの履歴で変動する．このように，本稿では電気を基本として"効率"を扱い，それは主電源から得た電力とランプに供給される電力の比である．ランプとディスプレイの組み合わせが決まったら，主電源の電力とランプの発光エネルギーの比を光量計で測定できる．これは，直前の本稿およびAppendix Dで解説する．

前節を参照)に影響します．また，$C_1$の"最善"の値は，ある程度，使用するランプの種類に依存します．$C_1$と$C_2$の双方とも，所望のランプの種類に合わせて選ぶ必要があります．ある程度は相互作用を生じますが，一般的な指針を示すことはできます．$C_1$の代表値は0.01$\mu F$〜0.15$\mu F$です．$C_2$は通常は10pF〜47pFの範囲に収まります．$C_1$には低損失コンデンサが必要で，推奨部品の置き換えはお勧めしません．$C_1$に低品質の誘電体を使うと，効率は容易に10%も劣化します．コンデンサの選択のまえに，$Q_1$と$Q_2$のベース駆動抵抗を飽和が保証できる値，例えば470Ωに設定します．次に，$C_1$と$C_2$はそれぞれに異なる値を試して選定し，最大効率に向けて繰り返します．この手順の間，帰還ループが維持されていることを確実にしてください．通常は，何回かの試行で最適な$C_1$と$C_2$の値を生じます．最大効率は，最も美しくきれいな波形に，特に$Q_1$，$Q_2$，および出力では必ずしも関連しないことに注意してください．最後に，ベース駆動抵抗の値を最適化します．

ベース駆動抵抗の値(通常1kΩ)は，ベースの過剰駆動や電流増幅率の欠乏を誘発せずに，完全な$V_{CE}$の飽和を提供するように選定します．この点は，最大ランプ電力で最大コレクタ電流を決めることで，どの種類のランプでも確定できます．

ベース抵抗は，トランジスタの電流増幅率の最悪値でも飽和を保証する最大の値に設定します．この条件は，ベース駆動抵抗を理想値切りで変化させ，入力電源電流の小さな変化に注意することで検証します．得られる最小電流は，最善の電流増幅率と飽和特性の妥協に相当します．実際に，電源電流はこの点の両側でわずかに増加します．この"二重の"挙動は，過剰なベース駆動か，または飽和損失のいずれかによって引き起こされる効率の劣化のためです．

効率に影響する他の問題には，ランプの配線長とランプからのエネルギーの漏れがあります．ランプの高電圧側(両端の場合もある)は，実用的な最短の配線長にすべきです．過剰な長さは輻射損失を生じ，容易に3インチ配線で3%に達します．同様に，金属がランプに接触したり，近くに配置されたりしないようにすべきです．これで，10%を超えるエネルギーの漏れを防げます[注22]．

カスタム設計されたランプが可能な最高の結果を与えることを覚えておくと良いです．共同で仕上げたランプと回路の組み合わせにより，回路動作を精密に最適化ができ，最大効率を生じます．

これらの考察は，LCDの他の問題についての知識とともに行うべきです．Appendix Bの「液晶ディスプレイの機構設計の考察」を参照してください．その項は，シャープ・エレクトロニクス社のCharles L. Guthrie氏の寄稿です．

出力に高電圧が発生するので，回路基板のレイアウトには特別な注意を払う必要があります．出力の結合コンデンサは，回路基板の漏れ経路を最小にするように注意深く配置する必要があります．基板にスロットを入れると，さらに漏れを抑制できます．そのような漏れによって帰還ループ外に電流が流れ，電力を浪費する可能性があります．最悪の場合，長期の汚染の蓄積がループ内の漏れを増加し，欠乏したランプ駆動や破壊的なアーク放電を生じる可能性があります．トランスを囲むシルク・スクリーンの線を切り離すことは，漏れを抑制するために良い方法です．これにより，高電圧の2次側から1次側への漏れを防げます．漏れを減らす他の技法は，高電圧に耐える能力についてシルク・スクリーンのインクを評価して規定することです．Appendix Gの「レイアウト，部品，および輻射の考察」で高電圧レイアウトの実践について詳述します．

## 電気的効率の測定

以上の手順をたどった後，効率が測定できます．効率は，ランプの電流と電圧を決めて測定します．電流測定は，真の(熱に基づく)実効値の読み取りができる，広帯域・高精度のクリップ式電流プローブを利用します．商用に製造された電流プローブは精度と帯域の要件に合わないので，プローブを自作する必要があります[注23]．

---

注22：この注釈は，注12および関連した本稿で取り上げた同様の問題を補足する．繰り返すのは，強調の必要性に基づいている．極めて簡単な実験で，エネルギー漏れの影響を非常に良好に示すことができる．親指と人差し指でランプの低電圧側(低い電界強度側)をつまんでも，回路の入力電流はほとんど変わらない．つまんだ親指と人差し指をランプの高電圧側(高い電界強度側)にずらしていくと，次第に大きな入力電流を生じる．感電するので高電圧線に触れないこと．繰り返すが，感電するので高電圧線に触れないこと．
注23：この要件の正当性と構造の詳細は，Appendix Cの「有意な電気的測定の実現」で紹介する．

ランプの実効電圧は，広帯域で適切に補償された高電圧プローブを使用してランプで測定します[注24]．この二つの結果を掛けるとワット単位で電力が得られ，それをDC入力電源の$E \cdot I$積と比較します．実際には，ランプの電流と電圧はわずかに位相差成分を含みますが，その誤差への影響は無視できます．

電流と電圧の双方の測定には，広帯域で真の実効値電圧計が必要です．測定器は感熱型の実効値変換器を使う必要があり，もっと一般的な対数演算型を主体とした計測器は帯域が狭すぎるために不適当です．

先に推奨した高電圧プローブは，$1M\Omega/10pF \sim 22pF$のオシロスコープ入力を見るために設計されています．実効値電圧計には$10M\Omega$の入力があります．この差分により，プローブと電圧計の間でインピーダンス整合ネットワークが必要になります．フローティング・ランプ回路はこの整合と差動測定が必要で，計測系の設計を非常に複雑にします．注24を参照してください．

## 帰還ループの安定性の問題

これまでに示した回路は，動作点を維持するために閉ループ帰還動作に頼ります．すべての線形な閉ループ・システムは，動的な安定性を達成するために何らかの形の周波数補償を必要とします．比較的に低電力のランプで動作している回路は，単にループを過剰に緩衝することで周波数補償されます．本稿の**図8.35**，**図8.37**，および**図8.38**はこの方法を使用しています．カラー・ディスプレイに関連する大電力動作は，もっとループ応答に注意を払う必要があります．トランスは，特に起動時にずっと高い出力電圧を発生します．ループの緩衝が不十分だと，トランスの電圧定格を超える可能性があり，アーク放電と故障を生じるかもしれません．このように，大出力の設計は，過渡応答特性の最適化を必要とする可能性があります．LT118xシリーズは，誤差アンプの利得/位相特性を特にCCFL負荷特性に合わせているので，ほぼ最適化は不要です．LT1172，LT1372，および他の汎用スイッチング・レギュレータは，適切な動作を保証するためにもっと注意を払う必要があります．CCFL用途でリニ

注24：フローティング・ランプ回路の電圧測定は，広帯域の差動高電圧プローブを必要とする特に過酷な作業である．プローブ構造の詳細はAppendix Cで紹介する．

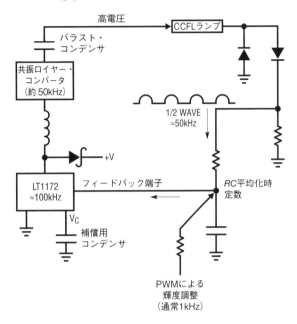

図8.60 帰還経路の遅延項目．$RC$時定数がループ伝送の遅延を支配し，安定動作のために補償する必要がある

アテクノロジー社の汎用スイッチング・レギュレータに適用できる以下の論議は，例としてLT1172を取り上げています．

**図8.60**は，これらの回路のループ伝送に大きな誘因となるものを示しています．共振ロイヤー・コンバータは約50kHzで情報をランプに供給します．この情報は$RC$の平均化時定数でならされ，LT1172の帰還端子にDCとして供給されます．LT1172はロイヤー・コンバータを100kHzの速度で制御し，制御ループを閉じます．LT1172のコンデンサは利得を制限し，公称上はループを安定化します．この補償コンデンサは，さまざまなループ遅延が発振を生じないように，十分に低い値まで利得-帯域幅を制限する必要があります．

これらの遅延のどれが最も重要でしょう？ 安定性の観点からは，LT1172出力の繰り返し速度とロイヤー回路の発振周波数は，データをサンプリングするシステムです．それらの情報の供給速度は，$RC$平均化時定数の遅延をはるかに超えるので，重要ではありません．主に$RC$時定数がループ遅延に影響します．この時定数は，半波整流波形をDCに変換するために十分に大きい必要があります．それはまた，どのような輝度制御PWM信号もDCに平均化するように十分に大きい

図8.61 不十分なループ補償による破壊的な高電圧オーバーシュートとリンギングの消滅．トランスの不具合と市場リコールがほぼ確実である．失業もあり得る

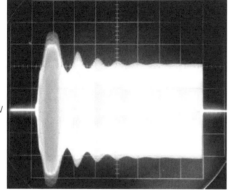

図8.62 不十分なループ応答がこのトランスの不具合を発生．アーク放電が高電圧の2次側（右下）に生じた．結果として生じた巻き線の短絡が発熱を生じた

図8.63 $RC$の時定数を小さくすると過渡応答が改善されるが，ピーク値，リンギングの消滅，および動作電圧は過大なままである

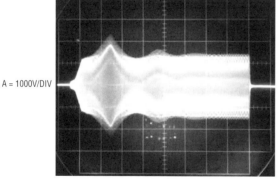

図8.64 $RC$の時定数と補償用コンデンサをさらに最適化すると，起動時の過渡応答が小さくなった．動作電圧は高く，レイアウトとディスプレイの大きな損失の可能性を示唆

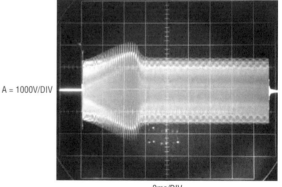

必要があります．一般に，これらの輝度制御PWM信号は1kHzの速度で到来します（Appendix Fの「輝度制御とシャットダウンの手法」を参照）．結果の$RC$遅延がループ伝送を支配します．それは，LT1172のコンデンサで補償する必要があります．この十分に大きなコンデンサ値が，安定性を提供するための十分に低い周波数に利得を制限します．単にループには，$RC$遅延と同程度の周波数で発振するほどの利得がありません[注25]．

この補償形式は単純かつ効果的です．広範な動作条件にわたって安定性を保証します．しかし，システムの起動時に不十分に緩衝された応答になります．起動時，$RC$遅延が帰還を遅らせ，出力変動が通常の動作点を優に超えることになります．$RC$が帰還値を捉えると，ループは適切に安定化します．この起動時のオーバーシュートは，それが十分にトランスの降伏定格以内であれば心配ありません．通常，大電力で動作する

---

注25：帰還の専門家はこれを"支配的ポール補償"と呼ぶ．我々大衆は，もっと平凡な表現に簡略する．

図8.65 低損失のレイアウトとディスプレイの波形．高電圧のオーバーシュート(波形A)が，補償ノード(波形B)および帰還ピン(波形C)に反映している

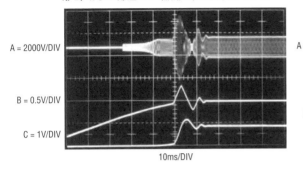

図8.66 RCの時定数を小さくすると，素早くきれいなループ動作を生じる．低損失のレイアウトとディスプレイは，$650V_{RMS}$の動作電圧を生じる

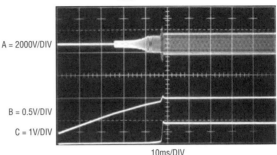

カラー・ディスプレイは，大きな初期電圧が必要です．ループの緩衝が不十分だと，オーバーシュートは危険なほど高くなる可能性があります．図8.61は，そのような起動時のループ応答を示します．この場合，RCの値は$10k\Omega$と$4.7\mu F$で，補償コンデンサは$2\mu F$です．オン時のオーバーシュートは10ms以上の間，3500Vを超えます！セトリングする前にリンギングがなくなるまで100ms以上かかります．さらに，不適切な(小さすぎる)バラスト・コンデンサと過剰に損失するレイアウトにより，ループのセトリングが生じると2000Vの出力になります．この写真は，そのような電圧以下に定格されたトランスを使って撮影しました．その結果生じたアーク放電がトランスを破壊し，市場不具合となります．破壊されたトランスの代表例を図8.62に示します．

図8.63は，RCの値を$10k\Omega$と$1\mu F$に減らした同じ回路を示します．バラスト・コンデンサとレイアウトも最適化されています．図8.63は，期間が約2msに短くなって(水平軸の変更に注意)，2.2kVまで下がった最大電圧を示します．リンギングの消滅も，わずかな振幅の逸脱で，ずっと速いです．バラスト・コンデンサ値を上げ，配線レイアウトを最適化すると，動作電圧は1300Vに下がります．図8.64の結果はさらに良好です．補償コンデンサを$3k\Omega/2\mu F$に変更することでループに進み応答を導入し，より速い補捉ができています．このとき，オン時の逸脱は少し低くなりますが，期間は大きく減っています(ここでも，水平軸の変更に注意)．動作電圧は同じままです．

写真は，補償，バラスト値，およびレイアウトの変

図8.67 非常に小さなRC値はさらに速い応答を提供するが，帰還ピン(波形C)でのリプルが高くなり過ぎる．図8.66が最善の折衷案になる

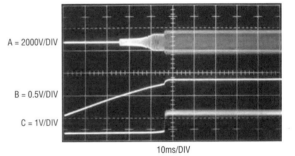

更がオーバーシュートの振幅と期間に劇的な削減を生じることを示します．図8.63や図8.64はトランスに過大なストレスを与えませんが，図8.61の性能は，市場不具合をほぼ保障しているようなものです．この改善を行っても，ディスプレイの損失を制御できれば，さらに余裕を取ることができます．図8.61，図8.63，および図8.64は，非常に損失が大きいディスプレイで撮影しました．その金属製の筐体は金属薄膜が巻かれたランプに非常に近く，その後の高い起動電圧および動作電圧で大きな損失を生じます．損失の少ないディスプレイを選べば，性能は大きく改善されます．

図8.65は，$2\mu F$の補償コンデンサと$10k\Omega/1\mu F$のRC値で起動する低損失ディスプレイの応答を示します．波形Aはトランスの出力で，波形BとCはそれぞれLT1172の$V_C$ピンと帰還ピンです．出力のオーバーシュートとリンギングは酷く，ピークで約3000Vに達します．この動作は，$V_C$ピン(LT1172の誤差アンプ出

力）と帰還ピンのオーバーシュートに現れます．図8.66では，RCは10kΩ/0.1μFに下げています．実質上これはループ遅延を減らします．オーバーシュートはわずか800Vに低下し，ほぼ1/4までの削減です．期間もずっと短縮されています．

$V_C$と帰還ピンは，この厳密な制御を反映します．より良好に緩衝され，オン時に誘発されるオーバーシュートもわずかです．RCをさらに10kΩ/0.01μFまで減らすと（図8.67），ループの捕捉はさらに速くなりますが，新しい問題が生じます．波形Aでは，ランプの起動は非常に速く，オーバーシュートは写真に写っていません．$V_C$ノード（波形B）と帰還ノード（波形C）は，非常に速い応答でこれに反応しています．残念ながら，RCのフィルタが軽いため，帰還ノードがセトリングするときに現れるリプルを生じています．このように，図8.66のRC値はおそらく，この状況ではより現実的であると思われます．

本稿からの教訓は明らかです．カラー・ディスプレイに関連する高電圧では，トランスの出力に注意を払う必要があります．動作状態では，レイアウトおよびディスプレイの損失がループに追従する高電圧を生じ，効率を低下させ，トランスに負担をかけることがあります．起動時，不適切な補償は過大なオーバーシュートを生じ，トランスを破壊する可能性があります．一日かけてループとレイアウトを最適化することは，市場リコールよりも価値がありませんか？

### ◘ 参考文献 ◘

(1) Williams, J., "Techniques for 92% Efficient LCD Illumination," Linear Technology Corporation, Application Note 55, August 1993.
(2) Bright, Pittman and Royer, "Transistors As On-Off Switches in Saturable Core Circuits," Electrical Manufacturing, December 1954. Available from Technomic Publishing, Lancaster, PA.
(3) Sharp Corporation, "Flat Panel Displays," 1991.
(4) C. Kitchen, L. Counts, "RMS-to-DC Conversion Guide," Analog Devices, Inc., 1986.
(5) Williams, Jim, "A Monolithic IC for 100MHz RMS-DC Conversion," Linear Technology Corporation, Application Note 22, September 1987.
(6) Hewlett-Packard, "1968 Instrumentation. Electronic-Analytical-Medical," AC Voltage Measurement, p.197-198, 1968.
(7) Hewlett-Packard, "Model 3400RMS Voltmeter Operating and Service Manual," 1965.
(8) Hewlett-Packard, "Model 3403C True RMS Voltmeter Operating and Service Manual," 1973.
(9) Ott, W.E., "A New Technique of Thermal RMS Measurement," IEEE Journal of Solid State Circuits, December 1974.
(10) Williams, J.M. and Longman, T.L., "A 25MHz Thermally Based RMS-DC Converter," 1986 IEEE ISSCC Digest of Technical Papers.
(11) O'Neill, P.M., "A Monolithic Thermal Converter," H.P. Journal, May 1980.
(12) Williams, J., "Thermal Techniques in Measurement and Control Circuitry," "50MHz Thermal RMS-DC Converter," Linear Technology Corporation, Application Note 5, December 1984.
(13) Williams, J. and Huffman, B., "Some Thoughts on DC-DC Converters," Appendix A, "The +5 to ±15V Converter – A Special Case," Linear Technology Corporation, Application Note 29, October 1988. ［本書第4章］
(14) Baxendall, P.J., "Transistor Sine-Wave LC Oscillators," British Journal of IEEE, February 1960, Paper No. 2978E.
(15) Williams, J., "Temperature Controlling to Microdegrees," Massachusetts Institute of Technology, Education Research Center, 1971 (out of print).
(16) Fulton, S.P., "The Thermal Enzyme Probe," Thesis, Massachusetts Institute of Technology, 1975.
(17) Williams, J., "Designer's Guide to Temperature Measurement," Part II, EDN, May 20, 1977.
(18) Williams, J., "Illumination Circuitry for Liquid Crystal Displays," Linear Technology Corporation, Application Note 49, August 1992.
(19) Olsen, J.V., "A High Stability Temperature Controlled Oven," Thesis, Massachusetts Institute of Technology, 1974.
(20) "The Ultimate Oven," MIT Reports on Research, March 1972.
(21) McDermott, James, "Test System at MIT Controls Temperature to Microdegrees," Electronic Design, January 6, 1972.
(22) McAbel, Walter, "Probe Measurements," Tektronix, Inc. Concept Series, 1969.
(23) Weber, Joe, "Oscilloscope Probe Circuits," Tektronix, Inc. Concept Series, 1969.
(24) Tektronix, Inc., "P6015 High Voltage Probe Operating Manual."
(25) Williams, Jim, "Measurement and Control Circuit Collection," Linear Technology Corporation, Application Note 45, June 1991.
(26) Williams, J., "High Speed Amplifier Techniques," Linear Technology Corporation, Applicaton Note 47, August 1991.
(27) Williams, J., "Practical Circuitry for Measurement and Control Problems," Linear Technology Corporation, Application Note 61, August 1994.
(28) Chadderton, Neil, "Transistor Considerations for LCD Backlighting," Zetex plc. Application Note 14, February 1995.

## Appendix A  熱陰極蛍光ランプ

CCFLの特性の多くは，いわゆる"熱"陰極蛍光ランプ（Hot Cathode Fluorescent Lamp：HCFL）と呼ばれるものと共有されます．最も大きく異なる点は，HCFLがランプの両端にフィラメントをもっている点です（図8.A1）．フィラメントに電源を印加すると電子を放出し，ランプのイオン化電位を下げます．これは，非常に低い電圧でランプが点灯することを意味します．通常，フィラメントがオンになり，あまり大きくない電圧がランプ間に印加されると発光を生じます．いったんランプが点灯したら，フィラメントの電力を停止します．HCFLでは高電圧の要件は下がりますが，フィラメント電源とシーケンス回路が必要です．本稿に示したCCFL回路は，フィラメントを使わずにHCFLを点灯し，動作させることができるでしょう．実際には，フィラメントがCCFLの電極であるかのように，HCFL両端のフィラメント接続を単に駆動することを意味します．

図8.A1　熱陰極蛍光ランプ電源の概念図．加熱されたフィラメントが電子を放出し，ランプの点灯電圧要件を下げる．本稿で議論したCCFL電源はフィラメント電源が不要

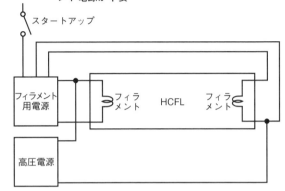

（シャープ・エレクトロニクス社の許諾の下に再掲）

## Appendix B  液晶ディスプレイの機構設計の考察

Charles L. Guthrie，シャープ・エレクトロニクス社

### 序章

多くのメーカが次世代のコンピュータの製造を開始すると，その携帯性を改善するために装置の全体のサイズと重量を減らす必要があります．これがさらに小型設計の要求を引き起こし，さまざまな部品がより隣接して実装され，信号ノイズおよび熱損失からの相互作用にもっと影響しやすくします．以下は，ディスプレイ部品の配置に関する指標と，部品配置に関連する困難な設計の制約を克服するための提案のまとめです．

ノートブック・コンピュータでは，ディスプレイ筐体の厚みが重要です．その設計には通常，開閉構造のディスプレイを必要とするので，持ち運ぶためにはディスプレイをキーボード上に折りたたみます．また，外形寸法は最小である必要があるので，筐体は出来るだけ小型のままです．この二つの制約が，ディスプレイの筐体設計とディスプレイの部品配置を牽引します．ここでの論議では，設計者が直面する諸問題を詳細に調査し，信頼ある実装を行って困難を克服するように助言を提供します．

ペン入力コンピュータの設計者が直面する問題点は，ノートブック・コンピュータの設計で分かったことと同様です．しかし，ペン入力の設計ではさらに，ディスプレイ表面を保護する必要があります．ペン入力の用途では，ディスプレイの表面上をペンが移動するとき，正面の偏向膜をひっかく可能性があります．この理由により，ディスプレイ正面は保護する必要があります．表示画像への影響を最小に抑えながら，表示面を保護する方法を提案します．

さらに，額縁の平坦性を規定する必要性も議論します．しっかりした設計のために受け入れられる構造技術の提案も含まれます．さらに，発熱によって問題を起こしがちなディスプレイ部品を取り上げ，熱の影響を最小に抑える方法も紹介します．

ここで記載するアイデアは，さまざまな問題に対する唯一の解決法ではなく，また許諾や申請されている特許に抵触しているかを精査もしていません．

### 額縁の平坦性と剛性

ノートブック・コンピュータでは，額縁はいくつかの個別の機能をもっています．それには，ディスプレ

イ，バックライト・インバータ，および場合によっては表示のコントラストと輝度制御を収容します．通常，ディスプレイの最適な視野角を設定するため，額縁を傾けられるように設計します．

額縁は，ディスプレイを平らに保持する機構を，特に取り付けを固定して提供する必要があることを理解することが重要です．平坦性の微妙な変化がガラスに不均一な応力を生じ，表示にコントラストの変化を引き起こします．わずかな応力の変化が，表示のコントラストに大きな変化を生じます．また，極端な場合，かなり不均一な応力は，ディスプレイのガラスを破損する可能性もあります．

額縁はディスプレイを平らに保持する機能を担う必要があるので，額縁の強度に対する検討が必須です．装置の重量は最小に抑えながら，構成部品に注意を払う必要があります．これは通常，額縁の端に垂直か，または額縁の端から約45°傾けた並列格子を使用して実現されます．片手でカバーを持ち上げる際の装置のねじれに耐性を提供する点で，曲げた構造はより望ましい場合があります．繰り返しますが，ディスプレイの筐体での不均一な応力による重圧に対し，ディスプレイは敏感です．

さらにコンピュータの重量は増えますが，優れた剛性を提供する別の構造は，"蜂の巣"構造です．この"蜂の巣"構造は，どの方向からのねじりにも耐性があり，ディスプレイに対して最善の保護を提供するのに役立ちます．

これらの各構造により，ディスプレイの取り付け実装の提供が容易になります．"袋ナット"は筐体に形成できます．組み込みは，額縁の表か裏のいずれかで行います．裏への取り付けが，取り付け部品の配置としてより良い剛性を提供します．

最後の一つの注意点は，額縁の開発では知っておくと良いです．額縁は，ノートブック・コンピュータで経験したほとんどの衝撃や振動を吸収するように設計してください．たとえディスプレイを注意深く設計したとしても，ノートブック・コンピュータは極端な衝撃と誤用問題を生じます．

## ディスプレイ内の熱籠りの回避

ディスプレイのいくつかは，熱の問題の原因です．ディスプレイの額縁設計には熱管理を考慮する必要があります．熱くなったディスプレイは不利に影響し，通常はコントラストの均一性の喪失が生じます．冷陰極蛍光管（Cold Cathode Fluorescent Tube：CCFT）自体は，そのグロー放電で損失する電力量に比べて少量の熱を放出します．同様に，たとえインバータが極めて効率良く設計されても，いくらかの熱は発生します．このような部品の熱の蓄積は，今日広まっている一般に"窮屈な"設計によってさらに悪化します．ほとんどのディスプレイの額縁に設計された通風はあまりありません．使用するプラスチックは熱伝導が悪く，問題を悪化させて，表示に影響するかもしれない熱の籠りを生じます．

現行の設計によっては，まずいインバータの配置そしてまたは不十分な熱管理技術によって害を被っています．熱管理を改善したディスプレイ筐体の再設計が現実的でないとしても，設計を改善することは可能です．

現行の設計の最も一般的な間違いの一つは，CCFTからの熱の籠りに対する考慮がないことです．通常，ノートブック用途のディスプレイは，ディスプレイの電力要件を最小にするためにCCFTを1本だけ使います．ランプは一般に，ディスプレイの右端に沿って配置されます．ランプはディスプレイのガラスの非常に近くに置かれるので，液晶の温度上昇を生じます．5℃程度の低い温度変化がディスプレイのコントラストに明らかな不均一性を生じることに注意することが重要です．わずかに高い温度の変化によって生じる変動は，コントラストと表示の見栄えに不快な変動を生じます．

さらに状況を悪化させるのは，設計によっては額縁の下側に配置されるインバータがあります．これは，特に筐体がインバータ用のヒートシンクをもたないときに，同様のコントラストの変動を生じる傾向があります．この問題は，ディスプレイの"ブルーミング"として，ちょうどインバータの上に現れます．この"ブルーミング"は色が抜けた領域のように見え，最悪の場合，表示の文字が完全に消えます．

次項では，このような設計問題を克服する推奨の方法を議論します．

## ディスプレイの部品配置

行えることの一つは，マザーボードがあるコンピュータの母体にインバータを設計することです．用途によっては，ディスプレイの額縁を本体に接続するちょ

うつがい内に高電圧線を実装する必要があるため，それは現実的ではありません．高電圧線の機械強度，つまりUL認証の問題を生じます．

非常に多い一つの間違いは，ディスプレイ下側に並べてベゼルの底部にインバータを配置することです．温度が上昇し，それにもかかわらず，新しいノートブックの設計で最も見過ごしがちな問題の一つであることは事実です．インバータは非常に高効率ですが，ある程度のエネルギーは熱としてインバータで失われます．ベゼル構造に使用されるプラスチック材料の絶縁特性のため，熱がこもり，ディスプレイのコントラストに影響します．

下部にインバータを配置した設計は，三つの方法のいずれかで改善できます．インバータをディスプレイから離して再配置する，ディスプレイとインバータの間に放熱材を置く，または排熱のために空冷を取り入れることです．

既存の設計では，筐体上方のディスプレイ枠にインバータを移動するような明らかな方法では非現実的かもしれません．そのような場合は，"熱の堰"でインバータをディスプレイから隔離することができます．それを達成する一つの方法は，インバータとディスプレイの間にしっかりと合うように切った一片のマイカ絶縁体の型を使用することです．この"熱の堰"は，ディスプレイ枠端部付近の熱を筐体上部へ無害に上昇するように逸らします．熱的および電気的絶縁性のため，この用途ではマイカを推奨します．

熱を取り除く最後の提案は，インバータ領域に何らかの空冷を取り入れることです．これは，高電圧をさらさないように非常に注意深く行う必要があります．液体や埃への抵抗力が悪くなるので，空冷は現実的な対策ではないかもしれません．

新しいハードウェアの設計者にとって最善の解決策は，インバータの配置をディスプレイ脇の枠の上方に配慮することです．この種の既存の設計では，インバータからの熱の影響は，たとえきつい筐体でも最小限または問題なくなっています．

インバータを枠に配置することで悪化する一つの問題は，CCFTによって放散される熱です．インバータがディスプレイ脇の上方に配置される設計では，CCFTの熱によるディスプレイのコントラスト低下は問題ではありません．しかし，インバータを枠の下部に置くと，設計によっては，CCFTとインバータからの熱によって悪化するコントラストの損失が見られます．

インバータを下部に残さなければならず，CCFTがコントラストの損失を生じている場合には，アルミフォイルのヒートシンクを使用して問題を最小にできます．これはディスプレイからの熱を取り除きませんが，ディスプレイ領域全体にわたって放熱し，ディスプレイのコントラストを正常化します．アルミフォイルは実装が容易で，既存の設計によってはディスプレイのコントラストをうまく改善できています．

コントラスト変動への不満は，コントラストの全損失よりも不均一で生じることを忘れないでください．

## ディスプレイ画面の保護

ノートブックとペン入力型のコンピュータの設計における最後の検討の一つは，ディスプレイ画面の保護です．表面の偏光板はマイラ主体でできており，傷に敏感です．また，傷防止を提供するとともに，ディスプレイの表面保護はつや消し面も提供できます．

傷への耐性とつや消し面を一体にするには，いくつかの方法があります．ガラスやプラスチックのカバーでディスプレイを覆うと保護ができます．カバー材からの反射のために起こり得る視差の問題を最小に抑えるため，材料はできるだけディスプレイに近づけて配置する必要があります．ディスプレイ表面からつや消し材が離れるほど，歪みは大きくなります．

ペン入力用途では，表面の傷防止材はディスプレイの表面ガラスに接触して配置するのが最善です．表面に圧力が加わるときにディスプレイが歪まないようにするため，一般にカバー・ガラス材は少し厚めである必要があります．

ペン入力装置を構築する方法はいくつかあります．あるものは入力データを与えるためにカバー・ガラスの前面を使い，またあるものはディスプレイ背面の基板への電界効果を利用します．ペン入力がディスプレイ表面のとき，一般に入力装置はガラス表面上です．

このアプリケーションでは鏡面反射を抑えるために，表面のカバー・ガラスをディスプレイに接着する必要があります．システム内で使用するすべての材質に対して熱膨張係数が一致するように注意を払わなくてはなりません．カバー・ガラスを接着する際の困難さと，不十分な技量によるディスプレイ破損の可能性のため，専門家に相談することを強くお勧めします．

## Appendix C　有意な電気的測定の実現

CCFL回路の信頼できる効率データを得ることは，高度な難しい測定問題を生じます．高周波AC測定に要求される精度は，息が詰まるほど最先端のものです．正確な広帯域AC測定を確立して維持することは，測定技術に対する文献の注意事項です．高周波で高調波を帯びた波形と高電圧の組み合わせにより，意味のある結果を得ることが困難になります．試験装置の選択，理解，および活用が重要です．不快な驚きを避けるには，聡明な思慮が必要です！[注1]

ランプの電流/電圧波形は，広い周波数範囲のエネルギー成分を含みます．このエネルギーの大部分は，インバータの基本周波数および隣接する高調波に集中します．しかし，もし1%の測定不確実性が望まれるなら，10MHzまでのエネルギー成分を正確に捉えなくてはなりません．図8.C1はランプ電流のスペクトラム解析で，500kHzまでの大きなエネルギーを示しています．下がってはいますが，尚も大きな成分が図8.C2の6MHz広帯域図で際立っています．このデータは，観測装置が広帯域にわたって高精度を維持しなければならないことを示しています．

RMS動作電流の正確な決定は，電気的および発光効率の計算，そしてランプの長寿命を保証するために重要です．さらに，高いコモンモード電圧（1000$V_{RMS}$以上）の状態で電流測定を行えることが求められます．この能力により，ランプの駆動回路の損失箇所に依らず，ディスプレイおよび配線起因の損失の調査と定量化が可能です．

## 電流プローブ回路

図8.C3の回路は論議した要件を満たします．10MHzまで1%の測定精度を提供するために，市販のクリップ式電流プローブを高精度アンプで信号処理します．クリップ式電流プローブは，注記した高いコモンモード電圧があっても便宜を提供します．電流プローブが$A_1$をバイアスし，約3.75の利得で動作します．プローブの低い出力インピーダンス終端のため，インピーダンス整合は不要です．後続のアンプは分散して利得を提供し，全体で約200の利得で広帯域を維持します．

---

注1：本稿の図8.35のさまざまな製作者が8%～115%の範囲の効率を報告していることを知っておくと良い．

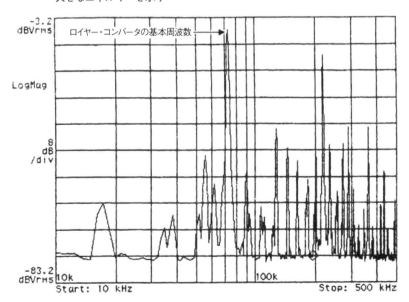

図8.C1　HP社のHP89410Aによるランプ電流のスペクトラム図は，500kHzまでの大きなエネルギーを示す

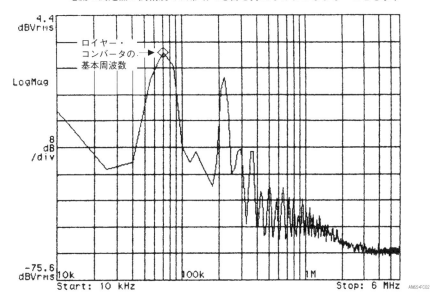

図8.C2 拡大したHP89410Aによるスペクトラム図は，ランプ電流にはMHz帯にも十分に測定可能なエネルギーがあることを示す．データは，ランプ電圧と電流の測定器が高精度で広帯域の応答を持たなければならないことを示す

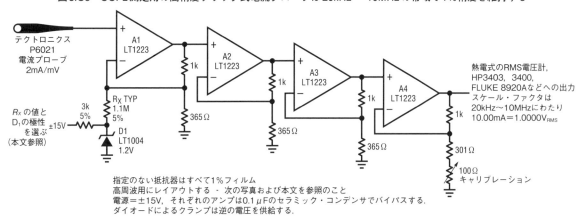

図8.C3 CCFL測定用の高精度クリップ式電流プローブは20kHz～10MHzの帯域で1%精度を維持する

個別のアンプが，モノリシックのクワッド・アンプで引き起こされる可能性があるクロストーク起因の誤差を回避します．アンプ全体のオフセットを調整するため，$D_1$と$R_X$は極性と大きさを選択します．100Ωの可変抵抗が利得を設定し，倍率を決めます．出力は熱電式の広帯域RMS電圧計を駆動します．実際には，回路は$2.25 \times 1 \times 1$インチ$^3$のケースに組み込まれ，BNCコネクタを介して電圧計に直接接続されます．ケーブルは使いません．図8.C4は，このプローブとアンプの組み合わせを示します．図8.C5は，アンプの構成に採用した高周波レイアウト技術の詳細です．図8.C6は，別のアンプのケース・レイアウトと構造の詳細です．その結果が，20kHz～10MHzの帯域で1%精度のクリップ式電流プローブです．この治具は，どんなに厳しく処理したバックライトの作業でも不可欠であることを証明しています．図8.C7は，HP社のネットワーク・

図8.C4　電流プローブ終端ケースに取り付けた電流プローブ・アンプ

図8.C5　本稿で示した性能レベルには電流プローブ・アンプに高周波レイアウト技術が必要

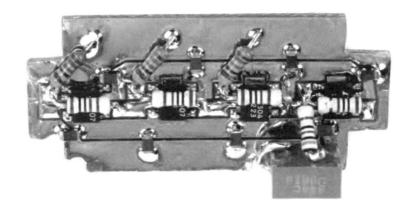

アナライザHP4195Aで測定したときのこのプローブ/アンプの応答を示します．

## 電流キャリブレータ

図8.C8の回路は電流キャリブレータで，プローブ/アンプの調整が可能で，プローブ精度の定期的な確認に使用できます．$A_1$と$A_2$はウィーンブリッジ発振器を構成します．発振器の出力は$A_4$と$A_5$によって整流され，$A_3$でDC基準電圧と比較されます．$A_3$の出力が$Q_1$を制御して，振幅安定化の帰還ループを閉じます．直列の電流ループを介して10mA/60Hzの正確な電流を提供するために，安定化した振幅を0.1％の100Ω抵抗で終端します．100Ω抵抗両端で正確に1.000$V_{RMS}$と

図8.C6　ケースに収めた別の電流プローブ・アンプ．左側が電流プローブの終端

図8.C7　ネットワーク・アナライザHP4195Aの振幅-周波数特性．電流プローブ／アンプは20kHz～10MHzの帯域で1％（0.1dB）の誤差を維持する．10MHz～20MHz間のわずかな乱れは試験装置関連

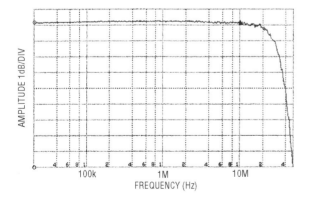

なるように，公称15kΩの抵抗を変えて調整を行います．

使用の中で，この電流プローブは1年以上にわたって1％の絶対精度で0.2％の基本安定度を示しています．精度を保つための唯一の管理項目は，電流プローブの口をきれいに維持し，プローブを手荒く粗暴に扱わないことです[注2]．図8.C9aにRMS電圧計とともに使用したプローブとキャリブレータを示します．図8.C9bは使用中の電流プローブを示し，この場合，ディスプレイ枠の寄生損失を決めています．

## 接地型ランプ回路用の電圧プローブ

ランプ両端の高電圧測定は，プローブには極めて過酷です．最も簡単な例は，接地型ランプ回路の測定です．基本波形は20kHz～100kHzの範囲で，MHz帯域の高調波を伴います．この活動はkV範囲のピーク電圧で生じます．プローブは，これらの条件で高品位の応答をしなければなりません．さらに，測定を損なう負荷効果を避けるため，プローブは低入力容量である必要があります．そのようなプローブの設計と構成には，十分な注意が必要です．図8.C10に，いくつかの推奨するプローブを特性とともに掲載します．本稿に

注2：テクトロニクス社の私信より．

記載したように，ほぼすべての標準的なオシロスコープのプローブは，この測定に使用すると*故障するでしょう*[注3]．ランプ電圧を抵抗分圧してプローブへの要求を回避しようとしても，また問題が発生します．高抵抗値にはしばしば大きな電圧係数があり，その並列容量も大きくて不明確です．したがって，単純な分圧器はお勧めできません．同様に，DC測定を意図した一般の高電圧プローブには，ACの影響のために大きな誤差があるでしょう．P6013AとP6015が望ましいプローブで，その100MΩの入力と小さい容量が負荷による誤差を小さくします．1000倍の減衰比による不利益は出力の減少ですが，推奨する電圧計(後述)がそれを調節できます．

すべての推奨プローブは，あるオシロスコープの入力で動作するように設計されています．そのような入力はほぼ必ず，(一般に)10pF～22pFが並列になった1MΩです．後述しますが，推奨する電圧計は大きく異なる入力特性をもちます．図8.C11の表は，もっと高い入力抵抗と広い容量を示します．このため，電圧計の入力特性に合わせてプローブを補償しなければなりません．通常，オシロスコープでプローブの出力を観測すれば，最適な補償点を容易に決定して調整できます．既知の振幅の方形波を(普通はオシロスコープのキャリブレータから)加え，正しい応答になるようにプローブを調整します．電圧計とともにプローブを使うと，未知のインピーダンス不整合が生じ，正しい補償点を決めるうえで問題が起きます．

インピーダンスの不整合は，低い周波数でも高い周波数でも起きます．低周波の項は，プローブ出力と並列に適切な値の抵抗を配置すれば補正できます．10MΩ入力の電圧計に対しては，1.1MΩの抵抗が適当です．この抵抗は，同軸環境を維持するため，できるだけ小型のBNCコネクタ付きのケースに組み込む必要があります．ケーブル接続は採用すべきではありません．浮遊容量を最小に抑えるため，ケースはプローブ出力と電圧計入力の間に直接配置します．この構成が低周波のインピーダンス不整合を補正します．図8.C12は，高電圧プローブに取り付けたインピーダンス整合器を示します．

高周波での不整合の項を補正するのは，もっと複雑です．広範な電圧計の入力容量は，追加されたシャント抵抗の影響と共同で問題を生じます．高周波プローブの補償調整をどこに設定するか，実験者はどのようにして分かりますか．一つの方法は，既知の値のRMS

---

注3：きちんと二度目の警告をした．

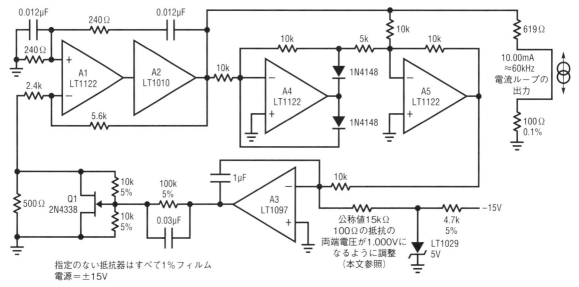

図8.C8 プローブの調整と精度確認用の電流キャリブレータ．安定化した発振器が出力電流ループを60kHzで10.00mAにする

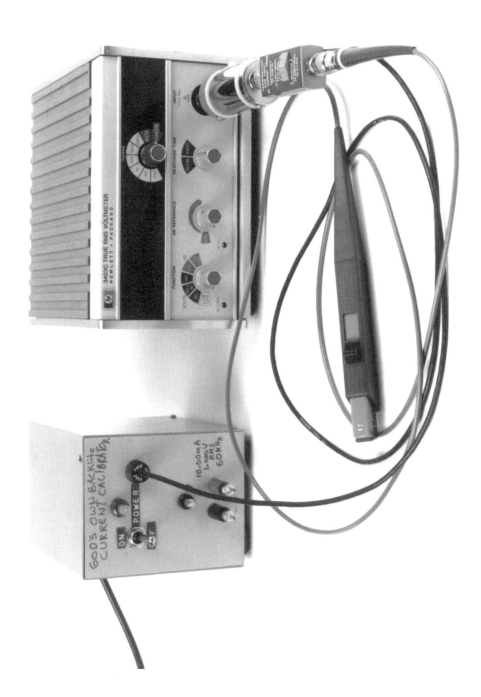

図8.C9a 全体の電流プローブ試験一式には、プローブ、アンプ、キャリブレータ、および熱電式RMS電圧計を含む。10MHzまで1%の精度

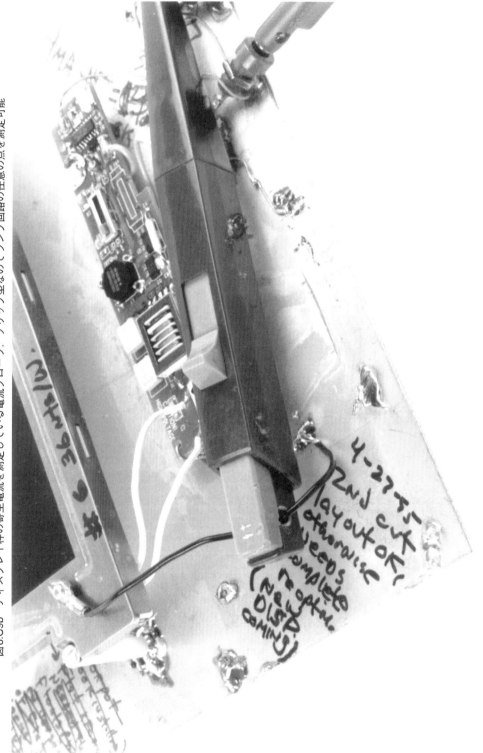

図8.C9b　ディスプレイ枠の寄生電流を測定している電流プローブ．クリップ型なのでランプ回路の任意の点を測定可能

信号をプローブと電圧計の組み合わせに与えて，適正な表示になるように補償を調整します．図8.C13は，既知のRMS電圧を発生する方法を示します．この方式は，低電圧出力用に単に再構成した標準的なバックライト回路です．オペアンプにより，バイアス電流の誤差をもたらすことなく，5.6kΩ帰還終端の低いRC負荷が可能です．5.6kΩの値は，300V出力となるように直並列で調整します．帰還回路に寄生の浮遊容量は出力電圧に影響します．そのため，帰還に関わるすべてのノードと部品はしっかりと固定して，回路全体を小型の金属ケースに組み込みます．これにより，寄生項の大きな変動を防止します．その結果，既知の300V$_{RMS}$出力が得られます．

これで，プローブの補償は，キャリブレータのケースまで最短の接続（例えば，BNC - プローブ・アダプタ）を用いて，300Vの電圧計表示に調整されます．追加した抵抗と共同で，この手順でプローブ-電圧計のインピーダンス整合が完了します．（例えば，オシロスコープの適正な応答に対して）プローブの補償が変わると，電圧計の表示は正しくなくなります[注4]．一連の効率測定の前後でキャリブレータ・ケースの出力を検証しておくと良いです．これは，BNCアダプタを介してキャリブレータ・ケースをRMS電圧計に1000Vレンジで直接接続して行います．

---

注4：この文を言い直すと，"未使用時にはプローブをしまっておく"ことである．誰かがそれを借りたい場合，真っ直ぐ見ながら肩をすくめて，どこにあるかわからないと言いなさい．これは明らかに不誠実だが，大いに現実的でもある．それを道徳的に問題があると思う方は，知らずに再校正されたプローブで1日相当の価値がないデータを生じた後に，改めて性格を精査しようと思うかもしれない．

**図8.C10** 広帯域な高電圧プローブの特性例．出力インピーダンスはオシロスコープの入力用に設計されている

| テクトロ製プローブの型番 | 減衰率 | 精度 | 入力抵抗 | 入力容量 | 立ち上がり時間 | 帯域 | 最大電圧 | ディレーティング開始周波数 | 周波数とディレーティング | 負荷容量の補正範囲 | 想定する負荷抵抗 |
|---|---|---|---|---|---|---|---|---|---|---|---|
| P6007 | 100× | 3% | 10M | 2.2pF | 14ns | 25MHz | 1.5kV | 200kHz | 700V$_{RMS}$ @10MHz | 15pF～55pF | 1M |
| P6009 | 100× | 3% | 10M | 2.5pF | 2.9ns | 120MHz | 1.5kV | 200kHz | 450V$_{RMS}$ @40MHz | 15pF～47pF | 1M |
| P6013A | 1000× | 調整可 | 100M | 3pF | 7ns | 50MHz | 12kV | 100kHz | 800V$_{RMS}$ @20MHz | 12pF～60pF | 1M |
| P6015 | 1000× | 調整可 | 100M | 3pF | 4.7ns | 75MHz | 20kV | 100kHz | 2000V$_{RMS}$ @20MHz | 12pF～47pF | 1M |

**図8.C11** 熱電式RMS電圧計に関連する特性例．入力インピーダンスには高電圧プローブへの整合ネットワークと補正が必要

| メーカと型番 | フルスケール・レンジ | 1MHzでの精度 | 100kHzでの精度 | 入力抵抗および容量 | 最大帯域 | クレスト・ファクタ |
|---|---|---|---|---|---|---|
| ヒューレット・パッカード 3400 Meter Display | 1mV～300V 12レンジ | 1% | 1% | 0.001V～0.3Vレンジ＝10M，50pF以下，1V～300Vレンジ＝10M，20pF以下 | 10MHz | 10：1＠フルスケール，100：1＠0.1スケール |
| ヒューレット・パッカード 3403C Digital Display | 10mV～1000V 6レンジ | 0.50% | 0.20% | 10mV，100mVレンジ＝20M，20pF±10%，1V～1000Vレンジ＝10M，24pF±10% | 100MHz | 10：1＠フルスケール，100：1＠0.1スケール |
| フルーク 8920A Digital Display | 2mV～700V 7レンジ | 0.70% | 0.50% | 10M，30pF以下 | 20MHz | 7：1＠フルスケール，70：1＠0.1スケール |

図8.C12
高電圧プローブに取り付けたインピーダンス整合ケース(一番左).直接接続してあり,ケーブルを使用していないことに注意

図8.C13
高電圧RMSキャリブレータはCCFL回路を電圧出力に変更したもの

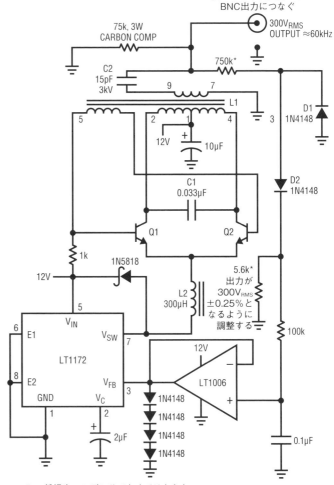

$C_1$=低損失コンデンサでなくてはならない,
　メタライズト・ポリカーボネートWIMA FKP2,
　MKP-20(ドイツ)あるいはパナソニックECH-Uを推奨
$L_1$=スミダ6345-020,またはコイルトロニクスCTX110092-1
　(ピン番号はコイルトロニクス用)
$L_2$ = COILTRONICS CTX300-4
$Q_1, Q_2$ = ZETEX ZTX849 OR ZDT1048
＊1％金属皮膜抵抗器(10本の75kΩ抵抗器を直列接続)

**部品を他のものに変更しないこと**

COILTRONICS (407) 241-7876, SUMIDA (708) 956-0666

## フローティング型ランプ回路用の電圧プローブ

フローティング型ランプ回路の電圧測定は，ほぼ壮烈な努力が必要です．フローティング型ランプの測定には，接地型の場合のすべての難しさだけではなく，完全差動入力も必要です．これは，ランプが自由にグランドから浮いているためにそうなります．2本のプローブは適正に補償されているだけでなく，整合して1%以内に調整されていなければなりません．さらに，図8.C13のような単純なシングルエンドの方法の代わりに，調整を確認するために完全に浮いている電源が必要となります．

図8.C14の差動アンプが，高電圧プローブの差動出力を，RMS電圧計を駆動するシングルエンド信号に変換します．プローブの補償と調整が正しければ(後述)，10MHz帯域で1%未満の誤差になります．双方のプローブ入力は，適正なプローブ終端を提供する$RC$回路を介してソース・フォロワ$Q_1$-$Q_4$につながります．$Q_2$と$Q_4$は，約2倍の利得で動作する差動アンプ$A_2$をバイアスします．FETのDCおよび低周波での差動ドリフトは$A_1$で制御します．$A_1$は$A_2$入力の帯域制限したものを測定し，$Q_4$のゲート終端抵抗をバイアスします．これにより，$Q_4$と$Q_2$のソース電圧を等しくします．このフィードバック・ループにより，FETの不整合によるDCおよび低周波での誤差を取り除きます[注5]．また，$Q_1$と$Q_3$はプローブの出力に追従し，小さな周波数依存の加算信号を$A_2$の補助入力に印加します．この項は，$A_2$の主入力の高周波コモンモード除去の制限を補正するために使用します．$A_2$の出力は，20:1の分圧器を介してRMS電圧計を駆動します．分圧器は$A_2$の利得-帯域幅の特性と共同で，電圧計の入力で10MHzまで1%の誤差を提供します．

アンプの調整には，両入力を一緒につないで($Q_4$のところにある)$R_X$を選定すると，$A_1$の出力が0V近くになります．この調整をするには$R_X$を$Q_2$に配置する必要があるかもしれません．次に，短絡した入力を10MHz/1Vの正弦波で駆動します．RMS電圧計の表示が最小になるように"10MHz CMRR調整"を調整し，

注5：FETの不整合に起因するオフセットを制御する明らかに簡単な方法は，整合したデュアル・モノリシックFETを利用することだろう．その方法が許容できない高周波誤差をもつ理由を読者にも考えて欲しい．

それは1mV以下のはずです．最後に，"+"入力をグランドから持ち上げ，60kHz/1V$_{RMS}$の信号を加えて，電圧計の表示が100mVとなるように$A_2$の利得調整を設定します．確認として，"+"入力を接地し，"-"入力を60kHzの信号で駆動すると，同じメータ表示になるはずです．さらに，10kHz〜10MHzの任意の周波数での既知の差動入力は，対応する補正されて安定なRMS電圧計表示を1%以内で生じます．最大周波数でこの形式を外れる誤差は，"10MHzピーク除去"調整を調節して補正できます．これでアンプの補正は終了です．

高電圧プローブは，アンプとともに補正された結果を与えるため，正確に周波数補償される必要があります．アンプ入力の$RC$値は，プローブが設計された終端インピーダンスに近づけます．しかし，要求精度を達成するには，個々のプローブは正確に周波数補償される必要があります．プローブの特性のため，これは非常にやっかいな仕事です．

図8.C15は，テクトロニクス社の高電圧プローブP6015のおおまかな概要です．物理的に大きく，100MΩの抵抗がプローブ先端を占めています．抵抗は再現性のある広帯域特性をもっていますが，分布寄生容量の影響を受けます．この寄生容量はケーブル損失と共同で，終端ケースに歪んだプローブ波形を生じます．終端ケースのインピーダンス-周波数特性は，適切に調整されていれば歪み情報を補正して，出力に適正な波形を生じます．プローブの1000倍の減衰率はその高インピーダンスと共同で，安全で入力波形への害が最小の測定を提供します．

プローブの先端とケーブルに関係する多数の寄生項は，複雑で複数の時定数をもつ応答特性を生じます．忠実な広帯域応答には，このような各々の時定数を個別に補正する終端ケースの部品が必要です．そのため，どのような個々の測定器の入力に対してもプローブを補償するには，7箇所以上のユーザ調整が必要です．このような調整は相互に作用し，プローブが完全に補償されるまで繰り返し作業が必要です．プローブのマニュアルには，出力として意図するオシロスコープ表示を使用した調整手順が記載されています．ここでの場合，最終的な出力は，既述のように差動アンプを介したRMS電圧計です．これはプローブの適切な補償点の決定を難しくしますが，調節はできます．

プローブを補正するには，補正済みの差動アンプ(図8.C16，図8.C17，図8.C18参照)に直接接続し，"-"

図8.C14 高精度な広帯域差動プローブ用アンプにより、フローティング・ランプの電圧測定が可能になる。ソース・フォロワは、プローブに負荷をかけないようにインピーダンス整合回路と組み合わせる。$A_2$は差動-シングルエンド変換を提供する

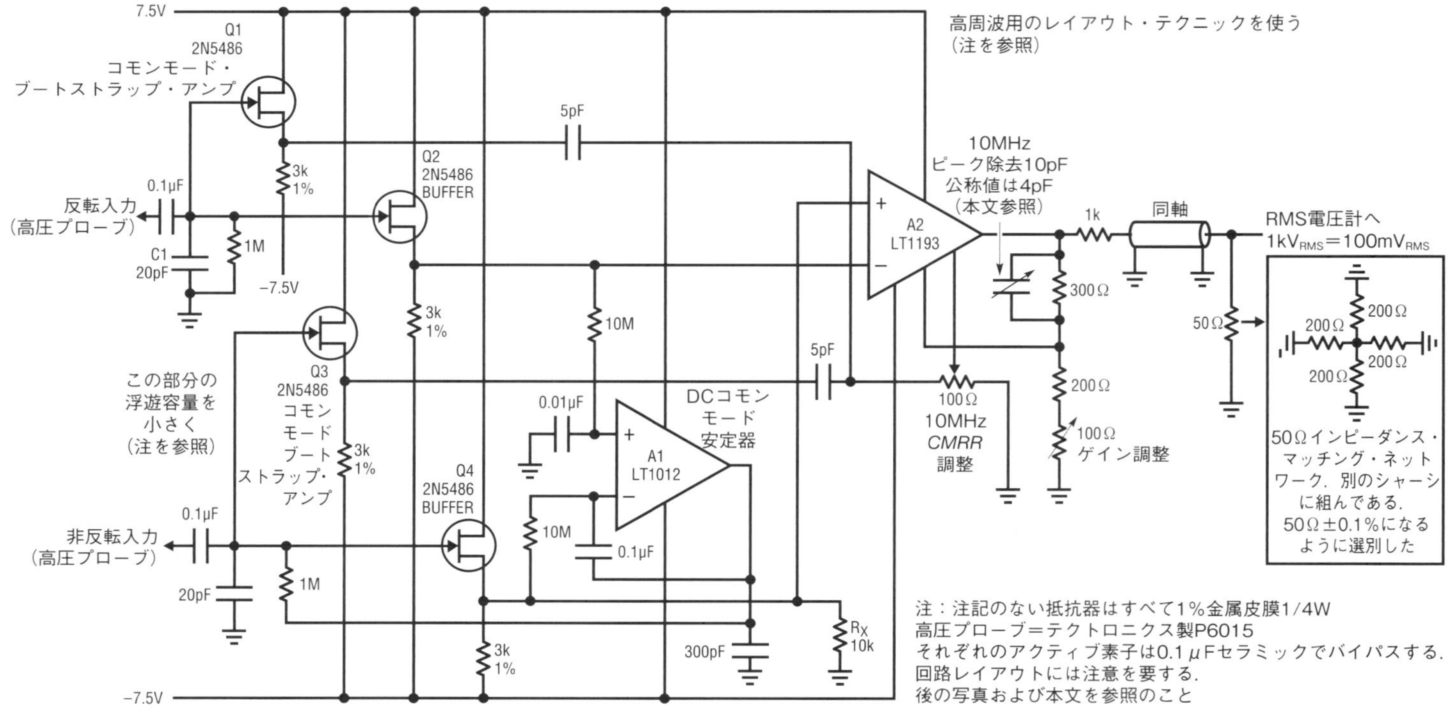

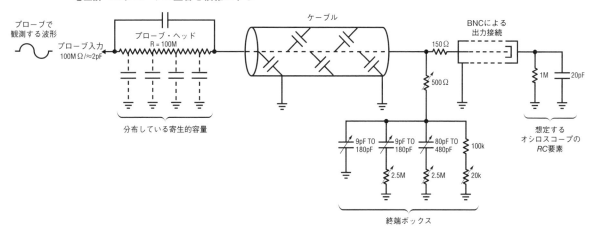

図8.C15 テクトロニクス社の高電圧プローブP6015のおおよその構成．分布寄生容量には多数の相互作用の項が必要で，電圧計へのプローブの整合を複雑にする

入力とするプローブを接地します．"＋"入力とするプローブは，遷移後の変動が最小でエッジがきれいな10nsの100kHz/100V方形波で駆動します[注6]．波形の振幅の絶対値は重要ではありません．この波形をオシロスコープで観測します[注7]．さらに，差動アンプ（図8.C14参照）の$A_2$出力もオシロスコープで観測します[注8]．オシロスコープに表示される双方の波形が同じ形になるまで，テクトロニクス社P6015のマニュアルに記載された調整手順を行います．この状態になったら，今度は"−"入力プローブを駆動し，"＋"入力プローブを接地して同じ手順を繰り返します．この手順は，プローブの相互作用の調整を合理的にほぼ最良の点にします．

調節を完了するには，差動アンプの出力（図8.C16参照）に50Ωの高精度終端（図8.C14と図8.C16参照）とRMS電圧計を接続します．"−"入力プローブを接地し，"＋"入力プローブを約60kHzの既知の振幅の高電圧波形で駆動します[注9]．

調整した入力と同じ電圧計表示が得られるように，このプローブの補償調節を微調整します（目盛りの違いを考慮して，例えば，電圧計のレンジと小数点の位置を無視する）．この調整には最大の影響をもつ調節を利用して，ほんのわずかな調節だけにします．この段階が終わったら，100V/100kHzの方形波を使ってその手順を繰り返し，入出力波形のエッジの忠実度を検証します．もし波形の忠実度が失われていれば，再調整を繰り返します．両方の条件を満足するまでには，いくつかの相互作用が必要かもしれません．

"＋"プローブを接地して，"−"プローブを調整するために上記の手順を繰り返します．

両方のプローブをショートして，それを100V/100kHz方形波で駆動します．RMS電圧計は（理想的には）0Vを示すべきです．一般的には，入力の1％より十分に低い値になるはずです．差動アンプの"10MHz CMRR調整"（図8.C14）で電圧計の表示を最小にできます．

次に，プローブをショートしたまま，可能な最大振幅で20kHz〜10MHzの掃引正弦波を印加します．$A_2$の出力をRMS電圧計で観測し，入力振幅の1％を越えて増加しないことを確認します．最後に[注10]，一方のプローブを接地し，他方のプローブに20kHz〜10MHzの掃引信号を可能な既知の最大振幅で印加します．各々の場合に対し，全掃引周波数範囲でRMS電圧計が正確で平坦な利得を示すことを確認します．もし，

---

注6：適切な計測器として，HP社の214Aおよびテクトロニクス社の106型パルス・ジェネレータがある．
注7：適切に補償されたプローブを使うこと．
注8：注7を参照．
注9：図8.C13のキャリブレータが適している．

注10："最後に"は，適切な表現ではない．14の相互作用がある調整を含む，広帯域で整合したプローブの応答を実現することは，時間がかかり，根気が必要で，徹底した決意が求められる．全工程には少なくとも6時間を要する．それが必要となる．

図8.C16　差動プローブとキャリブレータの全容．BNC出力は，プローブ/アンプ部を検証するために高精度でフローティングの500V$_{RMS}$補償電圧源を提供する

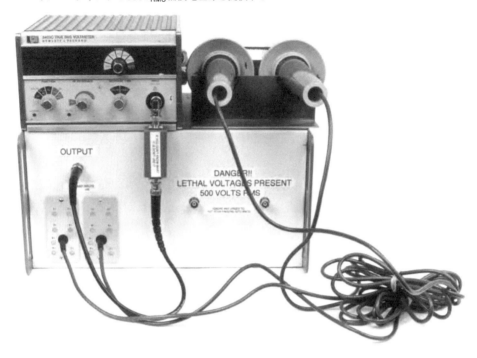

図8.C17　差動プローブ/キャリブレータを上から見た様子．プローブは差動アンプ（左側）に直接接続してある．キャリブレータは右側にある．電流トランスは負荷抵抗の間に配置してある

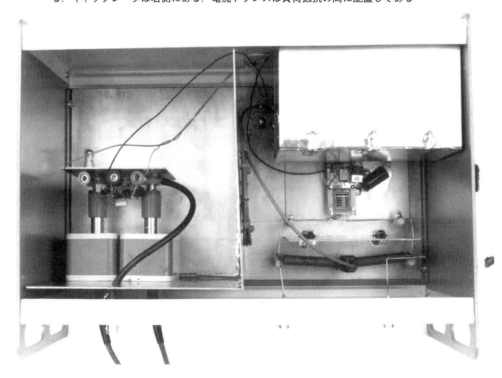

図8.C18 プローブ/アンプ接続部の詳細は低損失なBNC直接結合を示す

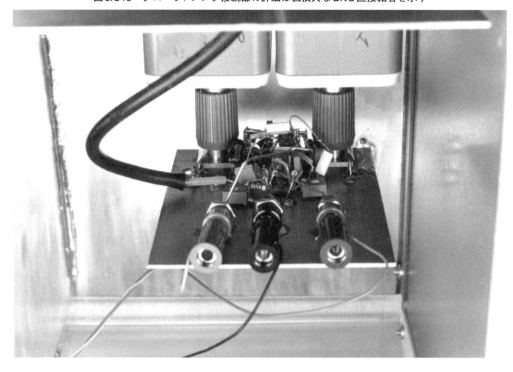

本節で記載したどの条件でも満たせなければ，全ての調整手順をやり直す必要があります．これで調整は終了です．

## 差動プローブ・キャリブレータ

完全にフローティングした差動出力のキャリブレータにより，差動プローブの精度を定期的に動作確認できます．このキャリブレータを差動プローブ（図8.C16）と同じケースに組み込みました．図8.C19はキャリブレータの回路図です．

この回路は，基本的なバックライト電源を大幅に改造したものです．ここで，$T_1$の出力は，高周波・高電圧動作用に十分に規定された二つの高精度抵抗を駆動します．抵抗の電流は，広帯域電流トランス$L_2$によって監視されます．抵抗間の$L_2$の配置は$T_1$のフローティング駆動と共同で，$L_2$の浮遊容量の影響を小さくします．$L_2$には寄生容量がありますが，本質的に0Vにブートストラップされ，その影響を無効にします．

$L_2$の2次出力は$A_1$と$A_2$で増幅され，$A_2$と$A_3$で高精度な整流器として動作します．$A_4$の出力は10kΩ /0.1μFのフィルタでならされ，LT1172の帰還ピンでループを閉じます．前述のCCFL回路と同様に，LT1172はロイヤー回路を制御して$T_1$の出力を設定します．

この回路を調整するには，LT1172の$V_C$ピンを接地し，$T_1$の2次側を開放して，$A_4$の出力が0VになるようにLT1004の極性と関連する抵抗値を選定します．次に，5.00mA/60kHzの電流を$L_2$に流します[注11]．ならした$A_4$の出力（LT1172の帰還ピン）を測定し，1.23Vになるように"出力調整"を調節します．次に，$T_2$の2次側を再接続し，電流キャリブレータの接続をはずして，LT1172の$V_C$ピンの接地をやめます．その結果，キャリブレータの差動出力で500$V_{RMS}$になります．これは差動プローブで確認できます．プローブの接続を入れ換えても，表示は十分に1%以内で影響がありません[注12]．

---

注11：5.00mAに目盛りを変更した図8.C8の出力は，調整した電流源である．
注12：差動プローブとキャリブレータを組み立てて調整した方は，1%以内に入ったときに自由に解き放たれた真の喜びを経験するだろう．

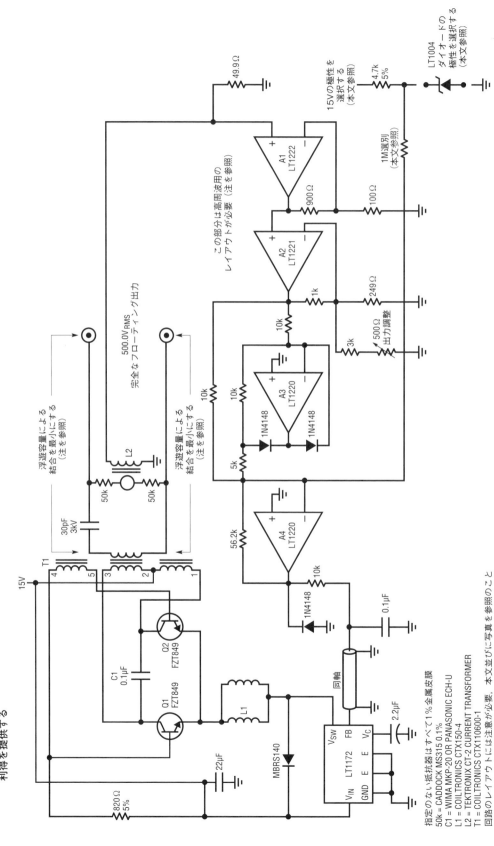

図8.C19 フローティング出力キャリブレータ. 電流トランスによって正確なループ制御を維持しながらフローティング出力が可能. アンプがインバータ回路の帰還ノードに利得を提供する

図8.C20 差動プローブは，無断で取り外されないように機械的にケースにしっかりと固定されている．すべての調整用の穴は不必要な調整を防ぐために封をしてある

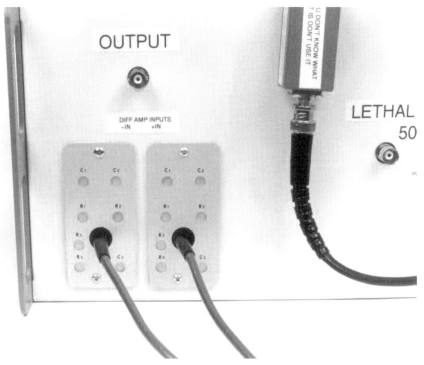

差動プローブとフローティング出力キャリブレータは，注記した性能レベルを達成するため，ほとんど熱狂的な注意をレイアウトに払う必要があります．広帯域アンプ部にはRFレイアウト技術を使用し，適度に十分に記載されています[注13]．寄生容量関連の問題に対する実践的な構造の検討は，図8.C17～図8.C23に写真で詳述しています．

## RMS電圧計

効率測定にはRMS応答の電圧計が必要です．この測定器は，不規則で高調波を含んだ波形に高周波で正確に応答する必要があります．これらの要件により，ACレンジのDVMを含む，ほとんどのすべてのAC電圧計が除外されます．

RMSのAC電圧を測定する方法はいくつもあります．最も一般的な三つは，*平均型*，*対数型*，そして*熱電型*になります．平均型の測定器は入力波形の平均値に応答して調整され，ほぼ必ず正弦波を想定しています．理想的な正弦波入力からの変動が誤差を生じます．対数型電圧計は，入力の真のRMS値を連続的に計算することで，この制約を解決しようとします．このような計測器は"実時間"応答のアナログ・コンピュータですが，その1％誤差帯域は300kHzよりもかなり低く，クレスト比の能力も制限されます．ほとんどすべての汎用DVMはそのような対数型の方法を採用しているので，CCFLの効率測定には不向きです．熱電式のRMS電圧計は，熱電効果のアナログ・コンピュータとして直接動作します．それは入力のRMS発熱量に応答します．この手法は明白で，まさにRMSの定義（例えば波形の加熱電力）に応答します．入力を熱に変換することで，熱電式の測定器は他の技術よりも非常に広帯域を達成しています[注14]．さらに，それは波形に敏感ではなく，大きなクレスト比を容易に調整します．

---

注13：参考文献(26)を参照．

注14：このような説明では耐えられないほど少ないという方は，参考文献(4)，(5)，(6)，(9)，(10)，(11)，そして(12)を参照することを勧める．

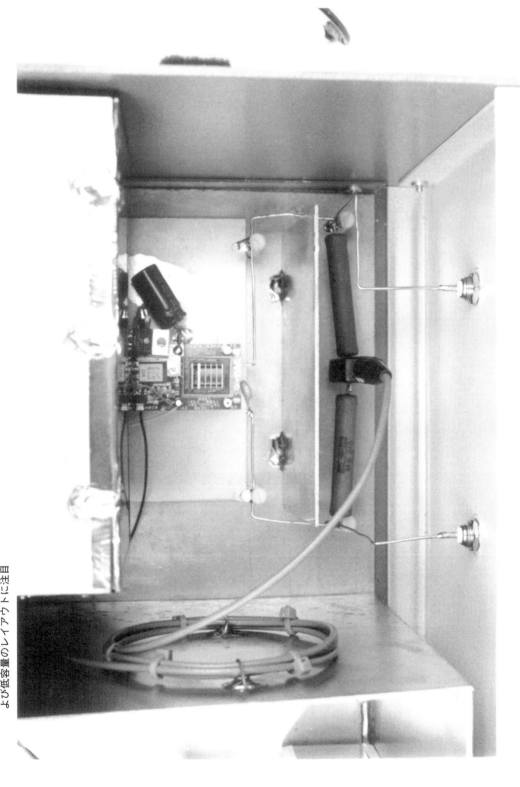

図8.C21 キャリブレータ部の詳細。インバータは負荷抵抗とともに中央付近にあり、電流トランスは手前にある。インバータと負荷抵抗の間にあるシールドおよび低容量のレイアウトに注目

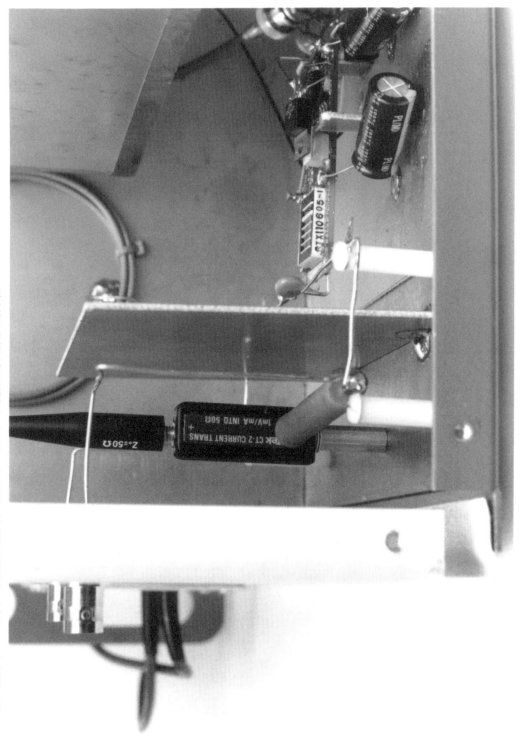

図8.C22 キャリブレータ出力の詳細。電流トランスは負荷抵抗の0V中点にブートストラップされている。シールド(中央)によってトランスの磁界と負荷抵抗までは電流トランスの間での相互作用を防ぐ。母線ワイヤとナイロン支柱が浮遊容量を最小化

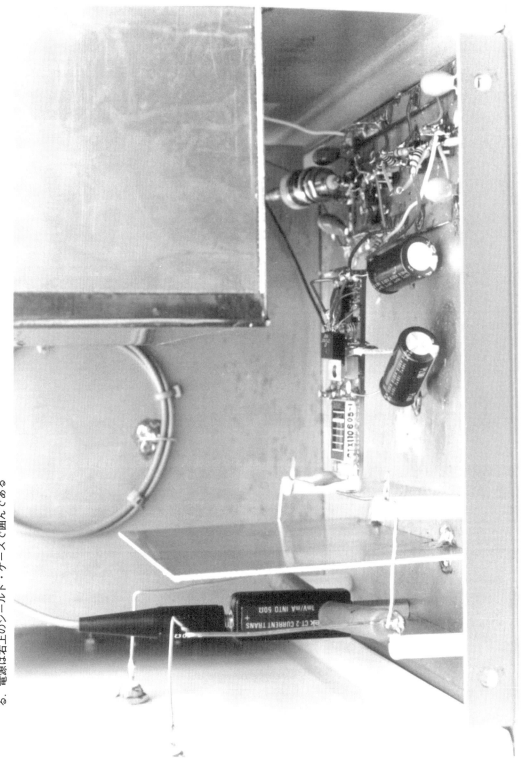

図8.C23 浮遊容量を最小化するために使用する母線ワイヤとナイロン支柱の構造(左側)を示したキャリブレータ部. インバータは中央で, 制御回路は右下にある. 電源は右上のシールド・ケースで囲んである

このような特性が，CCFLの効率測定に必要です．

**図8.C24**は概念的な熱電式RMS/DCコンバータを示します．入力波形がヒータを暖め，それに関連する温度センサからの出力が増加します．DCアンプが，2番目の理想的なヒータ/センサのペアを入力駆動ペアと同じ熱条件にします．この差動検出した帰還強制ループにより，周囲温度の変動はコモンモードの項となり，その影響を除去します．また，電圧と熱の相互作用は非線形ですが，入力/出力のRMS電圧の関係は利得1で線形です．

周囲温度の変動を取り除くこの構成の能力は，熱的に絶縁されているヒータ/センサのペアに依存します．これは，周囲の変動よりも十分に低い時定数で双方を熱的に絶縁することで達成します．ヒータ/センサのペアへの時定数が整合していれば，周囲温度の項は同相・同振幅で両ペアに等しく影響します．DCアンプがこのコモンモードの項を除去します．両ペアは熱的に絶縁されていますが，互いに絶縁されることにも注意してください．両ペア間のいかなる熱的相互作用も，システムの熱電型の利得の項を下げます．これは都合が悪いSN比を生じ，動的動作範囲を制限します．

**図8.C24**の出力は，熱的に整合したペアの非線形な電圧/温度の関係が互いにキャンセルされるので線形です．

この方法のその利点が，熱電型RMS/DC測定でその使用を普及しています．

他の選択肢よりも相当に高価ですが，**図8.C11**に挙げた計測器は，有意な結果を得るために必要なものの代表です．HP3400Aとフルーク社の8920Aは現在，各メーカから入手可能です．魅力的で非常に好ましい計測器であるHP3403Cはすでに生産されていませんが，中古市場で容易に入手できます．

**図8.C25**は，購入する代わりに自作したRMS電圧計を示します[注15]．小型であるので，作業台および量産試験装置に組み込むことができます．示したように，その構成はどのCCFL関連の測定にも適用できますが，**図8.C14**の差動プローブで使うように設計してあります．それは入力信号波形に関係なく，1％未満の誤差でDC～10MHzまで真のRMS/DC変換を提供します．また，高入力インピーダンスと過負荷保護を備えています．

---

注15：この回路は参考文献(27)の派生．

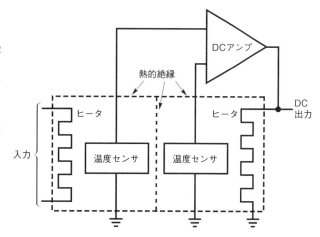

図8.C24 概念的な熱電式RMS/DCコンバータ

この回路は，広帯域アンプ，RMS/DCコンバータ，および過負荷保護の三つのブロックからなります．アンプは高入力インピーダンスと利得を提供し，RMS/DCコンバータの入力ヒータを駆動します．入力抵抗は，1MΩの抵抗と約10pFの入力容量によって規定されます．LT1206は，利得5で平坦な10MHz帯域幅を提供します．5kΩ/22pF回路は高域周波数でわずかなピーク特性を$A_1$に与え，10MHzまで1％の平坦性が可能です．$A_1$の出力がRMS/DCコンバータを駆動します．

LT1088を基本としたRMS/DCコンバータは，ヒータとダイオードの整合したペアと制御アンプで構成します．LT1206が$R_1$を駆動し$D_1$の電圧を下げる熱を発生します．差動接続された$A_2$は，$D_2$を温めるために$Q_3$を介して$R_2$を駆動することで応答し，アンプ周りのループを閉じます．ダイオードとヒータの抵抗は整合しているので，入力の周波数や波形には関係なく，$A_2$のDC出力は入力のRMS値に関連づけられます．実際には，残りのLT1088の不整合は利得調整を必要とし，$A_3$でそれを行います．$A_3$の出力が回路の出力です．LT1004と関連部品は，広範囲の動作条件にわたってループの補償と良好なセトリング時間を提供します（注14を参照）．

起動時や過大入力は，結果的にLT1088に損傷を与える過剰電流を$A_1$が供給する可能性を生じます．$C_1$と$C_2$がこれを防ぎます．過大入力は，$D_1$の電圧を異常に低電位にします．そのような条件で$C_1$はローにト

図8.C25 差動プローブ/アンプと使用する広帯域RMS/DCコンバータ．回路はまた，適切に利得を調整すれば電流プローブ/アンプとも使用可能

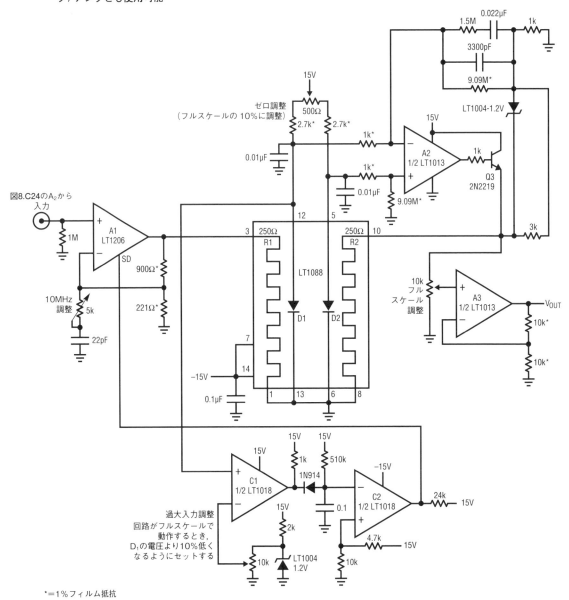

\*＝1％フィルム抵抗

リガし，$C_2$の入力をローに引きます．これが$C_2$の出力をハイにし，$A_1$をシャットダウンして過負荷を防ぎます．$C_2$入力の$RC$で決まる時間の後，$A_1$はイネーブルされます．もし過負荷がまだ続いていれば，ループはほとんど瞬時に$A_1$を再びシャットダウンします．この振動動作が続き，過負荷条件が取り除かれるまでLT1088を保護します．

回路の性能は非常に印象的です．図8.C26は，DC～11MHzで誤差をプロットしたものです．グラフは11MHzの1％誤差帯域幅を示しています．5MHzでのわずかなピークは，$A_1$反転入力の利得増加回路のためです．全体の誤差包絡線に比べてピークは小さく，10MHzまで1％精度を得るための対価は小さいです．

この回路を調整するには，5kΩ可変抵抗を最大位置

にして，100mV/5MHzの信号を加えます．正確に$1V_{OUT}$になるように500Ω調節を調整します．次に，5MHz/1V入力を加え，$10.00V_{OUT}$になるように10kΩ可変抵抗を調整します．最後に，10MHz/1Vを入力して，10.000Vになるように5kΩ調節を調整します．回路の出力がDC～10MHz入力で1％精度以内になるまで，この手順を繰り返します．2回で十分でしょう．

## 電気的効率の測定と熱量測定の相関

注意深い測定技術により，効率測定の精度において高度な信頼がもてます．しかし，完全に異なる領域の測定でその方法の健全性を確認しておくことは良い考えです．図8.C27は，それを熱量技術で行ったものです．熱電式RMS電圧計の動作と同じこの構成は（図8.C24），負荷温度の上昇を測定してCCFL回路が供給する電力を決定します．熱電式RMS電圧計のように，差動の方法が誤差項としての周囲温度を取り除きます．2つの断熱ケースが高度に整合しているとすると，差動アンプの出力は負荷電力に比例します．各ケースの電圧・電流積の比が，効率の情報を生じます．効率100％のシステムでは，アンプの出力エネルギーは電源の出力と一致します．実際にはCCFL回路には損失があるので，それは常に低くなります．この項が必要な効率情報を表します．

図8.C28は，CCFL回路基板が熱量計内にある点以外は同様です．通常，この構成は同じ情報を生じますが，発生する熱量がずっと少ないので，測定はもっと難しくなります．SN比（周囲温度以上の発熱）は悪く，熱および測定には細心の注意が必要です[注16]．電気的効率と双方の熱量効率決定の間の総合的な不確定性が

---

注16：熱量測定は，時間がない方や正気の方には勧めない．

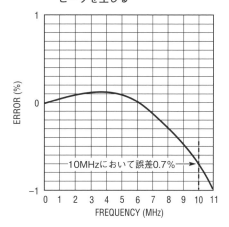

図8.C26　RMS/DCコンバータの誤差特性．$A_1$での周波数依存の利得増加で1％精度を確保するが，下がる前にわずかにピークを生じる

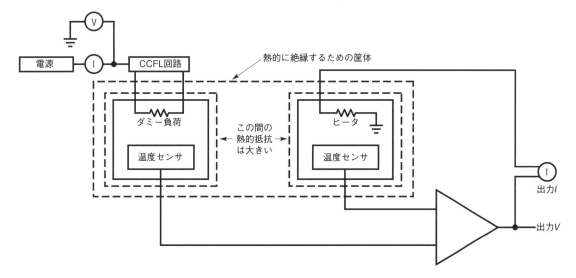

図8.C27　熱量測定による効率の測定．電源と出力エネルギーの比が効率情報を与える

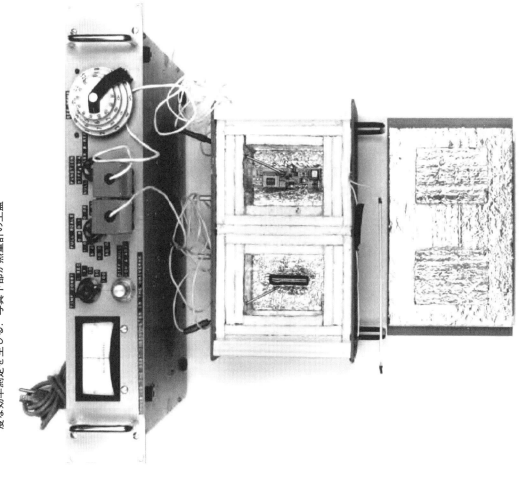

図8.C29 熱量計(中央)とその計測器(上).敏感なサーボ計測器と共同で,熱量計の高度な熱対称が高精度な効率測定を生じる.写真下部が熱量計の上蓋

図8.C28 熱量計は回路の熱損失を決めることで効率を測定する

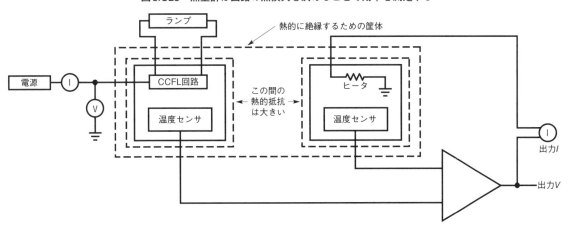

3.3%だったことは重要です．2つの熱的方法では約2%異なりました．図8.C29は，熱量計とその電気的測定器を示します．この計測器と熱測定の説明は，本文後半の参考文献に掲載しています．

# Appendix D　光学的測定

最後の解析では，究極の関心事は電源エネルギーから光への効率的な変換に集中します．発光は電源エネルギーで単調に変化しますが[注1]，もちろん線形ではありません．実際，ランプの輝度は，特に大電力-駆動電力で極めて非線形です．発光と電力消費，駆動波形，およびバッテリ寿命の量に関係して複雑な妥協があります．そのような妥協を評価するには，何らかの輝度計が必要です．ランプの相対輝度は，遮光容器にランプを入れ，その出力をフォトダイオードでサンプリングすることで評価します．フォトダイオードはランプ長にそって置かれ，その出力を電気的に加算しま

注1：ただし，必ずしもそうではない．"低効率"の設計よりも低発光の電気的には高効率な回路を作ることもできる．前節およびAppendix Lの「切れた耳ばかりがゴッホではない – いくつかのあまり良くない発想」を参照．

図8.D1　"輝度計"がさまざまな駆動条件でランプの相対的発光を測定する．試供のランプは円筒ケース内にある．ケースのフォトダイオードがアンプ（写真では見えない）を介して光を電気的出力（中央）に変換する．回路（左）により駆動波形と周波数が変動可能

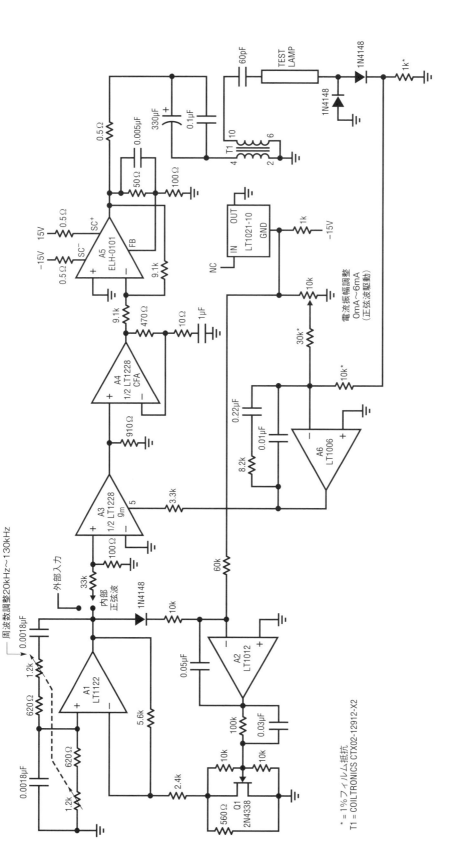

図8.D2 輝度計の駆動回路により試供ランプに印加する周波数と波形が変動できる。生じるデータはそのようなパラメータに対するランプの感度を示す

す．このサンプリング技術は未調整の測定であり，相対データのみを提供します．しかし，さまざまな駆動条件下でランプの相対発光を決定する上で非常に有用です．さらに，ケースは基本的に寄生容量をもちませんので，"損失なし"の状態でランプの性能を評価できます．図8.D1は，"明るさ"で適当に目盛った未調整出力の"発光計"を示します．スイッチにより，ランプ長にそったさまざまなサンプリング・ダイオードをディスエーブルできます．フォトダイオードの信号処理回路はスイッチ・パネルの後ろに実装され，左には駆動回路が配置されています．

図8.D2は駆動回路の詳細です．$A_1$と$A_2$は，安定化出力のウィーンブリッジ正弦波発振器を形成します．$A_1$は発振器で，$A_2$は$Q_1$と協力して利得安定化を提供します．安定化するループの動作点は，基準電圧源LT1021から得られます．$A_3$と$A_4$は電圧制御アンプを構成し，電力段$A_5$に供給します．$A_5$は，高い比の昇圧トランス$T_1$を駆動します．$T_1$の出力はランプに電流を流します．ランプ電流は整流され，その正部分が1kΩの抵抗で終端されます．誘導性のランプ電流であるこの抵抗の両端に現れる電圧は，$A_6$をバイアスします．帯域制限した$A_6$は，ランプ電流起因の信号をLT1021の基準電圧に対して比較し，$A_3$に戻してループを閉じます．このループの動作点，つまりランプ電流は，"電流振幅"調整で0mA〜6mAの範囲に設定します．$A_1$の"周波数調整"制御により，20kHz〜130kHzの周波数動作範囲が可能です．$A_1$出力にあるスイッチにより，さまざまな波形と周波数の外部信号源でアンプを駆動できます．

駆動方式と広帯域トランスが，極めて忠実な応答を提供します．図8.D3は，100kHz/5mAのランプ負荷での波形の忠実度を示しています．波形Aは$T_1$の1次駆動で，波形Bは高電圧出力です．図8.D3の水平/垂直軸を拡大した図8.D4は，うまく制御された位相ずれを示します．残留分の影響でわずかに1次インピーダンスの変動を生じますが（6番目の垂直軸での1次駆動の非線形性に注意），出力はきれいな正弦波のままです．

図8.D5はフォトダイオードの信号処理を示します．さまざまなフォトダイオードのグループがアンプ$A_1$〜$A_6$をバイアスします．それぞれのアンプの出力は，スイッチを経て加算アンプ$A_7$につながります．スイッチにより試供のランプ長にそって"不感帯"が実現でき，発光と場所の関係を調べる能力を強化します．$A_7$の出力は，検出したランプの発光をすべて合計したものを表します．

"無損失"の環境で，制御された周波数，波形，および駆動電流の設定の下でランプの相対的な発光を測定する輝度計の能力は，ランプの性能を評価するために非常に重要です．ディスプレイの性能を評価し，顧客と結果の相関を取るには，絶対的な光強度の測定が必要です．

調節された光の測定には，真の輝度計が必要です．テクトロニクス社のJ-17/J1803はその測定器の一つです．さまざまな駆動条件で（単にランプだけとは対照的に）ディスプレイの光度を評価する上で特に有用であるとわかりました．調節された出力により，顧客の結果との信頼できる相関取りができます[注2]．遮光した

---

注2：顧客が前述の輝度計で生じた"明るさ"の単位の相関に熱中することはなさそうである．

図8.D3　広帯域トランスの入力（波形A）と出力（波形B）の波形は100kHzできれいな応答を示している

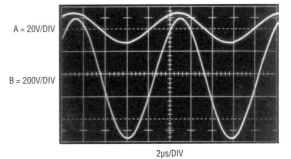

A = 20V/DIV

B = 200V/DIV

2μs/DIV

図8.D4　図8.D3の波形を拡大したもの．6番目の垂直軸でわずかに異形の駆動（波形A）をしているが，出力（波形B）は歪んでいない．トランスの転移がこの必要な動作を要求する

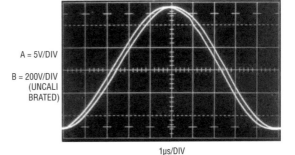

A = 5V/DIV

B = 200V/DIV (UNCALIBRATED)

1μs/DIV

測定ヘッドにより，ディスプレイのさまざまな位置で発光の均一性の評価ができます．

図8.D6は，ディスプレイの評価に使用している輝度計を示します．図8.D7は，ディスプレイ評価構成の全容です．ランプ，DC入力電圧/電流計，記載した輝度計，および光学的・電気的効率を計算するためのコンピュータ（右下）を含みます．

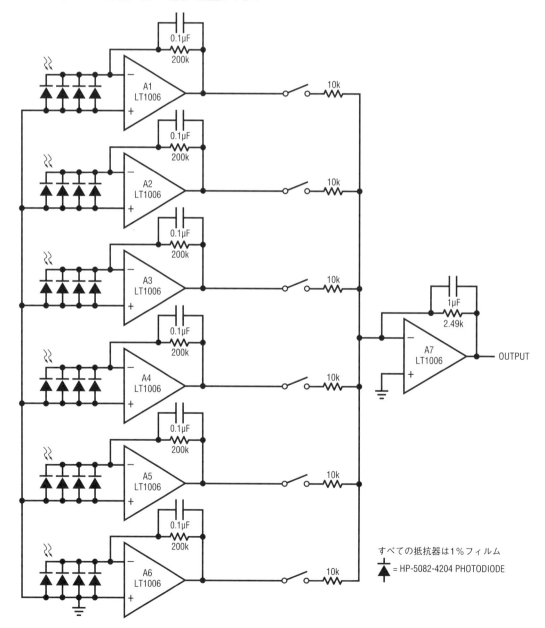

図8.D5　輝度計のフォトダイオード/アンプがランプの光量を相対的な未調整の電気出力に変換する．スイッチによりランプ出力の個々の部分の調査ができる

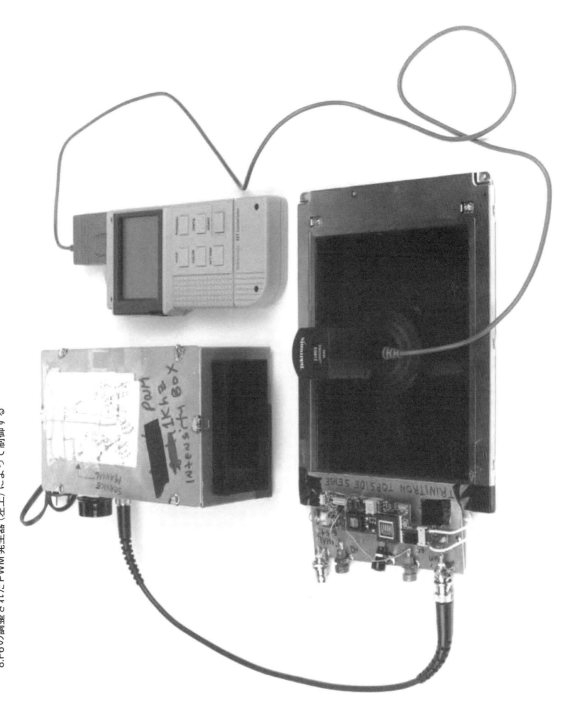

**図8.D6** 調整された測光ディスプレイ評価装置.輝度計(右上)が検出ヘッド(中央)を介してディスプレイの輝度を示す.CCFL回路(左)の強度は図8.F6の調整されたPWM発生器(左上)によって制御する

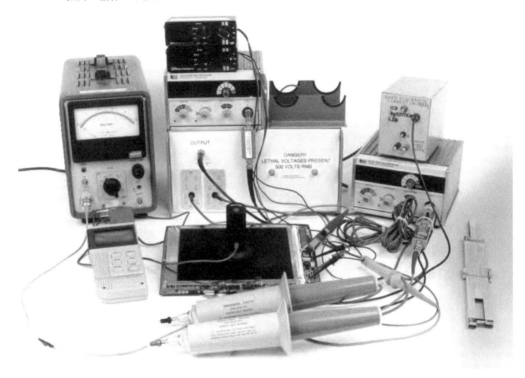

図8.D7 CCFL試験構成には輝度計（左と中央），差動電圧プローブ/アンプ（中央上下），電流プローブ回路（右），および入力電圧/電流のDC測定器（左上）を含む．コンピュータ（右下）により電気的・光学的効率の計算ができる

## Appendix E　断線/過負荷の保護

　CCFL回路の電流源出力により，ランプの断線や破損でトランス出力に最大電圧を生じることになります．時には，安全性や信頼性の考慮により，その状態に対して保護する必要があります．LT118xシリーズには，この保護機能が内蔵されています．図8.E1に代表的な回路を示します．$C_5$，$R_2$と$R_3$により，ロイヤー・コンバータ間を差動検出します．通常，ロイヤー間の電圧は比較的小さな値に制御されています．ランプの断線は$V_{SW}$ピンに最大デューティ・サイクルの変調を生じ，$L_2$を通して大電流駆動を生じます．これにより$C_5/R_2/R_3$回路に過剰なロイヤー電圧がかかり，"bulb"ピンを介してLT1184のシャットダウンを生じます．$C_5$が遅延を設定し，ランプの起動の間に高い駆動レベルでロイヤー動作できます．これにより，ランプの遷移で高インピーダンスな起動状態での不当なシャットダウンを防ぎます．

　LT1172および類似のスイッチング・レギュレータICでは，ランプ開放保護の回路が必要です．図8.E2はその変更を詳述します．$Q_3$と関連部品が簡単な電圧モード帰還ループを形成し，$V_Z$がオンすると動作します．$T_1$に負荷がないと帰還もなく，$Q_1/Q_2$の組み合わせは最大の駆動を受けます．コレクタ電圧は異常なレベルに増加し，$V_Z$は$Q_1$の$V_{BE}$経路を介してバイアスします．$Q_1$のコレクタ電流が帰還ノードを駆動し，回路は安定な動作点を見つけます．この動作がロイヤー駆動，つまり出力電圧を制御します．ロイヤー間を$Q_3$で検出することにより電源除去を提供します．$V_Z$の値は，動作状態での$Q_1/Q_2$の最悪$V_{CE}$電圧よりもいくらか高くします．尚もランプの起動が可能な，できるだけ低い出力電圧でクランプが生じるように$V_Z$の値を選ぶ必要があります．これは，10kΩ/1μFの$RC$で$Q_3$がオンする影響を遅らせるので，言うほど手の込んだも

のではありません．通常，$Q_1/Q_2$ の最悪 $V_{CE}$ よりも数 V 高く $V_Z$ を選びます．

予想される最大 DC 電流の，一般に 2 倍の値のヒューズを主電源ラインに入れることで，すべての CCFL 回路に対する追加の保護が可能です．また，時には温度ヒューズを $Q_1$ と $Q_2$ に取り付けることもあります．過剰なロイヤー電流がトランジスタに発熱を生じ，ヒューズを切ります．

## 過負荷保護

特定の場合に，ランプの配線がグラウンドに短絡したときに出力電流を制限する必要があります．図 8.E3 は，そのためにスイッチング・レギュレータを用いた回路を変更したものです．通常はランプと直列接続する電流検出回路はトランスに移動しています．どのような過負荷電流もトランスから流れます．この経路の帰還検出により，必要な保護を提供します．この接続は，ランプの帰路電流の代わりに，寄生項を含む全供給電流を測定します．入力レギュレーションと電流精度がわずかに劣化しますが，入力電圧変動特性と電流の精度が若干悪くなりますが，問題になる程度ではありません．

フローティング・ランプ回路はその絶縁のため，本質的にグランドを基準とした短絡に影響を受けません．また，ランプ配線の短絡も 1 次側電流検出のために耐性があります．

図 8.E1　$C_5$，$R_2$，および $R_3$ によりロイヤー・コンバータ間の遅延検出を提供し，ランプ開放状態に対して LT118x シリーズの IC を保護する

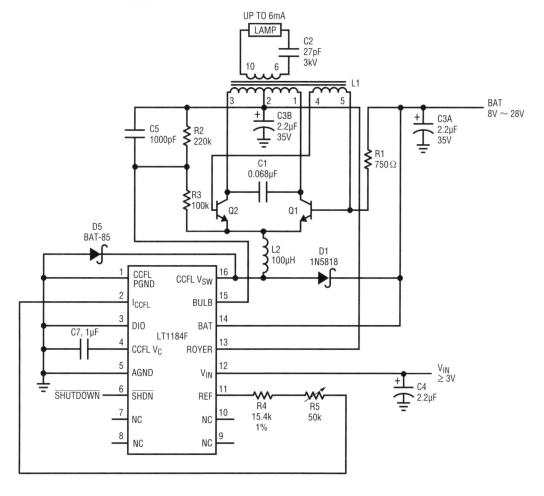

図8.E2 Q₃と関連部品により出力電圧を制限する局所的な安定化ループを形成する

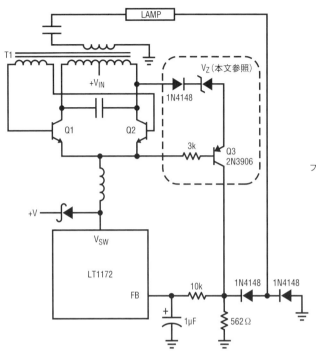

図8.E3 帰還回路（丸で囲んだ部品）をトランスの2次側に移すことで，出力短絡時でも電流制御を維持する．代償はわずかな入力レギュレーションと電流精度の劣化である

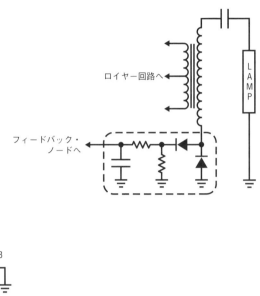

## Appendix F　輝度調整とシャットダウンの手法

通常，CCFL回路はシャットダウン能力と何らかの輝度調整（調光）機能が必要です．図8.F1は，LT118x用のさまざまな方法を掲載しています．制御源には，PWM，可変抵抗，DAC，または他の電圧源があります．LT1186（示されていない）はデジタルのシリアル・ビット流のデータ入力があり，図8.51に関連して本稿で説明しています．

示したすべての場合，$I_{CCFL}$ピンへの平均電流でランプ電流を設定します．したがって，AとBの場合には振幅とデューティ・サイクルを制御しなくてはなりません．他の例は，振幅の不確かさに起因する誤差を取り除くためにLT118xの基準電圧を利用します．

図8.F2は，LT118x用のシャットダウン方法を示しています．ICには高インピーダンスのシャットダウン・ピンがあり，もしくは単に$V_{IN}$から電源電圧を取り除きます．$V_{IN}$電源の切り替えには大電流の制御源が必要ですが，シャットダウン電流はいくらか低くなります．

図8.F3は，LT1172および同様のレギュレータを使用したCCFL回路の調光制御方法を示します．輝度を制御する3種類の方法を図に示します．最も一般的な輝度制御方法は，帰還終端と直列に可変抵抗を追加することです．この方法を使用する場合，最小値（この場合は562Ω）は1%品にしてください．抵抗の偏差が広いものを使用すると，最大輝度を設定時のランプ電流が応じて変動します．

時には，PWM変調や可変DCを輝度調整に使うこともあります．2つのインターフェースとも良好に動作します．ダイオードと22kΩ抵抗を介してDCまたはPWMで帰還ピンを直接駆動します．示した他の方法も同様ですが，オン時に最高の過渡応答を得るため，帰還ループ外に1μFのコンデンサを置いてください．出力のオーバーシュートを最小にしたい場合には，これが最善の方法です．当然，すべての場合，0%デューティ・サイクル時のPWM源の振幅は最大ランプ電流

Appendix F 輝度調整とシャットダウンの手法

図8.F1　LT118xシリーズのさまざまな調光方法．LT1186（示されていない）はデジタルのシリアル・ビット流による調光入力がある

(F1a) LT1182/1183のPWMによる$I_{CCFL}$設定

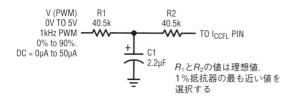

(F1b) LT1184/1184FのPWMによる$I_{CCFL}$設定

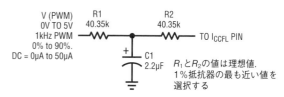

(F1c) LT1183の可変抵抗制御による$I_{CCFL}$設定

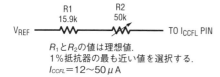

(F1d) LT1184/1184Fの可変抵抗制御による$I_{CCFL}$設定

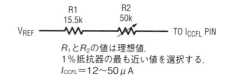

(F1e) LT1182/1184/1184FのDACまたは電圧源制御による$I_{CCFL}$設定

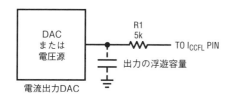

(F1f) LT1183の$V_{REF}$を使用したPWMによる$I_{CCFL}$設定

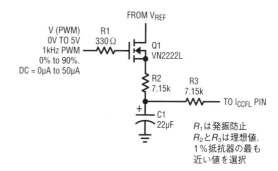

(F1g) LT1184/1184Fの$V_{REF}$を使用したPWMによる$I_{CCFL}$設定

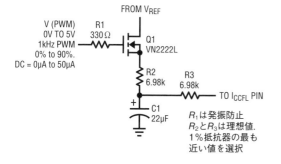

(F1h) LT1183の$V_{REF}$を使用したPWMによる$I_{CCFL}$設定

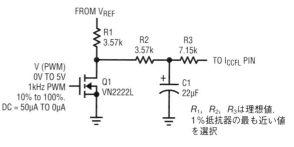

(F1i) LT1184/1184Fの$V_{REF}$を使用したPWMによる$I_{CCFL}$設定

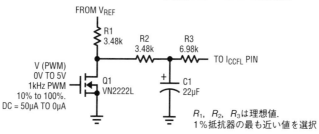

図8.F2 LT118Xシリーズのシャットダウン方法は、シャットダウン・ピンまたは単に$V_{IN}$を切る方法がある

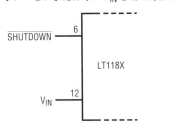

図8.F4 LT1172/1372のようなCCFL回路のさまざまなシャットダウン方法

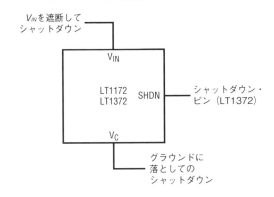

の確度に影響しないことに注意してください。関連項目として、本稿の「帰還ループの安定性の問題」の項を参照してください。

図8.F4は、スイッチング・レギュレータを使用したCCFL回路をシャットダウンする方法を示します。LT1172回路では、$V_C$ピンをグランドに引けば回路が低消費電力シャットダウンになります。このモードでは、主電源（ロイヤーの中央タップ）に流れる電流は本質的になく、約50μAがLT1172の$V_{IN}$ピンに流れます。$V_{IN}$電源をオフすると、LT1172の50μAの電流もなくなります。LT1372のような他のレギュレータICは、独立したシャットダウン・ピンをもっています。

## 可変抵抗について

CCFLの調光で頻繁に使用される可変抵抗は、問題を避けるために考慮が必要です。特に抵抗値、比の偏差、および他の問題がお粗末な設計をだめにする可能性があります。比の偏差（図8.F5参照）は通常、絶対的な抵抗値の仕様より良いことを覚えておいてください。このため、時には、それを可変抵抗器の代わりに電圧分割器として使用した方が有利です。可変抵抗を使用した調光で重要な問題は、一般にランプの過剰駆動が生じないことを保証している点です。これが、可変抵抗を"短絡"した位置で最大輝度の調光方式を構成することが望ましい理由です。確認は必要ですが、多くの場合、"先端での抵抗値"の偏差はあまり重要でなく、最大抵抗値や比の設定よりも再現性があります。他の問題には、摺動子の電流容量、可変特性、および"開放"時の回路感受性を含みます。摺動子の最大電流要件については、必ず回路の挙動を確認してください。CCFLの調光方式は、ほぼ大きな摺動子電流を必要と

図8.F3 LT1172および同様のスイッチング・レギュレータを使用したCCFL回路のさまざまな輝度制御方法

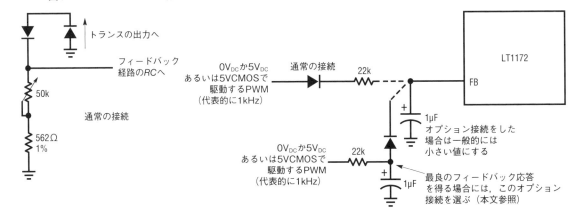

しませんが，使用する特定の方式にこの問題がないことを確認してください．線形または対数である可変抵抗の変化は，使用者が簡単に設定できるようにランプの電流-光出力特性に合っている必要があります．選定が不十分だと，可変抵抗をわずかに動かしただけで使用調光範囲の大半を変動してしまうようになります．最後に，時々発生するような，いずれかの端子が開放状態の場合，回路がどのように反応するかを必ず評価してください．過大なランプ電流や他の残念な動作を強いる代わりに，回路が何らかの比較的に穏やかな不具合モードをもつことが肝心です．

可変抵抗の電子的な代替は，MOSスイッチで切り替えるモノリシックの抵抗列です．ものによっては，不揮発性メモリを搭載しているものもあります．そのような部品には電圧定格の制限があり，他のICのように守る必要があります．さらに，機械的な可変抵抗の項で議論したすべての制限があります．バックライトの調光用途において，その最も重大な潜在的問題は，極端に高い"先端での抵抗値"です．"短絡"位置では，FETスイッチのオン抵抗は標準200Ωで，機械的可変抵抗よりずっと高い値です．このため，電子的な可変抵抗器はほとんど必ず，3端子分圧器として構成されます．通常，これは調整可能ですが，用途によっては除外されます．

## 高精度PWM発生器

図8.F6は，さまざまなパルス幅を高精度で発生する簡便な回路です．この能力は，PWMを使う調光方式を試験する場合に役立ちます．この回路は基本的に，閉ループのパルス幅変調器です．水晶制御の1kHz入力は，微分器/CMOSインバータ回路とリセット・ス

図8.F5　CCFLの調光用途における機械的および電子的可変抵抗の関連特性

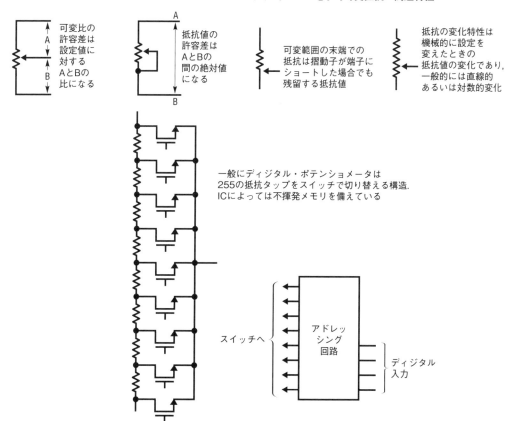

イッチLTC201を介して$C_1/Q_1$のランプ発生器にクロックを入力します．$C_1$の出力がCMOSインバータを駆動し，その出力は抵抗でサンプリングされ，平均化されて，$A_1$の反転入力に現れます．$A_1$は，可変抵抗からの可変電圧とこの信号を比較します．$A_1$の出力がパルス幅変調器をバイアスし，周囲のループを閉じます．CMOSインバータの純抵抗性の出力構造が，パルス幅を一定に保つために$A_1$のレシオメトリック動作（例えば，双方の$A_1$入力信号は5V電源から供給する）と協業します．時間，温度，および電源の変動は根本的に影響しません．可変抵抗器の設定が，出力パルス幅の唯一の決定要因です．追加のインバータはバッファを提供し，出力を供給します．ショットキー・ダイオードは，ケーブル起因のESDや試験中の偶発事故によるラッチアップから出力を保護します（注1）．

出力の幅は，2kΩの半固定抵抗で調整しながら，それを監視して調整します．

既述のように，回路は電源変動の影響を受けにくくなっています．しかし，CCFL回路はPWM出力を平均化します．デューティ・サイクルの変動と電源の変化を区別はできません．したがって，試験装置の5V電源は±0.01Vに調整してください．これは，実際の動作条件の下で"デザイン・センター用"のロジック電源を模擬します．同様に，低出力インピーダンスを得るために追加のロジック・インバータを並列接続することは避けるべきです．実用途では，CCFL調光端子は単一のCMOS出力で駆動し，そのインピーダンス特性に正確に似せる必要があります．

---

注1："偶発事故"とは，実験室で起こり得るすべての不注意を言及する巧みな言い回しです．例えば，CMOSロジック出力の－15V電源への短絡（それがダイオードを入れた理由）．

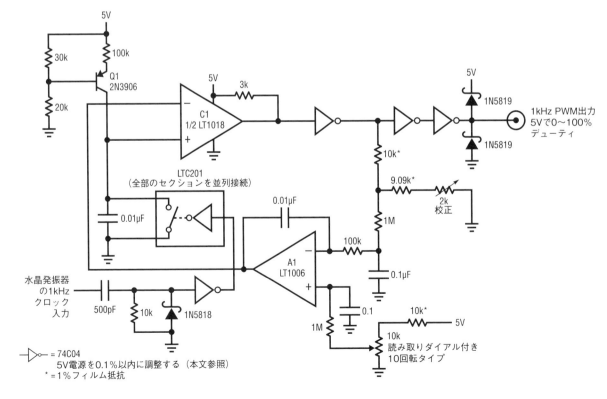

図8.F6　調整されたパルス幅試験装置．$A_1$は$C_1$を使用したパルス幅変調器を制御し，その動作点を安定化する

# Appendix G　レイアウト，部品，および輻射の考察

　本稿で述べたCCFL回路は，レイアウトや電源ラインのインピーダンスに対して特に耐性があります．これは比較的，ロイヤーが継時的に連続した電流の流れのためです．しかし，何らかの電流の流れの評価は大事です．図8.G1は，スイッチング・レギュレータを使用したCCFL回路の特に重要な経路を太線で示します．実際のレイアウトでは，これらの配線は適切に短く，太くすべきです．最も重要な事柄は，$C_1$，$T_1$の中央タップ，およびダイオードは互いに最小の配線で直接接続することです．同様に，$C_1$ほど配置が重要ではありませんが，$C_2$は$V_{IN}$ピンの近くにすべきです．

　図8.G2は，LT118xを使用した回路に対する同様のレイアウトへの配慮を示します．前述のように，ロイヤーと$V_{IN}$のバイパス・コンデンサは，ロイヤーの中央タップ近くのダイオードとともに，各々の負荷近くにすべきです．

**図8.G1**　太線はLT1172/LT1372を使用したCCFL回路で低インピーダンスのレイアウトが必要になる基板配線を示している．その経路に関係するバイパス・コンデンサは負荷近くに実装する必要がある

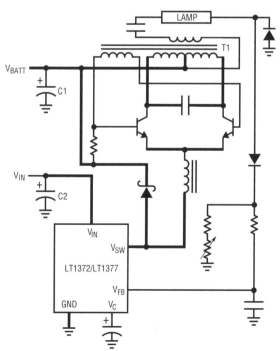

## 回路の分割

　領域が極端に限られている場合，回路を物理的に分割することが求められるかもしれません．設計によっては，ディスプレイのそばに回路の一部を配置し，他の部分は離れて配置します．最良の分割箇所は，ロイヤーのトランジスタのエミッタとインダクタ(図8.G3)の接続点です．長くて相対的に損失のある接続をこの点に設けても，インダクタへの信号の流れはほぼ定電流源に似ているので，不利益は被りません．

　インダクタのフィルタ効果により，広帯域成分はありません．図8.G4は，エミッタ電圧(波形A)と電流(波形B)の波形です．広帯域成分や他の大きなエネルギーの速い移動はありません．ロイヤーとスイッチング・レギュレータの発振周波数が混じっているために太くなっているインダクタ電流の波形は有害ではありません．

　分割の非常に特別な場合には，トランスを小型の2個のもので置き換えることもあります．領域(特に高さ)を小さくすることの他，電気的な利点も実現できます．詳細はAppendix Iを参照してください．

## 高電圧のレイアウト

　基板の高電圧部には特別な注意が必要です．結露の繰り返しや微粒子物質の付着により生涯にわたって大きく増加する基板の漏れは，最小にする必要があります．あらかじめ注意を払わないと，漏れが動作劣化，故障，または破壊的なアーク放電を生じます．そのような可能性を取り除く唯一確実な方法は，回路から高電圧箇所を完全に絶縁することです．理想的には，導体の0.25インチ以内に高電圧箇所がないことです．さらに，結露の繰り返しによる湿気の付着や不適切な基板の洗浄は，トランス下の溝によって取り除けます．高電圧のレイアウトで一般的な技法のこの配慮は強くお勧めします．一般に，レイアウト，基板製造，または環境因子による漏れやアーク放電の問題の可能性に対し，すべての高電圧の領域を注意深く検討してください．不快な驚きを避けるために，明晰な考慮が必要です．これまでの議論を視覚的にまとめた以降の注釈付きの写真は，高電圧レイアウトの例です．

図8.G2 LT118xを使用した回路の重要な電流経路．太線は低インピーダンスが必要な基板配線を示す．その経路に関係するバイパス・コンデンサは負荷近くにする必要がある

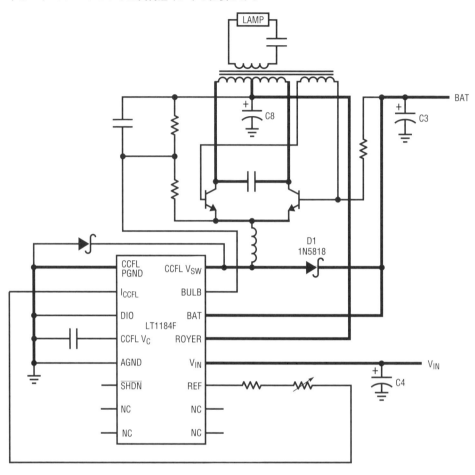

図8.G3 領域が制限される用途では，CCFL回路を分割されることもある．エミッタ/インダクタの接続部で切り離しても害はない

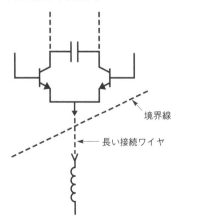

図8.G4 ロイヤーのエミッタ/インダクタの接続点はCCFL回路の分割には理想的な位置である．電圧（波形A）と電流（波形B）の波形にはほとんど高周波成分が含まれない．電流の波形が太いのはインダクタで周波数が混じっているためである

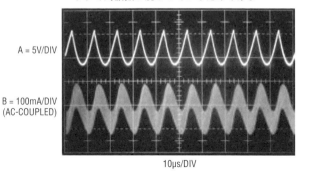

図8.G5 トランスの出力端子, バラスト・コンデンサ, およびコネクタは基板端に隔離されている. 切れ込みが漏れを防止する

図8.G6 図8.G5の裏面. トランス下の溝の領域が湿気や汚れの付着の可能性を取り除く

図 8.G7　高圧コンデンサがトランスのグランド端子（右側）から十分に離れて実装された，大きな溝に入れたトランス．コネクタの"低電圧側"の配線が高電圧箇所から一直線に離れて走っていることに注意

図 8.G8　図 8.G7 の裏面の溝の詳細．トランスのピンは溝の領域内にあり，高さ方向を省いている．高電圧接点はスルーホールにせず，基板の誘電体の強度は既知なので，基板への印刷は可能

図8.G9 非常に徹底して溝を取り扱えば漏れを解消する．バラスト・コンデンサの下で，コネクタの低電圧側ピンの辺りの溝により，高密度のレイアウトができる

図8.G10 図8.G9の裏面は，パッケージの制約によって必要となった寄せたトランス配置を示す．トランスのピンは溝の領域にあり，基板全体の高さを抑えている

図8.G11　基板の上面は高電圧コネクタへ走っている絶縁の切り込みを示す

図8.G12　図8.G11の裏面は溝の領域を示す．基板左端の配線は好ましくないが，許容できる．配線と高電圧箇所の間の絶縁の切り込みはむしろ好ましい

図8.G13 失敗作．このCADレイアウトでは，網目状のグランド・プレーンが出力コネクタと高電圧トランスのピン（中央上）を囲んでいる．基板はオンと同時に破損した

図8.G14 図8.G13の裏面．並列接続したバラスト・コンデンサ（中央上）の領域のグランド・プレーンが，オンと同時に大規模なアーク放電を生じた．基板は完全に再設計が必要である．CADレイアウトのソフトウェアには電磁気学が必要である

## 個別部品の選定

CCFL回路の性能には，個別部品の選定が非常に重要です．コレクタの共振コンデンサに使う誘電体の選定が不十分だと，効率が容易に5％～8％は低下します．指定のWIMAやパナソニックの部品は非常に優秀で，同様に動作するコンデンサは他にはあまりありません．パナソニックの部品は，WIMAのスルーホール型よりも1％ほど損失が多いですが，推奨する唯一の面実装型です．

指定のトランジスタは非常に特殊です．それは並外れた電流利得と$V_{CE}$飽和仕様を備えています．特にバックライト用途に設計されたデュアル品のZDT1048は面積を節約し，好ましい部品です．図8.G15は関連特性のまとめです．代用の標準品では効率が10％から20％低下し，場合によっては悲劇的な不具合を生じます[注1]．

注1：注意しなかったと言わないこと．

図8.G15　ZETEX社のデュアル・トランジスタZDT1048の簡易仕様．並外れたβと飽和特性は，バックライト回路のロイヤー・コンバータ部に理想的である

### ELECTRICAL CHARACTERISTICS (at $T_{amb}$ = 25°C unless otherwise stated).

| PARAMETER | SYMBOL | MIN. | TYP. | MAX. | UNIT | CONDITIONS. |
|---|---|---|---|---|---|---|
| Collector-Emitter Breakdown Voltage | $V_{CES}$ | 50 | 85 | | V | $I_C$=100µA |
| Collector-Emitter Breakdown Voltage | $V_{CEV}$ | 50 | 85 | | V | $I_C$=100µA, $V_{EB}$=1V |
| Collector Cut-Off Current | $I_{CBO}$ | | 0.3 | 10 | nA | $V_{CB}$=35V |
| Collector-Emitter Saturation Voltage | $V_{CE(sat)}$ | | 27<br>55<br>120<br>200<br>250 | 45<br>75<br>160<br>240<br>350 | mV<br>mV<br>mV<br>mV<br>mV | $I_C$=0.5A, $I_B$=10mA*<br>$I_C$=1A, $I_B$=10mA*<br>$I_C$=2A, $I_B$=10mA*<br>$I_C$=5A, $I_B$=100mA*<br>$I_C$=5A, $I_B$=20mA* |
| Static Forward Current Transfer Ratio | $h_{FE}$ | 280<br>300<br>300<br>250<br>50 | 440<br>450<br>450<br>300<br>80 | <br><br>1200<br><br> | | $I_C$=10mA, $V_{CE}$=2V*<br>$I_C$=0.5A, $V_{CE}$=2V*<br>$I_C$=1A, $V_{CE}$=2V*<br>$I_C$=5A, $V_{CE}$=2V*<br>$I_C$=20A, $V_{CE}$=2V* |
| Transition Frequency | $f_T$ | | 150 | | MHz | $I_C$=50mA, $V_{CE}$=10V<br>f=50MHz |

*Measured under pulsed conditions. Pulse width=300µs. Duty cycle ≤ 2%

ZETEX
U.K. FAX: 0161627-5467
U.S. FAX: 5168647630
HONG KONG FAX: 987 9595

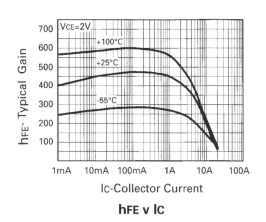

hFE v Ic

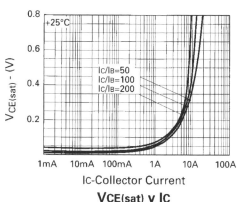

VCE(sat) v Ic

Zetex社の許諾を得て掲載

Zetex社のアプリケーション・ノート14［参照文献(28)］から許諾を得て抜粋した次項は，トランジスタの動作条件や要件に重点をおいてロイヤー回路の動作を検討します．

以下は，Zetex社のNeil Chattertonによる"LCDバックライト用トランジスタの考察"からの引用

## コンバータの基本動作

CCFL管の振る舞いと望ましい動作条件によって規定される駆動要件は，**図8.G16**に示すような共振型プッシュプル・コンバータで達成できます．これはまた，電力コンバータとしてG.H.ロイヤーが1954年にそのトポロジーを提案した後，ロイヤー・コンバータと言われています（注：厳密に言うと，バックライト・コンバータはロイヤー・コンバータの変形を使用し，オリジナルは動作周波数を決めるために飽和トランスを使用するので矩形駆動波形を生成します）．回路は簡単に見えますが，それは大きな誤解で，多くの部品が相互作用します．広く変動する部品の値で回路は動作する能力がある一方（開発段階で有用），可能な限り高効率を実現するためには各設計の最適化が必要です．

トランジスタ$Q_1$と$Q_2$は，帰還巻き線$W_4$によって生じるベース駆動で交互に飽和します．ベース電流は抵抗$R_1$と$R_2$で決まります．供給インダクタ$L_1$と主コンデンサ$C_1$は，回路が正弦波で動作するようにし，高調波の発生とRFIを最小にして，負荷に好ましい駆動波形を提供します．昇圧は巻き数比$W_1:(W_2+W_3)$で実現されます．$C_2$は2次巻き線バラスト・コンデンサで，効率的に管電流を設定します．

ランプを点灯する前，またはランプが接続されていない場合，動作周波数は主コンデンサ$C_1$とトランスの1次巻き線$W_2+W_3$からなる並列共振回路で決まります．いったん管が点灯すると，バラスト・コンデンサ$C_2$には管と寄生容量の分も加わってトランスを通して反映され，動作周波数が低下します．

2次側の負荷はトランスの高い巻き数比によって回路で支配的になり，例えば，非常に低いDC入力電圧で操作するように設計します．

各々のトランジスタのコレクタは$2\times\pi/2\times V_S$（あるいは単に$\pi\times V_S$）の電圧になります．ここで，$V_S$はコンバータへのDC入力電圧です（$\pi/2$の因子は正弦波の平均値とピーク値の関係によるもので，2倍の乗数はトランスのセンタ・タップがある1次側の2:1の自動トランス動作によるものです）．この1次電圧は，全

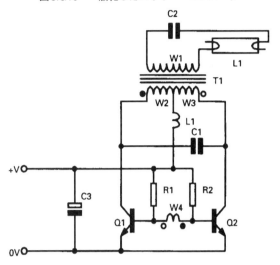

図8.G16 一般化したロイヤー・コンバータ

条件で管が信頼をもって点灯できる十分に高いレベルまで，トランスの巻き数比$N_S:N_P$で昇圧されます．開始電圧は，ディスプレイの筐体，グラウンド・プレーンの配置，管の使用時間，および周囲温度の影響を受けます．

**図8.G16**に示す基本的なコンバータは，多くのシステムで利用されている有効で有用な回路であり，数々のメーカによってサブシステムとして実際に供給されています．

## 必要なトランジスタ特性

バックライト用ロイヤー・コンバータで必要な比較的に低い動作周波数（高電圧寄生容量の損失を最小にするため）と容易なトランスの駆動により，この回路へのバイポーラ・トランジスタの導入が特に好ましくなります．これはMOSFETを使用する設計を排除するわけではありませんが（ICメーカによってはこれに適した技術としてMOSを規定している），等価オン抵抗とシリコン効率の観点からは低電圧バイポーラ・トランジスタに及ぶものはありません．例えば，ZETEX社TRX849のEライン（TO-92互換）トランジスタは，

$36m\Omega$ の $R_{CE(sat)}$ を示します．これは，TO-220, D-PAK, および同様の大きなパッケージのみで入手できる，もっと大きな（そして高価な）MOSFET ダイでしか対抗できません．

最も重要なトランジスタ特性は，定格電圧，$V_{CE(sat)}$，および $h_{FE}$ であり，以下に詳細を説明します．

接地した素子の電圧定格を過大に規定して不要なオン抵抗の損失による効率の低下を招く可能性があるので，必要な電圧定格は，標準的なトランジスタの降伏電圧パラメータに関して考慮する価値があります．プレーナ型バイポーラ・トランジスタの1次降伏電圧 $BV_{CBO}$ は，エピタキシャル層の，特に厚みと抵抗率に依存します．設計者の一番の興味である降伏電圧は通常，コレクタ-エミッタ(C-E)端子間で到達する電圧です．この値は，1次降伏電圧 $BV_{CBO}$ とベース端子のバイアス状態に依存したずっと低い電圧の間で変動します．

［降伏の機構はアバランシェ倍増効果によって生じており，衝突が格子状原子のイオン化を引き起こすような逆バイアス電界により，自由電子が十分なエネルギーを受け取ります．従って，発生した自由電子は次に電界で加速され，さらなるイオン化を生じます．この自由キャリアの倍増が逆電流を劇的に増加し，接合部は印加電圧を実効的にクランプします．ベース端子は明らかに接合部電流に影響し，降伏条件に必要な電圧を調整します．］

図 8.G17 は，降伏特性が異なる回路条件に対して変動して，どのように見えるかを示します．$BV_{CEO}$ 定格（またはベースが開放）によりコレクタ-ベース(C-B)の漏れ電流 $I_{CBO}$ がトランジスタの $\beta$ で実効的に増幅され，$I_{CEO}$ の漏れ成分を大きく増加します．ベースをエミッタに短絡（$BV_{CES}$）すると C-B の漏れに並列経路ができて，降伏に必要な電圧はベースが開放の状態よりも高くなります．$BV_{CER}$ はベースが開放と短絡の間の場合を示します．ここで，$R$ は一般に $100\Omega$〜$10k\Omega$ の値の外部のベース-エミッタ抵抗を示します．$BV_{CEV}$ または $BV_{CEX}$ は，ベース-エミッタが逆バイアスされた特別な場合です．これは C-B の漏れに良い経路を提供するので，この定格は $BV_{CBO}$ 値に近い，または一致する電圧を生じます．図 8.G18 は，トランジスタ ZTX849 の関連する降伏モードのカーブ・トレーサ波形を示しており，素子がオン状態を示す特性も含んでいます．事実上，カーブ1と2は同等で，各々 $BV_{CBO}$ と $BV_{CES}$ を示します．カーブ3は，ベースのバイアスに $-1V$ を印加した場合の $BV_{CEB}$ を示します．カーブ4は約36V の $BV_{CEO}$ を示します．カーブ5は $BV_{CE}$ で，降伏状態が0.5Vの正のベース・バイアスでどのように影響されるかを示します．

図 8.G19 から推察されるように，$BV_{CEV}$ 定格は特にロイヤー・コンバータに関連があります．この試験は，ベース電圧が帰還巻き線によって負になっているときだけトランジスタが高い C-E 電圧を経験することを示しており，もちろん，これらの事象は完全に同時性があります．C-E および B-E の拡大波形を図 8.G20 に示します．

［注：帰還巻き線によって印加される電圧はトランジスタの $BV_{EBO}$ を超えてはならない．これは実際の

**図 8.G17　バイポーラの電圧降伏モード**

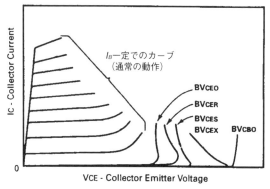

**図 8.G18　ZTX849 の降伏モード**

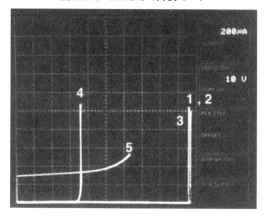

7.5V〜8.5Vに対して通常5Vで規定される.]

$V_{CE(sat)}$と$h_{FE}$パラメータは,回路の電気的変換効率に直接的な関係があります.これは特に,大電流レベルを伴うために低電圧バッテリ駆動システムで顕著になります.標準的なLFアンプ用トランジスタでは理想的な結果からはほど遠くなり,そのような部品は汎用の線形で重要でないスイッチング用途のみのためです.そのような部品に固有の高い$V_{CE(sat)}$と低い電流利得は,回路の効率を50%未満に下げます.例えば,既述の$V_{CE(sat)}$の500mAで測定した最大値は,SOT223パッケージのトランジスタFZT849と時にはロイヤー・コンバータ用トランジスタに適当とされるLF素子では,各々50mVと0.5Vです.例を下記に示します.

|  | $V_{CE}$(sat) | @$I_C$ | $I_B$ |
|---|---|---|---|
| FZT849 | 50mV | 0.5A | 20mA |
| BCP56 | 0.5V | 0.5A | 50mA |

$V_{CE(sat)}$の問題を扱うため,時には大電力トランジスタを指定します.残念ながら,その容量値と特徴的な低いベース伝達率(エピタキシャル素子の特徴)は,蓄積時間とスイッチング時間が長いために貫通電流の問題につながる可能性があります.また,ベースのバイアス損失の全体に占める割合が大きくなるときには,電流利得も重要です.ベースの過剰駆動を防ぎながら最小の$V_{CE(sat)}$を保証するためにバイアス抵抗を思慮深く選定するには,電源変動,最大ランプ電流,およびトランジスタの$h_{FE}$の最小値と範囲を考慮する必要があります.

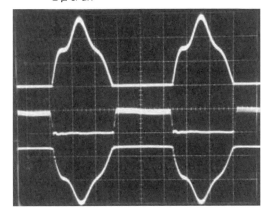

図8.G19 ロイヤー・コンバータの動作波形.各々$V_{CE}$:10V/div, $I_E$:0.5A/div, $V_{BE}$:2V/div, 水平軸:2μs/div

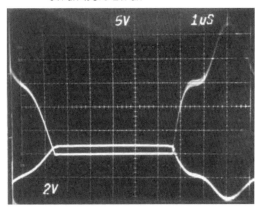

図8.G20 ロイヤー・コンバータの$V_{CE}$と$V_{BE}$の波形.各々5V/divおよび2V/div

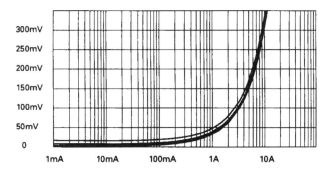

図8.G21 利得が10, 20, 50, 100のときのZTX1048Aの$V_{CE(sat)}$-$I_C$特性

上記の理由により，大電流スイッチング用途に設計されて最適化されたトランジスタは，最もコスト効果が高い効率的な解決策を提供します．図8.G21は，規定の利得値の範囲に対してZTX1048Aが表す$V_{CE(sat)}$を示します．この素子はZTX1050シリーズのトランジスタの一つで，ZETEXの"Super-SOT"シリーズとして開発された非常に効果的な行列幾何の拡張した変形を採用しています．これにより，小さなダイを使用してコストと"あるいは"面積削減の長所を提供しながら，この用途に関連した低い適度な電流でZTX850シリーズと同様の$V_{CE(sat)}$性能が可能です．

## その他の個別部品の考察

また，指定の磁性部品も注意して選ばれていて，代用すると効率の低下から入力レギュレーションの劣化に及ぶ問題につながる可能性があります．

バイパス・コンデンサは，スイッチング・レギュレータ用に規定されたものならどれでも使用できますが，電源が大電流を流す能力がある場合には，ロイヤーのバイパスとしてタンタル型は避けるべきです．この執筆時点では，大電流のオンに直面して信頼性を保障できるタンタルメーカはありません．タンタルを使用する必要がある場合には，電圧ディレーティング係数を2倍にしてください[注2]．

LT118xを使用した回路で使った$2.2\mu F$のロイヤーのバイパス値は，IC内部の電流シャントに起こり得る長期的損傷に対して保証するために選ばれています．オン電流のサージは大きくなることがあり，この値がそれを安全領域に制限します．

$V_{SW}$ピンと連携する高速キャッチ・ダイオードは，遭遇する高速電流スパイクを処理する能力が必要です．ショットキー型は，一般の高速品よりも低損失を提供します[注3]．

## 輻射

CCFL回路では稀にしか輻射の問題がありません．ロイヤー回路の共振動作が，対象の周波数での輻射エネルギーを最小にします．しばしば，スイッチング・レギュレータの$V_{SW}$ノードに関連した多くのRFエネルギーがあり，露呈した配線領域を最小にすることで問題を取り除きます．磁性部品からの付随的な輻射は適当に低いです．場合によっては（比較的に稀），他の回路との干渉を防ぐために磁性部品の配置も検討が必要です．もし，シールドが必要な場合には，設計の初期段階でその評価をするべきです．ロイヤー・トランス付近でのシールドは，インバータの共振の変化から2次側のアーク放電にまでわたる影響を生じます．

---

注2：注1を参照．2度，読むこと．
注3：この用途に60Hz整流用のダイオード（例えば1N4002）の使用を検討することは，低俗な文献として見なされる．注1も参照．

## Appendix H　高電圧入力によるLT1172の動作

用途によっては，高い入力電圧が必要です．図で規定された最大20Vの入力は，絶縁フライバック・モードで動作するLT1172で設定され（LT1172のデータシート参照），降伏電圧の制約ではありません．もし，LT1172の$V_{IN}$ピンが低電圧源で駆動される場合，20Vの制約は図8.H1の回路を使用して拡張できます．もし，LT1172が$L_1$の中央タップと同じ電源で駆動される場合，効率は影響を受けますが，その回路は不要です．本稿で議論した他のスイッチング・レギュレータに本件は不要です．それらの動作電圧は，降伏電圧の制限だけで設定されます．

図8.H1　20V以上の入力でLT1172を動作させる回路

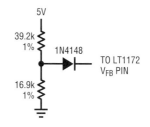

# Appendix I　その他の回路

## デスクトップ・コンピュータCCFL電源

AC電源で動作するデスクトップ・コンピュータは，大出力のディスプレイを扱うことができます．大電力動作により，高輝度や広い表示面積，またその両方が可能です．一般に，デスクトップ・ディスプレイは4W～6Wを消費し，比較的に高い安定化電源で動作します．図8.I1にそのようなディスプレイを示します．

この前述のものと同様のLT1184を使用した"接地型ランプ"の構成では，コメントは少ししか必要ではありません．トランスが大電力タイプで，"$I_{CCFL}$"の電流設定抵抗の調整により，9mAのランプ電流が可能です．この場合，記載したすべての他の方法も可能ですが，設定はPWMをクランプして（Appendix Fを参照）行われます．

## デュアル・トランスCCFL電源

面積の制約により，1個の大きなトランスの代わりに2個の小型トランスを利用する必要があるかもしれませ

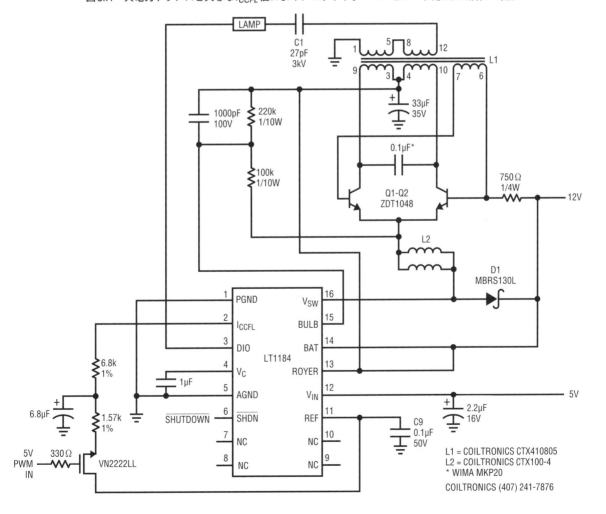

図8.I1　大電力トランスと大きな$I_{CCFL}$値によりデスクトップ・コンピュータ用LCD動作が可能

ん．この方法はやや割高ですが，面積の問題を解決し，他の魅力的な利点も提供します．図8.12の回路は，基本的にはLT1184を使用した"接地型ランプ"回路です．トランジスタは，2個並列のトランスの1次側を駆動します．トランスの2次側は直列に重ねられ，出力を提供します．各々が負荷電力の半分を供給する比較的に小型のトランスは，ランプ端子に直接配置できるかもしれません．明らかな面積の利点は別にして，この構成は，高電圧の配線長を短くすることで寄生の配線損失を最小に抑えます．さらに，付随する寄生損失が低いので，ランプは差動駆動されますが，帰還信号はグランド基準にできます．したがって，重ねた2次側を重ねることで，接地モードの電流確度と入力レギュレーションをもつフローティング型ランプの動作効率を提供します．

$L_1$は，通常の方法で巻き線4-5により帰還を供給して直接駆動します．$L_1$の"スレーブ"である$L_3$は，2次側に逆相の出力を生じます．$L_1$と$L_3$間の相互接続は，波形の純度を維持するために低インダクタンスでレイアウトする必要があります．配線はできるだけ幅広くし（例えば1/8インチ），誘導の影響をキャンセルするように重ねます．

図8.12 デュアル・トランスは，電流精度と入力レギュレーションを維持しながら面積を節約して寄生損失を最小にする．コストの増加が代償

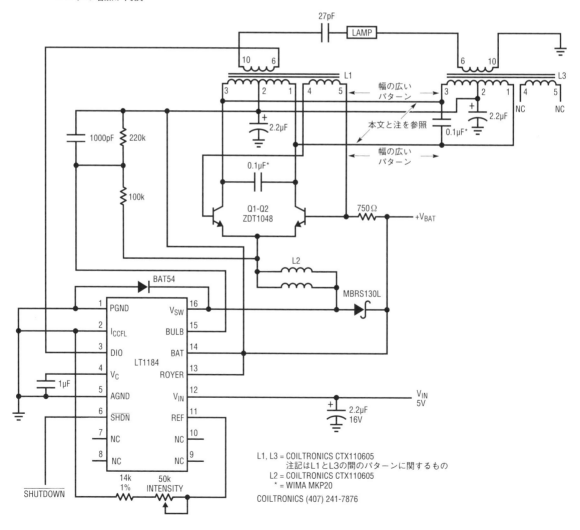

## HeNeレーザ電源

さまざまな用途で使用されるヘリウム-ネオン・レーザは，電源には難しい負荷です．通常，導通の開始にはほぼ10kVが必要ですが，規定の動作電流で導通を維持するには約1500Vしか必要ありません．通常，レーザへの電源供給には，最初の降伏電圧を発生するための何らかの起動回路と，導通を維持するための個別電源が必要です．図8.13の回路はレーザの駆動を相当に簡素化します．起動と維持の機能は，10kV以上のコンプライアンスで単一の閉ループの電流源に組み合わされています．回路は，DC出力電圧を3倍にしたCCFL電源の変形とも見なせます．

電源が印加されるとき，レーザは導通せず，190Ωの抵抗間の電圧はゼロです．スイッチング・レギュレータLT1170のFBピンには帰還電圧は現れず，そのスイッチ・ピン($V_{SW}$)は最大デューティ・サイクルのPWMを$L_2$に加えます．電流は，$L_1$の中央タップから$Q_1$と$Q_2$を経て$L_2$およびLT1170へ流れます．この電流の流れが$Q_1$と$Q_2$のスイッチングを生じ，$L_1$を交互に駆動します．0.47μFのコンデンサは$L_1$と共振して，昇圧した正弦波駆動を提供します．$L_1$は大きな昇圧を提供し，その2次側に約3500Vを発生します．$L_1$の2次側と共同でコンデンサとダイオードが電圧トリプラを形成し，レーザの両端に10kV以上を発生します．レーザは降伏し，それを通して電流が流れ始めます．47kΩ

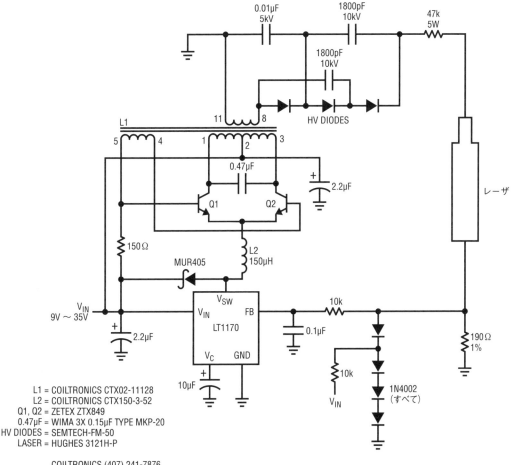

図8.13 CCFL回路を基にしたレーザ電源は本質的に10,000Vコンプライアンスの電流源である

の抵抗が電流を制限し，レーザの負荷特性を分離します．電流の流れが190Ωの抵抗間に現れる電圧を生じます．この電圧をフィルタしたものがLT1170のFBピンに現れ，ループを閉じます．LT1170は，動作条件の変化に関わりなく，FBピンを1.23Vに維持するために$L_2$へのパルス幅駆動を調整します．このようにして，レーザは定電流駆動され，この場合は6.5mAです．190Ωの値を変更すれば，他の電流を得ることができます．一連のダイオード1N4002は，レーザの導通が最初に始まるときに過剰な電圧をクランプし，LT1170を保護します．$V_C$ピンの10μFのコンデンサがループを周波数補償し，MUR405はLT1170の$V_{SW}$ピンが導通していないときに$L_1$の電流の流れを維持します．回路は9V～35Vの入力範囲にわたり，約80％の電気的効率でレーザを起動して動作させます

## Appendix J　LCDのコントラスト回路

LCDパネルには，可変出力のコントラスト制御回路が必要です．ここでは，いろいろな能力のコントラスト電源を紹介します．

図8.J1はLCDパネル用のコントラスト電源です．LTC社のSteve Pietkiewiczによって設計されました．回路は，ほとんどの設計よりもずっと低い1.8V～6V入力で動作するので注目すべきです．動作では，スイッチング・レギュレータLT1300/LT1301がフライバック構成の$T_1$を駆動し，$T_1$の2次側に負にバイアスされた昇圧を生じます．$D_1$が整流を提供し，$C_1$は出力をDCに平滑します．抵抗分割された出力は，ICの$I_{LIM}$ピンによる，DCまたはPWMのコマンド入力と比較されます．ICは，ループが$I_{LIM}$ピンを0Vに維持するようにし，コマンド入力に比例して回路出力を安定化します．

電源電圧が1.8V～3Vで変動するとき，効率は77％～83％の範囲です．同じ電源範囲で，可能な出力電流は12mA～25mAに増加します．

やはりLTC社のSteve Pietkiewiczが設計した別のLCDバイアス発生器を図8.J2に示します．この回路では，$U_1$は低消費電力DC/DCコンバータLT1173です．3V入力が$U_1$のスイッチ，$L_2$，$D_1$，および$C_1$によって24Vに変換されます．また，スイッチ・ピンSW1は，−24Vを生成するために$C_2$，$C_3$，$D_2$，および$D_3$からなるチャージポンプを駆動します．入力レギュレーションは3.3V～2V入力で0.2％未満です．−24V出力は直接安定化されていないのでいくらかの影響を受けますが，負荷レギュレーションは1mA～7mA負荷で2％の結果です．回路は，75％の効率で2V入力から7mAを供給します．

もっと大きな出力電力が必要な場合，図8.J2の回路が5V電源で駆動できます．$R_1$は47Ωに，$C_3$は47μFに変更します．5V入力では，75％の効率で40mAが可能です．シャットダウンは，$D_4$のアノードをHに設定することで達成され，$U_1$の帰還ピンが1.25Vの内部リファレンス電圧以上になります．シャットダウン電流は，入力電源から110μA，シャットダウン信号から36μAです．

## デュアル出力LCDバイアス電圧発生器

多くの異なる種類のLCDが入手でき，製造時にLCDのバイアス電圧を設定できると魅力的です．LTC社のJon Dutraが開発した図8.J3の回路は，AC結合の昇圧構成です．帰還信号は出力から個別に得られるので，負荷レギュレーションはやや劣りますが，負荷はループ補償に影響しません．28V出力時に10％～100％負荷（4mA～40mA）では，出力電圧は約0.65V下がります．1mA～40mA負荷では，出力電圧は約1.4V下がります．ほとんどのディスプレイで，これは許容範囲です．

帰還経路にLT1107内の補助ゲイン・ブロック（LT1107データシートを参照）を使うと，出力ノイズが下がります．これの加えた利得が実効的にコンパレータのヒステリシスを下げ，出力ノイズをランダム化する傾向があります．出力ノイズは，全負荷範囲にわたって30mV以下です．出力電力は$V_{BATT}$で増加し，5V入力で約1.4W，8V以上で約2Wです．効率は，広範な出力電力範囲にわたって80％です．もし，正または負の出力電圧だけが必要な場合には，未使用の出力に関係するダイオードとコンデンサは取り除きます．

Appendix J LCDのコントラスト回路

図8.J1 LCDコントラスト電源は1.8V～6Vで動作し，−4V～−29Vの範囲で出力する

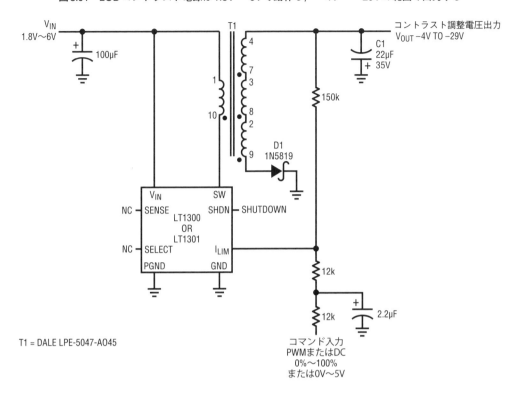

図8.J2 3V電源からLCDバイアスを生成するDC/DCコンバータ

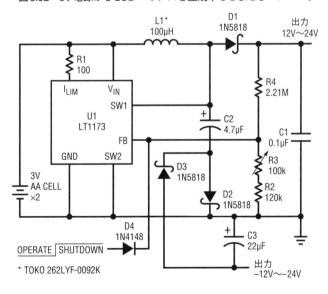

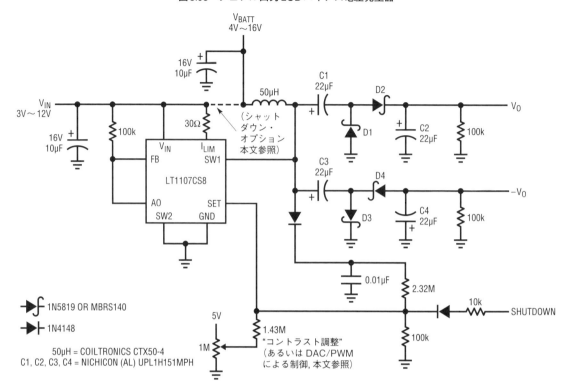

図8.J3 デュアル出力LCDバイアス電圧発生器

$D_2/D_4$のシャント容量によって生じる寄生の電圧ダブラに負荷するため，各出力には100kΩ抵抗が必要です．この最小負荷がないと，出力電圧が許容できないレベルまで上昇する可能性があります．

スイッチ・ピンSW1の電圧は，0Vから$V_{OUT}$にダイオード2個分の電圧降下を加えた値まで振れます．この電圧は，$C_1$と$D_1$を介して正出力に，また$C_3$と$D_3$を介して負出力にAC結合されます．$C_1$と$C_3$には，それらを通して流れる最大RMS電流があります．ほとんどのタンタル・コンデンサは，電流の流れに対して定格がありません．信頼性のため，定格のあるタンタル・コンデンサか，または電解コンデンサの使用をお勧めします．低い出力電流では，モノリシックのセラミック・コンデンサも選択肢です．

回路は幾つかの方法でシャットダウンできます．最も簡単には，SETピンを1.25V以上に引き上げます．この方法は，シャットダウン時に200μAを消費します．低電力の方法は，ハイサイド・スイッチでLT1107への$V_{IN}$をオフするか，単に入力電源を切ります（回路図中のオプションを参照）．これにより，$V_{BATT}$入力からの静止電流を10μA以下に下げます．どちらの場合でも，$V_{OUT}$は0Vまで下がります．+$V_{OUT}$がゼロまで下がる必要がない場合は，$C_1$と$D_1$は取り除きます．出力電圧は$V_{BATT}$から46Vまでのいかなる電圧にも調整できます．出力電圧は，DAC，PWM，または可変抵抗調整でユーザが制御できます．帰還ノードで電流を加算することで，出力電圧の下方調整ができます．

## LT118xシリーズのコントラスト電源

LT118xシリーズの部品には，昇圧レギュレータを基本としたコントラスト電源も含まれます．図8.J4は，基本的な正出力回路を示します．$V_{SW}$が駆動するインダクタは，出力をDCに整流してフィルタリングする$D_5$と$C_{11}$とともに昇圧を行います．$R_{12}/R_{14}$の分圧器が

図8.J4 LT1182の正極性LCDコントラスト昇圧コンバータ．簡便のためCCFL回路は省略

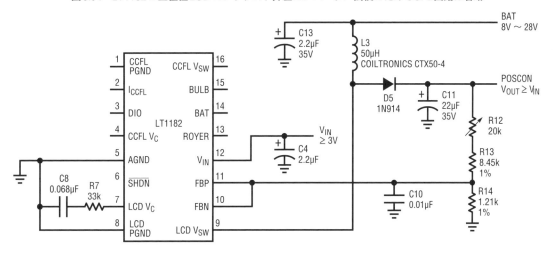

図8.J5 LT1182の正極性LCDコントラスト昇圧/チャージポンプ・コンバータはシャットダウン時のバッテリ電流を削減する

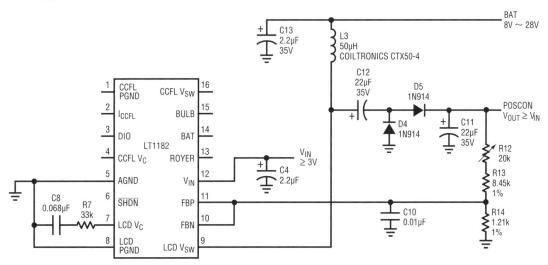

帰還比を設定し，つまり出力電圧を決めます．LT1182の帰還ピンへの接続は，周波数補償を提供する$R_7$と$C_8$とともに制御ループを閉じます．

図8.J5は，シャットダウン電流を減らすためにチャージポンプ技術を使う点を除き，同様です．$D_4$と$C_{12}$が$L_3$の放電経路に配置されていて，それを出力にAC結合します．シャットダウン時に$L_3$を通って流れるDC電流はなく，図8.J4のDC結合の方法でのバッテリの消費を減らします．

図8.J6のトランス給電型出力は，結果として生じる負にバイアスされた帰還信号を直接受けられるLT1183の"FBN"ピンで，負出力電圧を提供します．レベルシフトは不要です．この場合，可変抵抗やPWM入力も適用できますが(Appendix Fを参照)，出力電圧は電圧制御入力で設定します．$D_3$と$D_2$は，$L_3$のフライバック電圧の振幅を安全なレベルまで緩衝し，その絶縁さ

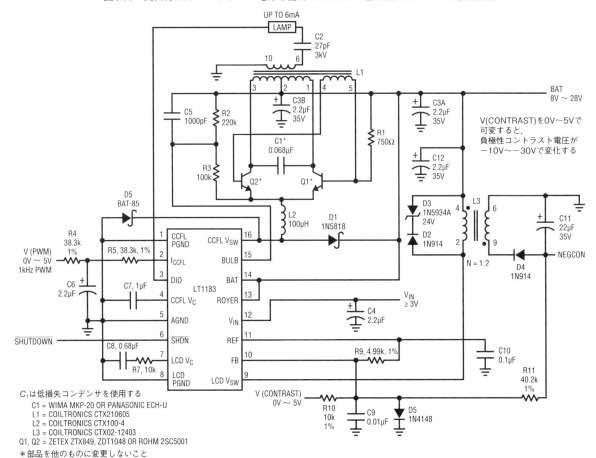

図8.J6 負出力LCDコントラスト電源を備えたLT1183の接地型CCFLランプ駆動回路

　れた2次側によって単純なインダクタ型の回路と比較して低いシャットダウン電流が可能です．

　図8.J7は，LT1182の両極性の帰還入力ピンの利点を使い，選択可能な出力極性を提供します．この回路により，正か負いずれかのバイアスを必要とするLCDで同じ回路が使用できます．これは，異なるLCDパネルを使う量産ではとても大きな利点です．動作では，$L_3$の2次巻き線が個別の2つの帰還経路につながることを除けば，回路は図8.J6と同様です．出力の極性は，単に$L_3$の適当な2次側端子をグランドにつなぐことで選択可能です．

Appendix J LCDのコントラスト回路

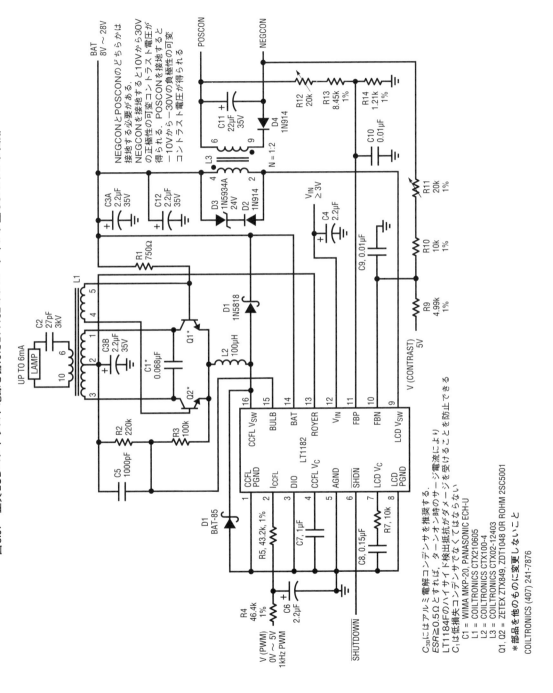

図8.J7 正負LCDコントラスト電源を備えたLT1182のフローティング型CCFLランプ回路

# Appendix K　ロイヤーとは誰で，何を設計したのか？

1954年12月，"可飽和コア回路におけるオン-オフ・スイッチとしてのトランジスタ"という論文がElectrical Manufacturing誌に掲載されました．著者の一人であるGeorge H. Royerは，この論文の一部として"d-cからa-cへのコンバータ"を記述しました．ウェスチングハウス社製2N74トランジスタを使い，ロイヤーは彼の回路で効率90％を報告しました．ロイヤー回路の動作は，この論文で良く説明されています．ロイヤー・コンバータは広く受け入れられ，数ワットからキロワットまでの設計で使われました．それは今なお，広い種類の電力変換の礎です．

ロイヤー回路はLC共振型ではありません．トランスは単独のエネルギー貯蔵素子であり，出力は方形波になります．図8.K1は，一般的なコンバータの概念的な回路です．入力は，トランジスタ，トランス，およびバイアス回路からなる自励発振構成に加わります．トランジスタは，トランスが飽和するたびにスイッチングして（図8.K2の波形AとCはQ₁のコレクタとベース，波形BとDはQ₂のコレクタとベース），逆相で導通します．トランスの飽和により，素早く立ち上がる大電流の流れを生じます（波形E）．

この電流スパイクはベースの駆動巻き線で捕捉され，トランジスタをスイッチングします．この逆相のスイッチングにより，各トランジスタは状態の入れ替わりを生じます．先に導通していたトランジスタの電流が急に低下し，次に再び飽和がスイッチングを強要するまで新しく導通するトランジスタの電流がゆっくりと増加します．この交互の動作により，トランジスタのデューティ・サイクルを50％に設定します．

図8.K3は，図8.K2の波形BとEの時間と振幅を拡大したものです．それは，トランスの電流（図8.K3の波形B）とトランジスタのコレクタ電圧（図8.K3の波形A）の間の関係をはっきりと示します[注1]．

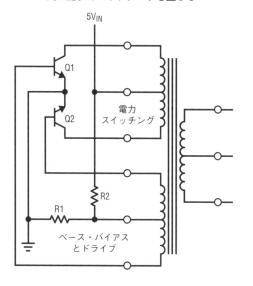

図8.K1　概念的で古典的なロイヤー・コンバータ．トランス式の飽和でスイッチングを生じる

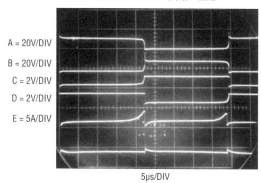

図8.K2　古典的なロイヤー回路の波形

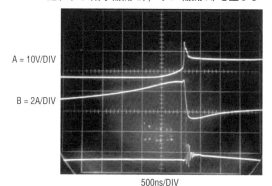

図8.K3　トランジスタのスイッチングの詳細．トランスが飽和する瞬間（波形B），オフ（波形A）を生じる

注1：両方の写真とも下部の波形は無関係で，議論では参照していない．

# Appendix L 切れた耳ばかりがゴッホではない － いくつかのあまりよくない発想

実用的で広く応用でき，そして容易に使用できるCCFL電源の探求で，多くの分野を網羅しました（そして尚も続けています）．はっきりしないランプ特性に関連した広範な矛盾する要件は，多くの嫌な驚きを生じます．この項では，失敗作に転じた発想例を紹介します．理論的に興味深い回路としては，バックライト回路は著者がこれまでに出会った中で最も畏怖を抱く場所の一つです．

## あまり良くないバックライト回路

図8.L1は，LT1172の飽和損失を取り除くことで効率の向上を模索しています．コンパレータ$C_1$は，トランジスタのベース駆動をオン/オフ変調してロイヤー周辺の自走ループを制御します．回路は，帰還ノードを維持するためにランプにバースト状の高電圧正弦駆動を供給します．この方法は動作しましたが，$RC$の組み合わせによる平均化に現れる，電源で変動する波形のために電源除去比が不十分になりました．また，"バースト"変調は，バースト速度でループが絶えずランプを再起動するようにし，エネルギーを無駄にします．最後に，ランプの電力がクレスト比の高い波形で供給されるので，ランプの不効率な電流-光量変換を生じ，その寿命を短くします．

図8.L2は，そのような問題を処理しようとします．それは，前の回路をアンプ制御の電流モード・レギュレータに置き換えます．また，ロイヤーのベース駆動は高周波PWMのクロックで制御します．この構成に

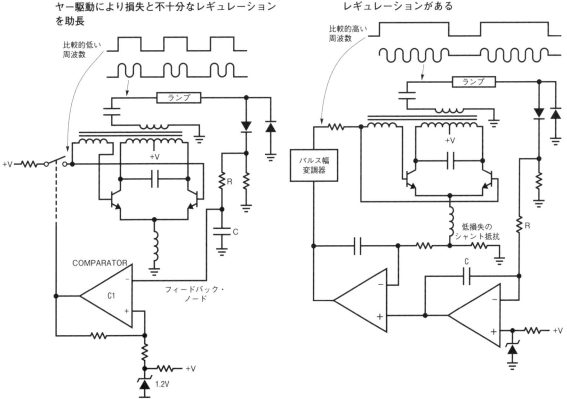

図8.L1 基本回路を改善する最初の試み．不規則なロイヤー駆動により損失と不十分なレギュレーションを助長

図8.L2 より巧妙な問題には，なおも損失と不十分な電源レギュレーションがある

より，RCによる平均化にもっと規則的な波形を提供し，電源除去を改善します．残念ながら，改善は十分ではありませんでした．迷惑なフリッカを避けるためには，充電器が動作し始める時のような不意の電源変動に対して1%の電源除去が必要です．他の難点は，高周波PWMで軽減されるとは言っても，クレスト比はなおもランプの発光と寿命の観点で適当ではないことです．最後に，ランプはまだ各PWM周期で再起動させられていて，エネルギーを無駄にしています．

図8.L3は，ロイヤーがオフしないように"キープ・アライブ"機能を追加しています．この発想は良く動作しました．PWMがLのとき，ロイヤーは動作し続け，低レベルでランプの導通を維持します．これにより，連続したランプの再起動を取り除き，電力を節約します．"電源補正"ブロックはRCによる平均化に電源の一部を供給し，許容できるレベルまで電源除去を改善します．

相当の時間を費やした後，この回路はほぼ94%の効率を達成できましたが，本稿の図8.35の"低効率"のものよりも少ない出力光量を生じました！原因はランプ波形のクレスト比です．"キープ・アライブ"回路は役に立ちますが，和らげたクレスト比でさえもまだランプは処理できず，ランプ寿命も疑わしいです．

図8.L4はまったく異なる方法です．この回路は動作した方形波コンバータです．共振コンデンサを取り除いています．ベース駆動発生器はエッジを整形してい

図8.L3　"キープ・アライブ"回路はオン損失を取り除き，94%の効率がある．光量は"低効率"の回路よりも低い

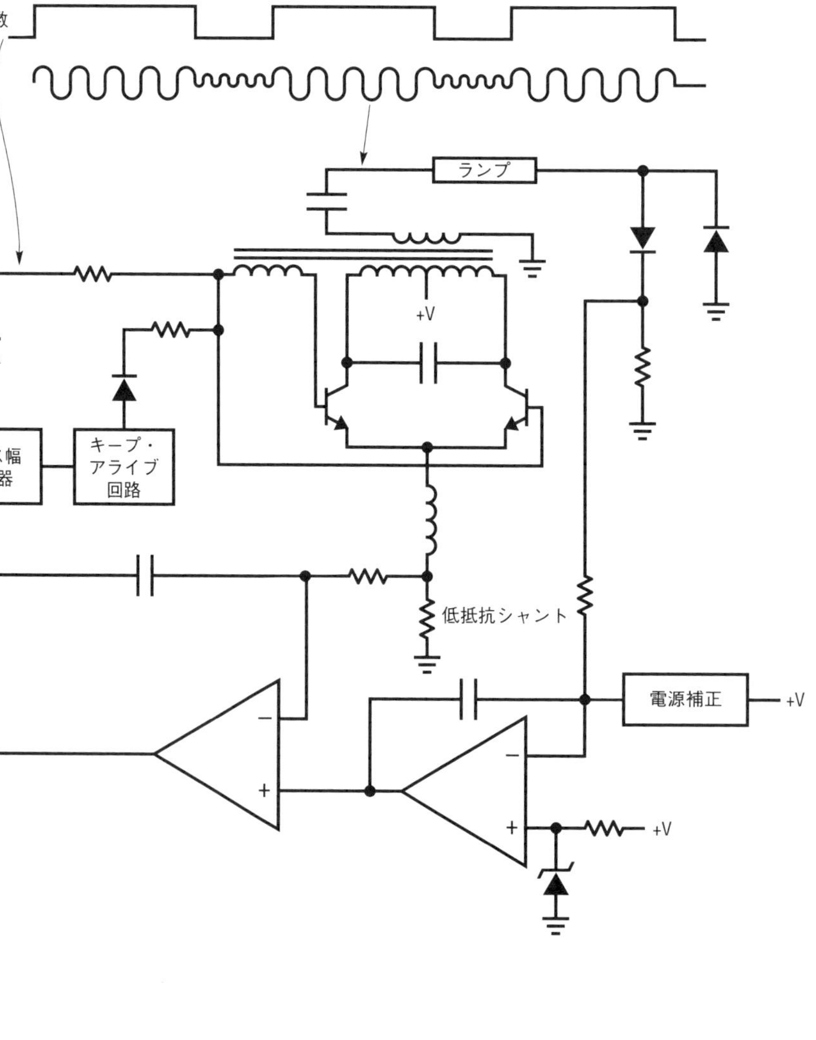

て，低ノイズに向けて高調波を小さくしています．この回路は良好に動作しますが，良い効率を得るためには比較的に低い動作周波数が必要です．そこでこれは，低損失を維持するためには駆動の傾斜を全体の小さな割合にする必要があります．これは比較的に大きな磁性部品を必要とし，大きな欠点になります．また，方形波には，正弦波とは異なるクレスト比や立ち上がり時間があり，不効率なランプの変換になります．

## あまり良くない1次側検出の発想

本稿のさまざまな図は，ランプの輝度を制御するために1次側での電流検出を採用しています．これにより，ランプは完全にフローティングになり，その動的な動作範囲を広げます．"上側検出"が競争を勝ち抜くまで，多くの1次検出の方法が試されました．

図8.L5のグラウンド基準の電流検出は，ロイヤー電流を検出する最も明快な方法です．これは信号処理が簡単な利点を提供し，コモンモード電圧がありません．根本的にすべてのロイヤー電流がLT1172のエミッタ・ピンの経路から得られるという仮定は真実です．しかし，この経路の電流波形が入力電圧とランプの動作電流で大きく変わるということもまた事実です．シャント間のRMS電圧（例えばロイヤー電流）はこれの影響

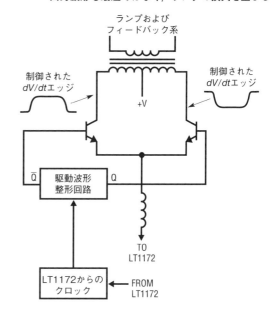

図8.L4 非共振の方法．遷移を遅くしたエッジで高調波は小さくなるが，トランスのサイズが大きくなる．出力波形も最適ではなく，ランプの損失を生じる

を受けませんが，単純なRC平均化はさまざまな波形に対して異なる出力を生じます．これは，この方法が非常に悪い電源除去を有することを生じ，非実用的にします．図8.L6は，ロイヤー電流と相関があるインダ

図8.L5 "下側"電流検出はRC平均化の特性のために電源レギュレーションが悪くなる

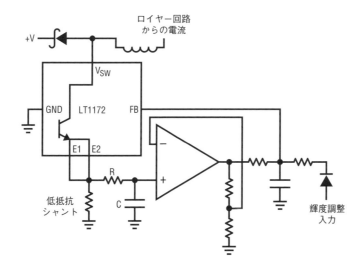

クタの磁束を検出します．この方法は魅力的な簡単さを約束します．良好な入力レギュレーションも提供しますが，波形が変化すると信頼性のある帰還を与えるうえで，まだ問題があります．また，ほとんどの磁束サンプリング方式と同様に，低電流状態で安定度が悪くなります．

図8.L7はトランスの磁束を検出します．これは，より規則的なトランスの波形の利点を採用しています．

電源レギュレーションは妥当ですが，なおも低電流でのレギュレーションは不十分です．図8.L8はロイヤーのコレクタ電圧を容量的にサンプリングしますが，帰還信号は起動，過渡，および低電流状態を正確に反映しません．

図8.L9は，真の測光により検出される帰還ループです．それはランプの発光を直接検出し，反映された電気信号で帰還をかけることで，理論的にこれまでの問

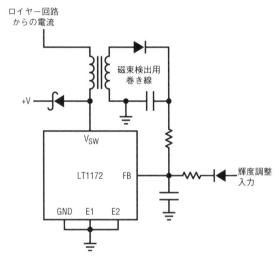

図8.L6 インダクタの磁束検出は，特に定電流で不規則な出力になる

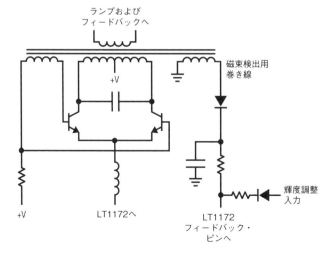

図8.L7 トランスの磁束の検出は，より規則的な帰還を提供するが，低電流で不規則になる

題のすべてを回避します．それは実際には厳しい弊害を招じます．

ループのサーボは，ランプの発光をフォトダイオードの設定点にするどのような値にでも電流を制御します．これは，オン時に徐々に増加するランプ出力（本稿の図8.4を参照）を取り除きます．残念ながら，10秒から20秒の間，それは大きなオン電流がランプを流れるようにし，著しくランプの寿命を縮めます．通常，ディスプレイはすぐに最終の発光点に落ち着きますが，オン時の電流ピークはランプ定格の4倍から6倍です．この振る舞いをクランプしたり，制限したりすることは可能ですが，もっと潜在的な問題が残ります．

ランプは古くなると発光量が落ちます．通常，適切に駆動されたランプの10000時間後の発光レベルは，初期の70％まで下がります．測光で検出されるループでは，インバータが発光の低下を抑えて断続的にランプ電流を増加します．ランプの発光は一定のままですが，出力を維持するために必要な断続的な過剰駆動の増加によって，寿命は極めて短くなります．退行性のスパイラルを強いるこの正帰還は，急激に系統的なランプの破壊を確実にします．この類のループでは，1/5〜1/8の寿命の減少が見られます．前述のように，何らかの制限や2ループでの制御方式により望ましくない特性を軽減できますが，利点もなくなります．最後に，十分に規定された応答をもつ経済的な光センサは見分けづらいです．

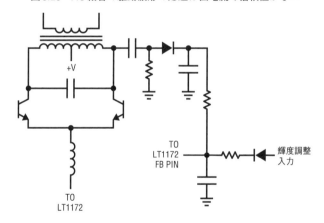

図8.L8　AC結合の駆動波形の帰還は低電流で信頼性がない

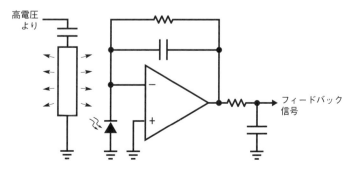

図8.L9　真の光学的検出は帰還の不規則性を取り除くが，系統的なランプの劣化を生じる

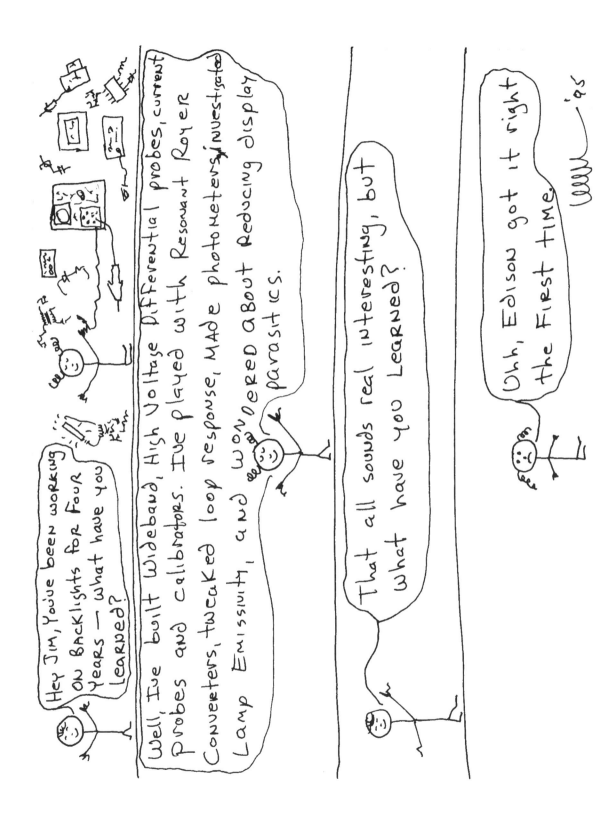

# 第 9 章
# 携帯電話／カメラのフラッシュ照射用のシンプルな回路
## フラッシュ・ランプ実装の実用的ガイド

Jim Williams, Albert Wu,
訳：細田 梨恵

## はじめに

次世代携帯電話には高品質写真撮影機能が搭載されるでしょう．改良された画像センサと光学機構は容易に利用できますが，高品質の"フラッシュ"照射には特別に注意が必要です．フラッシュ照射は高品質の写真撮影には必須であり，細心の注意を払って検討する必要があります．

## フラッシュ照射の選択肢

フラッシュ照射には実用的な選択肢が二つあります．LED（発光ダイオード）とフラッシュ・ランプです．さまざまな性能分野について，LEDとフラッシュ・ランプの比較を図9.1に示します．LEDの特長は，他の利点に加えて，連続動作が可能で，サポート回路が少なくてすむことです．他方，フラッシュ・ランプは高品質写真撮影のために特に重要な特性をいくつか備えています．その線状の光源の出力はLEDの点光源よりも何百倍も大きいので，広い範囲にわたって密度が高く簡単に拡散できる光となります．さらに，フラッシュ・ランプの色温度は5500°K～6000°Kであり，自然光に非常に近く，青色にピークがあるLEDの出力で必要となる色補正が不要です．

## フラッシュ・ランプの基本

フラッシュ・ランプの概念を図9.2に示します．円筒形のガラス管はキセノン・ガスで満たされています．陽極と陰極は直接ガスに接触しています．ランプの外面に沿って配置されたトリガ電極は，ガスと接触していません．ガスのブレークダウン電圧は数キロ・ボルトの範囲です．ブレークダウンが生じると，ランプのインピーダンスは1Ω以下に低下します．ブレークダ

図9.1 LEDとフラッシュ・ランプをベースにした照射の性能特性．LEDはサイズが小さく，充電時間が不要で，連続動作が可能．フラッシュ・ランプは格段に明るく，色温度がすぐれている

| 性能分類 | フラッシュ・ランプ | LED |
|---|---|---|
| 光出力 | 高い…一般にLEDより10～400倍高い．線光源の出力なので均一な光分布が比較的簡単 | 低い…点光源の出力なので均一な光分布がいくらか困難 |
| 照射と時間 | パルス…鮮明な静止画に適している | 連続…ビデオに適している |
| 色温度 | 5500°K～6000°K…自然光に非常に近い．色補正不要 | 8500°K…青色で色補正が必要 |
| ソリューションのサイズ | 光学アセンブリが標準3.5mm×8mm×4mm．回路が27mm×6mm×5mm…フラッシュ・コンデンサ（直径約6.6mm，離して実装可能）が大部分を占める | 光学アセンブリが標準7mm×7mm×2.4mm，回路が7mm×7mm×5mm |
| サポート回路の複雑さ | 中程度 | 低い |
| 充電時間 | 1～5秒，フラッシュ・エネルギーに依存 | 不要…常時発光可能 |
| 動作電圧と電流 | トリガに数キロ・ボルト，フラッシュに300V．充電用電流は約100mA～300mA，フラッシュ・エネルギーに依存．本質的に待機電流は不要 | 連続動作のLED当たり30mAで標準3.4V～4.2V，ピークで100mA．本質的に待機電流は不要 |
| バッテリの電力消費 | 1回の充電で200～800フラッシュ，フラッシュ・エネルギーに依存 | LED当たり約120mW（連続光），LED当たり約400mW（パルス光） |

ウンしたガスを流れる高電流により，強い可視光線が放射されます．実際上，大電流が必要なので，光を放射する前にランプを低インピーダンス状態にする必要があります．トリガ電極がこの機能を果たします．この電極はガラス管を通して高電圧パルスを与え，ランプの全長に沿ってキセノン・ガスをイオン化します．このイオン化により，ガスがブレークダウンし，低インピーダンス状態になります．低インピーダンスなので，陽極と陰極間に大きな電流が流れて，強い光が発生します．非常に高いエネルギーが関係するので，電流と光の出力はパルス動作に制限されます．連続動作だと，短時間に温度が極端に上昇し，ランプが破損するでしょう．電流パルスが減衰するとランプ電圧が低下し，ランプは高インピーダンス状態に復帰するので，導通を開始するには新たにトリガ電圧を与える必要があります．

## サポート回路

フラッシュ・ランプの動作のためのサポート回路の概念図を図9.3に示します．フラッシュ・ランプはトリガ回路と，高い過渡電流を発生する蓄電コンデンサによってサポートされます．動作状態では，フラッシュ・コンデンサは標準で300Vに充電されます．最初，ランプが高インピーダンス状態なので，コンデンサは放電できません．トリガ回路にコマンドが与えられると，ランプに数キロ・ボルトのトリガ・パルスが加わります．ランプがブレークダウンするので，コンデンサは放電することができます[注1]．コンデンサ，配線，およびランプの各インピーダンスは一般に合計すると数オームになるので，過渡電流は100A程度になります．この大電流パルスにより，強いフラッシュ光が発生します．フラッシュの反復速度を最終的に制限するのは，安全に熱を放散するランプの能力です．2次的な制限要因は，充電回路がフラッシュ・コンデンサを完全に充電するのに要する時間です．充電回路の

注1：厳密に言うと，ランプ両端の電圧がある低い値（通常50V）まで減衰するとランプは高インピーダンス状態に復帰するので，コンデンサは完全に放電されることはない．

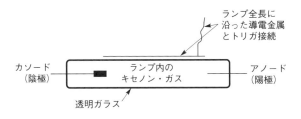

図9.2 フラッシュ・ランプは陽極，陰極，およびトリガ電極を備えた，キセノン・ガスを満たした円筒状のガラス管で構成される．高電圧のトリガによりガスがイオン化され，ブレークダウン電圧が下がるので，陽極と陰極間に電流が流れて発光する．ランプの全長に沿ってトリガ接続が分散されているので確実にランプ全体がブレークダウンし，最適照射が実現される

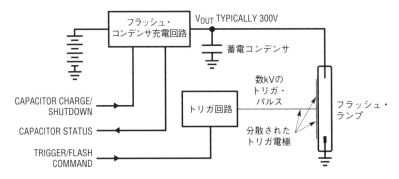

図9.3 概念的なフラッシュ・ランプの回路には，充電回路，蓄電コンデンサ，トリガ，およびランプが含まれる．トリガ・コマンドが与えられると，ランプのガスがイオン化され，コンデンサはフラッシュ・ランプを通して放電することができる．次のトリガによってランプをフラッシュさせる前に，コンデンサを充電する必要がある

図9.4 図9.3に追加されたドライバ/パワー・スイッチにより，コンデンサの部分放電が可能なので，光の放射を制御できる．この機能により，主フラッシュの前に低レベルの光パルスを発生させて，「赤目」現象を最小に抑えることができる

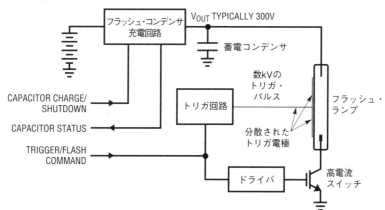

有限の出力インピーダンスで大容量のコンデンサを高い電圧まで充電する必要があることから，充電速度が制限されます．利用可能な入力電力，コンデンサの容量，および充電回路の特性により，1～5秒の充電時間が実現可能です．

図9.3に示されている方式では，トリガ・コマンドに応答してコンデンサを放電します．部分的に放電させて，フラッシュ光の強度を下げることが望ましい場合があります．このような操作により，"赤目"効果を抑えることができ，この場合，主フラッシュの直前に強度が低い一つ以上のフラッシュを出力します[注2]．これは，図9.4の変更箇所によって実現されます．ドライバと高電流スイッチが図9.3に追加されています．これらの部品により，ランプの導通経路を開いてフラッシュ・コンデンサの放電を停止することができます．この構成により，"TRIGGER/FLASH COMMAND"制御ラインのパルス幅によって電流の流れる時間（したがってフラッシュのエネルギー）を設定することができます．コンデンサの低エネルギー部分放電により高速再充電が可能となるので，ランプに損傷を与えることなく，主フラッシュの直前に短い間隔で連続する強度の低いフラッシュを複数回発生させることができます．

図9.5 フラッシュ・コンデンサの充電回路はレギュレータIC，昇圧トランス，整流用ダイオードとコンデンサから成る．レギュレータは昇圧トランスのフライバック・パルスを監視することによりコンデンサの電圧を制御する．従来方式にあった分圧回路に流れる電流の損失は発生しない．制御信号にはCHARGEコマンドと充電完了（DONE）の二つがある

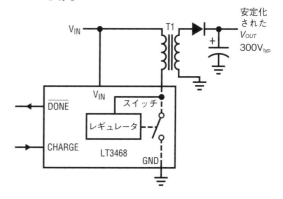

注2：写真の「赤目」は，フラッシュ光を赤色として反射する人間の網膜によって生じる．これは，主フラッシュの直前に強度の低いフラッシュで虹彩を収縮させて防ぐことができる．

## フラッシュ・コンデンサの充電回路に関する検討事項

フラッシュ・コンデンサの充電回路（図9.5）は基本的に昇圧コンバータと結合したトランスで，いくつかの特殊機能を備えています[注3]．"CHARGE"制御ラインが"High"になると，レギュレータがパワー・スイッチにクロック信号を与え，昇圧トランス$T_1$は高電圧パルスを発生することができます．これらのパルスは整流されてフィルタ処理され，300Vの直流出力を発生します．変換効率は約80%です．この回路は，所期の電圧に達するとパワー・スイッチへのドライブを停止して，レギュレーションを行います．また，"$\overline{\mathrm{DONE}}$"ラインを"Low"に引き下げ，コンデンサの充電が完了したことを知らせます．コンデンサの漏れ電流による損失は，間欠的なパワー・スイッチのドライブにより補償されます．通常，抵抗を使って出力電圧を分割してフィードバックが与えられます．この手法は，帰還抵抗で常時電力が失われるのを補うため，過度のスイッチングが必要となるため採用できません．この動作により，レギュレーションは保たれますが，主電源（おそらくバッテリ）から過度の電力が失われるでしょう．代わりに，$T_1$の2次側の振幅を反映する$T_1$のフライバック・パルスの特性をモニタしてレギュレーションを行います．出力電圧は$T_1$の巻き数比によって設定されます[注4]．この特徴によって，コンデンサの電圧を厳密にレギュレーションすることができますが，これはランプのエネルギー定格やコンデンサの電圧定格を越すことなく一定のフラッシュ強度を保つのに必要です．また，コンデンサの値によって簡単にフラッシュ・ランプのエネルギーを決定することができ，他に回路を変更する必要はありません．

注3：このデバイスの動作の詳細は，Appendix Aの「モノリシック・フラッシュ・コンデンサ・チャージャ」に示されている．
注4：推奨トランスについてはAppendix Aを参照のこと．

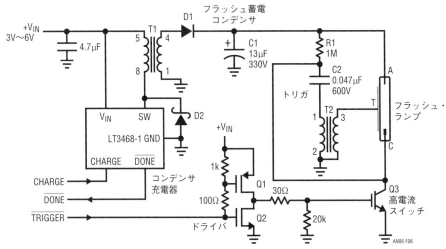

図9.6 完全なフラッシュ・ランプ回路には，コンデンサ充電用部品（図の左側），フラッシュ・コンデンサ$C_1$，トリガ（$R_1$, $C_2$, $T_2$），$Q_1$-$Q_2$ドライバ，$Q_3$パワー・スイッチ，およびフラッシュ・ランプが含まれる．$\overline{\mathrm{TRIGGER}}$コマンドは$Q_3$をバイアスし，同時に$T_2$を介してランプをイオン化する．その結果，$C_1$はランプを通って放電し，光を発生する

図9.7 コンデンサの充電波形には，充電指令（波形A），$C_1$（波形B），DONE出力（波形C），およびTRIGGER入力（波形D）が含まれている．$C_1$の充電時間は$C_1$の容量と充電回路の出力インピーダンスに依存する．TRIGGER入力は（図を見やすくするため長くなっている）はDONEが"Low"に下がった後，いつ与えてもかまわない

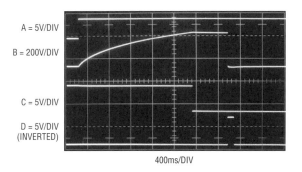

図9.8 トリガ・パルス（波形A）の高速詳細波形と，それにともなうフラッシュ・ランプ電流（波形B）．トリガ・パルスがランプをイオン化した後，電流が100Aに近づいている

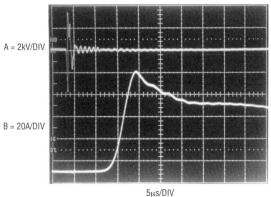

## 回路の詳細の検討

これから先に進む前に，この回路の作成，テスト，および使用においては細心の注意を払う必要があることを読者に警告します．この回路には人命に関わる高電圧が発生しますので，この回路で作業し，接続を行う際は最大の注意を払う必要があります．繰り返します．この回路には危険な高電圧が生じます．注意してください．

これまでの説明をベースにしたフラッシュ・ランプ回路の詳細を図9.6に示します．図9.5に似たコンデンサ充電回路が左上に見えます．$T_1$によって発生する逆方向過渡電圧を安全にクランプするために$D_2$が追加されています．$Q_1$と$Q_2$は高電流スイッチ$Q_3$をドライブします．高電圧トリガ・パルスは昇圧トランス$T_2$によって生成されます．$C_1$が完全に充電されていると仮定し，$Q_1$-$Q_2$が$Q_3$をオンすると，$C_2$が$T_2$の1次側に電流を流し込みます．$T_2$の2次側は高電圧のトリガ・パルスをランプに与え，イオン化して導通可能にします．$C_1$がランプを通って放電し，光を発生します．

コンデンサの充電シーケンスの詳細を図9.7に示します．波形A（"充電"指令）が"High"になります．これにより$T_1$がスイッチングを開始し，$C_1$の電圧が上昇します（波形B）．$C_1$の電圧がレギュレーション・ポイントに達すると，スイッチングが停止し，抵抗によってプルアップされた"$\overline{\text{DONE}}$"ラインが"Low"に下がり

図9.9 フラッシュ・ランプの光出力は滑らかに上昇し，25μsでピークに達している

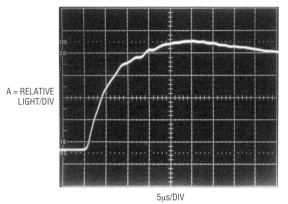

（波形C），$C_1$が充電された状態であることを知らせます．"$\overline{\text{DONE}}$"が"Low"に下がった後に，いつでも（この場合はおよそ600ms後）"TRIGGER"コマンド（波形D）を与えることができ，そうするとランプ⇒$Q_3$の経路を通って$C_1$が放電します．この図のトリガ・コマンドは写真を見やすくするため長くしてありますので注意してください．$C_1$が完全に放電する時間は通常500μs〜1000μsです．「赤目」対策など低レベルのフラッシュ発光は，短時間トリガ入力コマンドによって容易に実現できます．

高電圧トリガ・パルス（波形A）の高速詳細波形と，それにともなうフラッシュ・ランプ電流（波形B）を図9.8に示します．トリガを与えた後，ランプがイオン化して電流が流れ始めるには一定の時間が必要です．こ

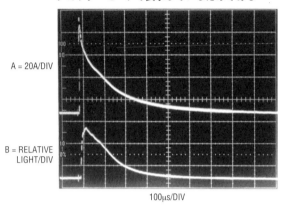

図9.10 写真には電流(波形A)と光(波形B)の全体像が捉えられている。光出力は電流のプロフィールに従っているが、ピークはそれほど急峻ではない。先行エッジの不連続表示はオシロスコープをチョップ・モードで表示しているためである

こでは、$8kV_{P-P}$のトリガ・パルスが与えられてから10$\mu$s後、フラッシュ・ランプ電流が約100Aまで上昇し始めています。この電流は、はっきり定まったピークまで5$\mu$sかかって滑らかに上昇してから、下降し始めます。その結果、発生する光(図9.9)はもっとゆっくり増大し、約25$\mu$sでピークに達してから減衰し始めます。オシロスコープの掃引を遅くすると、電流と光の全体像を捉えることができます。光出力(波形B)がランプ電流(波形A)のプロフィールに従うことを図9.10は示していますが、電流のピークのほうが急峻です。発光の継続時間は約500$\mu$sで、エネルギーの大部分は最初の200$\mu$sに消費されます。先行エッジの不連続線は、オシロスコープをチョップ・モードで表示しているためです。

## ランプ、レイアウト、RFI、および関連事項

### ● ランプに関する検討事項

ランプに関するいくつかの事項に注意を払う必要があります。ランプのトリガの必要条件について完全に理解して、それに従う必要があります。そうしないと、ランプの発光が不完全になったり、まったく発光しなかったりすることがあります。トリガに関連した問題のほとんどは、トリガ用トランスの選択、ドライブ、およびランプとの物理的位置関係です。ランプのメーカによっては、トリガ用トランス、ランプ、および光拡散板を単一の一体化したアセンブリとして供給しています(注5)。これは明らかに、それが適切にドライブされるとして、ランプの販売元によるトリガ用トランスの認定を意味しています。ユーザが選択したトランスとドライブ方式を使ってランプをトリガする場合、生産に移る前にランプの販売元の認定を取得しておくことが不可欠です。

ランプの陽極と陰極がランプの主放電経路です。電極の極性を正しく接続しないと、大幅に寿命が短くなります。同様に、ランプのエネルギー放散の制約も守らないと、寿命に影響します。ランプのエネルギーを過度にオーバードライブすると、ランプにひびが入ったり、破損したりすることがあります。コンデンサの値と充電電圧を選択することにより、またフラッシュの反復速度を制限することにより、高い信頼度でエネルギーを簡単に制御できます。トリガの場合と同様、ユーザの回路によって採用されるランプのフラッシュ条件は、生産に移る前に製造元の認定が必要です。

トリガとフラッシュ・エネルギーが適切であれば、約5000回の発光ランプ寿命が期待できます。多くの種類のランプの寿命はこの数字と異なりますが、すべて販売元によって規定されています。寿命は一般にランプの光度が元の値の80%に低下した時点として定義されています。

### ● レイアウト

電圧と電流が大きいので、レイアウトのプランニングが不可欠です。図9.6を再度参照すると、$C_1$の放電経路はランプと$Q_3$を通り、グラウンドに戻ります。ピーク電流が約100Aであるということは、この放電経路を低いインピーダンスに保つ必要があることを意味します。$C_1$、ランプ、および$Q_3$間の導通経路は短くし、1$\Omega$未満にします。さらに、$Q_3$のエミッタと$C_1$の負端子は直接接続します。その目標は、$C_1$の正端子、ランプ、さらに$Q_3$から$C_1$へのリターンの間に導電性の高いループを密に形成することです。高電流により、局部的な高抵抗領域の導体が侵食されるおそれがあるので、トレースの急な不連続部分やビアは避けます。ビアを採用せざるをえない場合、それらをはんだで充填し、低抵抗であることを確認するか、あるいは複数個

---

注5:参考文献(1)を参照のこと.

図9.11 図9.6の回路のレイアウト例の拡大図．高電流は$C_1$の正端子から，ランプと$Q_3$を通り，$C_1$に戻る狭いループを流れる．ランプ接続はワイヤであり，トレースではない．$T_1$の2次側は間隔が広く，300Vの出力に対応している

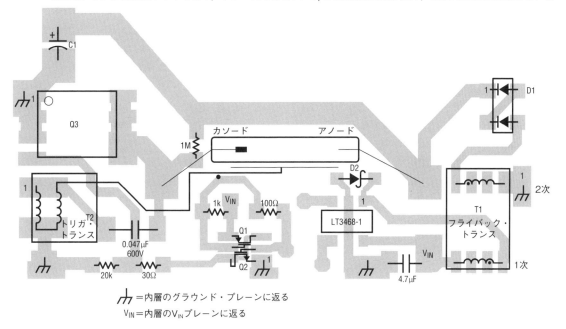

使用します．コンデンサの避けられないESR，ランプと$Q_3$の抵抗を合計すると一般に1Ω～2.5Ωになりますので，トレース全体の抵抗は0.5Ω以下が適切です．同様に，この高電流は比較的ゆっくり立ち上がるので(図9.8を参照)，トレースのインダクタンスを厳しく制限する必要はありません．

回路内で最大の部品は$C_1$なので，スペースを考慮すると，$C_1$は離して実装するのが望ましいかもしれません．これは，配線抵抗を上記の制限内に保てる限り，長いトレースまたはワイヤを使って実現できます．

コンデンサ・チャージャICのレイアウトは従来のスイッチング・レギュレータの場合と同様です．ICの$V_{IN}$ピン，バイパス・コンデンサ，トランスの1次側，およびスイッチ・ピンで形成される電流経路は短くし，導電性を高くする必要があります．ICのグラウンド・ピンは低インピーダンスのグラウンド・プレーンに直接接続します．トランスは300Vを発生するので，すべての高電圧ノードは絶縁耐圧を満足する最小限の間隔より広くとる必要があります．基板材のブレークダウン規格値を確認し，基板洗浄工程で導電性の汚染物質が残されていないことを確認します．$T_2$の数キロ・ボルトのトリガ配線は，できれば長さ1/4インチ以下で，ランプのトリガ電極に直接配線する必要があります．高電圧に必要な間隔を設ける必要があります．一般に，どんなに小さな導体であっても基板に接触してはいけません．$T_2$の出力が長すぎると，トリガ・パルスの劣化や無線周波数干渉(RFI)が生じることがあります．この観点から，フラッシュ・ランプとトリガ・トランスをモジュール化したアセンブリはすぐれた選択肢です．

図9.6の回路のレイアウト例を図9.11に示します．部品面が示されています．電源とグラウンドは内層に配置されています．LT3468のレイアウトは前述のスイッチング・レギュレータで使われる標準的なものですが，トレース間隔を広く取って$T_1$の300V出力に対応しています．約100Aのパルス電流は$C_1$の正端子からランプと$Q_3$を通り，$C_1$に戻る小さい低抵抗のループを流れます．この場合，ランプはワイヤで接続されますが，モジュール型のフラッシュ・ランプ・トリガ・トランスを使えば，トレースによる接続も可能です[注6]．

---

注6：参考文献(1)を参照．

図9.12 90Aの電流ピークは5μsの立ち上がり時間により70kHzの帯域幅に制限されており，ノイズの懸念を少なくしている

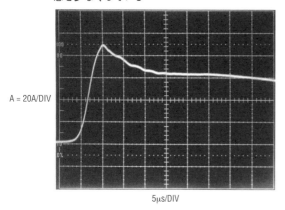

図9.13 トリガ・パルスは振幅が大きく，立ち上がりが高速なのでRFIを促進するが，エネルギーが小さく露出した経路が短いので，放射対策が簡素化される

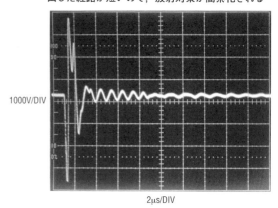

● 無線周波数干渉

フラッシュ回路は高電圧／高電流パルスを扱うので，RFIが懸念されます．コンデンサの高エネルギー放電は，実際には懸念されるほどの害はありません．5μsの立ち上がり時間により，70kHzの帯域幅に制限された放電電流の90Aのピークを図9.12に示します．これは，無線周波数では高調波エネルギーがほとんどなく，この心配が緩和されることを意味します．逆に，図9.13に示す$T_2$の高電圧出力は，立ち上がり時間が250nsで（帯域は約1.5MHz），潜在的なRFI源となる条件を満たします．幸い，含まれるエネルギーが小さく，露出している経路長が短いので（レイアウトの説明を参照），干渉に対して対策をとることは可能です．

干渉に対する最も簡単な対策は，放射部品を敏感な回路ノードから離すか，またはシールドすることです．別の方法としては，フラッシュ回路の動作時間が予測できることを利用することです．フラッシュが作動している継続時間は一般に1msよりはるかに短いので，電話機内部の敏感な回路をブランキングすることができます．

❏ 参考文献 ❏
(1) Perkin Elmer, "Flashtubes."
(2) Perkin Elmer, "Everything You Always Wanted to Know About Flashtubes."
(3) Linear Technology Corporation, "LT3468/LT3468-1/LT3468-2 Data Sheet."
(4) Wu, Albert, "Photoflash Capacitor Chargers Fit Into Tight Spots," Linear Technology, Vol. XIII, No. 4, December, 2003.
(5) Rubycon Corporation. Catalog 2004, "Type FW Photoflash Capacitor," Page 187.

注：このアプリケーション・ノートはEDN誌に掲載するために準備された原稿に基づいている．

# Appendix A モノリシック・フラッシュ・コンデンサ・チャージャ

LT3468/LT3468-1/LT3468-2はフォトフラッシュ・コンデンサを短時間に効率よく充電します．図9.A1を参照すると動作が理解できます．CHARGEピンが"High"にドライブされると，ワンショットがふたつのSRラッチを正しい状態に設定します．パワーNPN（$Q_1$）がオンして，トランス$T_1$の1次側の電流が増加し始めます．コンパレータ$A_1$がスイッチ電流をモニタし，ピーク電流が1.4A（LT3468），1A（LT3468-2），0.7A（LT3468-1）に達すると，$Q_1$がオフします．$T_1$はフライバック・トランスとして使われているので，SWピンのフライバック・パルスにより，$A_3$の出力は"High"になります．このようになるには，SWピンの電圧は$V_{IN}$より少なくとも36mV高くなる必要があります．このフェーズのあいだ，電流は$T_1$の2次巻き線と$D_1$を通ってフォトフラッシュ・コンデンサに供給されます．2次側の電流がゼロに減少すると，SWピンの電圧は減衰し始めます．SWピンの電圧が$V_{IN}$より36mV高いレベル以下に下がると，$A_3$の出力は"Low"になります．

図9.A1 LT3468のブロック図．充電ピンは$T_1$へのパワー・スイッチングを制御する．フォトフラッシュ・コンデンサの電圧は$T_1$のフライバック・パルスをモニタして安定化するので，従来の帰還抵抗の損失経路は除かれている

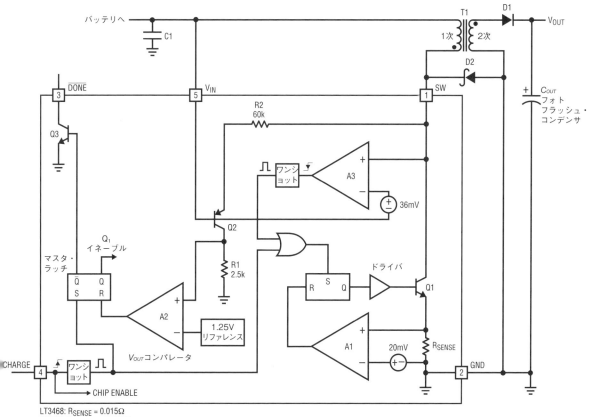

これにより，ワンショットが起動して$Q_1$を再度オンします．このサイクルが継続して電力を出力に供給します．

出力電圧は$R_2$, $R_1$, $Q_2$, およびコンパレータ$A_2$によって検出されます．SW電圧が$V_{IN}$より31.5V高いとき$A_2$の出力が"High"になってマスタ・ラッチをリセットするように，抵抗$R_1$と$R_2$の値が設定されています．これにより，$Q_1$がディスエーブルされて電力供給が停止されます．$Q_3$がオンし，$\overline{DONE}$ピンを"Low"に引き下げて，デバイスが充電を完了したことを知らせます．電力供給はCHARGEピンをトグルするだけで再開できます．

ユーザはCHARGEピンによってこのデバイスを完全に制御できます．CHARGEピンを"Low"にすることにより，いつでも充電を停止することができます．最

図9.A2 CHARGEピンによる充電サイクルの中断

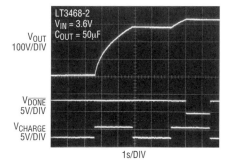

終出力電圧に達したときだけ$\overline{DONE}$ピンが"Low"になります．これらのいろいろなモードの実行状態を図9.A2に示します．CHARGEを最初に"High"にすると，

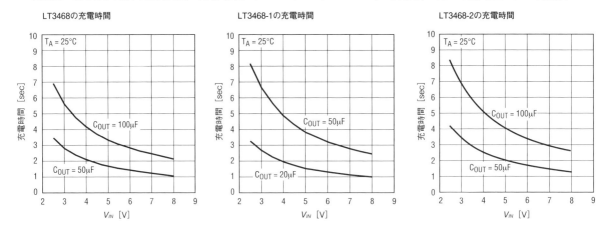

図9.A3 LT3468の標準的充電時間．充電時間はICのバージョン，コンデンサの大きさ，および入力電圧によって変化する

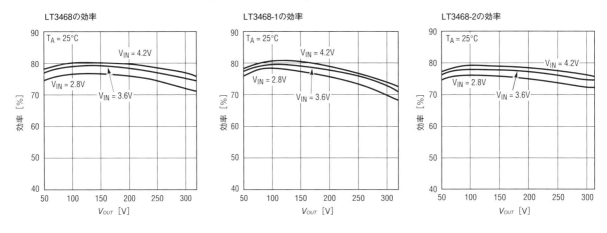

図9.A4 LT3468の3種のバージョンの効率は入力電圧と出力電圧によって変化する

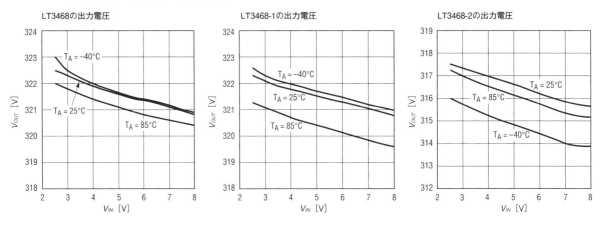

図9.A5 LT3468の3種のバージョンの標準的な出力電圧許容誤差．厳しい電圧許容誤差によりコンデンサの過充電を防ぎ，フラッシュ・エネルギーを制御する

充電を開始します．充電中にCHARGEを"Low"にするとデバイスがシャットダウンし，$V_{OUT}$はもはや上昇しません．CHARGEを再度"High"にすると充電を再開します．目標の$V_{OUT}$電圧に達するとDONEピンが"Low"になり，充電が停止します．最後に，CHARGEピンが再度"Low"に引き下げられ，デバイスはシャットダウン状態になり，$\overline{\text{DONE}}$ピンが"High"になります．

LT3468の三つのバージョンの唯一の相違点はピーク電流レベルです．LT3468は最速で充電します．LT3468-1はピーク電流能力が最も低く，バッテリ流出を制限する必要のあるアプリケーション向けに設計されています．LT3468-1はピーク電流が低いので，物理的に小さなトランスを使用することができます．LT3468-2の電流制限はLT3468とLT3468-1の中間です．三つのバージョンの充電時間，効率，および出力電圧の許容誤差を比較したプロットを図9.A3，図9.A4，および図9.A5に示します．

LT3468のすべてのバージョンで使用可能な既成の標準的トランスの詳細を図9.A6に示します．トランスの設計に関する検討事項や他の追加情報については，LT3468のデータシートを参照してください．

図9.A6 LT3468回路に利用できる標準的トランス．高い出力電圧であるにもかかわらず小型であることに注意

| 使用デバイス | トランス型番 | サイズ (W×L×H) [mm] | $L_{PRI}$ [μH] | $L_{PRI}$ リーケージ[nH] | N | $R_{PRI}$ [mΩ] | $R_{SEC}$ [Ω] | メーカ |
|---|---|---|---|---|---|---|---|---|
| LT3468/LT3468-2 | SBL-5.6-1 | 5.6× 8.5 ×4.0 | 10 | 200 Max | 10.2 | 103 | 26 | Kijima Musen |
| LT3468-1 | SBL-5.6S-1 | 5.6× 8.5 ×3.0 | 24 | 400 Max | 10.2 | 305 | 55 | Hong Kong Office |
|  |  |  |  |  |  |  |  | 852-2489-8266 (ph) |
|  |  |  |  |  |  |  |  | kijimahk@netvigator.com (email) |
| LT3468 | LDT565630T-001 | 5.8× 5.8 ×3.0 | 6 | 200 Max | 10.4 | 100 Max | 10 Max | TDK |
| LT3468-1 | LDT565630T-002 | 5.8× 5.8 ×3.0 | 14.5 | 500 Max | 10.2 | 240 Max | 16.5 | Chicago Sales Office |
| LT3468-2 | LDT565630T-003 | 5.8× 5.8 ×3.0 | 10.5 | 550 Max | 10.2 | 210 Max | Max | (847) 803-6100 (ph) |
|  |  |  |  |  |  |  | 14 Max | www.components.tdk.com |
| LT3468/LT3468-1 | T-15-089 | 6.4× 7.7 ×4.0 | 12 | 400 Max | 10.2 | 211 Max | 27 Max | Tokyo Coil Engineering |
| LT3468-1 | T-15-083 | 8.0× 8.9 ×2.0 | 20 | 500 Max | 10.2 | 675 Max | 35 Max | Japan Office |
|  |  |  |  |  |  |  |  | 0426-56-6336 (ph) |
|  |  |  |  |  |  |  |  | www.tokyo-coil.co.jp |

# 第6部

# 自動車および産業用の
# パワー・デザイン

**第10章** 車載/産業用途に向けてPowerPath回路の入力電圧範囲を拡張

　リニア・テクノロジー社が提供するPowerPath IC製品は，2～3の部品を追加することで簡単に電圧範囲を拡張して，実質的にどのようなアプリケーションの要求にも答えることができます．この章では，アダプタが逆接続された場合などの，大きな負電圧の印加に耐えるようにしたり，自動車アプリケーションにおけるロード・ダンプでの，大きな正電圧印加に耐えるようにする方法を紹介します．

# 第10章

# 車載／産業用途に向けてPowerPath回路の入力電圧範囲を拡張

Greg Manlove，訳：細田 梨恵

## 概要

リニアテクノロジー社のPowerPath回路の電圧範囲は，数点の部品追加だけで容易に拡張できるので，それは実質的にすべての用途の要求に応えることができます．このアプリケーション・ノートは，例えばアダプタの逆接続のように過大な負電圧に耐える必要がある回路，および車載のロードダンプのように過大な正入力に耐える必要がある回路に対して解決策を提供します．

## 電圧範囲の拡張

どのリニアテクノロジー社のPowerPathコントローラ回路も，既に広い動作範囲や絶対最大電圧範囲をもつものでさえ，拡張電圧範囲から利益を得ます．例えば，LTC4412HVおよびLTC4414はそれぞれ－14V～40Vの電圧に耐えますが，ここで説明する技術を使用してさらに拡張できます．同様に，LTC4412の－14V～28Vの範囲は拡張できます．LTC4411のようなモノリシックPowerPathソリューションの－0.3～6Vの電圧範囲もまた，それほどではないですが拡張はできます．

PowerPath回路の電圧範囲を拡張する二つの異なる方法があります．第一は，ショットキー・ダイオードを追加して，負入力電圧の要件を処理します．この変更は，入力がグランド以下になると外部Pチャネル・パス・トランジスタがオフ状態にとどまることを保証します．第二の方法により，ICは規定電圧範囲以上でも，グランド以下でも動作することが可能です．外部回路数はなおも小型で，三つの部品追加が必要なだけです．

## 過大な負入力電圧に対する回路

回路の概要は図10.1を参照してください．ショットキー・ダイオードを介してPowerPath ICのグランド・ピンと制御ピンをシステム・グランドに接続します．電源電圧がグランド以下になると，ダイオードが逆バイアスされ，グランドへの負電圧の経路を遮断します．回路の最大負電圧は，ICのSENSEピンと$V_{IN}$ピン間の最大許容電圧差で制限されます．LTC4412HVおよびLTC4414の場合，この差は40Vですので，負電圧の制限は－40Vです．同様に，LTC4411では－6Vに制限されます．これらの電圧は双方とも，SENSEピン（負荷側）が0Vであると仮定しています．LTC4412HVおよびLTC4414はダイオードがなくても－14Vに耐える能力があるので，この点で－40Vの能力を達成するためには，ショットキー・ダイオードの逆降伏電圧は26V以上が必要です（40V－14V＝26V）．

通常動作の間，入力電圧が正のとき，グランド・ピンの電圧は，約0.2Vのショットキー・ダイオードの順方向電圧に等しくなります．同様に，このグランド・ピンの追加の電圧は，回路の最小動作電圧を約0.2Vまで増加します．制御信号入力の閾値も同量だけ増加し

図10.1　過大な負入力電圧で動作可能な回路

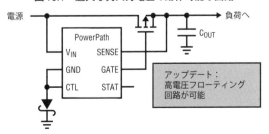

ます.

入力電源がICの通常動作範囲（LTC4412とLTC4414では−14V）よりももっと負になると，グランド・ピンは負になり始めます．電源電圧がさらにグランド以下になると，最大$V_{SENSE} - V_{IN}$（LTC4412とLTC4414では−40V，LTC4411では−6V）に達するまで，ICはPチャネルFETをオフし続けます．

この過大な負電源状態では，制御ピンとステータス・ピンも負になります．通常動作の間にPowerPath ICの制御を可能にする回路は図10.2を参照してください．マイクロプロセッサの出力と制御入力の間に100kΩの直列抵抗を追加する必要があります．この直列抵抗により，マイクロプロセッサまたはICを制御する他の部品に過剰な電流を生じずに制御ピンはグランド以下になれます．負入力電源ではステータス・ピンもグランド以下になり，ステータス・ピンとマイクロプロセッサ間に直列に100kΩ抵抗が必要です．もう一度言いますが，負入力信号からプロセッサを保護するために抵抗を追加します．現実問題として，入力電源電圧が負の場合には$V_{CC}$もまた有効ではなく，部品はすべての有効な電源状態で動作します．100kΩの直列抵抗は，制御の閾値やステータス出力にほとんど影響しません．双方の信号とも，ショットキー・ダイオードの$V_F$または約0.2Vで，公称上のグランド基準になります．これが公称からの最大の偏差であり，ほとんどのシステムで問題にならないでしょう．

## 高い正入力電圧に対する回路

回路の概要は図10.3を参照してください．PowerPath回路のICのグランドと制御ピンは互いに接続され，抵抗を介して接地されます．また，それらはツェナー・ダイオードを介して入力電源にも接続されます．ツェナーの降伏電圧は，ICの降伏電圧未満である必要があります．つまり，LTC4411では5Vツェナー，LTC4412HVとLTC4414では36Vツェナーです．

過大な正電圧がシステムに印加されると，ツェナー・ダイオードがICの$V_{IN}$ピンとグランド・ピン間の電圧をクランプします．システム・グランドに接続された抵抗の電圧が増加します．PowerPath製品の静止電流は通常50μA以下ですので，2kΩの抵抗はグランド・ピンの公称電圧をわずかに0.1Vだけ増加します．これは，最小動作電圧を抵抗間の電圧降下または約0.1Vまで増加します．接地抵抗は，回路に対して十分に大きな電力定格（$V^2/R$）をもつ必要があります．例えば，36Vのツェナーをつけた LTC4412HV と80V 入力は，抵抗間に44V を生じます．抵抗の電力定格は，$(44V)^2/$2kまたは約1Wに等しくなります．遷移の間に80Vだけが生じる場合，抵抗の電力定格は下げられます．

入力電源がツェナーのクランプ電圧を超えると，PowerPath ICのグランド・ピンは正です．このグランド信号は，システムに制御信号を提供するために100kΩの抵抗を介してマイクロプロセッサにつながります．過電圧ステータス・ピンの電圧が非常に高くなると，マイクロプロセッサの入力ピンに大きな電流を流します．必要に応じ，信号をクランプするために100kΩ抵抗とシステム電源の間にショットキー・ダイオードを追加します．

入力電源がダイオード1個の分だけグランドより下がると，ツェナー・ダイオードが導通します．これにより，接地された抵抗の端子を負電源からダイオード1個分以内にします．事実上，素子にはグランド・ピ

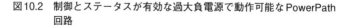

図10.2　制御とステータスが有効な過大負電源で動作可能な PowerPath 回路

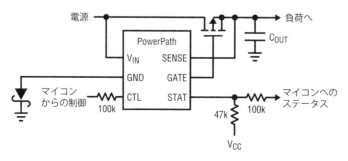

図10.3 過大な正入力電源で動作可能な PowerPath IC回路

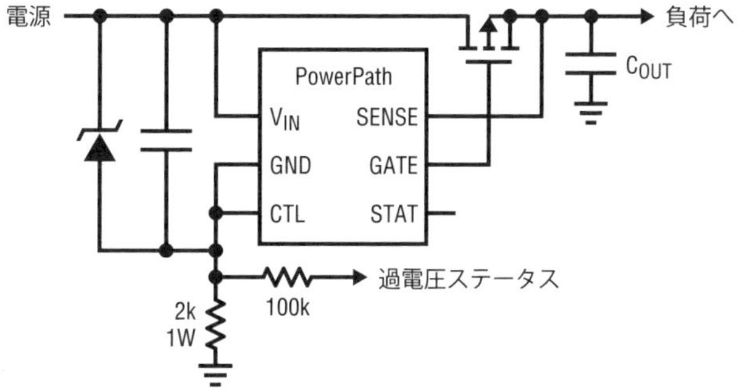

ンと入力ピン間に外部電圧は見えません．最大負電源は，$V_{IN}$ とSENSEピン間の最大電圧差で制限されます．LTC4412HVとLTC4414では，制限は40Vです．

LTC4411の負の絶対最大電圧は－0.3Vです．ツェナー・ダイオードの順方向電圧は，負電源状態でICの最小電流を保証するには大きすぎるかもしれません．電流が大きすぎる場合，ツェナー・ダイオードと並列にショットキー・ダイオードを接続します．ショットキー・ダイオードの逆降伏電圧は，ツェナー・ダイオードの降伏電圧の5Vより大きい必要があります．ショットキーの順方向電圧は0.3V未満ですので，ICに過剰な電流がないことを保証します．もう一度言いますが，許容最大負電圧はINとOUT間の最大差または6Vです．

## まとめ

ここで紹介した回路技術は，リニアテクノロジー社のPowerPath製品の電源電圧範囲を拡張し，データシートの電圧範囲を超えて適応性を広げます．

# 索引

## ■数字

| | |
|---|---:|
| 1822 | 193 |
| 1855 | 193 |
| 1000V出力非絶縁の高電圧コンバータ | 87 |
| 100Aアクティブ負荷 | 47 |
| 11A33 | 193 |
| 1A5 | 193 |
| 1A7 | 193 |
| 1A7A | 193 |
| 1次降伏電圧 | 334 |
| 1点接地 | 205 |
| 200mA出力1.5Vから5Vへのコンバータ | 76 |
| 281 | 170 |
| 286J | 170 |
| 3.5V～35V入力から−5Vへのコンバータ | 82 |
| 3端子レギュレータ | 19 |
| 400mVドロップアウトの10Aレギュレータ | 164 |
| 461A | 193 |
| 5A22 | 193 |
| 5Vから±15Vへのコンバータ…特殊な場合 | 94 |
| 5Vから±15Vへの超低ノイズコンバータ | 63 |
| 5Vから±15Vへの低ノイズコンバータ | 61 |
| 5ピン電流制限 | 147 |
| 7A13 | 193 |
| 7A22 | 193 |
| 80C31 | 273 |

## ■A

| | |
|---|---:|
| AC進相回路 | 187 |
| AD534 | 170 |
| ADA-400A | 193 |
| $A_e$ | 126 |
| AM-502 | 193 |
| $A_w$ | 126 |

## ■B

| | |
|---|---:|
| BAC | 126 |
| BCP56 | 335 |
| $BV_{CBO}$ | 334 |
| $BV_{CE}$ | 334 |
| $BV_{CEB}$ | 334 |
| $BV_{CEO}$ | 334 |
| $BV_{CER}$ | 334 |
| $BV_{CES}$ | 334 |
| $BV_{CEV}$ | 334 |
| $BV_{CEX}$ | 334 |
| $BV_{EBO}$ | 334 |

## ■C

| | |
|---|---:|
| CCFL | 227, 231 |
| CCFL回路の選定基準 | 276 |
| CCFL電源回路 | 259 |
| CCFLの負荷特性 | 233 |
| $C_{IN}$ | 34 |
| $C_{OUT}$ | 34 |

## ■D

| | |
|---|---:|
| DC/DCコンバータ | 61 |
| DC入力プリレギュレータ | 162 |
| DCフィードバック | 187 |
| DVM | 106 |

## ■E

| | |
|---|---:|
| $E$ | 126 |
| ELH-0101 | 314 |
| EMI Snifferプローブ | 206 |
| EMIの発生源 | 208 |

| | |
|---|---|
| EMIの抑制 | 154 |
| ESL | 38 |
| ESR | 38, 39, 102 |

## ■F

| | |
|---|---|
| $f$ | 126 |
| FBピン・バイアス電流 | 114 |
| $f_{SW}$ | 126 |
| FZT849 | 335 |

## ■H

| | |
|---|---|
| HCFL | 287 |
| HeNeレーザ電源 | 339 |
| $h_{FE}$ | 334 |

## ■I

| | |
|---|---|
| $I_{CBO}$ | 334 |
| $I_{CEO}$ | 334 |
| ICが破損する | 156 |
| IC主体のフローティング駆動回路 | 271 |
| ICの過熱 | 156 |
| $I_{DA}$ | 126 |
| $I_{DP}$ | 126 |
| $I_{LIM}$ | 126 |
| $I_{LIM}$ピン | 124 |
| $I_{LIM}$ピン電圧 | 113 |
| $I_M$ | 126 |
| $I_{OUT}$ | 126 |
| $I_{SW}$ | 126 |

## ■L

| | |
|---|---|
| $L$ | 126 |
| LCDのコントラスト回路 | 340 |
| LCDバックライト | 227 |
| $L_e$ | 126 |
| LED | 353 |
| LISN | 217 |
| LM317 | 160 |
| $L_t$ | 126 |
| LT1001 | 25 |
| LT1004 | 22, 49, 66, 70, 72, 73, 74, 76, 79, 89, 93, 161, 163, 164, 304, 310 |
| LT1005 | 20 |
| LT1006 | 29, 31, 32, 49, 64, 89, 161, 179, 184, 203, 298, 314, 316, 324 |
| LT1009 | 25, 64 |
| LT1010 | 64, 104, 294 |
| LT1011 | 22, 26, 49, 86, 89, 93 |
| LT1012 | 170, 300, 314 |
| LT1013 | 64, 164, 185, 310 |
| LT1017 | 68, 70, 72, 73, 74 |
| LT1018 | 21, 66, 76, 161, 163, 165, 310, 324 |
| LT1020 | 68, 89, 91, 92, 167, 169 |
| LT1021 | 64, 314 |
| LT1022 | 104 |
| LT1026 | 92 |
| LT1029 | 294 |
| LT1038 | 22 |
| LT1054 | 62, 90, 92, 98 |
| LT1057 | 170 |
| LT1070 | 68, 69, 70, 76, 80, 83, 98, 100 |
| LT1071 | 73 |
| LT1072 | 72, 79, 84, 88, 164 |
| LT1072HV | 82 |
| LT1074 | 111, 127, 136, 140, 148 |
| LT1076 | 111 |
| LT1077 | 270 |
| LT1083 | 19, 22, 86, 163, 169 |
| LT1084 | 169 |
| LT1085 | 169 |
| LT1086 | 26, 62, 73, 160, 161, 169 |
| LT1088 | 310 |
| LT1097 | 294 |
| LT1107 | 342 |
| LT1120 | 169 |
| LT1122 | 294, 314 |
| LT1170 | 267, 339 |
| LT1172 | 182, 259, 264, 270, 283, 298, 304, 320, 322, 347 |
| LT1173 | 265, 278, 341 |
| LT1176 | 123 |

| | | | |
|---|---|---|---|
| LT117x シリーズ | 278 | LTC1693-1 | 28 |
| LT1182 | 272, 343, 345 | LTC1844 | 36 |
| LT1183 | 263, 344 | LTC201 | 324 |
| LT1184 | 337, 338 | LTC3401 | 177 |
| LT1184F | 271, 319, 326 | LTC3829 | 52 |
| LT1186 | 273 | LTC4411 | 367 |
| LT118x シリーズ | 278, 321 | LTC4412 | 367 |
| LT118x シリーズのコントラスト電源 | 342 | LTC4412HV | 367 |
| LT1193 | 49, 300 | LTC4414 | 367 |
| LT1206 | 31, 310 | LTC6240 | 181 |
| LT1210 | 29, 32 | LTspice | 111 |
| LT1220 | 49, 304 | | |
| LT1221 | 304 | ■N | |
| LT1222 | 304 | $N$ | 126 |
| LT1223 | 221, 291 | | |
| LT1227 | 203 | ■P | |
| LT1228 | 314 | P6007 | 297 |
| LT1269 | 275, 278 | P6009 | 297 |
| LT1270 | 278 | P6013A | 297 |
| LT1300 | 341 | P6015 | 297, 301 |
| LT1301 | 266, 278, 341 | P6046 | 193 |
| LT1372 | 261, 262, 322, 325 | $P_C$ | 126 |
| LT1377 | 261, 262, 325 | $P_{CU}$ | 126 |
| LT137x シリーズ | 278 | PowerPath | 367 |
| LT1394 | 203 | | |
| LT1431 | 176 | ■R | |
| LT1533 | 107, 109, 180, 205 | RMS 電圧計 | 305 |
| LT1534 | 178, 179 | RMS 電流 | 142 |
| LT1635 | 175 | | |
| LT1963A | 32, 34, 39 | ■S | |
| LT3080 | 19, 24 | SCR プリレギュレータ | 161 |
| LT3081 | 24 | Sniffer プローブの応答 | 208 |
| LT3083 | 21, 19, 22 | Sniffer プローブの周波数応答 | 209 |
| LT3085 | 25 | Sniffer プローブ用アンプ | 221 |
| LT317A | 24 | SR-560 | 193 |
| LT337A | 62 | | |
| LT3439 | 181 | ■V | |
| LT3468 | 184, 185, 356, 361 | $V_{CE(\text{sat})}$ | 334 |
| LT350A | 21 | $V_C$ 電圧 | 114 |
| LT3580 | 183 | $V_e$ | 126 |
| LTC1043 | 93 | $V_{IN}$ | 126 |

| | |
|---|---|
| $V_{IN}'$ | 126 |
| $V_{IN}$ ピン | 120 |
| VOM | 106 |
| $V_{OUT}$ | 126 |
| $V_{OUT}'$ | 126 |
| $V_{P-P}$ | 126 |

■X

| | |
|---|---|
| X5R | 41 |
| X7R | 41 |

■Y

| | |
|---|---|
| Y5V | 41 |

■Z

| | |
|---|---|
| Z5U | 41 |
| ZDT1048 | 332 |
| ZTX1048A | 336 |
| ZTX849 | 334 |

■ギリシャ文字

| | |
|---|---|
| $\Delta I$ | 126 |
| $\mu$ | 126 |

■あ

| | |
|---|---|
| アーク放電 | 285 |
| 赤目 | 355 |
| 圧電効果 | 42 |
| 圧電セラミック・トランス | 88 |
| アナログ／ディジタル混合システム | 94 |
| あまり良くない1次側検出の発想 | 349 |
| あまり良くないバックライト回路 | 347 |
| アルミ電解コンデンサ | 41 |
| 安定性 | 39 |
| 安定な入力でのレギュレーション | 159 |

■い

| | |
|---|---|
| 色温度 | 353 |
| インダクタ | 100, 129 |
| インダクタ・キット | 100 |
| インダクタの寄生素子 | 222 |
| インダクタの選択 | 142 |
| インダクタの動作条件 | 146 |
| インダクタンス値 | 142 |
| インピーダンス不整合 | 294 |

■う

| | |
|---|---|
| ウイーン・ブリッジ発振器 | 65, 292 |
| 上側検出 | 349 |

■え

| | |
|---|---|
| 液晶ディスプレイ | 227, 287 |
| エネルギー蓄積素子 | 129 |

■お

| | |
|---|---|
| オーバーシュート | 284 |
| オシロスコープ | 105, 192 |
| オシロスコープ・テクニック | 152 |
| オシロスコープ・フィルタ | 105 |
| 音響トランス | 88 |
| 温度計効果 | 269 |
| 温度計状 | 258 |

■か

| | |
|---|---|
| 開放エア・ギャップからの磁界 | 216 |
| 回路の分割 | 325 |
| 価格 | 142 |
| 額縁の剛性 | 287 |
| 額縁の平坦性 | 287 |
| カスコード接続 | 108 |
| 過大な負入力電圧に対する回路 | 367 |
| 過渡応答 | 277 |
| 過負荷の保護 | 318 |
| 可変抵抗 | 322 |
| カメラのフラッシュ | 353 |
| 画面の保護 | 289 |
| 完全フローティングの1000V出力コンバータ | 88 |

■き

| | |
|---|---|
| キープ・アライブ回路 | 348 |
| 帰還回路 | 39 |
| 帰還ループの安定性 | 283 |

| | |
|---|---|
| 機構設計 | 287 |
| 基準電圧 | 114 |
| 基準電圧誤差 | 114 |
| 基準電圧ライン・レギュレーション | 114 |
| 寄生インダクタンス | 38, 51 |
| 寄生シャント容量 | 222 |
| 寄生抵抗 | 38 |
| 輝度調整 | 320 |
| 輝度バランス | 258 |
| 基板配線 | 42 |
| キャッチ・ダイオード | 78 |
| 供給電流 | 113 |
| 共振型プッシュプル・コンバータ | 333 |
| 共振型ロイヤー方式コンバータ | 175 |
| 共振コンデンサ | 281, 332 |

■く

| | |
|---|---|
| 駆動損失 | 102 |
| 駆動電圧とランプ長 | 233 |
| グラウンド・ピン | 120 |
| グラウンド・ピンを基準にしたスイッチ電圧 | 113 |
| グラウンド・リードの誘導 | 153 |
| グラウンド・ループ | 152, 194 |
| クランプ回路 | 193 |
| クランプ用ツェナー・ダイオードによるリンギング | 211 |
| クリップ式電流プローブ | 290 |
| クレスト比 | 348 |

■け

| | |
|---|---|
| 携帯電話のフラッシュ | 353 |
| 軽負荷時の発振 | 156 |

■こ

| | |
|---|---|
| コア材 | 142 |
| コア損失 | 144 |
| コア定数 | 145 |
| 高インピーダンス・プローブ | 104 |
| 光学的効率 | 231, 279 |
| 光学的測定 | 313 |
| 高効率12V入力5V出力コンバータ | 78 |

| | |
|---|---|
| 高効率コンバータ | 78 |
| 高効率の磁束検出絶縁型コンバータ | 81 |
| 高効率リニア・レギュレータ | 159 |
| 高周波AC測定 | 290 |
| 高周波レイアウト技術 | 291 |
| 高出力CCFL電源 | 268 |
| 高出力フローティング・ランプ回路 | 271 |
| 高出力リプル | 156 |
| 合成接続 | 168 |
| 高精度PWM発生器 | 323 |
| 高速ロジック回路 | 216 |
| 広帯域FETプローブ | 103 |
| 広帯域RMS/DCコンバータ | 310 |
| 高電圧 | 325 |
| 高電圧DC/ACコンバータ | 227 |
| 高電圧DC/DCコンバータのフィードバック | 187 |
| 高電圧RMSキャリブレータ | 298 |
| 高電圧インバータ | 227 |
| 高電圧コンバータ | 87 |
| 高電圧測定 | 293 |
| 高電圧入力によるLT1172の動作 | 336 |
| 高電圧入力レギュレータ | 108 |
| 高電圧プローブ | 297 |
| 高電圧レギュレータ | 24 |
| 高電流スイッチ | 355 |
| 効率 | 101, 131, 139, 277 |
| 誤差アンプ | 120, 124 |
| 誤差アンプ・ソース/シンク電流 | 114 |
| 誤差アンプ・トランスコンダクタンス | 114 |
| 誤差アンプ電圧ゲイン | 114 |
| 個別部品の選定 | 332 |
| コモン・エミッタ | 168 |
| コモン・ソース | 168 |
| コモンモード電圧20,000Vのブレークダウン・コンバータ | 88 |
| コンデンサ | 206 |
| コンデンサの寄生素子 | 38 |
| コントラスト電源 | 231, 279, 340 |
| コントラスト変動 | 289 |
| コンバータの効率を最適化する | 101 |

## ■さ

- 最小供給電圧 ……………………………… 114
- 最小デューティ・サイクル ………………… 114
- サイズ ……………………………… 142, 277
- 最大出力電流 ……………………………… 128
- 最大動作周囲温度範囲 …………………… 113
- 最大動作接合部温度範囲 ………………… 113
- 最大保存温度 ……………………………… 113
- 最適化 ……………………………………… 279
- 雑音性能 …………………………………… 206
- 差動アンプ ………………………………… 299
- 差動プローブ・キャリブレータ ………… 303
- 産業用途 …………………………………… 367
- サンドイッチ巻き ………………………… 215

## ■し

- 磁界 ………………………………………… 206
- 磁気設計 …………………………………… 102
- 磁気トランス ………………………………… 88
- 磁気部品 …………………………………… 106
- 磁束サンプリング方式 …………………… 350
- 実効値電圧計 ……………………………… 283
- 始動時間遅延 ……………………………… 147
- 支配的ポール補償 ………………………… 284
- シミュレーション ………………………… 111
- 車載用途 …………………………………… 367
- シャットダウン ………………… 69, 277, 320
- シャットダウン・スレッショルド ……… 114
- シャットダウン・ピン …………………… 121
- シャットダウン・ピン電圧 ……………… 113
- シャットダウン・ピン電流 ……………… 114
- ジャンクション損失 ……………………… 101
- 充電時間 …………………………………… 362
- 周波数シフト ……………………………… 120
- 周波数補償 …………………………… 39, 283
- 出力OK ……………………………………… 123
- 出力オーバーシュート …………………… 132
- 出力キャッチ・ダイオード ……………… 129
- 出力コンデンサ ……………… 39, 130, 138, 141
- 出力ダイオード …………………………… 141
- 出力電流 …………………………………… 19
- 出力フィルタ ……………………………… 149
- 出力分圧器 ………………………………… 131
- 出力容量 …………………………………… 38
- 出力リプル ………………………………… 141
- 出力リプル電圧 …………………………… 135
- ショート・リング ………………………… 215
- ショットキー・ダイオード ……………… 367
- 所要コア損失の達成に必要な
  　　最小インダクタンス ………………… 143
- 所要出力電力を達成するための
  　　最小インダクタンス ………………… 143
- 真空管 ……………………………………… 25
- 真の測光により検出される帰還ループ … 350

## ■す

- スイッチ・オフ・リーケージ …………… 113
- スイッチ・オン電圧 ……………………… 113
- スイッチ・サイクル ……………………… 116
- スイッチ・タイミングの変動 …………… 155
- スイッチ電流制限 ………………………… 114
- スイッチト・キャパシタ電圧コンバータ … 97
- スイッチト・キャパシタによるコンバータ … 90
- スイッチ導通損失 ………………………… 130
- スイッチングされた電流源ベースの
  　　共振型ロイヤー・コンバータ ……… 177
- スイッチング周波数 ……………………… 114
- スイッチング周波数ライン・レギュレーション … 114
- スイッチング損失 ………………………… 102
- ステアリング・ダイオード ………………… 90
- ステータス・ウィンドウ ………………… 114
- ステータスHighレベル …………………… 114
- ステータスLowレベル …………………… 114
- ステータス最小幅 ………………………… 114
- ステータス遅延 …………………………… 114
- ステータス・ピン ………………………… 123
- ステータス・ピン電圧 …………………… 113
- スナップ・リカバリ ……………………… 210
- スナバ ………………………………… 135, 211
- スナバ・ダイオード ………………………… 83
- スパイク …………………………………… 154

スルーレート制御のプッシュプル・コンバータ … 181

■せ

正弦波駆動 …………………………………… 227
正弦波トランス駆動 …………………………… 63
正降圧コンバータ …………………………… 127
静止電流の少ない5Vから±15Vへの
　　コンバータ ……………………………… 67
静止電流の低い1.5Vから5Vへの
　　マイクロパワー・コンバータ ………… 75
正-負コンバータ …………………………… 136
整流器の逆回復電流 ………………………… 210
絶縁されたトリガ・プローブ ……………… 205
絶縁プローブ ………………………………… 104
接続 …………………………………………… 194
絶対最大定格 ………………………………… 113
接地型ランプ回路用の電圧プローブ ……… 293
セラミック・コンデンサ …………………… 41
ゼロ …………………………………………… 125
ゼロ点補償 …………………………………… 72
線形負荷特性 ………………………………… 234

■そ

ソフト・スタート ……………………… 121, 148
ソフト・リカバリ …………………………… 210
損失 …………………………………………… 139
損失制限 ……………………………………… 22

■た

ダイオードの消費電力 ……………………… 129
対数型 ………………………………………… 305
大電流パルス ………………………………… 354
ダイナミック・スイッチング損失 ………… 130
高い正入力電圧に対する回路 ……………… 368
多極セトリング ……………………………… 73
立ち上がり時間 ……………………………… 36
タップ付きインダクタ降圧コンバータ …… 133
多灯ランプ設計 ……………………………… 257
単一インダクタの5Vから±15Vへの
　　コンバータ ……………………………… 65
断線の保護 …………………………………… 318

タンタル・コンデンサ ……………………… 41
ダンピング回路 ……………………………… 206
短絡保護 ……………………………………… 81

■ち

遅延スタート ………………………………… 121
蓄電コンデンサ ……………………………… 354
調光 …………………………………………… 320
調光制御 ……………………………………… 277
超高効率リニア・レギュレータ …………… 166
調整の手順 …………………………………… 55
超低損失ディスプレイ ……………………… 240
超低ノイズ・スイッチング・レギュレータ … 107
直接接続 ……………………………………… 196

■て

定格電圧 ……………………………………… 334
抵抗性損失 …………………………………… 102
抵抗値 ………………………………………… 322
低効率 ………………………………………… 155
低周波数ノイズ ……………………………… 189
低出力CCFL電源 …………………………… 264
ディスプレイとレイアウトによる損失 …… 234
ディスプレイの効率 ………………………… 231
ディスプレイの損失 ………………………… 257
ディスプレイの特性 ………………………… 276
低損失ディスプレイ ………………………… 238
低電圧ロックアウト ……………………… 121, 122
低ドロップアウト・レギュレータ・ファミリ … 169
低ドロップアウトの実現 …………………… 168
低ノイズなスイッチング・レギュレータ駆動の
　　共振型ロイヤー・コンバータ ………… 178
低レベル広帯域信号 ………………………… 194
デスクトップ・コンピュータCCFL電源 … 337
テスト・リード ……………………………… 201
鉄粉コア ……………………………………… 142
デュアル出力LCDバイアス電圧発生器 …… 340
デュアル・トランスCCFL電源 …………… 337
デューティ・サイクル …………………… 127, 141
電圧計 ………………………………………… 106
電圧損失 ……………………………………… 97

電圧範囲の拡張 ……………………… 367
電気的効率 …………………… 231, 279
電気的効率の最適化 ………………… 281
電気的効率の測定 …………………… 282
電気的効率の測定と熱量測定の相関 ……… 311
電気的特性 …………………………… 113
電源インピーダンス安定化ネットワーク ……… 217
電源除去比 …………………… 95, 347
電源電流損失 ………………………… 130
電源電流の特性 ……………………… 277
電源偏差 ……………………………… 36
電磁シールド ………………………… 215
伝導型EMI …………………………… 154
伝導ノイズ …………………………… 208
電流型帰還制御共振ロイヤー・コンバータ …… 260
電流キャリブレータ ………………… 292
電流制限 ……………………………… 124
電流制限時にスイッチング周波数が低い ……… 156
電流測定 ……………………………… 54
電流ブースト ………………………… 108
電流プローブ ………………………… 104
電流プローブ回路 …………………… 290
電流モード・スイッチャ …………… 98
電力消費の測定 ……………………… 170
電力損失 ……………………………… 142
電力要件 ……………………………… 276

■と

等価インダクタ電圧 ………………… 146
等価直列インダクタンス …………… 38
等価直列抵抗 ………………………… 38
同期整流器 …………………………… 78
動作電圧範囲 ………………………… 276
同軸線路 ……………………………… 196
トランジェント応答 ………………… 27
トランジェント負荷 ………………… 27
トランス結合フライバック回路 …… 184
トランス絶縁 ………………………… 88
トランスとランプ間の潜在的な寄生経路 ……… 234
トランスのシールド引き出し線のリンギング …… 213
トランスの磁束 ……………………… 350

トリガ・アイソレータ ……………… 56
トリガ回路 …………………………… 354
トリガ・プローブ用アンプ ………… 205
ドロップアウト電圧 ………………… 159

■に

入力コンデンサ …………… 130, 135, 137, 142
入力電圧 ……………………………… 113
入力電圧を基準にしたスイッチ電圧 ……… 113
入力電源が立ち上がらない ………… 156
入力範囲の広い−48Vから5Vへのコンバータ … 81
入力範囲の広いコンバータ ………… 81
入力フィルタ ………………………… 151
入力レギュレーション ……… 260, 276

■ね

熱陰極蛍光ランプ …………………… 287
熱籠り ………………………………… 288
熱抵抗 ………………………………… 114
熱電型 ………………………………… 305
熱電式RMS/DCコンバータ ………… 309
熱電式RMS電圧計 ………………… 297
熱の堰 ………………………………… 289

■の

ノイズ ………………………… 189, 205
ノイズ・スパイク …………………… 156
ノンオーバーラップ動作 …………… 92

■は

バースト・モード動作 ……………… 265
バイパス・コンデンサ ……………… 336
ハイパワーのスイッチ・キャパシタ・
　コンバータ ………………………… 92
パス素子 ……………………………… 168
バックブースト・コンバータ ……… 85
バック・モードのスイッチング・レギュレータ … 111
バックライト ………………………… 227
バックライト電源 …………………… 231
パッケージ …………………………… 113
発光計 ………………………………… 315

バッテリ駆動 ………………………………… 69
バッテリ駆動装置 …………………………… 276
バラスト・コンデンサ ……………………… 280
パルス・ジェネレータ ……………………… 189
パワー・グラウンド・ピン ………………… 205

■ひ

ピーキング調整 ……………………………… 194
ピーク・インダクタ電流 …………………… 141
ピーク・スイッチ電流 ……………………… 140
ピーク電流 …………………………………… 142
光出力 ………………………………………… 353
光フィードバック …………………………… 88
微光バックライト …………………………… 264
ピックアップ ………………………………… 196
ピックアップ・コイル ……………………… 207
必要なトランジスタ特性 …………………… 333
比の偏差 ……………………………………… 322
ヒューレット・パッカード3400 …………… 297
ヒューレット・パッカード3403C ………… 297
広い入力範囲のスイッチング式
　　　前置安定化リニア・レギュレータ … 86
広い入力範囲の正の降圧コンバータ ……… 83

■ふ

ファラデー・シールド ……………………… 207
不安定な入力でのレギュレーション ……… 160
フィードバック・ピン ……………………… 120
フィードバック・ピン電圧 ………………… 113
フィードバック網 …………………………… 188
フィードフォワード ………………………… 151
ブースト・トランジスタ …………………… 19
ブースト・レギュレータ …………………… 19
フェライト・コア …………………………… 142
フェライト・ビーズ ………………… 211, 221
フォトダイオードの信号処理 ……………… 315
フォトフラッシュ・キャパシタ・チャージャ … 184
フォルドバック電流制限 …………… 124, 148
フォロワ ……………………………………… 168
負荷過渡 ……………………………………… 150
負荷トランジェント応答 …………… 38, 43

負荷トランジェント応答試験 ……………… 27
負荷トランジェント試験 …………………… 33
負荷トランジェント発生器 ………………… 47
輻射 ………………………………… 279, 325, 336
輻射ノイズ …………………………………… 208
負降圧コンバータ …………………………… 140
負性抵抗 ……………………………………… 233
部品 …………………………………………… 325
部品配置 ……………………………………… 288
浮遊磁界 ……………………………………… 222
フライバック ………………………………… 69
フライバック・コンバータ ………… 100, 181
プラグイン …………………………………… 105
ブラケット・パルス ………………………… 96
フラッシュ・コンデンサの充電回路 ……… 356
フラッシュ・ランプ ………………………… 353
プリアンプ …………………………………… 192
フルーク8920A ……………………………… 297
ブルーミング ………………………………… 288
ブレッドボード ……………………………… 205
不連続モード ………………………… 85, 127
フローティング型ランプ回路用の電圧プローブ … 299
フローティング出力キャリブレータ ……… 304
フローティング測定 ………………………… 104
フローティング・ランプ回路 ……………… 269
プロービング ………………………… 43, 194
プローブ ……………………………………… 103
プローブの補償 ……………………………… 297

■へ

平滑フィルタ ………………………………… 129
平均型 ………………………………………… 305
平均入力電流 ………………………………… 141
閉ループ負荷トランジェント・テスタ …… 44
閉ループ負荷トランジェント発生器 ……… 28
並列接続 ……………………………………… 19
並列接続されたスナバ用コンデンサ ……… 212
並列接続されたダンパ用コンデンサ ……… 212
並列接続した整流器 ………………………… 212
ベース駆動抵抗 ……………………………… 282
ヘリウム-ネオン・レーザ ………………… 339

ペン入力 …………………………………… 289

## ■ほ

放射型EMI …………………………………… 154
飽和 ………………………………………… 100
飽和損失 …………………………………… 102
ポール ……………………………………… 125
補償不良のスコープ・プローブ …………… 153
補助測定回路 ……………………………… 193
補助動作電圧 ……………………………… 276
ポスト・レギュレータ ……………………… 184
ポリタンタル・コンデンサ ………………… 41

## ■ま

マイカ ……………………………………… 289
マイクロパワー・シャットダウン ……… 121, 147
マイクロパワーの静止電流コンバータ …… 69
マイクロパワー・プリレギュレーテッド・
　リニア・レギュレータ ………………… 166
マルチプライヤ参照電圧 ………………… 114

## ■む

無線周波数干渉 …………………………… 360

## ■も

モノリシック・フラッシュ・
　コンデンサ・チャージャ ……………… 360
モリパーマロイ …………………………… 142
漏れインダクタンスによる磁界 …………… 215

## ■や

有意な電気的測定 ………………………… 290

## ■ゆ

誘電体 ……………………………………… 332

## ■ら

ライン・レギュレーションの不良 ………… 156
ラッチアップ ……………………………… 149
ランプ寿命 ………………………………… 277
ランプ断線保護 …………………………… 277
ランプ電流における分布寄生容量の損失経路 … 236
ランプ電流の精度 ………………………… 277
ランプに関する検討事項 ………………… 358
ランプの駆動方法 ………………………… 231
ランプの断線保護 ………………………… 264
ランプの電流と電圧 ……………………… 232
ランプの発光率 …………………………… 232
ランプの発光率と駆動周波数 …………… 233
ランプの発光率の経過時間 ……………… 232
ランプの発光率への周囲温度の影響 …… 232
ランプの分布寄生容量 …………………… 257
リード・インダクタンス …………………… 154
リード温度 ………………………………… 113
リニア方式のポスト・レギュレータ ……… 159
リニア・レギュレータ ……………………… 159
リプル電流 …………………………… 131, 141
リプル電流定格 …………………………… 130
リンギング ………………………… 127, 211, 284
レイアウト ………………………… 205, 325, 358
冷陰極蛍光ランプ ………………… 227, 231
連続モード ……………………………… 85, 127
ロイヤー・コンバータ …………… 333, 346
ロード・レギュレーションの不良 ………… 156

# MEMO

MEMO

MEMO

- **本書に関するご質問について** ── 文章，数式などの記述上の不明点についてのご質問は，必ず往復はがきか返信用封筒を同封した封書でお願いいたします．勝手ながら，電話でのお問い合わせには応じかねます．ご質問は著者に回送し直接回答していただきますので，多少時間がかかります．また，本書の記載範囲を越えるご質問には応じられませんので，ご了承ください．
- **本書掲載記事の利用についてのご注意** ── 本書掲載記事は著作権法により保護され，また産業財産権が確立されている場合があります．したがって，記事として掲載された技術情報をもとに製品化をするには，著作権者および産業財産権者の許可が必要です．また，掲載された技術情報を利用することにより発生した損害などに関して，CQ出版社および著作権者ならびに産業財産権者は責任を負いかねますのでご了承ください．
- **本書記載の社名，製品名について** ── 本書に記載されている社名および製品名は，一般に開発メーカーの登録商標または商標です．なお，本文中では™，®，©の各表示を明記していません．
- **本書の複製等について** ── 本書のコピー，スキャン，デジタル化等の無断複製は著作権法上での例外を除き禁じられています．本書を代行業者等の第三者に依頼してスキャンやデジタル化することは，たとえ個人や家庭内の利用でも認められておりません．

JCOPY 〈(社)出版者著作権管理機構委託出版物〉
本書の全部または一部を無断で複写複製(コピー)することは，著作権法上での例外を除き，禁じられています．本書からの複製を希望される場合は，(社)出版者著作権管理機構(TEL：03-3513-6969)にご連絡ください．

## スペシャル電源の設計と高性能化技術

2015年11月20日 初版発行

© Bob Dobkin/Jim Williams 2015
© リニアテクノロジー株式会社 2015
© 細田 梨恵/堀 敏夫 2015

編著者　Bob Dobkin/Jim Williams
監　訳　リニアテクノロジー
訳　者　細田 梨恵/堀 敏夫
発行人　寺前 裕司
発行所　CQ出版株式会社
〒112-8619　東京都文京区千石4-29-14
電話　編集　03-5395-2123
　　　販売　03-5395-2141
振替　00100-7-10665

ISBN978-4-7898-4285-3

定価はカバーに表示してあります
無断転載を禁じます
乱丁，落丁本はお取り替えします
Printed in Japan

編集担当　　　　　　　　　清水 当
印刷・製本　　　大日本印刷株式会社
表紙デザイン　　クニメディア株式会社
DTP　　クニメディア株式会社，西澤 賢一郎